Geomorfologia:

Uma Atualização de Bases e Conceitos

Antonio José Teixeira Guerra
e
Sandra Baptista da Cunha

Organizadores

Geomorfologia:
Uma Atualização de Bases e Conceitos

15ª EDIÇÃO

BERTRAND BRASIL

Copyright © Antonio José Teixeira Guerra e Sandra Baptista da Cunha, 1994

Capa: projeto gráfico de Felipe Taborda, utilizando foto da Cachoeira do Véu da Noiva, na Chapada dos Guimarães (© Antonio José Teixeira Guerra)

2021
Impresso no Brasil
Printed in Brazil

CIP-Brasil. Catalogação-na-fonte
Sindicato Nacional dos Editores de Livros, RJ.

G298 15ª ed.	Geomorfologia: uma atualização de bases e conceitos / organização, Antonio José Teixeira Guerra e Sandra Baptista da Cunha. – 15ª ed. – Rio de Janeiro: Bertrand Brasil, 2021. 474 p. Inclui bibliografia ISBN 978-85-286-0326-2 1. Geomorfologia. 2. Geografia física. 3. Geologia estrutural. I. Guerra, Antonio José Teixeira. II. Cunha, Sandra Baptista da.
	CDD – 551.4 CDU – 551.4
95-0515	

Todos os direitos reservados pela:
EDITORA BERTRAND BRASIL LTDA.
Rua Argentina, 171 – São Cristóvão
20921-380 – Rio de Janeiro – RJ
Tel.: (0xx21) 2585-2000

Seja um leitor preferencial record.
Cadastre-se e receba informações sobre nossos lançamentos e nossas promoções.

Atendimento e venda direta ao leitor:
sac@record.com.br

Sumário

Apresentação, 15
Prefácio, 19
Autores, 21

CAPÍTULO 1   CIÊNCIA GEOMORFOLÓGICA, 23
Jorge Soares Marques

1. *Relevo como Objeto de Estudo,* 23
    1.1. Interesse e Importância do Estudo do Relevo, 24
    1.2. Gênese e Evolução das Formas, 25

2. *Evolução do Conhecimento Geomorfológico,* 29
    2.1. Primeiros Conceitos e Primeiras Teorias, 29
    2.2. Novas Concepções, 32

3. *Desenvolvimento dos Estudos Geomorfológicos no Brasil,* 35
    3.1. Temas e Obras que Marcaram a História, 36
    3.2. Atuais Rumos da Geomorfologia, 40

4. *Caminhos do Futuro,* 42
    4.1. Perspectivas da Geomorfologia, 42
    4.2. Geomorfologia e Análise Ambiental, 45

5. *Bibliografia,* 45

CAPÍTULO 2   PROCESSOS ENDOGENÉTICOS NA FORMAÇÃO DO RELEVO, 51
Hélio Monteiro Penha

1. *Introdução,* 51

2. *Processos Geodinâmicos Internos,* 53
    2.1. Natureza e Características, 53
    2.2. Origem e Transferência de Calor Interno, 54
    2.3. Estrutura Interna da Terra, 55
    2.4. Mobilização da Matéria do Interior para a Superfície, 56
    2.5. Dinâmica da Litosfera, 57

3. *Fenômenos Geológicos Associados à Geodinâmica Interna,* 58
    3.1. Fenômenos Magmáticos, 58
    3.2. Fenômenos Metamórficos, 59
    3.3. Fenômenos Tectônicos, 60
    3.4. Orogênese e Epirogênese, 61
    3.5. Dimensão Temporal e Espacial dos Fenômenos, 63
    3.6. Episódios Tectomagmáticos Marcantes na Geo-História, 64
    3.7. Faixas Móveis e Crátons, 65

4. *Tectônica Global e as Principais Formas de Relevo Terrestre,* 66
    4.1. Placas Litosféricas e Deriva Continental, 66
    4.2. Limites de Placas e Eventos Geológicos Relacionados, 68
    4.3. Margens Continentais Ativas e Passivas, 69
    4.4. Arcos de Ilhas e Cordilheiras Oceânicas, 71
    4.5. Soerguimento de Montanhas e Evolução do Relevo Terrestre, 72

5. *Atividade Ígnea e Relevo Derivado,* 73
    5.1. Tipos de Intrusão, Composição e Estrutura Interna dos Plútons, 73
    5.2. Relevo de Massas Plutônicas, 75

5.3. Vulcanismo e Tipos de Erupção, 78
5.4. Relevos Vulcânicos, 80

6. *Tectônica e Formas Estruturais*, 82
    6.1. Formas Controladas por Falhas, 82
        6.1.1. Escarpas de falha, 83
        6.1.2. Escarpas de linha de falha, 84
        6.1.3. *Graben, Horst* e *Rift-Valley*, 84
    6.2. Formas Controladas por Dobras, 86
        6.2.1. Sinclinais e anticlinais, 86
        6.2.2. Relevo de dobras erodidas, 87

7. *Formas Controladas pela Foliação Metamórfica*, 88
    7.1. Metamorfismo e Litologias Derivadas, 88
    7.2. Estruturas Planares e Lineares, 89
    7.3. Influência da Estruturação Metamórfica na Esculturação do Relevo Terrestre, 89

8. *Conclusão*, 91

9. *Bibliografia*, 91

CAPÍTULO 3   HIDROLOGIA DE ENCOSTA NA INTERFACE COM A GEOMORFOLOGIA, 93
Ana L. Coelho Netto

1. *Introdução*, 93
    1.1. Água no Planeta Terra: o Ciclo Hidrológico, 95
    1.2. Bacia de Drenagem: Sistema Hidrogeomorfológico, 97

2. *Entradas de Chuvas*, 100
    2.1. Variações Espaço-Temporais da Precipitação: Fatores Controladores, 101
    2.2. Mensurações da Precipitação: Registros Pontuais e Estimativas em Área, 101

3. *Intercepção das Chuvas pela Vegetação*, 105
   3.1. Variações Espaço-Temporais da Intercepção, 107
   3.2. Atravessamento de Chuvas pelas Copas e Fluxos de Tronco, 109
   3.3. Intercepção por Gramíneas, 113

4. *Água no Solo*, 114
   4.1. Características Físicas dos Solos Relevantes à Infiltração, 115
   4.2. Processo de Infiltração, 118
   4.3. Estocagem e Movimentos da Água, 122

5. *Água Subterrânea*, 127
   5.1. Definições e Conceitos Importantes, 127
   5.2. Movimento da Água Subterrânea, 130

6. *Produção dos Fluxos da Chuva e Implicações na Erosão*, 133
   6.1. Fluxos de Chuva e Fluxos de Base, 134
   6.2. Produção de Fluxos da Chuva sobre a Superfície, 137
   6.3. Produção de Fluxos da Chuva em Subsuperfície, 138

8. *Bibliografia*, 144

CAPÍTULO 4   PROCESSOS EROSIVOS NAS ENCOSTAS, 149
Antonio José Teixeira Guerra

1. *Introdução*, 149

2. *Fatores Controladores*, 150
   2.1. Erosividade da Chuva, 151
   2.2. Propriedades do Solo, 154
   2.3. Cobertura Vegetal, 161
   2.4. Características das Encostas, 163

3. *Processos Erosivos Básicos*, 165
    3.1. Infiltração, Armazenamento e Geração de *Runoff*, 166
    3.2. Escoamento Superficial, 170
    3.3. Escoamento Subsuperficial, 171
    3.4. *Piping*, 172
    3.5. *Splash* e Formação de Crostas, 175

4. *Ação da Água nas Diversas Formas Erosivas*, 178
    4.1. Erosão em Lençol, 179
    4.2. Erosão em Ravinas, 180
    4.3. Erosão em Voçorocas, 183

5. *Erosão, Impactos Ambientais e Conservação dos Solos*, 187
    5.1. Degradação dos Solos, 187
    5.2. Efeitos do Aquecimento Global nos Solos, 189
    5.3. Problemas Ambientais, 190
    5.4. Agricultura Orgânica, 192
    5.5. Limites de Tolerância de Perda de Solo, 194
    5.6. Estratégias de Conservação dos Solos, 195

6. *Conclusões*, 197

7. *Bibliografia*, 199

CAPÍTULO 5   GEOMORFOLOGIA FLUVIAL, 211
Sandra Baptista da Cunha

1. *Introdução*, 211

2. *Fisiografia Fluvial*, 212
    2.1. Tipos de Leito, 212
    2.2. Tipos de Canal, 214
        2.2.1. Canais retilíneos, 214
        2.2.2. Canais anastomosados, 217
        2.2.3. Canais meandrantes, 218

2.2.4. Outras classificações de canais, 220
2.3. Hierarquia da Rede Fluvial, 221
2.4. Tipos de Drenagem, 223

3. *Dinâmica das Águas Correntes: Hidrologia e Geometria Hidráulica*, 227

4. *Processos Fluviais: Erosão, Transporte e Deposição*, 231

5. *Perfil Longitudinal dos Rios e Equilíbrio Fluvial*, 234

6. *Influência do Homem sobre a Geomorfologia Fluvial*, 237

7. *Impactos das Obras de Engenharia no Ambiente Fluvial*, 239
7.1. Construção de Barragens, 240
7.2. Canalização, 242

8. *Bibliografia*, 246

CAPÍTULO 6   GEOMORFOLOGIA COSTEIRA, 253
Dieter Muehe

1. *Introdução*, 253

2. *Terminologia de Feições Costeiras: Praia*, 254

3. *Processos Costeiros*, 257
3.1. Sedimentos, 258
3.1.1. Caracterização granulométrica, 258
3.1.2. Minerais pesados, 260
3.2. Ondas e sua Transformação em Águas Rasas, 262
3.3. Correntes Induzidas pelas Ondas: Transporte Longitudinal e Transversal de Sedimentos em Relação à Praia, 270
3.4. Nível do Mar, 273
3.4.1. Variação absoluta e variação relativa do nível
do mar, 274

3.4.2. Variação do nível do mar nos últimos 7000 anos, 275
3.4.3. Efeito estufa e aceleração da taxa de elevação do Nível do Mar, 277
3.4.4. Evidências de erosão no litoral do Brasil, 279

4. *Formação de Pontais, Cordões Litorâneos e Ilhas Barreira*, 282
 4.1. Morfologia de Ilhas Barreira, 284
 4.2. Adaptação às Variações do Nível Relativo do Mar, 286

5. *Planícies Costeiras*, 287
 5.1. Planícies de Cristas de Praia, 288
 5.2. Planícies de *Chênier*, 289
 5.3. Planícies Deltaicas: Deltas ou Pseudodeltas do Litoral Brasileiro, 290

6. *Praias*, 291
 6.1. O Perfil de Praia e sua Variabilidade, 292
 6.2. Morfodinâmica da Praia e a Concepção de Estágios da Escola Australiana, 294

7. *Dunas Costeiras: Origem e Distribuição,* 298

8. *Conclusão*, 300

9. *Bibliografia*, 302

CAPÍTULO 7   GEOMORFOLOGIA CÁRSTICA, 309
Heinz Charles Kohler

1. *Introdução*, 309

2. *Morfologia Cárstica*, 311
 2.1. Lapiás, 312
 2.2. Poliés, Uvalas e Dolinas, 313
 2.3. Maciços, Mogotes, Torres e Verrugas, 315

11

2.4. Formas Fluviocársticas, 315
2.5. Formas e Hidrologia Endocársticas, 316

3. *Gênese e Evolução do Carste*, 318

4. *Alguns Cenários Cársticos Brasileiros*, 322
    4.1. Lagoa Santa - MG, 322
    4.2. Peruaçu - MG, 323
    4.3. Bonito - MS, 326

5. *Gerenciamento das Áreas Cársticas*, 328

6. *Bibliografia*, 329

CAPÍTULO 8   GEOMORFOLOGIA DO QUATERNÁRIO, 335
Josilda Rodrigues da Silva Moura

1. *Quaternário: Período das Transformações Ambientais Recentes*, 335
    1.1. Introdução, 335
    1.2. Originalidade do Período Quaternário: o Homem, as Variações Climáticas, 336
    1.3. Desafios Metodológicos no Estudo do Quaternário: as Limitações das Abordagens Convencionais, o Caráter Multidisciplinar ou Multiinterdisciplinar, 339

2. *Relações entre Geomorfologia, Estratigrafia e Pedologia no Quaternário*, 342
    2.1. Aloestratigrafia, 342
    2.2. Morfoestratigrafia, 344
    2.3. Pedoestratigrafia, 345

3. *Geomorfologia do Quaternário Continental no Brasil*, 347

4. *Geomorfologia do Quaternário Aplicada ao Planejamento Ambiental no Sudeste do Brasil*, 355

5. *Bibliografia,* 359

CAPÍTULO 9 MAPEAMENTO GEOMORFOLÓGICO, 365
Mauro Sérgio Fernandes Argento

1. *Aplicabilidade dos Mapeamentos Temáticos em Geomorfologia,* 365

2. *Diferentes Escalas de Detalhamento em Mapeamentos Geomorfológicos,* 367

3. *Moderna Tecnologia em Mapeamentos Temáticos,* 383

4. *Mapeamentos Geomorfológicos como Suporte ao Planejamento Ambiental,* 385

5. *Conclusões,* 386

6. *Bibliografia,* 390

CAPÍTULO 10 GEOMORFOLOGIA E GEOPROCESSAMENTO, 393
Jorge Xavier da Silva

1. *Geomorfologia: Base Física da Ocupação Territorial,* 393

2. *Entidades Geomorfológicas: Forma, Composição e Origem,* 394

3. *Variações Taxonômicas Associadas a Escalas e Resoluções,* 397

4. *Estruturas de Dados e Análise Geomorfológica,* 405

5. *Conclusões,* 412

6. *Bibliografia,* 413

CAPÍTULO 11 APLICABILIDADE DO CONHECIMENTO GEOMOR-
FOLÓGICO NOS PROJETOS DE PLANEJAMENTO, 415
Antonio Christofoletti

1. *Introdução, 415*

2. *Função e Objetivos dos Projetos de Planejamento, 417*

3. *Orientação Bibliográfica Básica, 418*

4. *Aplicação do Conhecimento Geomorfológico em Planejamentos Temáticos Específicos, 419*
   4.1. Planejamento e Uso do Solo Rural, 420
   4.2. Planejamento do Uso do Solo Urbano, 421
   4.3. Planejamento na Execução de Obras de Engenharia, 425
   4.4. Planejamento Ambiental, 426
   4.5. Pesquisas sobre Recursos Minerais e Recuperação de Áreas Degradadas por Mineração, 430
   4.6. Classificação de Terrenos, 430

5. *Inserção da Geomorfologia na Política de Desenvolvimento Sustentável, 432*

6. *Bibliografia, 437*

ÍNDICE REMISSIVO, 443

Apresentação

A carência de obras em língua portuguesa, abrangendo diferentes campos da Geomorfologia, foi o principal motivo que nos levou a organizar este livro, que vem preencher uma lacuna bibliográfica no ensino de graduação e pós-graduação em Geografia, Geologia, Ecologia, Engenharia Civil, Agronômica e Florestal, e em outros cursos, na área de Ciências da Terra.

Na elaboração do índice tivemos o cuidado de incluir temas que abarcassem os vários segmentos que compõem a *Geomorfologia*, tendo como meta uma *Atualização de Bases e Conceitos*. A obra está dividida em 11 capítulos. Iniciamos com o tema Ciência Geomorfológica, onde é dado destaque ao objeto de estudo da Geomorfologia, sua evolução, desenvolvimento e os caminhos futuros (Capítulo 1). A seguir, são apresentados os Processos Endogenéticos na Formação do Relevo, onde são enfatizados os fenômenos geológicos associados à geodinâmica interna; a tectônica global e as principais formas de relevo terrestre; a atividade ígnea e relevo derivado; e as formas controladas pela foliação metamórfica (Capítulo 2). A Hidrologia de Encosta na Interface com a Geomorfologia é abordada no Capítulo 3, onde são analisadas as chuvas e sua intercepção pela vegetação, a água no solo e a água subterrânea, bem como a produção de fluxos de água e suas implicações na erosão. O Capítulo 4, Processos Erosivos nas Encostas, analisa os fatores controladores da erosão, os processos erosivos básicos, a ação da água nas diversas formas erosivas e as relações entre erosão, impactos ambientais e conservação dos solos. O Capítulo 5, Geomorfologia Fluvial, trata da fisiografia, da dinâmica das águas correntes e dos processos fluviais, assim como analisa a influência do homem sobre o ambiente fluvial, com ênfase nos impactos das obras de engenharia. Geomorfologia Costeira (Capítulo 6) apresenta a terminologia das feições costeiras, os processos envolvidos, bem como destaca as formas dominantes neste ambiente. O Capítulo 7, Geomorfologia Cárstica, engloba a morfologia, a gênese e a evolução do carste, exemplificando alguns cenários cársticos brasileiros e apontando como deve ser feito seu gerenciamento. A Geomorfologia do Quaternário (Capítulo 8) analisa as transformações ambientais ocorridas nesse período, bem como trata das relações entre Geomorfologia, Estratigrafia e Pedologia, indicando como esses conhecimentos podem ser aplicados ao planejamento. O Capítulo 9, Mapeamento Geomorfológico, abarca a aplicação dos mapeamentos temáticos em Geomorfologia, as diferentes escalas e a moderna tecnologia utilizada nos mapeamentos. Geomorfologia e Geoprocessamento (Capítulo 10) trata das bases físicas de ocupação territorial, das variações taxonômicas associadas às escalas e resoluções, bem como estruturas de dados relacionadas à análise geomorfológica. O livro se encerra tratando da Aplicabilidade do Conhecimento Geomorfológico nos Projetos de Planejamento (Capítulo 11), onde são vistos a função e os objetivos dos projetos de planejamento, as várias aplicações da geomorfologia em planejamentos específicos e como a Geomorfologia pode ser utilizada em uma política de desenvolvimento sustentável.

O corpo de autores convidado por nós para compor esta obra constitui-se de especialistas nos diferentes temas selecionados. Trata-se, na sua maioria, de professores doutores do Departamento de Geografia da Universidade Federal do Rio de Janeiro, além de professores doutores da Universidade Federal de Minas Gerais, Universidade Federal Fluminense e Universidade Paulista Júlio de Mesquita Filho, UNESP, *Campus* Rio Claro. Esses autores têm demonstrado, ao longo de suas carreiras, experiência comprovada, através de publicações e linhas de pesquisa implementadas.

Os organizadores deste livro não tiveram a preocupação

de esgotar a temática tratada e esperam, com esta obra, contribuir na formação de novos profissionais ligados às Ciências da Terra, e no aprofundamento das discussões teóricas em Geomorfologia.

Os Organizadores

Prefácio

A elaboração deste livro, em língua vernácula, por uma equipe de especialistas, visa a preencher, pelo menos em parte, uma grande lacuna de material didático destinado ao ensino da Geomorfologia nos cursos de Graduação e Pós-Graduação no Brasil.

É notória a carência do país em obras especializadas em muitos campos do conhecimento científico, apesar da existência de livros textos em língua estrangeira, esses, lamentavelmente, de uso restrito e limitado àqueles que dominam sua leitura. Desse modo, a publicação, em língua portuguesa, de um compêndio sobre temas geomorfológicos, sob a organização e orientação de competentes professores da Universidade Federal do Rio de Janeiro, com a colaboração de renomados pesquisadores universitários brasileiros, é muito oportuna.

A obra compreende 11 capítulos, que visam à atualização das bases dos conceitos geomorfológicos, e abrange temas relacionados à ciência geomorfológica, aos processos endogenéticos na formação do relevo, à hidrologia de encosta, aos processos erosivos, à Geomorfologia Fluvial, Costeira e Cárstica, bem como à Geomorfologia do Quaternário, ao mapeamento geomorfológico, além de abordar o geoprocessamento e a aplicabilidade desses conhecimentos nos projetos de planejamento.

Os vários temas são tratados de forma ampla, permitindo uma visão de conjunto da problemática geomorfológica, facultando aos leitores, principalmente aos alunos na área das

Geociências, a obtenção de informações básicas muito úteis para orientação de suas pesquisas.

Acha-se de parabéns a Geomorfologia nacional, que vai contar com um compêndio especializado, cuidadosamente organizado por especialistas, aos quais não faltam nem experiência, nem a necessária competência. Certamente este livro encontrará a receptividade não só de instituições científicas, mas também dos pesquisadores em geral.

João José Bigarella

Os Autores

Jorge Soares Marques é doutor em Geografia pela Universidade Paulista Júlio de Mesquita Filho (UNESP — Rio Claro — São Paulo) e professor adjunto do Departamento de Geografia da Universidade Federal do Rio de Janeiro (Instituto de Geociências, Ilha do Fundão, Cidade Universitária, CEP 21940-590, Rio de Janeiro)

Hélio Monteiro Penha é doutor em Geologia pela Universidade de Salamanca (Espanha), pesquisador do CNPq e professor adjunto do Departamento de Geoquímica da Universidade Federal Fluminense (*Campus* do Valonguinho, Instituto de Química, Niterói, Rio de Janeiro)

Ana Luiza Coelho Netto é doutora em Geografia pela Universidade de Leuven (Bélgica), pesquisadora do CNPq e professora adjunta do Departamento de Geografia da Universidade Federal do Rio de Janeiro (Instituto de Geociências, Ilha do Fundão, Cidade Universitária, CEP 21940-590, Rio de Janeiro)

Antônio José Teixeira Guerra é doutor em Geografia pela Universidade de Londres (Inglaterra), pesquisador do CNPq e professor adjunto do Departamento de Geografia da Universidade Federal do Rio de Janeiro (Instituto de Geociências, Ilha do Fundão, Cidade Universitária, CEP 21940-590, Rio de Janeiro)

Sandra Baptista da Cunha é doutora em Geografia pela Universidade Clássica de Lisboa (Portugal), pesquisadora do CNPq e professora adjunta do Departamento de Geografia do Universidade Federal do Rio de Janeiro (Instituto de Geociências, Ilha do Fundão, Cidade Universitária, CEP 21940-590, Rio de Janeiro)

Dieter Muehe é geógrafo, doutor em Ciências pela Universidade de Kiel (Alemanha) e professor adjunto do Departamento de Geografia da UFRJ. Durante quatro anos foi responsável pelo Laboratório de Geologia Marinha (LAGEMAR) do Instituto de Geociências da UFRJ. De 1989 a 1997 foi vice-coordenador do Programa de Geologia e Geofísica Marinha (PGGM). Desde 1991 é representante da Comunidade Científica e do PGGM no Comitê Executivo para a determinação do limite da plataforma continental jurídica do Brasil (LEPLAC) e a partir de 1996 passou a representante do módulo "Zona Costeira" na qualidade de membro do Comitê Executivo para implantação do sistema de observação global dos oceanos (GOOS/Brasil).

Heinz Charles Kohler é doutor em Geografia pela Universidade de São Paulo, pesquisador do CNPq e professor adjunto do Departamento de Geografia da Universidade Federal de Minas Gerais (Rua Gustavo da Silveira, 1034, Santa Inês, CEP 31080-010, Belo Horizonte, Minas Gerais)

Josilda Rodrigues da Silva Moura é doutora em Geologia pela Universidade Federal do Rio de Janeiro, pesquisadora do CNPq, e professora adjunta do Departamento de Geografia da Universidade Federal do Rio de Janeiro (Instituto de Geociências, Ilha do Fundão, Cidade Universitária, CEP 21940-590, Rio de Janeiro)

Mauro Sérgio Fernandes Argento é doutor em Geografia pela Universidade Paulista Júlio de Mesquita Filha (UNESP — Rio Claro — São Paulo), pesquisador do CNPq e professor adjunto do Departamento de Geografia da Universidade Federal do Rio de Janeiro (Instituto de Geociências, Ilha do Fundão, Cidade Universitária, CEP 21940-590, Rio de Janeiro)

Jorge Xavier da Silva é doutor em Geografia pela Universidade de Luisiânia (Estados Unidos), pesquisador do CNPq e professor titular do Departamento de Geografia da Universidade Federal do Rio de Janeiro (Instituto de Geociências, Ilha do Fundão, Cidade Universitária, CEP 21940-590, Rio de Janeiro)

Antonio Christofoletti é doutor em Geografia pela Universidade do Estado de São Paulo, professor titular do Departamento de Cartografia e Análise de Informação Geográfica e Supervisor do Centro de Análise e Planejamento Ambiental (UNESP/CEAPLA, Caixa Postal 178, CEP 13506-900, Rio Claro, São Paulo)

CAPÍTULO 1

CIÊNCIA GEOMORFOLÓGICA

Jorge Soares Marques

1. Relevo como Objeto de Estudo

As formas de relevo constituem o objeto de estudo da Geomorfologia. A existência desse objeto bem definido, com significativo e diversificado conteúdo a ser compreendido e explicado, a sistematização do conhecimento já atingido, o valor alcançado por suas concepções teóricas, o caráter prático da aplicação dos seus conhecimentos e a crescente importância que a sociedade lhe tem conferido fazem com que a Geomorfologia venha sendo vista como uma ciência autônoma.

Essa posição de independência é, entretanto, insuficiente para encobrir os profundos laços de origem que a ligam à Geografia e à Geologia. Dentro delas, a Geomorfologia constitui uma especialização, inserida em campo de trabalho comum a ambas. As abordagens utilizadas na produção geomorfológica, quase sempre de modo claro, mostram seus vínculos com as perspectivas e propósitos inerentes à Geografia ou à Geologia.

CIÊNCIA GEOMORFOLÓGICA

No Brasil, nos últimos 50 anos, a grande maioria dos que se dedicam à Geomorfologia tem formação acadêmica ligada à Geografia. Entretanto, a participação de geólogos nesse campo vem aumentando, existindo forte estímulo nesse sentido pela valorização crescente que vem sendo atribuída, em seus cursos, aos estudos ambientais.

Independente das questões de autonomia e de origem, a Geomorfologia constitui campo de trabalho científico, que, como todos os demais, vai exigir, daqueles que nele atuam, preparação adequada para dominar seu conteúdo e utilizá-la no amplo horizonte de suas aplicações.

1.1. Interesse e Importância do Estudo do Relevo

O homem evoluiu acumulando conhecimentos. Suas necessidades básicas e curiosidades estimularam o interesse por fazer descobertas, criar coisas novas e melhor conhecer ele mesmo e o universo que o cerca. Ao longo da história conferiu diversos níveis de atenção e importância para infinita gama de assuntos. Até hoje, continua sua busca incessante, procurando aprender mais, consolidando ou redefinindo seus conhecimentos.

O relevo sempre foi notado pelo homem no conjunto de componentes da natureza pela sua beleza, imponência ou forma. Também, é antiga a convivência do homem com o relevo, no sentido de lhe conferir grande importância em muitas situações do seu dia-a-dia, como para assentar moradia, estabelecer melhores caminhos de locomoção, localizar seus cultivos, criar seus rebanhos ou definir os limites dos seus domínios.

A capacidade de raciocínio humano e suas observações tornaram possível estabelecer relações entre as formas de relevo e seus processos geradores. Em fenômenos que causam grandes impactos, é comum restarem na paisagem significativas marcas de sua ocorrência, facilitando a identificação dessas relações. Por exemplo, isso se dá com terremotos, erupções vulcânicas, torrentes formadas em grandes tempestades, avalanches e inundações.

A evolução do conhecimento humano na direção da Geomorfologia, entretanto, não se restringiu, apenas, a procurar reconhecer tipos de relevo e os processos a eles relacionados. Tem procurado ir sempre mais além, buscando encontrar respostas para muitas questões que pudessem explicar, por exemplo, como os processos se articulam entre si; como evoluem os grandes conjuntos de relevo; qual o significado do relevo no contexto ambiental; como interferir ou controlar o funcionamento dos processos geomorfológicos; como conviver com os processos catastróficos; como projetar (no espaço e no tempo) o comportamento dos processos e as formas de relevo resultantes.

Esses interesses não foram fortuitos. Os relevos constituem os pisos sobre os quais se fixam as populações humanas e são desenvolvidas suas atividades, derivando daí valores econômicos e sociais que lhes são atribuídos. Em função de suas características e dos processos que sobre eles atuam, oferecem, para as populações, tipos e níveis de benefícios ou riscos dos mais variados. Suas maiores ou menores estabilidades decorrem, ainda, de suas tendências evolutivas e das interferências que podem sofrer dos demais componentes ambientais, ou da ação do homem.

O reconhecimento da importância do relevo pode ser inferido pela atenção que é dada ao seu estudo na elaboração de planos e projetos que necessitam, cada vez mais, explicitar os possíveis impactos ambientais que serão decorrentes de sua implantação.

1.2. Gênese e Evolução das Formas

Para alcançar o conhecimento pleno do que são e representam, uma ou todas, as formas de relevo, identificadas em diferentes escalas espaciais e temporais, é preciso compreender e explicar como elas surgem e evoluem. Disso resulta, na Geomorfologia, considerar, também, como integrantes de seu objeto de estudo, os processos responsáveis pelas ações capazes de criar ou destruir as formas de relevo, de fixá-las num local ou deslocá-las, de ampliar suas dimensões ou reduzi-las, de modelá-las contínua ou descontinuamente, de mantê-las preservadas ou modificá-las.

A existência e o funcionamento desses processos, na superfície terrestre, têm suas origens mais amplas em forças oriundas

CIÊNCIA GEOMORFOLÓGICA

do interior do planeta (forças endógenas) e externas, vindas a partir da atmosfera (forças exógenas).

Atualmente, é evocada com mais ênfase a participação biológica na gênese e no desenvolvimento de processos, sendo, também, atribuído maior destaque ao papel desempenhado pelo homem, que cada vez mais diversifica e intensifica sua atuação, criando condições de interferir e, até mesmo, controlar processos, criar e destruir formas de relevo.

Um processo ou um conjunto de processos geomorfológicos, que se interligam ou interagem, quando ativados, são identificados e caracterizados por executar tipos de ações que se repetem, obedecendo comportamentos que lhes são peculiares. A dinâmica de seus trabalhos é atrelada às freqüências, intensidades e magnitudes que norteiam o modo de sua atuação.

Os resultados alcançados pelos processos e as formas de relevo são obtidos por ações sobre materiais na superfície terrestre. Esses resultados, para serem amplamente entendidos, devem levar em conta o nível de resistência desses materiais à realização do trabalho. Disso decorre a possibilidade do surgimento de condicionantes que podem orientar a execução dos processos e exercer controle para definir as características que as formas irão apresentar. Conseqüentemente, o estudo do material com o qual está sendo modelado o relevo não pode ser omitido, porque a composição e a estrutura do conteúdo da forma estarão, de maneira ativa ou passiva, participando no desenvolvimento do processo. Esses materiais, existentes na superfície terrestre, podem ser afloramento de rochas, rochas intemperizadas ou solos.

As formas ou conjuntos de formas de relevo participam da composição das paisagens em diferentes escalas. Relevos de grandes dimensões, ao serem observados em um curto espaço de tempo, mostram aparência estática e imutável; entretanto, estão sendo permanentemente trabalhados por processos erosivos ou deposicionais, desencadeados pelas condições climáticas existentes. Esses processos, originados pelas forças exógenas, promovendo, ao longo de grandes períodos de tempo, a degradação (erosão) das áreas topograficamente elevadas e a agradação (deposição) nas áreas topograficamente baixas, conduzem a uma tendência de nivelamento da superfície terrestre. Isso só se

CIÊNCIA GEOMORFOLÓGICA

completará caso não haja interferências das forças endógenas, que podem promover soerguimentos ou rebaixamentos da superfície terrestre. Há que se considerar, ainda, a ação conjunta das duas forças e as implicações altimétricas geradas por ocorrências de variações do nível do mar.

As formas de relevo podem transmitir a falsa idéia de que são componentes independentes na paisagem. Na verdade, elas e os demais componentes do ambiente estão interligados, promovendo ações, muitas vezes induzidas por influências mútuas, que, em maior ou menor intensidade, agem no sentido de criar uma fisionomia que reflete, no todo ambiental ou em suas partes, um ou mais ajustes alcançados. Assim, a criação e evolução das formas de relevo não são dissociadas da presença e participação dos demais componentes do ambiente e sobre eles exercem a sua influência. As características geológicas, climáticas, pedológicas, hidrológicas, biológicas, topográficas e altimétricas devem ser consideradas quando se pretende entender o tipo de relevo de uma área qualquer e a dinâmica dos processos a ele inerentes. Essa complexidade vem sendo ampliada, na medida em que o homem aumenta seu nível de relação com as formas de relevo, os processos geomorfológicos, os demais componentes e processos ambientais, ao ocupar e transformar lugares que eram naturais em áreas rurais e urbanas.

Não menos importante é a atenção que deve ser dada ao aspecto cronológico. Numa paisagem de idade recente, podem coexistir relevos atuais e outros elaborados no passado sob condições semelhantes ou diferentes das que existem no presente. Outra situação, bastante comum, é a de serem encontradas, em um ambiente, formas de relevo atuais esculpidas sobre materiais de diferentes idades geológicas. Em ambos os casos, essas informações são úteis para buscar respostas quanto à seqüência evolutiva do relevo e da paisagem.

Ao identificar a idade das formas de relevo existentes é possível verificar que as mais antigas reportam ao Terciário Superior e, a grande maioria, ao Quaternário. Nesse intervalo de tempo concentra-se, em grande parte, o interesse da Geomorfologia. Deve ser considerada, ainda, uma situação antecedente, para qualquer nova forma que comece a ser desenvolvida, expressa pelo tipo de terreno geológico, pelo clima e pela forma de relevo que ali existiam.

No sentido evolutivo, as formas refletem um comportamento dinâmico, ao estar continuamente sujeitas a ajustes em seu modelado, como resultado de suas relações com os processos que atuam sobre elas. Essas relações podem ser definidas como promotoras das condições de equilíbrio existentes ou a serem alcançadas, entre formas e processos, passíveis de ocorrer em diferentes escalas temporais e espaciais.

A importância conjunta da rocha e do clima traz dificuldades para estabelecer um critério geral, para a classificação das formas de relevo. Pelo critério apoiado na Geologia, chega-se à Geomorfologia Estrutural. Pelo critério apoiado no clima chega-se à Geomorfologia Climática. Entretanto, cada uma das duas, isoladamente, não explica totalmente a gênese e evolução de todos os tipos de relevo. As formas encontradas nas áreas costeiras, por exemplo, não se enquadram de maneira satisfatória em nenhuma das duas.

Ao destacar que as formas resultam de processos, tomá-los como critério de classificação tornou-se também uma opção importante, abrindo espaços para individualizar estudos voltados para processos fluviais, costeiros, eólicos e glaciais.

Maior aprofundamento do conhecimento sobre um processo e as formas (morfologia) que produz não é suficiente para explicar toda a Geomorfologia de áreas que congregam diversos processos e diversas formas resultantes. O maior conhecimento sobre os processos que ali estão atuando, individual ou interativamente, induz a levar em conta suas relações com as características do clima e da Geologia, ou seja, com os condicionantes mais gerais da morfogênese da área. Conjuntos de formas submetidos ao mesmo tipo de clima constituem sistemas morfoclimáticos, o mesmo ocorrendo com os sistemas morfoestruturais em relação à Geologia.

2. Evolução do Conhecimento Geomorfológico

O século 19 marca uma etapa em que foram definidos, de modo mais sistemático, os campos do conhecimento científico que lastreiam as ciências modernas. Na Geomorfologia não foi diferente. Observações e conhecimentos até então existentes reportavam conceitos e visões quase sempre parciais do conjunto das paisagens geomorfológicas. Carecia a Geomorfologia de um corpo próprio e coerente de conteúdo para explicar como surgiam, interagiam e evoluíam, no tempo e no espaço, todos os processos e formas de relevo. Observações empíricas, estudos sistemáticos, conceitos e idéias necessitavam ser revisados e articulados, de modo a criar uma base sólida de referência para oferecer respostas à classificação dos fatos geomorfológicos (as formas de relevo) e a projeção dos resultados a serem atingidos, em sucessivos momentos, pela evolução do relevo na superfície terrestre. Iniciava-se um caminho no qual iriam ser forjadas concepções teóricas mais abrangentes, que buscavam dar fundamento e respaldo às descrições, definições e explicações dos fatos geomorfológicos.

Os trabalhos de Leopold *et al.* (1964), Reynaud (1971), Chorley e Kennedy (1971), Schumm e Lichty (1973), Troll (1973), Cooke e Doornkamp (1974), Melhorm e Flemal (1975), Pitty (1982), Thorn (1982), Tinkler (1985), Beckinsale e Chorley (1991) e Gregory (1992) podem ser citados, entre outros, como fontes de informação a serem consultadas na busca do conhecimento da evolução da Geomorfologia. Essas obras, assim como as de Christofoletti (1973, 1974, 1981), serviram de principal suporte para focalizar, em síntese, a evolução histórica da Geomorfologia.

2.1. Primeiros Conceitos e Primeiras Teorias

As concepções filosóficas e religiosas, vigentes durante as primeiras épocas da história, influíram de modo marcante nas explicações para os fatos observados pelo homem.

Na Grécia antiga, a Filosofia estimulava a busca do saber.

Segundo Tinkler (1985), a curiosidade natural levava a buscar explicações para situações como, por exemplo, a permanência do fluxo de água num rio, mesmo com a ausência de chuvas. Para obter respostas a essa e outras indagações, ressalta esse autor que os gregos estabeleceram princípios que serviam de bases racionais para investigar a natureza e, em particular, as formas de relevo da superfície da Terra, tais como: o tempo infinito — um universo eterno; a existência da denudação — a erosão das terras; a conservação da massa — nada é perdido e nada é ganho.

Os romanos, em seguida, agregaram conhecimentos práticos, para os quais muito contribuiu o desenvolvimento de sua engenharia, dando também importância ao estudo da natureza.

Adiante, na Idade Média, atos inquestionáveis de Deus eram evocados para explicar a origem e o funcionamento da natureza. A Igreja fazia emanar da religião a base do saber.

Com o Renascimento, resgatam-se as obras gregas e romanas, porém, até meados do século 18, pouco foi acrescentado e teve continuidade para maior compreensão da Geomorfologia. Contribuições como a de Leonardo da Vinci (1452-1519), sobre a erosão e a deposição fluvial, não chegaram a intensificar o interesse por novas observações e idéias.

No final do século 18 e início do 19, foram sendo materializadas correntes de pensamento que buscavam encontrar respostas para a origem e evolução da superfície do planeta. Destacaram-se a que se apoiava em bases catastróficas e a que, em oposição, tinha no princípio do atualismo um dos seus principais fundamentos. As opiniões dividiam-se entre admitir transformações bruscas ou não.

James Hutton (1726-1797) é considerado o precursor das idéias do atualismo, por ser o primeiro a identificar a importância do conhecimento do presente para melhor compreender o passado. As concepções de Hutton foram divulgadas por John Playfair (1748-1819) e, posteriormente, tiveram em Charles Leyll (1797-1875) seu mais importante seguidor. Esse princípio até hoje é utilizado em muitos trabalhos na Geologia e na Geomorfologia.

No século 19, o conhecimento geomorfológico sofre grande expansão. Na Europa e nos Estados Unidos surgem várias e significativas obras que destacam os nomes dos seus autores pelo valor de suas contribuições ao desenvolvimento da Geomorfologia: Abraham Werner (1750-1817); Albert Penck (1853-1945); Andrew Ramsay (1814-1891); Clarence Eduard Dutton (1841-1912); Ferdinand von Richthoffen (1833-1905); Grove Karl Gilbert (1843-1918); Jean Louis Agassiz (1807-1873); John Wesley Powell (1834-1902); Walter Penck (1888-1923) e William Morris Davis (1850-1934).

Nesse século, o desenvolvimento das ciências em geral, da Cartografia, dos métodos de trabalho de campo e dos meios de divulgação de um crescente número de livros e artigos constituíram apoios valiosos. A ação glacial e o trabalho marinho na esculturação do relevo ganharam importância e constituíram novas linhas de investigação. Conceitos emitidos avançaram em direção à constituição de leis gerais. A erosão remontante, o nível de base, o perfil de equilíbrio, a classificação genética das formas de relevo são exemplos de temas que passaram a ser estudados e definidos de maneira mais sistemática.

Nos Estados Unidos, na segunda metade desse século, pela importância de seu trabalho, William Morris Davis despontou como o principal nome a ser lembrado na história da Geomorfologia. O ciclo geográfico, por ele idealizado, constitui o primeiro conjunto de concepções que podia descrever e explicar, de modo coerente, a gênese e a seqüência evolutiva das formas de relevo existentes na superfície terrestre. O ciclo iniciava-se com rápido soerguimento, pela ação de forças internas, de superfícies aplainadas que se elevariam criando desnivelamentos em relação ao nível do mar. A ação da água corrente, a erosão normal, atuando sobre o relevo inicial, produziria sua dissecação e, conseqüentemente, a redução de sua topografia, até criar uma nova superfície aplainada (peneplano). Novo soerguimento daria lugar a um novo ciclo erosivo. Do instante inicial ao final, formas típicas seriam modeladas, caracterizando sucessivos momentos evolutivos, como na vida orgânica, passando o relevo pelas fases de juventude, maturidade e senilidade.

O modelo teórico concebido por William Morris Davis trazia em seu bojo alguns pontos que originaram críticas; entre eles, destacam-se: o fato de o modelo ser concebido para áreas de clima temperado; a necessidade de um rápido soerguimento do relevo, seguido por um período muito longo de estabilidade tectônica; a colocação das condições de equilíbrio, como resultado a ser obtido no final do ciclo.

Emmanuel de Martonne (1893-1955) e Henri Baulig (1877-1962) são considerados como os principais divulgadores do ciclo geográfico na Europa. Surgiram deles, também, contribuições importantes, que se incorporaram ao conhecimento geomorfológico, tais como: os estudos de Baulig sobre as implicações das variações do nível do mar (eustatismo) e os de Martonne em seus trabalhos em direção à Geomorfologia Climática.

Cabe menção ao fato de que a teoria de William Morris Davis deu grande impulso ao desenvolvimento de uma Geomorfologia Estrutural. Até a metade do século 20 essa teoria manteve-se como forte referência para os estudos geomorfológicos. Todavia, o reconhecimento da existência e as implicações das glaciações quaternárias, e um melhor entendimento sobre o papel de diferentes climas no modelado do relevo fizeram surgir, nessa época, novas concepções, reforçando a importância de uma Geomorfologia Climática.

O recuo paralelo das vertentes, os sistemas morfoclimáticos, a formação de pediplanos, os testemunhos de paleoclimas e a importância dos níveis de base locais são exemplos de novas questões que se incorporaram aos estudos geomorfológicos com a perspectiva climática.

Admitiu-se com esses conteúdos maior variabilidade no desenvolvimento do modelado terrestre, porém o arcabouço maior das idéias de William Morris Davis, incluindo suas fases evolutivas, continuou, em linhas gerais, sendo mantido.

Resgatando conceitos anteriormente formulados, criando, organizando e divulgando seus trabalhos na perspectiva climática, devem ser citados: André Cailleux (1907-1986), André Cholley (1886-1968), Jean Tricart (1920-), Albert Demangeot (1872-1940), Jules Büdel (1903-1983), Lester King (1907-), Pierre Birot (1909-) e Siegfried Passarge (1866-1958).

2.2. Novas Concepções

O limiar da segunda metade do século 20 trouxe outras perspectivas para a Geomorfologia. O desenvolvimento científico e tecnológico possibilitou a utilização de novos meios — mapas topográficos mais precisos, fotografias aéreas, instrumentos e equipamentos mais sofisticados para trabalhos de campo e laboratório — assim como assimilar os avanços alcançados em outros campos do conhecimento humano, que direta ou indiretamente poderiam ser relacionados ao seu objeto de estudo.

Christofoletti (1974), em capítulo relativo às teorias geomorfológicas, aborda questões relativas ao que seja uma teoria, o significado dos fatos observados e as implicações geradas pelo advento de uma nova teoria, que seria responsável pela substituição de conhecimentos e não a soma deles.

De suas colocações pode ser entendido que um fato observado tem um significado ao ser conectado ao corpo de uma teoria. Com o aparecimento de uma nova teoria, esse mesmo fato deve ser revisto à luz das novas concepções. É possível, também, entender que muitos trabalhos, realizados no passado, possam ter hoje reconhecimento muito maior de sua importância, na medida em que se fundamentaram em princípios que atualmente são considerados os mais básicos no âmbito das novas teorias.

Nesse sentido, Grove Karl Gilbert vem sendo citado com freqüência pelas idéias que formulou em seus trabalhos em direção ao entendimento das relações entre processos e as resistências dos materiais à ação do modelado do relevo. Esse caminho está intimamente associado à noção do equilíbrio dinâmico.

Novas concepções passaram a ser formuladas ao serem absorvidos pelos estudos do relevo conceitos oriundos da teoria geral dos sistemas. As noções de sistema aberto (importação e exportação de massa e energia) e de equilíbrio (um ajustamento contínuo entre o comportamento do processo e as formas resultantes) visto em diferentes escalas passaram a fazer parte da fundamentação de uma nova teoria — o equilíbrio dinâmico. Nessa teoria, o resultado do trabalho dos processos não é necessariamente o equilíbrio ao final de sua atuação, como postulava William Morris Davis. A aplicação conceitual do equilíbrio dinâmico nos estudos morfoclimáticos não levaria, necessariamente, também a uma homogeneidade de formas quando o relevo é submetido a um mesmo clima. As formas passam a representar o resultado contínuo de um ajuste entre o comportamento dos processos e o nível de resistência oferecido pelo material que está sendo trabalhado. As formas deixam de ser algo estático para serem também dinâmicas em suas tendências a um melhor ajuste em sintonia com o modo de atuação dos processos. Disso deriva que a atuação de um processo pode levar ao aparecimento de diferentes formas. Contribuições significativas no desenvolvimento e divulgação dessa teoria foram realizadas por Arthur Newell Strahler, John Tilton Hack e Richard John Chorley.

A análise de todo o complexo conjunto de processos e formas na perspectiva sistêmica e a inserção de noções pertinentes a conceitos probabilísticos remeteram as concepções geomorfológicas a outro patamar teórico. A paisagem geomorfológica e sua evolução dependem de diversos fatores, representados em diferentes escalas de espaço e tempo. Desse modo, a existência de vários fatores, influenciando a realização de um ou mais processos, tenderia a gerar uma multiplicidade de resultados, sendo alguns mais previsíveis do que outros, quando, por exemplo, fosse detectada a presença de um elemento de controle.

Há, portanto, um sentido inerente ao conceito de incerteza embutido nas relações de ajuste entre processos e formas. Ao observar o comportamento das variáveis envolvidas nessas relações, quando vistas individualmente, é possível prever, de modo mais determinista, o resultado da ação de cada uma. O mesmo não ocorre ao tentar definir resultados com o comportamento conjunto das variáveis. A aleatoriedade diminui a precisão de previsões.

Outro aspecto a considerar refere-se ao conceito da entropia que diz respeito à energia contida em um sistema. Na concepção probabilística, a distribuição da energia no sistema é vista de modo mais importante do que a existência maior ou menor dessa energia. Desses conceitos deriva a idéia de que cada momento da evolução deve ser visto como o resultado mais provável. Apesar de os trabalhos pioneiros nessa concepção, desenvolvidos na década de 60, terem sido seguidos por inúmeros outros até hoje, não se pode dizer que atualmente os geomorfólogos estejam todos envolvidos nessa direção.

No desenvolvimento de trabalhos que nortearam um caminho mais elaborado na linha dessa teoria destacam-se A. E. Scheidegger, Luna Bergere Leopold e Walter Basil Langbein.

É importante salientar ainda o papel da quantificação. Trabalhos como o de Robert Elmer Horton e Arthur Newell Strahler, em direção à morfometria, abriram novos horizontes para a Geomorfologia. A obtenção e a disponibilidade de dados cada vez mais precisos têm favorecido a utilização mais freqüente da Matemática e da Estatística. Atualmente, as novas concepções teóricas têm estimulado o desenvolvimento de estudos que valorizam trabalhos vinculados à alometria (proporcionalidades de natureza geométrica) e à topologia (arranjos em formas de distribuição).

3. Desenvolvimento dos Estudos Geomorfológicos no Brasil

Nos últimos 50 anos, os estudos geomorfológicos, no Brasil, tiveram grande expansão. Atualmente, em função de uma maior valorização das questões ambientais, a Geomorfologia vem ganhando espaços pela pertinência da aplicação direta dos seus conhecimentos à análise ambiental.

Embora o acervo de trabalhos já alcance volume considerável, ainda são poucas as obras que tentam reportar a história da Geomorfologia no país. Ab'Saber (1958 e 1974) e Christofoletti (1977), enfocando a Geomorfologia; Mendes e Petri (1971), em trabalho sobre a Geologia do Brasil; Monteiro (1980), abordando a Geografia no período de 1937 a 1977; e Coltrinari e Kohler (1987), destacando o Quaternário continental brasileiro, constituem as fontes mais referenciadas.

A divulgação sistemática da produção também é pequena, merecendo menção os trabalhos de Silva (1984), divulgando a bibliografia utilizada pelo projeto RADAMBRASIL, e Cruz e Muehe (1980), com suas colaborações a partir de 1975 para a *International Bibliography on Coastal Geomorphology* da União Geográfica Internacional (UGI). Ainda com relação à divulgação, Marques e Cunha (1989) inserem um pequeno quadro da situação da Geomorfologia no Brasil, em publicação que envolveu contribuições oriundas de diversos países.

CIÊNCIA GEOMORFOLÓGICA

Sobre a situação do ensino da Geomorfologia nas universidades brasileiras, Marques *et al.* (1988), apresentando os resultados de um levantamento efetuado naquela época, ao abordar especificamente esse propósito, constitui singular referência para o assunto.

Quanto à atuação dos geomorfólogos, ela está presente em diferentes áreas de trabalho, principalmente, em função de uma tendência à valorização de suas especializações.

3.1. Temas e Obras que Marcaram a História

As primeiras contribuições significativas para o conhecimento geomorfológico no Brasil datam do século 19 através de pesquisadores "naturalistas" e "especialistas". Os primeiros, buscando, através de estudos abrangentes e diversificados, compreender o meio ambiente. Os demais, dedicados a conteúdos específicos, envolvendo botânicos, cartógrafos e, principalmente, geógrafos e geólogos. Destaca-se a atuação, em diversas áreas do país, entre 1875 e 1910, das "comissões geológicas", instituídas pelo governo imperial.

A grande maioria era composta de estrangeiros ilustres, alguns aqui permanecendo por largo período de tempo, e outros, viajantes, que percorriam o mundo fazendo pesquisas. Entre eles, Augustin Saint Hilaire, Alexander von Humboldt, Charles Darwin, Charles Frederick Hartt, George Gardner, Israel White, John Casper Branner, Louis Agassiz, Emanuel Pohl, Johann von Spix, Carl Friedrich Philipp von Martius, Peter Wilhelm Lund, Orville Albert Derby e Wilhelm von Eschwege.

Do início deste século até a década de 40, o conhecimento geomorfológico no país vinculou-se, principalmente, às primeiras gerações de geólogos brasileiros, estando também presentes estrangeiros ilustres. Estudando diversos temas e regiões do país, entre outros, destacam-se Alberto Betim Paes Leme, Alberto Ribeiro Lamego, Delgado de Carvalho, Everaldo Backheuser, Glycon de Paiva, Luis Flores de Moraes Rego, Othon Henry Leonardos, Preston Everett James, Reinhard Maack, Sylvio Fróes de Abreu, Teodoro Sampaio e Viktor Leinz.

CIÊNCIA GEOMORFOLÓGICA

Ab'Saber (1958) define a época que se segue a 1940 como sendo a de implantação de "técnicas modernas", colocando a publicação do trabalho de Emmanuel de Martonne (1940), relativo aos problemas morfológicos do Brasil tropical atlântico como marco inicial. A partir desse momento, a Geomorfologia brasileira começa a ter maior participação de geógrafos. A criação do Instituto Brasileiro de Geografia e Estatística (IBGE), em 1937, do qual fazia parte o Conselho Nacional de Geografia (CNG), e a expansão das faculdades de Filosofia tiveram grande influência nesse sentido. Marcava-se, também, uma forte influência das escolas alemã, francesa e norte-americana.

Maior volume de trabalhos específicos de Geomorfologia aparece, marcando o início desse período: Guimarães (1943) e Azevedo (1949), reunindo e sintetizando os conhecimentos sobre o relevo brasileiro; Lamego (1945), estudando as lagoas costeiras do Estado do Rio de Janeiro; Maack (1947), trabalhando com a Geologia do Paraná, com observações relativas às ações climáticas do passado; Ruellan (1953), tratando das relações do escoamento pluvial com o modelado do relevo tropical; King (1956), abordando a Geomorfologia do Brasil oriental; Tricart (1959), estabelecendo uma divisão morfoclimática para o Brasil atlântico central.

A realização do XVIII Congresso Internacional de Geografia da UGI, no Rio de Janeiro, em 1956, foi um marco importante pelo contato estabelecido com a produção internacional, de onde emanavam novas concepções teóricas e práticas que estimularam o desenvolvimento de muitas pesquisas no país. Muitos estrangeiros estão relacionados a esse período, tais como André Cailleux, André Journaux, Boris Brajnikov, Carl Troll, Francis Ruellan, Jean Dresh, Jean Pimienta, Jean Tricart, Jorge Shebataroff, Lester King, Louis Papy, Pierre Gourou e Pierre Birot. Entre os nacionais, Alfredo José Porto Domingos, Antônio Teixeira Guerra, Aroldo de Azevedo, Aziz Nacib Ab'Saber, Fabio Macedo Soares Guimarães, Gilberto Ozório de Andrade, Hilgard O'Reilly Sternberg, João José Bigarella, Manoel Correia de Andrade, Miguel Alves de Lima, Orlando Valverde, Riad Salamune, Ruy Ozório de Freitas, Sergio Estanislau do Amaral e Victor Ribeiro Leuzinger.

Nessa época, a forte influência que existia das concepções de William Morris Davis vai dando lugar às abordagens que

37

destacam a importância da Geomorfologia Climática. As obras de Ab'Saber e Bigarella constituíram volumosas e preciosas contribuições nessa direção. São exemplos os trabalhos publicados por Bigarella e colaboradores (1965) no volume 16/17 do *Boletim Paranaense de Geografia*, e os de Ab'Saber (1967, 1969, 1970).

Do final dos anos 60 ao início dos anos 70, abriram-se novos cenários para a Geomorfologia brasileira. Começam a ser incorporados os conceitos oriundos da Teoria Geral de Sistema e, com eles, a aplicação das idéias relativas ao equilíbrio dinâmico. Elaborador e divulgador de vários trabalhos nessa linha, Antônio Christofoletti lança, em 1974, o livro intitulado *Geomorfologia* voltado para o ensino, o qual incorpora e divulga a perspectiva sistêmica. Esse livro, ainda hoje, é um dos poucos produzidos em português que atende a objetivos didáticos.

Também em 1974 é lançado o livro de Margarida Maria Penteado, sob o título *Fundamentos de Geomorfologia*, destinado ao ensino, contendo exemplos e referências do que estava sendo produzido no país. Sucessivas edições do *Dicionário Geológico-Geomorfológico*, de Antônio Teixeira Guerra (1954), foram sendo lançados pelo IBGE, a partir dessa época, traduzindo o crescente interesse pelo assunto. O mesmo ocorreu com a coleção "Geografia do Brasil", editada pelo IBGE em cinco volumes, cada um deles relativo a uma região brasileira e com um capítulo específico referente à Geomorfologia, cuja primeira edição, iniciada em 1959, completou-se em 1965. Em 1975, merece ainda menção a obra traduzida para o português *Modelos Físicos e de Informação em Geografia*, produzida sob a coordenação de Richard Chorley e Peter Hagget, que amplia a divulgação dos conceitos sistêmicos. O emprego de métodos e técnicas de quantificação e os novos recursos do sensoriamento remoto marcaram bastante essa época. Iniciava-se a utilização de computadores, viabilizando o manuseio e os cálculos precisos de grande massa de dados. O radar e as imagens de satélites permitiram a realização de levantamentos sistemáticos de informações, que ampliaram o nível de conhecimento geomorfológico de todo o território nacional.

O projeto Radar da Amazônica (RADAM), posteriormente expandido para todo o país como projeto RADAMBRASIL, foi sem dúvida, em nível mundial, um dos maiores já realizados de levantamento de recursos naturais que incluía os temas Geologia, Geomorfologia, solos, vegetação e uso potencial do solo. Durante mais de uma década, a partir de um primeiro, em 1973, foram sendo publicados novos volumes, contendo relatórios e documentação cartográfica (mapas temáticos), recobrindo todo o país, perfazendo, hoje, cerca de 40 volumes, cujas edições estão sob a responsabilidade do IBGE.

No que se refere às imagens orbitais de satélite, sua utilização iniciou-se com a criação do Instituto Nacional de Pesquisas Espaciais (INPE) que, desde os anos 70, é responsável por pesquisas, divulgação e fornecimento de imagens para usuários. Essas imagens tornaram-se, para diversos profissionais, entre eles os geomorfólogos, importantes ferramentas para estudos, em seus campos específicos de atuação e para a análise ambiental, destacando sua aplicabilidade para grandes áreas e a possibilidade da obtenção de imagens em seqüências para diversas épocas, de um mesmo lugar.

O início e a expansão de muitos programas de pós-graduação, em Geografia e em Geologia, que, aliados a um maior intercâmbio com os principais centros mundiais, favoreceram a rápida aquisição de novas concepções e de novas tecnologias que despontavam no nível internacional.

Sob o ponto de vista do desenvolvimento das pesquisas, passaram a ser conferidas maior atenção e relevância ao aprofundamento das relações com os conteúdos pedológicos, hidrológicos, biológicos e antrópicos na explicação dos fatos geomorfológicos.

As glaciações quaternárias, vistas pela sua importância como eventos aos quais se relacionam as mudanças climáticas, passaram a merecer também maior atenção com referência às variações do nível do mar, impulsionando a realização de novos estudos na Geomorfologia Costeira. Nas duas linhas de trabalho, o desenvolvimento de técnicas de datação absoluta, em particular as relativas ao emprego do Carbono 14, passou a ser meio valioso para as reconstituições paleogeográficas da paisagem e, conseqüentemente, na elucidação dos aspectos cronológicos da evolução do relevo no Holoceno.

Nessa época, o valor atribuído às informações que poderiam

ser obtidas em amostras de materiais coletados em campo ampliou também os trabalhos realizados em laboratório. O reconhecimento das características pedológicas, sedimentológicas e estratigráficas dos materiais, que constituem o conteúdo das formas, passou a merecer nível mais profundo de análise.

Situações novas foram motivações que criaram maiores horizontes para a aplicação dos trabalhos geomorfológicos. Entre elas, podem ser citadas a ocorrência de eventos catastróficos; os primeiros projetos que incluíam a elaboração de previsões de impactos ambientais; os diagnósticos de desequilíbrios ambientais; as preocupações que já se faziam sentir em relação à poluição; o reconhecimento da necessidade de recuperar áreas degradadas e de preservar a natureza.

Amélia Alba Nogueira, Getúlio Vargas Barbosa e Maria Regina Mousinho de Meis, pela importância de seus trabalhos e pelo papel que desempenharam na formação de grande número de pesquisadores, fizeram parte do conjunto que reúne os mais importantes geomorfólogos do país nessa época.

Abílio Carlos da Silva Pinto Bittencourt, Adilson Avansi de Abreu, Alba Maria B. Gomes, Antônio Christofoletti, David Márcio Santos Rodrigues, G. Bacoccoli, Jean-Marie Flexor, José Maria Landim Dominguez, José Queiroz Neto, Jorge Xavier da Silva, Kenitiro Suguio, Lilian Coltrinari, Louis Martin, Margarida Maria Penteado, Maria Novaes Pinto, Olga Cruz e Tereza Cardoso da Silva estão entre os que atuaram nesse período ou continuam atuando no desenvolvimento de linhas de pesquisa de interesse e importância para a Geomorfologia.

3.2. Atuais Rumos da Geomorfologia

Em linhas gerais, a Geomorfologia brasileira acompanha de perto os rumos teóricos e os caminhos de aplicação que estão sendo trilhados nos mais expressivos centros do exterior. Entretanto, para o andamento de seus trabalhos, há defasagens maiores, decorrentes da dificuldade de acesso rápido às novas tecnologias e da falta de infra-estruturas satisfatórias, até mesmo no que se refere à existência e ao funcionamento de estações de recolhimento sistemático de dados ambientais. Em contrapartida, apresenta especificidades que lhe conferem características próprias e permitem produzir valores que a qualificam.

Trabalhos voltados para o reconhecimento e melhor detalhamento da paisagem geomorfológica do país ainda são úteis e necessários. Vastas extensões do território são conhecidas apenas por suas características mais gerais. Grandes áreas da Amazônia e da plataforma continental brasileira exemplificam essa situação.

A diversidade do quadro natural e as relações que se estabeleceram com a ocupação humana, ao longo da história, criam grande variedade de temas a serem investigados. Porém, também definem um perfil mais geral de interesses específicos. A morfogênese sob clima tropical, o desmatamento como fator desencadeador de processos erosivos, a erodibilidade dos solos agrícolas e a detecção de áreas de risco ambiental no meio urbano são temas que aqui despertam atenção, com suas escalas temporais e espaciais diversas.

A valorização do estudo da ação de cada processo tem desencadeado tendência de especialização, levando os pesquisadores a um nível de maior aproximação com outros de áreas afins. Esse contato em torno de uma temática específica gera amplo intercâmbio, havendo, na prática, assimilação de conteúdos e de técnicas que se mostrem mais efetivas e precisas na resolução de problemas comuns.

A perspectiva ambiental, ao contrário, ressalta o valor da preparação mais abrangente do geomorfólogo e do seu objeto de estudo. Disso decorre uma tendência de maior participação de geomorfólogos em pesquisas ambientais. Para a Geografia, o interesse pelo ambiente resgata o valor da Geografia Física em sua visão global, de que a Geomorfologia, a Climatologia, a Biogeografia e a Pedologia constituem as principais partes. Ao tratar da natureza da Geografia Física, Gregory (1992) mostra aspectos relevantes que permitem entender essas motivações da Geomorfologia para individualizá-la ou mantê-la integrada.

A questão ambiental valorizou também a Ecologia. O enfoque ecológico ganhou espaço, motivando pesquisas e maior relacionamento com as demais ciências ligadas à natureza, entre elas a Geomorfologia, que, nessa direção, vem definindo novas linhas de trabalho.

Outra tendência observada deriva da importância crescente atribuída aos aspectos litológicos e estruturais apresentados pelas formas de relevo. Isso valoriza a Geologia, suscitando a incorporação dos seus mais recentes conhecimentos nessa direção. Para as pesquisas atuais da Geomorfologia Regional, por exemplo, o conteúdo da teoria das placas tectônicas não pode deixar de ser visto, assim como as idéias sobre o neotectonismo. Do mesmo modo, para a análise de sedimentos, há atualmente ampla gama de procedimentos para melhor identificar suas composições e propriedades.

Essa tendência, junto à Geologia Ambiental, que tem estimulado o estudo dos processos geomorfológicos recentes, responde pelo crescimento da participação da Geologia na produção geomorfológica no país.

Oriundos da Geografia ou da Geologia, os geomorfólogos brasileiros têm desenvolvido trabalhos que indicam significativo crescimento em direção à aplicação da Geomorfologia, para atender a diferentes áreas do conhecimento e à demanda diversificada para a pesquisa de temas de interesse da sociedade.

É importante lembrar que as novas concepções teóricas surgidas vêm permitindo maior fundamentação para equacionar com mais propriedade as relações homem, sociedade e natureza.

4. Caminhos do Futuro

O futuro é o grande desafio. A compreensão do passado e do presente têm enorme valor intrínseco que se amplia ao fornecer bases sólidas para alcançar a visão do futuro.

4.1. Perspectivas da Geomorfologia

A melhor compreensão do significado das formas e processos geomorfológicos é, na verdade, uma diretriz que sempre será perseguida. Pelos vários caminhos em que se subdivide a

Geomorfologia deverão continuar surgindo contribuições que ampliarão o nível do conhecimento atual, como vem ocorrendo ao longo da história. Subdivisões, nascidas por diferentes critérios, existem e formam conteúdos que retratam as suas especificidades, seguindo, entretanto, a mesma diretriz comum a todas: Geomorfologia Estrutural; Geomorfologia Climática; Geomorfologia Costeira; Geomorfologia Continental; Geomorfologia Regional; Geomorfologia Aplicada; Geomorfologia Dinâmica ou Funcional, ou dos Processos (fluviais, eólicos, costeiros, glaciais, cársticos, de meteoração e das vertentes) e Geomorfologia do Quaternário.

Atualmente, novas subdivisões podem ser cogitadas e fundamentadas, como, por exemplo, Geomorfologia Antrópica — destacando a ação do homem; Geomorfologia Urbana — destacando a ação dos processos sobre um ambiente artificial; Geomorfologia Submarina — para as áreas cobertas pelos mares e oceanos; Geomorfologia Ecológica — interações de processos e formas com os componentes dos ecossistemas; Geomorfologia Planetária — viabilizada pelo uso do sensoriamento remoto, envolve estudos da superfície da Terra, Lua e planetas (Vitek & Ritter — 1989); etc.

Na formação do geomorfólogo está havendo cada vez mais a necessidade do aprendizado da Física, Química, Matemática, Estatística e Computação. A existência de um leque amplo de temáticas de interesse da Geomorfologia deve conduzi-lo a obter conhecimentos básicos, oriundos de diferentes disciplinas.

Como vem ocorrendo em todas as áreas, estimular a cooperação interdisciplinar é fundamental para aprimorar e fazer avançar o seu conhecimento na interpretação dos processos e formas de relevo.

Em seu trabalho novas ferramentas hoje são disponíveis e apresentam aprimoramentos constantes. Os sistemas de tratamento digital de imagens orbitais de satélite oferecem novos recursos para a observação do relevo, implementação de classificações, acompanhamento, ao longo do tempo, de modificações das características de uma área e maior precisão, a partir do aumento do nível de resolução das imagens. Os sistemas geográficos de informações permitem armazenar e manusear, de diferentes modos, grande quantidade de informações, aferidas as suas posições geográficas, e recuperá-las, principalmente, sob a forma de mapas diversos, com níveis de resolução cada vez maiores. Computadores apresentam recursos de uso dos mais diversos. Instrumentos e equipamentos para trabalhos de campo e laboratório são construídos para melhor atender necessidades diversas, apresentando alta sensibilidade e precisão. A expansão das telecomunicações permite a construção de redes para intercâmbio de dados e informações.

Os recursos disponíveis favorecem a implementação e o aprimoramento de vários métodos de trabalho. No campo experimental, áreas são instrumentalizadas, possibilitando acompanhar a atuação dos processos que ali ocorrem ou que são simulados artificialmente, como, por exemplo, a chuva. Os trabalhos de mapeamento, realizados com base em levantamentos de campo, passaram a contar com instrumentos de fácil manejo, que permitem a localização precisa de pontos na superfície terrestre. Dados ambientais e informações podem ser obtidos em tempo real. Valorizam-se simulações produzidas em modelos de escala ou matematicamente. Os trabalhos de modelagem geomorfológica ganham corpo em diversas direções.

Embora exista uma multiplicidade de novos recursos, é importante salientar a necessidade de evoluir também sob o ponto de vista teórico. Até este momento, com as novas concepções teóricas, a Geomorfologia ainda não ultrapassou algumas barreiras que lhe trazem dificuldades. Isso, porém, não deve ser definido *a priori* como defeito ou virtude. Não há um critério que, por si só, promova a classificação de todos os fatos geomorfológicos, estabelecendo categorias hierarquizadas em diferentes escalas espaciais e temporais, de modo satisfatório. Disso resulta, por exemplo, problemas para o mapeamento geomorfológico, que é um dos principais resultados de seu trabalho. Não há também, como assinala Ross (1990), "uma sistemática única de trabalho". Várias são as metodologias para o desenvolvimento das pesquisas, sendo possível reconhecer nelas as influências das principais escolas de origem: alemã, americana, francesa e inglesa.

Questões teóricas que norteiam a evolução das ciências também se fazem presentes na Geomorfologia. Muitas influências ocorreram, tais como, deterministas, possibilistas, uniformistas, catastrofistas, positivistas e historicistas. As discussões entre o valor dos enfoques ideográfico e nomotético remetem à importância do geral e do particular na pesquisa, e ressaltaram dicotomias. No futuro, novas questões deverão surgir.

4.2. Geomorfologia e Análise Ambiental

O meio ambiente é hoje, sem dúvida, uma das grandes preocupações da humanidade, ao buscar melhorias na qualidade de vida e na tentativa de preservar o patrimônio que a natureza produziu.

A visão holística da paisagem e a necessidade da compreensão das relações entre o homem, a natureza e a sociedade criaram novas visões e enfoques para as pesquisas ambientais.

Diagnósticos, impactos, monitoriamentos, planejamentos, gerenciamentos, gestões e prognósticos ambientais são expressões com definições próprias e temas para implementação de trabalhos teóricos e práticos. Há, em todas as ciências, conteúdos a serem oferecidos e incorporados à análise ambiental em cada um desses caminhos de facetas multivariadas.

Em função de seu objeto, a Geomorfologia sempre terá seu espaço próprio na análise ambiental. Quanto ao geomorfólogo, sua capacitação responderá pelo quanto poderá oferecer na identificação e interpretação das múltiplas relações que seu objeto de estudo tem com os demais componentes do ambiente.

A análise ambiental viabiliza-se por trabalho interdisciplinar, não existindo uma disciplina que possa ser rotulada como aquela que será sempre a mais importante.

5. Bibliografia

AB'SABER, A. N. A geomorfologia no Brasil. *Notícia Geomorfológica*. Campinas, 1(2): 1-8, 1958.
AB'SABER, A. N. Domínios morfoclimáticos e províncias

fitogeográficas no Brasil. *Orientação*. São Paulo, (3): 45-58, 1967.

AB'SABER, A. N. Uma revisão do Quaternário paulista: do presente ao passado. *Revista Brasileira de Geografia*. Rio de Janeiro, *31*(4): 1-51, 1969.

AB'SABER, A. N. Províncias geológicas e domínios morfoclimáticos no Brasil. *Geomorfologia*, Campinas, (20): 1-10, 1970.

AB'SABER, A. N. A geomorfologia no Brasil — "História da Ciência: Perspectiva Científica". *Revista de História*. São Paulo, (46): 145-165, 1974.

AZEVEDO, A. de. O planalto brasileiro e o problema da classificação de suas formas de relevo. *Boletim Assoc. Geógrafos Brasileiros — Núcleo São Paulo*. São Paulo, (2): 43-50, 1949.

BACOCCOLI, G. Os deltas marinhos holocênicos brasileiros — uma tentativa de classificação. *Boletim Técnico da Petrobrás*. Rio de Janeiro, *14*(1): 5-38, 1971.

BARBOSA, G. V. Cartografia geomorfológica utilizada pelo Projeto RADAM. *Anais do XXVII Congresso Brasileiro de Geologia*. São Paulo, (1): 427-432, 1973.

BECKINSALE, R. P. & CHORLEY, R.J. *The History of the study of landforms or the development of geomorphology — Volume 3: Historical and Regional Geomorphology 1890-1950*. Londres, Routledge, 1991, 496 p.

BIGARELLA, J. J. Subsídios para o estudo das variações do nível oceânico no Quaternário brasileiro. *Anais da Academia Brasileira de Ciências*. Rio de Janeiro, (37): 263-278, 1965.

BIGARELLA, J. J. *A Serra do Mar e a porção oriental do Estado do Paraná*. Editora Governo do Paraná e ADEA. Curitiba, 248 p., 1978.

BIGARELLA, J. J. & MOUSINHO, M. R. M. Considerações a respeito dos terraços fluviais, rampas de colúvio e várzea. *Boletim Paranaense de Geografia*. Paraná, (16-17): 153-197, 1965.

BIGARELLA, J. J.; MOUSINHO, M. R. M. & SILVA, J. X. da. Considerações a respeito da evolução de vertentes. *Boletim Paranaense de Geografia*. Paraná, (16-17): 86-116, 1965.

BIGARELLA, J. J.; MOUSINHO, M. R. M. & SILVA, J. X. Pediplanos, pedimentos e depósitos correlativos no Brasil. *Boletim Paranaense de Geografia*. Paraná, (16-17): 117-151, 1965.

CAILLEUX, A. & TRICART, J. Zonas fitogeográficas e morfoclimáticas do Quaternário no Brasil. *Notícia Geomorfológica*. São Paulo, (4): 12-17, 1959.

CHORLEY, R. J. & KENNEDY, B. A. *Physical geography: a systems approach*. London, Prentice Hall, 1971, 370 p.

CHORLEY, R. J. & HAGGETT, P. *Modelos físicos e de informação em geografia*. Rio de Janeiro, Livros Técnicos e Científicos, 1975, 260 p.

CHRISTOFOLETTI, A. O fenômeno morfogenético no município de Campinas. *Notícia Geomorfológica*. São Paulo, *8*(16): 3-97, 1968.

CHRISTOFOLETTI, A. Geomorfologia: definição e classificação. *Boletim de Geografia Teorética*. Rio Claro, *3*(5): 39-45, 1973.

CHRISTOFOLETTI, A. *Geomorfologia*. São Paulo, Edgar Blucher, 1974, 150 p.

CHRISTOFOLETTI, A. As tendências atuais da geomorfologia no Brasil. *Notícia Geomorfológica*. Campinas, *17*(33): 35-91, 1977.

CHRISTOFOLETTI, A. Aspectos da análise sistêmica em geografia. *Geografia*. Rio Claro, *3*(6): 1-31, 1978.

CHRISTOFOLETTI, A. *A geomorfologia fluvial — volume 1: o canal fluvial*. São Paulo, Edgar Blucher, 1981, 313 p.

COLTRINARI, L. & KOHLER, H. C. O Quaternário continental brasileiro: estado da arte e perspectivas. *I Congresso da Associação Brasileira de Estudos do Quaternário*. Anais. Porto Alegre, pp. 27-36, 1987.

COOKE, R. V. & DOORNKAMP, J. C. *Geomorphology in environmental management: an introduction*. London, Oxford, 1974, 413 p.

CRUZ, O. & MUEHE, D. Brazil in: International Bibliography on Coastal Geomorphology, 1975-1978. *Komazawa Geography, 16*: 86-91, 1980.

DOMINGUEZ, J. M. L.; BITTENCOURT, A. C. S. P. & MARTIN, L. Esquema evolutivo da sedimentação quaternária nas feições deltáicas dos rios São Francisco (SE/AL), Jequitinhonha (BA), Doce (ES) e Paraíba do Sul (RJ). *Revista Brasileira de Geociêncais*. São Paulo, *11*(4): 227-237, 1981.

GUIMARÃES, F. M. S. A Bacia Terciária de Resende. *Boletim Geográfico*, Rio de Janeiro. (7): 71-74, 1943.

GREGORY, K. J. *A natureza da geografia física*. Rio de Janeiro, Bertrand Brasil, 1992, 367 p.

GUERRA, A. T. *Dicionário Geológico-Geomorfológico*. Rio de Janeiro, IBGE, 8ª ed., 1993. 1ª ed., 1954.

HUGGET, R. *Catastrophism: systems of earth history*. Londres, Edward Arnold, 1990, 246 p.

KING, L. C. A geomorfologia do Brasil oriental. *Revista Brasileira de Geografia*. Rio de Janeiro, 18(2): 147-266, 1956.

LAMEGO, A. R. Restingas na costa do Brasil. *Boletim da Divisão de Geologia e Mineralogia*. Rio de Janeiro, (96), 1940.

LAMEGO, A. R. Ciclo evolutivo das lagunas fluminenses. *Boletim do Departamento Nacional da Produção Mineral*. Rio de Janeiro, (188), 1945.

LEOPOLD, L. B.; WOLMAN, M. G. & MILLER, J. P. *Fluvial processes in geomorphology*. San Francisco, W. H. Freeman, 1964, 522 p.

MAACK, R. Breves notícias sobre a geologia dos estados do Paraná e Santa Catarina. *Arquivos de Biologia e Tecnologia*. Curitiba, pp. 63-157, 1947.

MARQUES, J. S.; RAMALHO, R. & CUNHA, S. B. da. A geomorfologia; um quadro atual do ensino e da pesquisa. *CTG, Sociedade Brasileira de Geologia*, Belém, 49 p., 1988.

MARQUES, J. S. & CUNHA, S. B. da. Geomorphology in Brazil. *Transactions Japanese Geomorphological Union*. Kyoto, (10- B): 35-39, 1989.

MARTONNE, E. de. Problèmes morphologiques du Brésil tropical atlantique. *Annales de Geographie*. Paris, 39(277): 1-27, 1940; 39(278-279): 106-129, 1940.

MEIS, M. R. M. & AMADOR, E. da S. Contribuição ao estudo do neocenozóico da baixada da Guanabara — formação Macacu. *Revista Brasileira de Geociências*. São Paulo, 7(2): 150-174, 1977.

MOUSINHO, M. R. M. & MOURA, J. R. S. Upper quaternary sedimentation and hillslope evolution: southeastern brazilian plateau. *American Journal of Science*, (284): 241- 254, 1984.

MOUSINHO, M. R. M. & SILVA, J. X. da. Considerações geomorfológicas a propósito dos movimentos de massa ocorridos no Rio de Janeiro. *Revista Brasileira de Geografia*, (30): 55-73, 1968.

MELHORM, W. N. & FLEMAL, R. C. *Theories of landform development*. London, George Allen & Unwin, 1975, 306 p.

MENDES, J. C. & PETRI, S. *Geologia do Brasil*. Rio de Janeiro, Instituto Nacional do Livro, 1971, 207 p.

MONTEIRO, C. A. F. M. A geografia do Brasil (1934-1977) — avaliação e tendências. *Séries Teses e Monografias n° 37, IGEO-USP*, São Paulo, 155 p., 1980.

MUEHE, D. Conseqüências higroclimáticas das glaciações quaternárias no relevo costeiro a leste da baía de Guanabara. *Revista Brasileira de Geociências*, São Paulo, *13*(4): 245-252, 1983.

PENTEADO, M. M. Fundamentos de Geomorfologia. Rio de Janeiro. *Fundação IBGE*, 1974, 186 p.

PITTY, A. F. *The nature of geomorphology*. Londres, Methuen, 1982 160 p.

ROSS, J. L. S. *Geomorfologia: ambiente e planejamento*. São Paulo. Contexto, 1990, 84 p.

REYNAUD, A. *Épistémologie de la géomorphologie*. Paris, Masson, 1971, 125 p.

RUELLAN, F. A evolução geomorfológica da baía de Guanabara e das regiões vizinhas. *Revista Brasileira de Geografia*. Rio de Janeiro, *IV*(4): 455-508, 1944.

RUELLAN, F. O papel das enxurradas no modelado do relevo brasileiro. *Boletim Paulista de Geografia*. São Paulo, (13): 5-18, (14): 3-25, 1953.

SCHUMM, S. A. & LICHTY, R. W. Tempo, espaço e causalidade em geomorfologia. *Notícia Geomorfológica*. Campinas, *13*(25): 43-62, 1973.

SILVA, T. C. da. *Bibliografia em geomorfologia*. CTG, Sociedade Brasileira de Geologia. Rio de Janeiro, 1984, 110 p.

SUGUIO, K.; MARTIN, L.; BITTENCOURT, A. C. S. P.; DOMINGUEZ, J. M. L.; FLEXOR, J. M. & AZEVEDO, A. E. G. Flutuações do nível relativo do mar durante o Quaternário superior ao longo do litoral brasileiro e suas implicações na sedimentação costeira. *Revista Brasileira de Geociências*. São Paulo, *15*(4): 273-286, 1985.

THORN, C. E. *Space and time in geomorphology*. Londres, George Allen & Unwin, 1982, 379 p.

TINKLER, K. J. *A short history of geomorphology*. Londres, Croom Helm, 1985, 317 p.

TRICART, J. As zonas morfoclimáticas do Brasil atlântico central. *Boletim Paulista de Geografia*, (31): 3-44, 1959.

TRICART, J. Problemas geomorfológicos do litoral oriental do Brasil. *Boletim Baiano de Geografia*. Salvador, 1(1): 5-39, 1960.

TRICART, J. Existence de périodes seches au quaternaire en Amazonie et dans les régions voisines. *Révue de Géomorphologie Dynamique*, 23(4): 145-158, 1974.

TROLL, C. Teor, problemas e métodos de pesquisa geomorfológica. *Boletim Geográfico*. Rio de Janeiro. IBGE, 32(234): 101-164. 1973.

VITEK, J. D. & RITTER, D. F. Geomorphology the United States. *Geomorphological Union*. Kyoto, (10- B): 225-234, 1989.

CAPÍTULO 2

PROCESSOS ENDOGENÉTICOS NA FORMAÇÃO DO RELEVO

Hélio Monteiro Penha

1. Introdução

No planeta Terra, as forças geodinâmicas externas e internas interagem para produzir distintas topografias.

A interação da litosfera móvel terrestre com os fluidos da atmosfera e hidrosfera guia a formação de uma variada paisagem, única no sistema solar. Nessa condição, as forças exógenas e endógenas derivadas de diferentes fontes de energia modelam a superfície do planeta, numa constante busca de equilíbrio que já monta mais de quatro bilhões de anos.

Face a sua peculiaridade geodinâmica em termos de planetologia comparativa, o planeta Terra é o que apresenta as mais variadas formas de relevo e desníveis topográficos conhecidos, tornando seus estudos geomorfológicos fascinantes e intimamente ajustados à sua evolução geológica.

Se apenas os agentes externos atuassem sobre a sua superfície sólida, caso inexistisse uma dinâmica interna, ter-se-ia o planeta

PROCESSOS ENDOGENÉTICOS NA FORMAÇÃO DO RELEVO

coberto por um único oceano cuja profundidade deveria ser de aproximadamente 2,6km. Na realidade, os oceanos cobrem 71% da superfície do mundo, de tal forma que a profundidade é bem maior do que 2,6km; 3,8km, em média. Essa profundidade é, contudo, muito irregular, sendo a maior, de 11.033m na fossa Challenger, nas Marianas a sudoeste do Pacífico.

Os remanescentes 29% da superfície do planeta são ocupados por terra emersa, com média de 840m acima do nível do mar e com 8.848m no ponto mais elevado (Pico Everest, no Himalaia). Assim, a maior diferença altimétrica registrada no planeta, entre o ponto mais alto e o mais profundo está em torno de 20km. Vênus, o planeta mais semelhante à Terra, tem relevo de apenas 13km.

Grande parte da topografia terrestre é o resultado de processos de diferenciação que produzem crosta oceânica e continental respectivamente, sendo mais de 65% da superfície sólida da Terra formada por crosta oceânica com idades inferiores a 200 milhões de anos. Isso indica ser a crosta oceânica extremamente jovem com respeito ao tempo geológico e, portanto, continuamente renovada. Por outro lado, idades superiores a três bilhões de anos são encontradas em alguns continentes.

Todas as atividades que envolvem movimentos ou variações químicas e físicas das rochas, no interior da Terra, são denominadas processos internos. A energia que os induz provém basicamente do calor interno da Terra, em grande parte produzido através do decaimento radioativo de isótopos instáveis. É a energia derivada de reações nucleares que propicia a formação dos grandes relevos terrestres, como os Alpes, os Andes, as Rochosas, o Himalaia, as cordilheiras meso-oceânicas e as fossas. Também o magmatismo que produz plútons e vulcões, os terremotos, os dobramentos e fraturamentos da crosta, e a mobilidade das placas litosféricas a ela estão relacionados.

Por outro lado, o relevo não é criado instantaneamente, e tampouco suas variações dimensionais são constantes. Milhões de anos são necessários para que as montanhas sejam erguidas ao passo que em poucos minutos se formam marcas de ondas na areia da praia. Da mesma forma, a magnitude espacial dos principais componentes do relevo terrestre varia significativamente em escala segundo suas dimensões, estando os mais representativos associados aos fenômenos endógenos. É deles que trataremos a seguir.

2. Processos Geodinâmicos Internos

2.1. Natureza e Características

Os processos geológicos que agem no interior da Terra e, portanto, dependem da energia do seu interior para o desenvolvimento, são denominados processos endogenéticos ou geodinâmicos internos.

A movimentação de matéria do interior para o exterior do planeta e vice-versa é contínua e constitui o ciclo das rochas, onde massas rochosas impulsionadas para a superfície acentuam o relevo e impedem o aplainamento generalizado produzido pelas forças exógenas.

Os processos geodinâmicos internos, que envolvem movimentos e transformações químicas e físicas da matéria existente dentro do planeta, serão examinados sob três aspectos: o magmático, que trata do magma, sua formação e movimentação no interior e exterior da crosta; o metamórfico, das transformações mineralógicas e estruturais de rochas preexistentes, no interior da crosta; e o tectônico, dos diversos tipos de esforços internos, que as rochas são submetidas, isso é, da deformação da crosta terrestre e resultados estruturais característicos, como, por exemplo, as montanhas.

Relacionam-se então à geodinâmica interna, os fenômenos magmáticos vulcânicos e plutônicos, os terremotos, os dobramentos, os falhamentos, a orogênese e a epirogênese, a deriva continental e a tectônica de placas.

2.2. Origem e Transferência de Calor Interno

À exceção do calor recebido do Sol, o fluxo de calor do interior é a mais importante fonte de energia terrestre. Cerca de 2×10^{10} calorias de energia, por ano, atingem a superfície, proveniente das profundezas do planeta. Ela é mil vezes maior do que a energia requerida para erguer 1cm as Montanhas Rochosas e representa 10 vezes toda aquela já usada pelo homem. Por isso, à medida que penetramos a crosta, há incremento contínuo de temperatura (*gradiente geotérmico*), cuja média é de 1° C a cada 33m dependendo da região.

Uma vez reconhecida no interior do planeta a presença dessa energia pela qual os fenômenos endógenos são acionados, o questionamento é imediato: de onde provém e como é transferida na Terra? Tendo em vista que o curso evolutivo inicial da Terra foi semelhante a dos demais planetas interiores, o processo de acresção planetária se constituiu em importante fator de aquecimento do protoplaneta, gerando temperaturas iniciais próximas a 1.000° C. Entretanto, são a radioatividade e a conversão de energia gravitacional em térmica, com a formação do núcleo há mais de quatro bilhões de anos, as principais fontes do calor interno. Alguma energia calorífica, derivada dos processos iniciais de formação da Terra, restou, em parte, porque as temperaturas internas são mantidas pelas transformações radioativas de isótopos instáveis.

Não considerando os radioelementos de vida curta, presentes nos primórdios da história do planeta, o calor produzido pela desintegração do urânio 238 e 235, do tório 232 e do potássio 40 é responsável pela manutenção de uma dinâmica interna até os presentes dias. A radioatividade liberta calor que, por sua vez, se transforma em trabalho, gerando forças que movimentam placas litosféricas e erguem imensas cordilheiras.

Já que as rochas são péssimas condutoras de calor, e a geofísica indica a presença de matéria capaz de fluir sob extremas condições de temperatura e pressão no interior do planeta (manto e núcleo), o transporte de calor é feito por convecção. Sendo o manto convectivo sem condições de armazenar grande quantidade de calor por períodos tão longos, temos de admitir que o núcleo é uma importante fonte de calor (± 6.000° C), transmitindo-o para a litosfera, na forma de células convectivas ou plumas térmicas, através do manto. Esse, por sua vez, acha-se empobrecido de elementos radioativos em sua porção superior, pois, depletados geoquimicamente, enriquecem a crosta continental em diferentes episódios magmáticos. Tem-se, com esse modelo, o núcleo influenciando a circulação de matéria, no manto inferior e superior e, conseqüentemente, promovendo a tectônica de placas.

2.3. Estrutura Interna da Terra

A maior parte do conhecimento do interior do planeta é fornecida através de estudos geofísicos, principalmente, com o auxílio da sismologia (estudo dos terremotos). São dados obtidos de forma indireta, já que as observações diretas são realizadas a poucos quilômetros da superfície, em minas profundas ou em furos de sondagem (o mais extenso atingiu 10km no interior da Terra, ao norte da Rússia).

Como as ondas sísmicas, longitudinais (P) e transversais (S), de diferentes características físicas, percorrem o interior da Terra, sendo a onda P, mais veloz, capaz de atravessar o núcleo, as variações encontradas durante o trajeto nos oferecem uma imagem de sua estrutura interna. Com tais registros, é possível calcular como as propriedades variam e onde estão os limites abruptos entre camadas de diferentes características.

A Figura 2.1 apresenta a constituição interna da Terra em função das descontinuidades verificadas na velocidade das ondas sísmicas acima do manto inferior.

Através da sismologia, uma região do manto superior, entre 100 e 350km de profundidade, com características plásticas e capaz de fluir, foi descoberta — a astenosfera, cuja existência viabilizou a teoria da deriva continental e, por extensão, a da tectônica de placas. Estabeleceu-se também um novo conceito de litosfera, que é a região rígida acima da astenosfera, e, portanto, incluindo a crosta e porção externa do manto superior. A crosta não é homogênea, variando em composição e espessura, tendo nos continentes composição granítica e 50km, em média, de

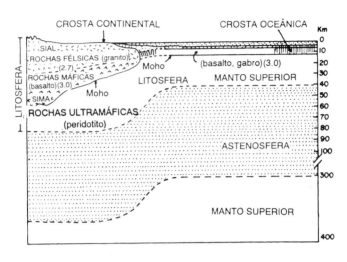

Figura 2.1 — *Perfil esquemático da litosfera. Densidades médias nos parêntesis.*

espessura. Nos oceanos, tem composição basáltica e, aproximadamente, 8km de espessura. Ela é separada do manto superior pela descontinuidade de Mohorovicic (moho). O termo placas litosféricas aparece, então, representando uma camada rígida capaz de se movimentar sobre a astenosfera plástica e geradora de fusões magmáticas.

O manto, por sua vez, representa 82% do volume e 68% da massa da Terra, e admite-se ser composto, principalmente, por silicatos de ferro e magnésio. Seu contato a 5.150km, com o núcleo externo líquido, faz-se de forma irregular, como demonstram imagens tridimensionais obtidas por tomografia sísmica.

2.4. Mobilização da Matéria do Interior para a Superfície

Já foi constatado, através de estudos petrológicos em produtos magmáticos, que a matéria, oriunda de diferentes profundidades, chega à superfície terrestre, e vários são os mecanismos sugeridos para explicar essa mobilidade.

Com a Geologia isotópica verifica-se, em algumas regiões, a presença de rochas derivadas de magmas que, de alguma forma, receberam contribuição até mantélica, demonstrando heterogeneidades geoquímicas no manto superior.

Sendo o manto convectivo, o transporte de calor do interior para a superfície é feito através das correntes convectivas, que promovem os movimentos das placas litosféricas. Conjuntamente, porções de matéria são extraídas dessas regiões e adicionadas na crosta, sob a forma de injeções magmáticas.

Os magmas, assim derivados, misturam-se, em maior ou menor grau, com o material crustal siálico, gerando plútons (porções magmáticas cristalizadas no interior da crosta) ou processos vulcânicos de natureza básica ou básica/andesítica, segundo o ambiente geotectônico envolvido. Fenômenos magmáticos, em regiões oceânicas ou em cinturões orogênicos, atestam, através de investigações petrogenéticas, assinaturas isotópicas mantélicas nas rochas derivadas.

Admite-se, também, a presença de plumas térmicas mantélicas ou pontos quentes (*hot-spots*) gerando focos térmicos e, conseqüentemente, mobilidade de matéria do interior para a superfície, expressados, geologicamente, por vulcões intraplacas, como, por exemplo, as ilhas havaianas, no Pacífico.

2.5. Dinâmica da Litosfera

Havendo mobilidade no material subjacente à litosfera sólida e rígida, transferência não apenas de calor e matéria é assinalada, mas, também, esforços tensionais e arrastes. A conjugação desses fenômenos endógenos, presentes durante toda a história evolutiva do planeta, promove a dinâmica à litosfera e, conseqüentemente, o aparecimento de cadeias montanhosas, fossas oceânicas, deslocamento de porções continentais e atividades magmáticas por largas extensões da crosta.

Em zonas tracionadas por correntes convectivas ascendentes, a crosta oceânica é formada por sucessivas injeções de magma básico, dorsais são estruturadas, e o assoalho submarino é arrastado, simetricamente, para fora da cordilheira oceânica, levando consigo porções continentais mais leves e de natureza siálica.

Em zonas compressivas, presumivelmente geradas por correntes convectivas descendentes, cordilheiras são formadas favorecendo o aparecimento de cinturões orogenéticos, zonas de subducção e, conseqüentemente, arcos de ilhas e fossas oceânicas. Colisões de crosta oceânica/crosta oceânica, crosta oceânica/crosta continental e continente/continente são, então, visualizadas nessas condições. Assim, intensas movimentações tectônicas são encontradas, produzindo dobramentos e falhamentos da crosta em larga escala, além de grande atividade sísmica (terremotos) e magmática (vulcanismo e plutonismo) (Fig. 2.2).

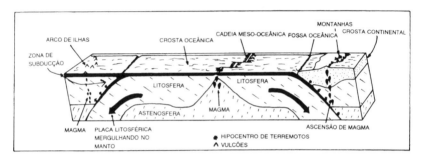

Figura 2.2 — *Seção na crosta terrestre indicando zonas de construção e destruição de placas litosféricas e feições geológicas associadas.*

3. Fenômenos Geológicos Associados à Geodinâmica Interna

3.1. Fenômenos Magmáticos

São aqueles relacionados à gênese, evolução e solidificação do material em fusão, existente no interior da Terra e que dá origem às rochas ígneas, intrusivas ou plutônicas, quando o magma se consolida na crosta, e extrusivas ou vulcânicas, quando o material em fusão extravasa na superfície.

Há vários tipos de magmas, diferenciados tanto em origem (mantélicos, crustais, derivados) como em composição (ácidos, básicos, ultrabásicos, intermediários) e, por conseguinte, originando diferentes tipos de rochas ígneas, tais como granitos, gabros, peridotitos, sienitos, granodioritos, dioritos e outros, que são tipos intrusivos, ou, então, riolitos, basaltos, fonolitos, traquitos, andesitos e outros, que são tipos extrusivos. Por outro lado, o magma se diferencia, no curso de sua cristalização, propiciando a um único magma dar origem a diferentes rochas ígneas. A sílica é o principal constituinte do magma, e, dessa forma, o magma é uma mistura silicatada, com alguns cristais disseminados e gases (principalmente vapor d'água) dissolvidos na massa, originados pela ocorrência de fusões, no manto e na crosta. Podem ser muito viscosos, como nos magmas ácidos (graníticos), ou fluidos, como nos magmas básicos (basálticos), com temperatura variando de 600° C a 1.400° C. Seu reservatório, dentro da litosfera, é denominado "câmara magmática" e tendem a subir, em direção à superfície, por meio do processo de intrusionamento.

A ascensão do magma, na litosfera, pode ser na forma ativa, originando corpos intrusivos de aspecto globular, que forçam e deformam as rochas envolventes, possibilitando a formação de corpos circunscritos com característica dômica (ex.: plútons graníticos anelares); ou, então, dar-se de forma passiva, sem deformar ou arquear as rochas encaixantes. Evidentemente, tais condições de intrusionamento podem influenciar as formas do relevo, seja pela erosão diferencial, seja pela deformação das formações rochosas envolventes, quando esses corpos magmáticos ficam expostos na superfície por meio da denudação.

3.2. Fenômenos Metamórficos

Rochas metamórficas são formadas quando rochas ígneas, sedimentares ou mesmo metamórficas são recristalizadas a altas temperaturas e/ou pressões ou são deformadas pela movimentação de placas tectônicas. O processo se desenvolve com o material em estado sólido, mudando, conseqüentemente, suas características mineralógicas e texturais.

O metamorfismo pode ser de contato, isso é, devido às transformações da rocha encaixante, pelo calor emitido de um corpo ígneo intrusivo; pode ser dinâmico, devido à pressão e cisalhamento sobre material rochoso a grandes profundidades, dando origem a milonitos; ou, então, ser regional, onde as novas condições de pressão e temperatura, geralmente sobre material crustal, em zonas de subducção, originam amplas variedades de rochas metamórficas, tais como: ardósias, filitos, micaxistos e gnaisses, segundo grau crescente das condições de metamorfismo.

A importância do metamorfismo regional, como fenômeno plutônico, reveste-se no fato de que vastas porções da crosta podem ser afetadas, originando tipos rochosos comuns nos escudos pré-cambrianos, como o escudo brasileiro ou o canadense.

As rochas variam em composição e grau de cristalinidade, sendo o maior para os gnaisses, onde alguns minerais chegam a ser centimétricos e de grande influência no relevo de terrenos muito antigos, como o denominado Complexo Cristalino. Evidentemente, um gnaisse facoidal (gnaisse rico em cristais centimétricos de feldspato potássico) dará uma resposta diferente aos processos morfodinâmicos, quando comparado a filitos ou micaxistos, mais débeis e susceptíveis à erosão. O quartzito, uma rocha metamórfica derivada de arenitos, quando exposto na superfície, tende sempre a formar relevo positivo e cristas, nem sempre ocorrentes em arenitos.

3.3. Fenômenos Tectônicos

Como a dinâmica terrestre leva à incidência de tensões de diferentes tipos e ordens de esforços sobre o material rochoso da litosfera, amplas deformações e movimentos são produzidos em larga escala, estabelecendo, dessa forma, a configuração arquitetônica do exterior da Terra. Tais estudos denominam-se de tectônica, onde a movimentação de placas, o falhamento e o dobramento revestem-se da maior importância. Também estão associadas à tectônica, a orogênese e a epirogênese.

Evidentemente, a ordem dos fenômenos relacionados à tectônica de placas, à orogênese e, de certa forma, à epirogênese é de nível mundial ou regional, já que seus efeitos são verificados em grandes extensões da superfície do planeta, a ponto de considerarmos uma tectônica global. No caso do falhamento e do dobramento, fenômenos intimamente relacionados à tectônica de placas e suas conseqüências, a ordem de avaliação pode ser efetuada desde o nível regional ao local e, de forma independente, quando tratados isoladamente.

O fato de o material rochoso, quando submetido a esforços, fraturar ou dobrar deve-se ao tipo de resposta que ele apresentará às tensões, isso é, se quebrando (fraturando, falhando), indicando regime rúptil de deformação, ou, se dobrando, indicando regime plástico de deformação. Esses regimes físicos existem no interior do planeta segundo a profundidade, podendo-se estabelecer que, a profundidades inferiores a 20km em média, predomina o regime rúptil e para além, o regime dúctil, face às condições de pressão e temperatura.

Deve ficar entendido que tanto o dobramento como o falhamento são fenômenos endógenos, processados no interior da crosta e não na superfície, como aparentam ser. Evidentemente, tais estruturas geológicas, quando aflorando e submetidas à ação dos agentes exógenos, apresentam-se expressas e realçadas na paisagem, o que facilita a sua detecção.

Dessa forma, estratos de rocha, que foram deformados há um bilhão de anos, por exemplo, agora, no Cenozóico, é que estão aflorando e contribuindo em maior ou menor grau para as formas do relevo que estamos vendo. Daí a afirmativa de que a idade das rochas ou das deformações nelas existentes não é necessariamente a mesma das formas nelas esculpidas. De igual modo, é válido admitir que os principais traços do relevo que temos diante dos nossos olhos foram delineados em tempos geológicos muito recentes, em grande parte durante o Terciário.

3.4. Orogênese e Epirogênese

Entende-se como orogenia os processos tectônicos pelos quais vastas regiões da crosta são deformadas e elevadas, para formar os grandes cinturões montanhosos, tais como os Andes, os Alpes, o Himalaia e outros. É termo antigo, usado antes do conhecimento da tectônica de placas, em que o dobramento figurava como uma das principais características e cujas causas eram desconhecidas. O termo também refere-se, até hoje, aos processos de construção de montanhas continentais e envolve também atividades associadas, tais como dobramento e falhamento das rochas, terremotos, erupções vulcânicas, intrusões de plútons e metamorfismo.

Um orógeno ou faixa orogênica é uma longa e relativamente estreita região próxima a uma margem continental ativa (zona de colisão de placas), onde existem muitos ou todos os processos formadores de montanhas. Assim enunciado, uma faixa orogênica (*orogenic belt*) é uma região alongada da crosta, intensamente dobrada e falhada durante os processos de formação de montanhas. As orogenias diferem em idade, história, tamanho e origem; entretanto, todas foram uma vez terrenos montanhosos.

Hoje, apenas as orogenias mais jovens são terrenos montanhosos, enquanto as antigas estão profundamente erodidas, e sua presença e história são reveladas pelos tipos de rochas e deformações existentes. Os Apalaches, por exemplo, foram, no Paleozóico, uma grande cordilheira, como o Himalaia ou os Alpes de hoje, embora se apresentem como morrarias destituídas do esplendor das grandes cadeias montanhosas.

Outra categoria de diastrofismo, termo genérico para todos os movimentos lentos da crosta, produzidos por forças terrestres, é a epirogênese, que se caracteriza por movimentos verticais de vastas áreas continentais, sem perturbar, significativamente, a disposição e estrutura geológica das formações rochosas afetadas. Difere da orogênese, onde os esforços são tangenciais, por produzir grandes arqueamentos ou rebaixamentos da crosta, localmente conjugados com sistemas de falhas, devido a esforços tensionais.

Variação do nível do mar em trechos de costa, avanço do mar sobre porções continentais, mudanças na configuração da drenagem, variação do nível de base de erosão, aparecimento de planos de erosão em vários níveis separados por degraus, terraceamento dos vales fluviais são algumas das conseqüências da movimentação epirogenética, na modelagem da superfície terrestre. Um produto típico de movimento descendente ou

PROCESSOS ENDOGENÉTICOS NA FORMAÇÃO DO RELEVO

epirogenético negativo é a bacia, uma depressão geralmente de expressão regional, preenchida por sedimentos, como as bacias sedimentares intracratônicas. Pilhas de rochas sedimentares, muitas vezes totalizando vários quilômetros de espessura, são aí encontradas, como, por exemplo, a bacia de Michigan, nos Estados Unidos, ou a do Parnaíba, no Brasil. Nos movimentos ascendentes, encontramos platôs e soerguimentos continentais, como, por exemplo, o Platô do Colorado, ou algumas formas marcantes do relevo brasileiro, como a Serra do Mar, na concepção de alguns geólogos.

A origem do fenômeno é relacionada a distensões na crosta, promovidas por variações térmicas ou de volume no manto superior. Também em algumas regiões, como na Europa ocidental, tais movimentos são interpretados como reajustes isostáticos, devido ao degelo de massas glaciais, anteriormente existentes sobre o continente.

3.5. Dimensão Temporal e Espacial dos Fenômenos

Há uma ampla variação, tanto de ordem temporal como espacial, de fenômenos geológicos associados à geodinâmica interna; alguns se manifestam por largo espaço de tempo geológico, como as orogenias, outros se revelam em períodos muito curtos, até na escala de tempo humana, como os terremotos ou os processos vulcânicos. A instauração de uma cordilheira pode processar-se durante longo tempo geológico, por dezenas de milhões de anos (M.A.). A cordilheira andina, cuja formação se iniciou há aproximadamente 140 M.A., tem levantamento contínuo desde o fim do Cretáceo, e o Himalaia, que começou a ser formado há aproximadamente 80 M.A., apresenta hoje, descontada a erosão, uma ascensão de cerca de 1cm/ano. Evidentemente há fases em que a taxa de elevação é superior à de erosão e outra em que isso se inverte. Entretanto, o vulcão Paricutin, no México, atingiu a altura de 330m poucos meses depois do seu nascimento. Ilhas vulcânicas oceânicas surgem sobre o mar e desaparecem em alguns anos, e um segmento da falha de Santo André, na Califórnia, se deslocou cerca de 4,3m em apenas 133 anos. Os fenômenos vulcânicos e os sismos são relacionados à geodinâmica interna e se processam na escala humana de tempo.

3.6. Episódios Tectomagmáticos Marcantes na Geo-História

Durante a história geológica do planeta Terra, iniciada há 3,8 bilhões de anos (idade dos registros geológicos mais antigos), vários episódios tectônicos e magmáticos de grande transcendência na configuração da superfície terrestre ocorreram e estão documentados nas rochas em todos os continentes. Como tais fenômenos produziram grandes variações ambientais, quase sempre acompanhadas de transformações importantes nos seres vivos já existentes, incluindo episódios de extinção em massa, conseqüentemente produziram variações significativas no material geológico arquivado na crosta e, posteriormente, decifrado pelos geólogos.

Através de datações geocronológicas, em material magmático amplamente distribuído em algumas regiões da Terra, constata-se a presença de episódios bem delimitados no tempo e no espaço, de intensa deformação crustal e forte atividade metamórfica e ígnea, que incorporam novo material à litosfera. Tais fenômenos são denominados ciclos orogênicos ou geológicos e caracterizam as denominadas faixas móveis (*mobile belts*) que, de certa forma, constituem as próprias faixas orogênicas.

A compilação de inúmeras idades geocronológicas obtidas no mundo sugere que tais episódios tectomagmáticos ou orogenias apresentem picos globais, notadamente entre 2.800 e 2.600 M.A., 1.900 e 1.600 M.A., 1.150 e 900 M.A., 650 e 500 M.A. e 180 M.A.. Os dados geocronológicos também sugerem que individualmente as orogenias apresentam duração variando de 175 a 250 M.A., separadas por intervalos de "calmaria" que variam de 350 a 500 M.A. em média. Evidentemente, quanto mais antigo o evento, mais difícil é a sua avaliação, aliado ao fato de que não é possível obter resoluções melhores do que 25-30 M.A. no pré-cambriano, não obstante o conhecimento de que dados fanerozóicos sugerem que algumas orogenias são separadas por intervalos de tempo inferiores a 30 M.A..

3.7. Faixas Móveis e Crátons

Entende-se como faixa móvel uma longa e estreita região crustal que sofreu, ou está ainda experimentando intensa atividade tectônica, com a formação de rochas e deformação em larga escala. Cinturões orogênicos foram faixas móveis durante seus estágios formativos, e a maioria deles produziu sistemas montanhosos já destruídos pela erosão. Deve-se atentar que somente as faixas móveis do Cenozóico recente apresentam íntima correlação dos processos deformacionais com o relevo.

No Brasil, destacam-se os seguintes ciclos orogênicos: Jequié entre 2.700-2.600 M.A., Transamazônico entre 2.200-1.800 M.A. e Brasiliano entre 700-450 M.A., o mais recente conhecido em nosso país e do qual são encontradas rochas metamórficas em diferentes graus, intenso plutonismo granítico e deformações variadas.

Localmente são identificados os ciclos Uruaçuano (± 1.150 M.A.), Uatumã (1.700-1.900 M.A.), Parguazense (1.500-1.600 M.A.), Rondoniense (1.000-1.300 M.A.) e o Guriense (3.000-3.400 M.A.).

Com o exposto, verifica-se que, no Brasil, o último episódio geodinâmico gerador de grandes deformações da crosta, através de dobramentos e de falhamentos conjuntamente e, em conseqüência, cordilheiras continentais, ocorreu no final do pré-cambriano e início do Paleozóico. O material geológico resultante, hoje exposto em suas raízes, pode até formar relevos montanhosos, devido a fenômenos geodinâmicos posteriores e sem nenhuma conotação com a orogênese, como, por exemplo, a reativação de antigas linhas de falhas. As faixas móveis são, portanto, identificadas pelo material geológico produzido e não pela configuração morfológica do tipo cordilheira, que, certamente, existiram nas diferentes épocas em que o fenômeno, orogênese, estava ativo.

Por outro lado, todos os continentes têm um núcleo de crosta continental estável, total ou amplamente formado por rochas précambrianas com estruturas complexas, normalmente gnáissicas, e xistosas e injetadas por batólitos graníticos. Durante a evolução dos ciclos orogênicos, essas áreas comportam-se como blocos rígidos com as faixas móveis desenvolvendo-se em sua periferia. Quando exposto e submetido aos agentes erosivos, o cráton passa a ser denominado escudo. Assim enunciado, escudo é um cráton aflorando e, conseqüentemente, caracteriza-se pela presença de rochas metamórficas de alto grau (gnaisses) e granitos diversos de idades muito antigas.

No Brasil, dois grandes crátons pré-brasilianos podem ser identificados: o cráton amazônico, cujos extensos afloramentos foram divididos em dois escudos, das Guianas e Brasil Central; e o cráton do São Francisco. Áreas cratônicas menores são também assinaladas em território brasileiro, como o cráton de São Luís, o cráton Luís Alves e o cráton do Rio da Prata. Idades arqueanas são aí encontradas, algumas superiores a 3.000 M.A..

Quando partes do cráton estão cobertas por formações não-deformadas, dá-se o nome de plataforma a tal superfície. Várias coberturas fanerozóicas formam a plataforma brasileira, identificadas principalmente pelas bacias intracratônicas do Amazonas, Parnaíba e Paraná.

Como nas áreas dos escudos encontramos a exposição de rochas metamórficas, normalmente gnaisses e ígneas graníticas, o relevo esculpido é geralmente suave e resultado da erosão seletiva ao longo de linhas de fraqueza, relacionadas com fraturas, juntas, dobras ou rochas débeis que formam depressões, ou, então, de rochas duras, que tendem a originar áreas elevadas.

4. Tectônica Global e as Principais Formas de Relevo Terrestre

4.1. Placas Litosféricas e Deriva Continental

Deriva Continental é uma teoria proposta no início do século por Alfred Wegener, segundo a qual os continentes se moviam sobre a superfície da Terra, algumas vezes quebrando-se em várias porções, outras vezes colidindo. A teoria da deriva continental é similar à teoria da tectônica de placas, pois ambas envolvem movimentação de massas continentais; porém, Wegener nunca postulou a existência de placas litosféricas nem alguma ramificação

PROCESSOS ENDOGENÉTICOS NA FORMAÇÃO DO RELEVO

da teoria de tectônica de placas. Ela apareceu depois, em meados do século, fruto do trabalho de pesquisa de vários cientistas em diversas regiões do planeta, principalmente nas áreas oceânicas, com o advento de sofisticados equipamentos de Geofísica e sondagens submarinas, no final da década de 50 e durante a década de 60. Historicamente, logo após a Segunda Guerra Mundial, geocientistas iniciaram a exploração sistemática do assoalho oceânico, inicialmente por razões militares e econômicas, com trabalhos de mapeamento do fundo submarino que levaram à descoberta da Cadeia do Meio-Atlântico (a mais ampla e extensa cadeia de montanhas da Terra).

Concomitante ao mapeamento do relevo submarino, inúmeras descobertas foram feitas, destacando-se: a inexistência de espessos pacotes de sedimentos no fundo dos oceanos, de idade sempre inferior a 200 M.A. do material sedimentar encontrado; o aspecto zebrado de forma simétrica à cordilheira oceânica, expressado pela variação de paleopolaridade magnética das rochas, de idade cada vez mais antiga das rochas do substrato rochoso dos oceanos para ambos os lados a partir da cordilheira e a revelação da astenosfera pela sismologia. Esses estudos levaram à formulação da teoria da expansão do assoalho oceânico e daí, à proposta de um modelo geral para a origem de toda a crosta oceânica e, conseqüentemente, à base para o desenvolvimento da teoria de tectônica de placas.

Essa teoria é um modelo para a Terra, em que a litosfera rígida e fria "flutua" sobre uma astenosfera plástica e quente. A litosfera é segmentada por fraturas, formando um mosaico com sete grandes placas e algumas outras menores, que deslizam horizontalmente, arrastando os continentes por cima da astenosfera. São as seguintes as principais placas litosféricas: africana, americana, eurasiana, pacífica, indo-australiana, antártica e nazca, que se movem com velocidades que variam de 1,3 a 18,3cm por ano. A velocidade absoluta da placa sul-americana é de aproximadamente 4 cm/ano para oeste (Fig. 2.3). Por outro lado, as placas são geradas junto às dorsais oceânicas, com a formação do assoalho oceânico basáltico, e são destruídas nas fossas oceânicas, ditas como zonas de subducção, onde mergulham no manto. Nessas regiões, somente as partes oceânicas são digeridas, conquanto os continentes, mais leves, não são submergíveis.

67

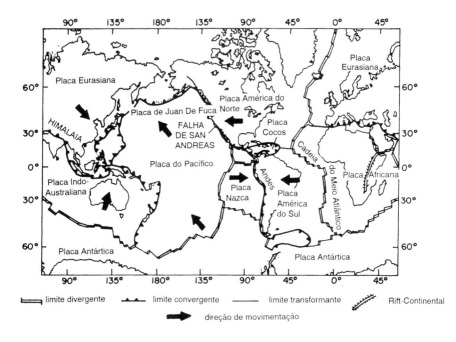

Figura 2.3 —*Mapa-múndi apresentando as principais placas litosféricas.*

4.2. Limites de Placas e Eventos Geológicos Relacionados

Existem quatro principais tipos de limites de placas:

a) construtiva ou divergente, quando duas placas estão se movendo separadamente uma da outra e em sentido contrário, a partir da cadeia mesoceânica, onde nova crosta é formada;
b) destrutiva ou convergente, quando duas placas estão se movendo mutuamente uma em direção à outra. Fossas oceânicas são formadas nesses sítios de colisão, originando uma zona

PROCESSOS ENDOGENÉTICOS NA FORMAÇÃO DO RELEVO

de subducção, onde uma placa (mais densa) mergulha sob a outra para ser consumida no manto, como, por exemplo, a placa de Nazca subductando sob a placa sul-americana no Pacífico (no decurso desse processo, as partes oceânicas das placas são consumidas, e a cadeia montanhosa é formada);

c) colisional ou sutura, são também regiões de convergência, porém, sem consumo de placas, como, por exemplo, a cadeia do Himalaia, formada pela colisão da placa indiana com a placa eurasiana;

d) conservativa, formada ao longo de uma falha transformante, onde o movimento relativo da placa é horizontal e paralelo ao seu limite, como, por exemplo, a falha de Santo André, na Califórnia, onde o lado do Pacífico desloca-se para o norte, com relação ao bloco continental a este.

Importantes fenômenos geológicos e estruturas geomorfológicas de ordem maior são desenvolvidos, segundo um ou outro quadro geotectônico dos acima referenciados, destacando-se, além das cordilheiras, tanto continentais (placas convergentes) como oceânicas (placas divergentes), o intenso magmatismo (plutônico e vulcânico) associado a placas convergentes e divergentes, a excepcional deformação no ambiente colisional, o rifteamento continental em ambiente distensional, nos limites de placas divergentes continentais como o grande *rift* africano e os arcos de ilhas nas zonas de convergência de placas oceânicas, como no Pacífico ocidental (Tabela 2.1).

4.3. Margens Continentais Ativas e Passivas

Margens continentais são regiões onde a crosta continental encontra a crosta oceânica. Existem dois principais tipos de margens continentais:

a) Margem Continental Passiva é caracterizada por uma firme conexão entre a crosta oceânica e a continental. Pequena atividade tectônica ocorre nos limites entre os dois tipos de crosta, geralmente percebida por alguns sismos de baixa intensidade, devido a fenômenos locais de fraturamento ou

TABELA 2.1 - LIMITES DE PLACAS E FEIÇÕES CARACTERÍSTICAS

TIPO DE LIMITE	TIPOS DE PLACAS ENVOLVIDAS	FISIOGRAFIA	EVENTOS GEOLÓGICOS	EXEMPLOS ATUAIS
Divergente	Oceano-Oceano	Cordilheira Meso-oceânica com *Rift-Valley* Central.	Expansão do assoalho oceânico, ascensão de magma básico, vulcões, terremotos rasos.	Cadeia do meio-atlântico
	Continente-Continente	*Rift-Valley*	Fragmentação de continentes, ascensão de magma, vulcões, terrremotos.	Grande *Rift* africano
Convergente	Oceano-Oceano	Arco de ilhas e fossas	Subducção, ascensão de magma, vulcões andesíticos, terremotos, deformação crustal.	Aleutas, oeste
	Oceano-Continente	Montanhas e fossas oceânicas	Subducção, ascensão de magma, vulcões andesíticos, deformação crustal, terremotos profundos	Costa oeste sul-americana (Andes)
	Continente-Continente	Montanhas	Deformação crustal, metamorfismo, terremotos profundos.	Himalaia, Alpes
Transformante	Oceano-Oceano	Deslocamentos do eixo das cordilheiras oceânicas.	Terremotos	Fratura Kane
	Continente-Continente	Deformação ao longo da falha, pequenas montanhas.	Deformação de rochas, terremotos.	Falha de Santo André

acomodação de pilhas de sedimentos em bacias marginais e presença de plataforma continental. As margens continentais do Oceano Atlântico, nas Américas, África e Europa, são exemplos, e sua formação deve-se à seqüência de eventos que acompanham o rifteamento de crosta continental, como aconteceu no supercontinente Pangea há aproximadamente 200 M.A., para formar uma nova bacia oceânica limitada por margens continentais passivas. Tais margens são também denominadas do tipo atlântico.

b) Margem Continental Ativa, é caracterizada pela presença de uma subducção, onde uma placa oceânica colide com uma placa continental, mergulhando sob a mesma. Nessas regiões encontramos uma estreita depressão do assoalho oceânico, denominada fossa, ausência de plataforma continental bem estendida, como na margem passiva, e forte atividade tectônica, caracterizada por intensa sismicidade, significativa atividade vulcânica e plutônica, formação de montanhas, metamorfismo, etc. A costa oeste andina, da América do Sul, é um bom exemplo dessas margens, que também são denominadas do tipo pacífico, na literatura geológica.

4.4. Arcos de Ilhas e Cordilheiras Oceânicas

Em muitas partes do Oceano Pacífico, placas oceânicas colidem, onde uma subducta sob a outra formam uma fossa oceânica e um arco de ilhas adjacente. A placa oceânica, basáltica, que mergulha no manto, é aquecida a ponto de formar fusões magmáticas, que ascendem e geram erupções no assoalho oceânico, configurando cadeias de vulcões submarinos, próximas à fossa, e que eventualmente crescem para formar uma cadeia de ilhas basálticas ou andesíticas, denominadas arco de ilhas. Assim, um arco de ilhas é uma cadeia de ilhas vulcânicas (estrato-vulcões), paralela à fossa e dela separada por uma distância que normalmente varia de 150 a 300km. As ilhas Aleutianas, formadas pela subducção da placa do Pacífico Norte, sob a placa norte-americana e as ilhas japonesas são bons exemplos de arco de ilhas. Muitos outros arcos de ilhas são encontrados no sudoeste do Pacífico.

Por outro lado, as cordilheiras oceânicas são cadeias montanhosas que rodeiam o globo como a costura de uma bola de beisebol. É o maior sistema montanhoso da Terra, que se estende por 80.000km, com mais de 1.500km de largura, em alguns locais. Geralmente se elevam em torno de 3km sobre o assoalho submarino adjacente e vão desde o Oceano Ártico ao Pólo Sul, através da cadeia meso-atlântica, onde inflete para este, no Oceano Índico, cruza o Pacífico Sul e se desvia para o norte, para dentro do Golfo da Califórnia, e, depois, continuando na costa de Oregon, nos Estados Unidos. Essa cadeia montanhosa é a mais impressionante feição da superfície do planeta que seria vista do espaço, caso não existissem os oceanos, e é diferente das cadeias continentais, formadas de basaltos isentos de deformação e gerados no limite de placas divergentes.

4.5. Soerguimento de Montanhas e Evolução do Relevo Terrestre

Grande parte da atividade tectônica terrestre ocorre no limite de placas litosféricas, em contraste com o interior delas, normalmente inativo tectonicamente. Como resultado, praticamente todas as montanhas e as cadeias montanhosas, na Terra, são formadas nos limites de placas, e, por isso, sua evolução é comumente acompanhada de dobramentos e falhamentos de rochas, terremotos, erupções vulcânicas, intrusões de plútons e metamorfismo, principalmente nas zonas de subducção de margens continentais ativas, já referenciadas.

Os esforços compressivos, gerados nas zonas de colisão de placas convergentes, associados ao intenso magmatismo que introduz corpos ígneos no material crustal afetado, edificam vulcões na superfície, criam as condições necessárias para o enrugamento da "pele" do planeta por vastas áreas e, em determinados períodos de tempo, já referenciados anteriormente, orogênese nas faixas móveis. Montanhas são, então, formadas pelo envolvimento de uma série de agentes internos. Por isso, as montanhas quase sempre se

PROCESSOS ENDOGENÉTICOS NA FORMAÇÃO DO RELEVO

apresentam como cadeias ou cordilheiras, porque as forças que as criaram operavam por vastas regiões da crosta terrestre, associadas a fenômenos de grande transcendência geodinâmica interna, sejam montanhas vulcânicas, de blocos falhados ou de dobramento e empurrão, como os Alpes e o Himalaia.

Como corolário dessa situação planetária, o relevo terrestre, em seus grandes traços, está intimamente ligado aos episódios de grande mobilidade crustal, que confere inúmeros aspectos morfológicos à superfície da Terra, durante o passar do tempo geológico.

Vivemos sobre um território mutante, palco de enfrentamento de forças geológicas de diferentes origens, mas inequivocamente acionado pela geodinâmica interna e toda a gama de fenômenos relacionados. E, acompanhando a história das cadeias montanhosas, reconhecemos que ela não termina com o paroxismo orogenético, onde os fenômenos derivados da geodinâmica interna atingiram o seu clímax, mas a erosão e a isostasia continuam, de forma combinada, a modificar o relevo das episódicas faixas de maior mobilidade crustal.

5. Atividade Ígnea e Relevo Derivado

5.1. Tipos de Intrusão, Composição e Estrutura Interna dos Plútons

Embora mais de 90% do volume da crosta sejam constituídos por rochas ígneas e metamórficas, os sedimentos e as rochas sedimentares recobrem cerca de 66% da superfície dos continentes. Entretanto, mesmo nessas áreas, em grande parte cobertas por fina película sedimentar, as estruturas existentes no embasamento subjacente se refletem na cobertura, controlando em maior ou menor grau a modelagem da superfície.

Como vastas extensões territoriais, em países como o Brasil, são constituídas por domínios geológicos característicos dos escudos e antigas faixas móveis periféricas, o conhecimento do substrato, formado por complexos metamórficos/magmáticos, é de grande importância na investigação geomorfológica dessas regiões. E são nesses ambientes que encontramos os plútons ígneos, que são grandes massas de rocha magmática cristalizada em profundidade, na crosta, e quando afloram constituem os batólitos ($>$100km^2) ou *stocks* ($<$100km^2). Também os diques, lacólitos e facólitos são formas geométricas de plútons ígneos.

Esses corpos intrusivos têm, portanto, maior expressão nos batólitos, geralmente formados por rochas graníticas ou granodioríticas, de granulação média a grosseira, com a presença em alguns exemplos de megacristais ($>$5cm), de feldspato potássico (ortoclásio ou microclina) que oferecem um aspecto porfirítico à rocha. Face à composição granítica, eles são, mineralogicamente, constituídos de quartzo, feldspato, mica e acessórios e, normalmente, apresentam descontinuidades internas, muitas vezes ortogonais, dadas pelas juntas e diáclases que orientam a rede de drenagem implantada em sua superfície.

Tridimensionalmente, os plútons batolíticos têm a forma de um globo achatado na porção superior e, quando seccionados pela superfície, têm seus perímetros de afloramento em formas circulares ou ovaladas, ou até alongadas por dezenas ou centenas de quilômetros, como os plútons andinos ou das Rochosas.

Variações da composição mineralógica (fácies) são encontradas, bem como fragmentos da rocha envolvente (xenólitos), de diversos tamanhos, que se disseminam nas porções mais periféricas do plúton intrusivo (borda ou contato) ou então estruturas internas, como foliação de fluxo magmático, gnaissificação de borda, zonas hidrotermalizadas, com alteração endógena de minerais e o fraturamento interno relacionado ao resfriamento e cinética da intrusão. Também faixas cisalhadas ou brechificadas poderão ser encontradas no interior dos plútons batolíticos. Todos esses aspectos são normalmente encontrados nos batólitos, *stocks* e outros tipos de intrusão, independentemente de sua idade geológica, forma e composição.

5.2. Relevo de Massas Plutônicas

Através da denudação de antigas áreas orogênicas ou cratônicas, corpos plutônicos são expostos na superfície e trabalhados por diferentes agentes erosivos, conjuntamente com as unidades geológicas envolventes. Havendo contraste composicional, textural e estrutural das massas intrusivas com as encaixantes, o que normalmente ocorre mesmo entre aquelas com o mesmo grau de cristalinidade, tal variação é refletida no relevo encontrado nessas regiões e, logicamente, em igual condição climática. Dessa forma, as massas plutônicas ficam individualizadas morfologicamente, facilitando sua identificação.

Tratando-se de corpos batolíticos, cuja exposição deve, pela própria definição, ser superior a 100km^2, o efeito do intemperismo diferencial entre eles e as encaixantes, e mesmo dentro da área plutônica, produz diferenças topográficas relevantes, principalmente pelo fato de que a maioria desses corpos é constituída por rochas graníticas, ricas em minerais geoquimicamente denominados resistatos, como o quartzo, e, portanto, originando litologias mais resistentes à meteorização e, por extensão, à erosão.

Daí a tendência de formarem macro-relevos positivos, destacados na paisagem, como, por exemplo, vários maciços graníticos do sudeste ou centro-oeste brasileiro. Feições denominadas dômicas e/ou anelares são assinaladas nessa escala de observação e são freqüentes nos granitos e granodioritos intrusivos que, em alguns casos, deformam as rochas encaixantes na periferia do plúton.

É interessante ressaltar que tais contrastes ocorrem independentemente do domínio fisiográfico maior, como, por exemplo, os maciços graníticos Suruí, Caju e Pedra Branca, na planície litorânea denominada Baixada Fluminense, ou os maciços graníticos de Nova Friburgo, Frades e Santa Maria Madalena, na região serrana (planalto interiorano) do Estado do Rio de Janeiro (Fig. 2.6). Em todos os casos, as encaixantes são formações gnáissicas précambrianas da faixa móvel Ribeira. No interior dos batólitos graníticos podem ser encontradas variações, associadas à estrutura interna do plúton, onde as faixas fraturadas ou diaclasadas, zonas hidrotermalizadas, estruturas planares e lineares (foliação de fluxo), etc., por serem mais susceptíveis a meteorização, tendem a formar setores rebaixados, em contraste com as áreas constituídas por rochas maciças, com raras descontinuidades e, portanto, mais elevadas.

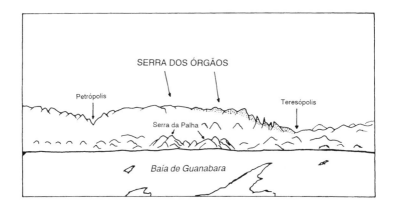

Figura 2.4 — *Vista da Serra dos Órgãos, RJ, formada por granito gnaissificado e dique de granito intrusivo inclinado para este, originando pontões escalonados (Órgãos).*
▭ *Granito Intrusivo*

No nordeste brasileiro, vários inselbergues são formados no interior de um mesmo plúton, ao contrário de representar corpos geológicos independentes, como aparentemente demonstram.

Plútons de natureza alcalina, como os maciços sieníticos, também tendem a formar relevos positivos, porém sem as características morfológicas interioranas dos maciços graníticos, já que normalmente apresentam menor proporção de descontinuidades internas, através do diaclasamento ou de estruturas planolineares. Como exemplos, podem ser citados os maciços Gericinó-Mendanha, na Baixada Fluminense, ou o de Itatiaia, na Mantiqueira. Daí a notável variação entre a densidade de drenagem dos maciços graníticos e os alcalinos.

Por outro lado, plútons básicos, constituídos por rochas gabróides, tendem a formar relevos rebaixados, quando envolvidos por rochas quartzosas, como certos tipos de gnaisses ou mesmo de rochas graníticas plutônicas mais antigas. Um notável exemplo é a estrutura anelar, semelhante a uma cratera de impacto, com aproximadamente 8km de diâmetro, em Baixo-Guandu, no Espírito Santo. Seu interior depressivo é constituído por gabros, mais susceptíveis ao intemperismo do que os gnaisses regionais envolventes.

Outros tipos plutônicos, como os diques, dependendo da sua constituição petrográfica, podem formar relevos deprimidos ou salientes, que se destacam na paisagem e orientam a drenagem. Diques básicos tendem a originar formas deprimidas, onde a drenagem se adapta, ao inverso dos pegmatitos, que, em alguns casos, formam verdadeiras muralhas salientes na paisagem, que se estendem por dezenas de quilômetros, como se observa em algumas regiões do nordeste brasileiro, onde são denominados altos. Diques graníticos tendem a formar cornijas protetoras aos agentes erosivos, como se observa em alguns morros da cidade do Rio de Janeiro, onde a Pedra da Gávea é o melhor exemplo (Fig. 2.5).

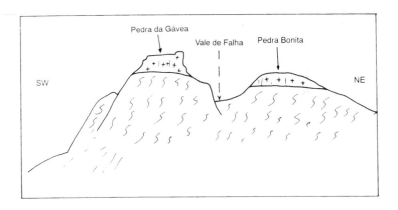

Figura 2.5 — *Conjunto Pedra da Gávea, Pedra Bonita, RJ, formado por gnaisses encimados por cornijas graníticas de um dique sub-horizontalizado parcialmente erodido.*

Nela, o topo é formado por restos de um dique granítico subhorizontalizado, destacando-se do gnaisse subjacente da seqüência regional. Ou, então, como placas mergulhantes embutidas em rochas relativamente mais antigas que, quando expostas à cornija protetora, inclinada e fraturada, tendem a formar pontões escalonados, como o observado na Serra dos Órgãos, no Rio de Janeiro, cuja notável feição morfológica é derivada de uma espessa lâmina granítica fraturada nos gnaisses regionais (Fig. 2.4).

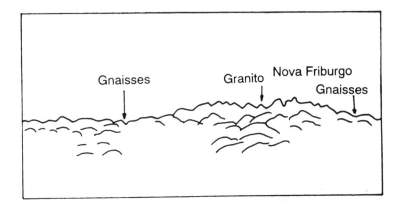

Figura 2.6 — *Maciço granítico destacando-se na paisagem por erosão diferencial. Vista de Teresópolis, RJ, na direção ENE.*

5.3. Vulcanismo e Tipos de Erupção

O termo vulcanismo abrange todos os processos e eventos que permitem e provocam a ascensão de material magmático do interior à superfície da Terra. O fenômeno não é limitado apenas à Terra, pois já foi constatado em alguns planetas e luas do nosso sistema solar, estando em Marte o maior vulcão conhecido (Monte Olympus). Sua presença indica a existência de processos geodinâmicos internos, e, referindo-se apenas ao tempo histórico, há mais de 700 registros de vulcões ativos na Terra, o que nada representa se considerarmos a extensão do tempo geológico.

Para se estimar a importância da atividade vulcânica na dinâmica terrestre, basta considerar o volume de rocha produzido. Mais de dois terços da superfície da Terra — o assoalho oceânico — são inteiramente formados por rochas derivadas de lavas, durante os últimos 200 milhões de anos. Ele é também o mais significativo processo na construção de arcos de ilhas e é expressivo em muitas cadeias de montanhas, pois tal atividade está intimamente associada com o movimento da litosfera, e suas características dependem do tipo de limite de placas.

Quando plotamos em um mapa tectônico a localização de vulcões ativos ou recentemente ativos (que tiveram erupção nos últimos 10.000 anos), verificamos que eles se concentram ao longo dos limites de placas, tanto convergentes como divergentes, sendo os mais notáveis localizados ao longo das zonas de subducção e intimamente relacionados com a intensa sismicidade aí existente. Vulcanismos intraplacas são também conhecidos e estão relacionados à existência de pontos quentes (*hot spots*), como as ilhas Havaianas, ou, então, na estruturação de *rifts* continentais.

O mais espetacular cinturão de vulcões ativos é o que circunda o Pacífico, conhecido como cinturão do fogo ou linha andesítica, dada sua composição. Outra faixa similar se estende através da Europa meridional para o meio-este, no Mediterrâneo, e se associa à margem convergente da placa africana.

Vulcanismo associado a placas divergentes, onde o magma basáltico é gerado para formar o assoalho oceânico, se encontra ao longo das cadeias submarinas, por todo o mundo, ou, em menor escala, em sistemas de *rifts* continentais, como o do leste africano.

Episódios de intensa atividade vulcânica ocorreram durante a história da Terra, e seus produtos, hoje, são encontrados em diversos continentes. Os grandes derrames de lavas básicas identificados na bacia do Paraná (um dos maiores do mundo), na África do Sul e no planalto de Deccan, na Índia, de idade Mesozóica, exemplificam episódios de grande atividade magmática e de escala global.

Os principais tipos de erupção estão intimamente associados à característica composicional do magma que as confere, isto é, aquelas derivadas de magmas ácidos ou intermediários mais viscosos e aquelas derivadas de magmas básicos mais fluidos. Tais situações refletem, na realidade, o ambiente geotectônico envolvido, pois o magmatismo básico deriva de material mantélico, nas zonas de placas divergentes, ou pontos quentes, ao passo que os outros tipos, riolítico ou andesítico, requerem envolvimento de material crustal, tanto em zonas de subducção pericontinentais ou em *rifts* intraplaca continentais. São os seguintes os principais tipos de erupções vulcânicas:

a) Havaiana ou lagos de lava, onde as lavas basálticas fluidas são regularmente expelidas e correm como rios a partir da cratera de grandes dimensões e com um lago de lava em seu interior — seus representantes são os vulcões Kilauea e Mauna Loa, na ilha Havaí;

b) Estromboliana é notável pela regularidade e freqüência de erupções basálticas, com moderados episódios explosivos, onde blocos e bombas de lava são lançadas para cima e voltam a cair dentro da cratera;

c) Vulcaniano ou vesuviano, denominação devida à ilha de Vulcano, nas ilhas liparianas, caracteriza-se pela alternância de períodos de inatividade ou de emissão de gases com esporádicas emissões de lavas basálticas ou andesíticas e fases explosivas com a formação de nuvens ardentes — são comuns nos vulcões do Mediterrâneo;

d) Pliniana, é altamente explosiva com densas nuvens de gás e material piroclástico ejetado dezenas de quilômetros na atmosfera — a explosão chega a destruir parte da estrutura vulcânica, como ocorreu no Vesúvio, no início da era cristã e que arrasou a cidade de Pompéia;

e) Linear ou fissural é bem difundida na Terra, pois ocorre ao longo das cadeias oceânicas e expelem lavas basálticas.

5.4. Relevos Vulcânicos

Estão diretamente relacionados com os próprios tipos vulcânicos. Sua filiação magmática e a estrutura do aparelho vulcânico são normalmente formadas por lava e material piroclástico.

Os vulcões são feições morfológicas altamente susceptíveis à ação dos agentes geodinâmicos externos, e sua presença na paisagem, em geral, indica processos magmáticos relativamente recentes no tempo geológico. Entretanto, os indícios de atividade vulcânica, explicitados particularmente pelo material expelido, como as lavas e materiais piroclásticos, podem permanecer registrados durante todo o tempo geológico, desde o Arqueano até o Quaternário.

Os principais tipos são:

a) Escudo vulcânico, onde o cone é construído por sucessivas corridas de lavas básicas, produzindo ampla estrutura em forma de escudo, com dezenas de quilômetros de circunferência — e mais de 1km de altura. A ilha Havaí é composta por cinco vulcões do tipo escudo, sobrepostos, sendo os mais amplos os Mauna Loa e o Mauna Kea, que se elevam mais de 10.000m sobre o assoalho oceânico. É o maior da Terra.

b) Estrato-vulcões ou cones compostos são as mais comuns formas de grandes vulcões, especialmente os de composição andesítica. Eles tendem a expelir uma combinação de lava viscosa e material piroclástico ou fragmentos que edificam um morro cônico e escarpado, encimado por uma cratera. O Vesúvio, o Santa Helena, o Etna, o Fujiyama, o Stromboli, o Kilimanjaro são vulcões desse tipo.

c) Cone de piroclástica ou de cinzas é um pequeno vulcão composto quase exclusivamente por cinzas e pó acumulados ao redor da chaminé vulcânica.

d) Caldeiras são enormes estruturas formadas pelo colapso do teto da câmara magmática que alimenta o vulcão ou vulcões na superfície. Podem atingir dezenas de quilômetros de diâmetro e formam depressões bem assinaladas na paisagem, como, por exemplo, a de Ngorongoro, na África oriental ou a de Poços de Caldas, no sudeste brasileiro.

As formas dos vulcões podem variar, inclusive durante seu período de atividade, como já assinalado no Vesúvio e no Santa Helena, e as alturas atingidas geralmente são superiores a 3.000m, embora, por ocasião das fases explosivas, o edifício vulcânico seja muitas vezes destruído parcialmente, mudando sua forma e reduzindo seu tamanho.

PROCESSOS ENDOGENÉTICOS NA FORMAÇÃO DO RELEVO

6. Tectônica e Formas Estruturais

6.1. Formas Controladas por Falhas

Em termos geológicos, falha é uma fratura na crosta terrestre com deslocamento relativo, perceptível entre os lados contíguos e ao longo do plano de fratura. O fenômeno de falhamento pode ser observado em diferentes escalas de observação, desde a micro (microfalhas) à macro (falhas regionais) e, na maioria das vezes, são identificadas no campo, através de uma zona de falha, onde ocorrem indícios do material mecanicamente fragmentado e/ou triturado (brecha de falha). Os principais tipos de falhas são falha normal ou de gravidade, formada por forças tracionais; falha de empurrão ou inversa, formada por forças compressivas; e falha horizontal ou direcional, formada por forças cisalhantes (Fig. 2.7).

O tipo de falha está diretamente relacionado com o regime geotectônico que ocorreu ou ainda se desenvolve em determinada região da Terra, e, geralmente, as feições lineares do fraturamento da crosta são facilmente identificadas na superfície, por meio de fotografias aéreas ou imagens de satélites, muitas vezes promovendo variações bruscas da litologia que se refletem no relevo. Assim, dependendo da amplitude e idade do falhamento, a configuração do terreno será afetada em maior ou menor grau, não obstante ser essa influência quase sempre indireta e provocada por processos erosivos na área afetada ou por fenômenos de reativação tectônica ao longo de antigas linhas de fratura.

As principais feições morfológicas, associadas ao falhamento, identificadas a uma escala provincial e regional de observação são as seguintes:

PROCESSOS ENDOGENÉTICOS NA FORMAÇÃO DO RELEVO

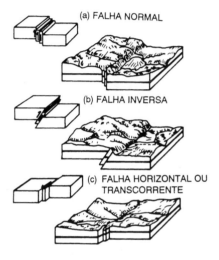

Figura 2.7 — *Tipos de falhas e relevos associados.*

6.1.1. Escarpas de falha

São geradas exclusivamente pela movimentação vertical e recente de blocos falhados, onde a declividade, formada sobre o bloco ascendente, coincide com o plano de falhamento. Entretanto, é muito raro uma encosta ser a superfície de falhamento, e o desnível ser o deslocamento relativo de blocos falhados (rejeito), pois, mesmo a falha estando ainda ativa, o trabalho da erosão tende a aplainar o desnivelamento e mascarar na superfície os ressaltos produzidos pela lenta movimentação dos blocos falhados.

Também, em áreas tectonicamente ativas, a erosão vigorosa na frente da escarpa dá origem a vales estreitos e paralelos, que proporcionam, em alguns casos, o aparecimento de feições triangulares nos interflúvios escarpados.

6.1.2. Escarpas de linha de falha

O recuo da escarpa de falha pelo processo erosivo ou pela exumação de antigas linhas de falha, onde uma nova escarpa é gerada não mais pelo deslocamento original, mas pela variação de resistência à meteorização das litologias adjacentes ao plano de falha, propicia o aparecimento de uma escarpa de linha de falha.

Essa feição morfológica não mais corresponde ao plano de falha, e a declividade formada pode situar-se a quilômetros do local onde efetivamente se produziu o deslocamento e, portanto, a própria falha. Tampouco, a parte elevada corresponderá, necessariamente, ao bloco que subiu durante o falhamento, pois a erosão diferencial entre as litologias adjacentes ao plano de falha pode originar escarpamento no bloco rebaixado, caso seja ele mais resistente à meteorização. Nessas condições, uma escarpa de linha de falha pode ser desenvolvida a partir de uma falha normal, inversa ou mesmo transcorrente, desde que o rejeito, no caso horizontal, coloque lado a lado litologias que respondam, diferentemente, aos mesmos agentes erosivos.

A Serra do Mar, no sudeste brasileiro, é tida como uma escarpa de falha recuada pela erosão remontante, cuja formação iniciada no final do Cretáceo se vem desenvolvendo durante todo o Cenozóico.

6.1.3. Graben, Horst e Rift-Valley

São sistemas de blocos falhados resultantes de perturbações tectônicas que afetam uma região, produzindo uma série de falhamentos paralelos entre si ou oblíquos. Apresentam-se em zonas de distensão da crosta, onde os esforços tracionais geram um sistema de falhas normais escalonadas, que, por sua vez, dão origem a regiões depressivas, denominadas *graben* (ou fossa tectônica), ou elevadas, designadas *horst* (muralha ou pilar — Fig. 2.8). Exemplos de formas estruturais desses tipos são citados na literatura geológica, como o vale do Rio Reno, que corre num *graben*, limitado pela cadeia dos Vosges e o maciço da Floresta Negra, ou a bacia do Recôncavo Baiano, no nordeste brasileiro.

PROCESSOS ENDOGENÉTICOS NA FORMAÇÃO DO RELEVO

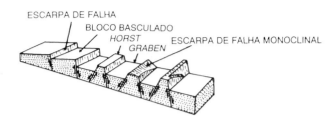

Figura 2.8 — *Sistema de falhas.*

Quando essas fossas tectônicas coincidem com o vale de um rio, como no caso do alto rio Nilo, recebem o nome de *rift-valley* (Fig. 2.9). O sistema de *rift-valley* da África oriental é o maior conhecido e se estende por mais de 2.400km, desde a depressão de Danakil, na Etiópia, até o lago Manjara, na Tanzânia, com a presença de vários lagos alinhados, como o Natron, Turkana, Stefanie, Abaya, Ziway e outros. Esse grande vale de afundamento também é palco de atividade sísmica e vulcânica, evidenciando que o seu desenvolvimento ainda está em curso.

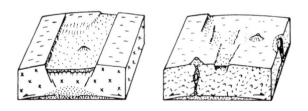

Figura 2.9 — *Rift-valleys.*

No Brasil, é interessante assinalar a possibilidade da depressão da Guanabara, entre a Serra do Mar e o Oceano Atlântico, ser um *rift* em desenvolvimento (*rift* da Guanabara), segundo recentes pesquisas geológicas.

85

PROCESSOS ENDOGENÉTICOS NA FORMAÇÃO DO RELEVO

Uma ressalva deve ser feita à luz da tectônica de placas, c termo *rift* passa a ter conotação genética e não apenas descritiva para certos tipos de *grabens*, com rios encaixados em seu interior, referenciados na literatura geológica clássica. Com o novo enunciado, *rift* é uma zona de separação de placas litosféricas, num limite de placas divergentes. *Rift-valley* (vale de afundamento) é, então, redefinido como uma depressão alongada que se desenvolve nos limites de placas divergentes, incluindo tanto os *rift-valleys* continentais, como os encontrados ao longo das cadeias oceânicas.

Outros efeitos morfológicos, produzidos pelo falhamento, podem ser referenciados, tais como o aparecimento de seqüência de morros alinhados, corredeiras, cachoeiras, lagos, vales encaixados, vales suspensos, formação de fontes alinhadas, drenagens superimpostas e capturas.

6.2. Formas Controladas por Dobras

Convencionalmente, a designação de dobra tectônica é restrita às rochas já consolidadas, que sofreram uma deformação plástica no interior da crosta terrestre. Assim, face à condição física necessária para que o dobramento ocorra, característica do regime dúctil de deformação, as dobras não são geradas na superfície da Terra e, sim, em profundidade, na crosta, onde as temperaturas e as pressões elevadas propiciam plasticidade às rochas. Entretanto, quando expostas na superfície, podem controlar o relevo, particularmente quando geradas em seqüências de rochas acamadas, de diferentes composições e, conseqüentemente, com resistência diferencial à erosão (Fig. 2.10).

6.2.1. Sinclinais e anticlinais

Os dois principais tipos de dobras são: antiformal, que é uma dobra convexa para cima, na qual as camadas se inclinam de maneira divergente, a partir de um eixo. São denominadas anticlinais quando a estratigrafia é conhecida, estando as camadas mais antigas na sua parte interna. Sinformal é uma dobra côncava para cima, na qual as camadas se inclinam de

86

forma convergente. São denominadas sinclinais quando a estratigrafia é conhecida e possuem as camadas mais jovens na sua parte interna.

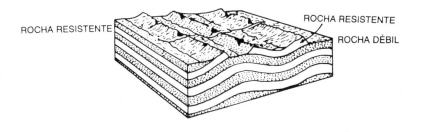

Figura 2.10 — *Formas controladas pelo mergulho de estratos resistentes deformados.*

6.2.2. Relevo de dobras erodidas

De um modo geral, as seqüências de rochas dobradas mostram, na superfície, sulcos ou cristas paralelas, com a ressalva que nem sempre as formas deprimidas coincidem com os sinclinais ou as cristas com os anticlinais, pois a erosão, atuando nas rochas deformadas e expostas, pode originar relevos positivos na região do sinclinal e, inversamente, na do anticlinal (Fig. 2.10). Assim, quando observamos estruturas sinclinal e anticlinal expressas no relevo, não estamos constatando um controle tectônico original na paisagem, mas o resultado da erosão que despojou espessos pacotes de rochas, para revelar camadas resistentes dobradas anteriormente.

Um relevo esculpido em antigas formações dobradas, exumadas pela denudação, pode dar origem a cristas geradas nos estratos mais resistentes, alinhadas e paralelisadas a vales formados nos estratos menos resistentes, conhecidos na literatura geológica como do tipo Apalachiano, razão do observado nos Montes Apalaches, na América do Norte, nomenclatura às vezes aplicada, erroneamente, na descrição de algumas formas de relevo, como, no caso, o relevo do sudeste brasileiro ou, em particular, as montanhas do Rio de Janeiro.

Flancos de dobras aflorando dão origem a cristas ou homoclinal e, quando a estrutura inclinada apresenta mergulhos superiores a 30°, tem-se o *hogback*, em forma de crista proporcionada por litologias mais resistentes à erosão (Fig. 2.11).

Em regiões de antigas faixas orogênicas, o padrão de drenagem pode estabelecer-se antes de as formações geológicas dobradas aflorarem na superfície. Uma vez expostas, apresentam drenagens superimpostas, com a presença de rios antecedentes e capturas.

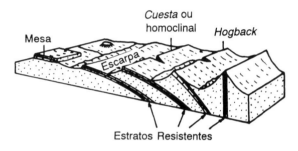

Figura 2.11 — *Formas de relevo em áreas dobradas.*

7. Formas Controladas pela Foliação Metamórfica

7.1. Metamorfismo e Litologias Derivadas

Metamorfismo é um fenômeno plutônico que leva à modificação mineralógica e textural de uma rocha preexistente, pela variação de temperatura, pressão e ação química de fluidos. O metamorfismo pode ser classificado como de contato, dinâmico e regional, e seu limite é a fusão das rochas afetadas. As principais litologias derivadas são ardósias, filitos, micaxistos e gnaisses, para o metamorfismo regional progressivo; milonito, para o dinâmico; e cornubianito, no caso de metamorfismo de contato.

Nas regiões de escudo e de antigas faixas móveis, o meta-

PROCESSOS ENDOGENÉTICOS NA FORMAÇÃO DO RELEVO

morfismo regional é o mais extenso e responsável por grande parte das litologias aí encontradas.

7.2. Estruturas Planares e Lineares

Além da transformação mineralógica efetuada na rocha metamorfizada, a textura resultante mais comum é a orientada ou xistosa, caracterizada pelo arranjo de todos ou de alguns minerais, segundo planos paralelos que caracterizam uma foliação. O micaxisto é uma rocha metamórfica que apresenta foliação xistosa, enquanto o gnaisse é uma rocha metamórfica, em que a foliação resulta da alternância de camadas de composição mineralógica distintas (acamamento gnáissico). Outras não são foliadas, como, por exemplo, o quartzito ou o mármore.

A lineação é dada pela orientação preferencial de minerais prismáticos, tais como o piroxênio ou o anfibólio, ou pelo alinhamento paralelo ou subparalelo de elementos lineares no corpo da rocha, como, por exemplo, a crenulação. Normalmente, as rochas metamórficas apresentam, conjuntamente, foliação e lineação, e expressam a recristalização em ambiente compressivo regional.

7.3. Influência da Estruturação Metamórfica na Esculturação do Relevo Terrestre

Considerando que o ambiente geotectônico, gerador de cinturões metamórficos, corresponde aos de formação das grandes cadeias montanhosas, as rochas metamórficas criadas no seu interior são, pela denudação, expostas à superfície e sujeitas ao intemperismo e à erosão.

Como em outras situações já tratadas, as características mineralógicas, texturais e estruturais dos conjuntos metamórficos expostos, que responderão diferentemente aos processos exógenos, segundo suas litologias, acarretarão, conseqüentemente, influências significativas no relevo nelas esculpido. Nesse aspecto deve-se considerar que, no ambiente metamórfico, diferentes litologias são produzidas face a natureza do material original e às condições físicas existentes durante as transformações. Um pacote de rochas sedimentares, transformadas em rochas metamórficas, pode originar,

89

por exemplo, quartzitos, ao lado de mármores. Ou, então, gnaisses quartzo-feldspáticos, ao lado de gnaisses micáceos. Um quartzito, evidentemente, se comportará de forma bem diferente do mármore perante a meteorização e, por extensão, a erosão. O mesmo se observa para os gnaisses citados.

Tomando-se uma região onde estão expostas litologias derivadas do metamorfismo regional progressivo, onde rochas com menor grau metamórfico, filitos, por exemplo, encontram-se adjacentes a rochas de grau metamórfico mais elevado, como os gnaisses, variações de relevo serão certamente identificadas. Não apenas o grau de cristalinidade, mas também a composição mineralógica e as descontinuidades internas, dadas pelos planos de foliação, controlam, de certa forma, a esculturação do relevo nelas instalado.

Serras de quartzitos, em complexos metamórficos aflorantes, no escudo brasileiro, são comuns, bem como elevações residuais gnáissicas, em áreas metamórficas aplainadas. Gnaisses facoidais, quando associados a outros tipos gnáissicos, tendem a formar elevações salientes, com encostas íngremes e paredões quando num ambiente fisiográfico montanhoso, no sudeste do país. Um bom exemplo são os maciços litorâneos da região central do Estado do Rio de Janeiro. Encrustados em domínio metamórfico pré-cambriano, apresentam-se com diferentes litologias, como, por exemplo, na Serra da Palha, granitos porfiríticos; na Serra do Mendanha-Gericinó, sienitos; na Serra da Pedra Branca, granodioritos; e, na Serra da Tijuca, gnaisses. Sem atentar para a origem dessas pequenas montanhas, a variação morfológica entre elas é notável e verificada na simples observação de campo.

O Maciço da Tijuca, na cidade do Rio de Janeiro, constituído predominantemente por diferentes tipos de gnaisses, cujas foliações exibem variações em direção e mergulho, apresenta relevo acidentado, com encostas e vales adaptados à estruturação interna das rochas, particularmente à foliação gnáissica ou ao fraturamento, e com pontões e pirâmides de gnaisse porfiroblástico (facoidal), da seqüência metamórfica. Evidentemente, não se trata de um relevo apalachiano clássico, como freqüentemente é apresentado na literatura geográfica.

Relevos montanhosos observados em formações metamórficas, onde há forte controle litológico-estrutural, são conhecidos em diversas regiões do planeta, independentemente da condição climática existente. Montanhas granítico-gnáissicas, em contraste morfológico com as unidades envolventes, são encontradas em áreas desérticas da Líbia, enquanto outras o são, como alguns dos exemplos já citados, nos trópicos úmidos da América do Sul. Relevos graníticos se destacam na paisagem em relação às ardósias e aos micaxistos da seqüência metamórfica regional na Meseta Ibérica. Itabiritos e hematitas (minério de ferro) associados formam serras em Mato Grosso (Urucum), Quadrilátero Ferrífero, em Minas Gerais, e Carajás, no sul do Pará. São, portanto, bons exemplos da influência litoestrutural de conjuntos metamórficos na formação do relevo.

8. Conclusão

Pelo exposto neste capítulo, ficou patente a importância dos fenômenos endogenéticos na formação do relevo terrestre, desde uma escala global ao nível provincial de observação.

Assim, o estudo da geodinâmica interna não está dissociado da Geomorfologia, no momento em que tentamos entender corretamente a origem e a evolução das formas existentes na superfície do nosso planeta, pois inequivocamente são os agentes internos, por meio dos fenômenos geológicos que eles propiciam, seus principais condutores.

9. Bibliografia

ALLEGRE, C. J. *A Espuma da Terra*. Lisboa, Gradiva, 1988, 399p.

ALLEGRE, C. J. *et alli*. "Structure and evolution of the Himalaya-Tibet orogenic belt". *Nature*, 1984. *307*: 17-22.

BROWN, G. & MUSSETT, A. *The Inaccessible Earth*. Londres, George Allen e Unwin, 1985, 235p.

CATTERMOLE, P. & MOORE, P. *The Story of the Earth*. Cambridge, Cambridge University Press, 1985, 224p.

CHORLEY, R. J., SCHUMM, S. A. & SUGDEN, D. E. *Geomorphology*. Londres, Methuen, 1984.

CONDIE, K. *Plate Tectonics and Crustal Evolution*. Oxford, Pergamon Press, 3ª ed., 1989, 476p.

DAVIS, G. *Structural Geology of Rocks and Regions*. Nova York, Wiley, 1984, 492p.

DEPARTAMENTO NACIONAL DA PRODUÇÃO MINERAL — MME-BRASIL — *Geologia do Brasil*. Brasília, DNPM, 1984, 501p.

GANSSER, A. The Morphogenic Phase of Mountain Building. *In*: Kenneth HSÜ (ed.) *Mountain Building Processes*, London, Academic Press, 1983, pp. 221-228.

GREEN, J. & SHORT, N. N. *Vulcanic Landforms and Surface Features*. Nova York, Spring-Verlag, 1971.

GUERRA, A. T. *Dicionário Geológico-Geomorfológico*. 8ª ed., Rio de Janeiro, IBGE, 1993, 446p.

HAMBLIN, W. K. *Earth's Dynamic Systems*. Nova York, Macmillan, 6ª ed., 1992, 647p.

LEINZ, V. & AMARAL, S. *Geologia Geral*. São Paulo, Companhia Editora Nacional, 7ª ed., 1978, 397p.

PRESS, F. & SIEVER, R. *Earth*. San Francisco, Freeman, 1978, 649 p.

SCIENTIFIC AMERICAN READINGS. *Deriva Continental y Tectonica de Placas*. 2ª ed., Blume Ediciones, Madri, 1976, 271p.

SELBY, M. J. *Earth's Changing Surface. An Introduction to Geomorphology*. Oxford, Oxford University Press, 1985, 606p.

SKINNER, B. & PORTER, S. *Physical Geology*. Nova York, Wiley, 1987, 750p.

THOMPSON, G. & TURK, J. *Modern Physical Geology*. Orlando, Saunders College Publishing, 1991, 608p.

WEGENER, A. *The Origin of Continents and Oceans*. John Biram, tradução de 1929, reedição. Nova York, Dover Publications, 1966.

WINDLEY, B. *The Evolving Continents*. Nova York, Wiley, 1984, 399p.

CAPÍTULO 3

HIDROLOGIA DE ENCOSTA NA INTERFACE COM A GEOMORFOLOGIA

Ana L. Coelho Netto

1. Introdução

A água constitui um dos elementos físicos mais importantes na composição da paisagem terrestre, interligando fenômenos da atmosfera inferior e da litosfera, e interferindo na vida vegetal-animal e humana, a partir da interação com os demais elementos do seu ambiente de drenagem. Dentre as múltiplas funções da água destacamos seu papel como agente modelador do relevo da superfície terrestre, controlando tanto a formação como o comportamento mecânico dos mantos de solos e rochas, como discutiremos neste capítulo que ora focaliza as bases físicas da hidrologia, especialmente no domínio das encostas.

A autora agradece a André de Souza Avelar pelo apoio no levantamento bibliográfico e pela confecção dos desenhos contidos neste capítulo.

Como encostas, entendemos os espaços físicos situados entre os fundos de vales e os topos ou cristas da superfície crustal, os quais, por sua vez, definem as amplitudes do relevo e seus gradientes topográficos. As formas geométricas do relevo — convexas, côncavas ou retilíneas —, que resultam da ação de processos erosivos e/ou deposicionais no tempo, igualmente condicionam a espacialização dos processos erosivos-deposicionais subseqüentes. Entre os topos e os fundos de vales transitam sedimentos e diversos elementos detríticos ou solúveis, por meio de mecanismos associados às águas ou aos ventos, ou aos gelos, em interação com as forças gravitacionais. Os fundos de vales coletores podem, então, transferir estes materiais transportados das encostas para jusante, e, por meio de fluxos concentrados em canais, interconectar-se com outros sistemas coletores ou de drenagem (Fig. 3.1.).

O reconhecimento, a localização e a quantificação dos fluxos d'água nas encostas são de fundamental importância ao entendimento dos processos geomorfológicos que governam as transformações do relevo sob as mais diversas condições climáticas e ge-

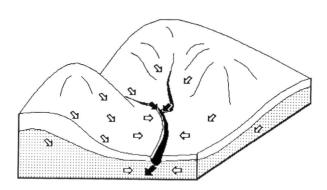

Figura 3.1 — *Diagrama ilustrando a convergência dos fluxos das encostas para os fundos dos vales, em superfície e subsuperfície, e através de canais de drenagem interconectados.*

ológicas. As rotas preferenciais dos fluxos superficiais ou sub-superficiais definem os mecanismos erosivo-deposicionais preponderantes e resultam da interação dos diversos fatores bióticos (flora e fauna), abióticos (clima, rocha, solo e posição topográfica) e antrópicos (uso do solo), que compõem o respectivo ambiente de drenagem. Alterações na composição destes fatores podem induzir a modificações significativas na dinâmica espaço-temporal dos processos hidrológicos atuantes nas encostas e, conseqüentemente, no trabalho geomorfológico.

Frente ao exposto, pode-se considerar que os estudos hidrológicos são de natureza interdisciplinar e, por conseguinte, vêm despertando o interesse de diversos especialistas de áreas como Agronomia, Biologia, Engenharia (civil e florestal), Geografia, Geologia, Geomorfologia, Paisagismo e Planejamento Regional. Tal fato decorre da necessidade de buscar as bases para a previsão não apenas dos processos hidrológicos, mas também de outros fenômenos associados, como, por exemplo, a ciclagem de nutrientes, estabilidade das encostas e qualidade da água, entre outros. Em termos práticos, esses estudos visam, em última análise, ao impedimento ou à solução de problemas ambientais impulsionados pela entrada de águas pluviais nas encostas, e cujos efeitos podem propagar-se à curta ou longa distância das áreas efetivamente problematizadas.

1.1. *Água no Planeta Terra: o Ciclo Hidrológico*

A água ocorre na atmosfera, acima ou abaixo da superfície terrestre, como líquido, sólido ou gás. A água, como líquido, é de importância direta aos estudos hidrológicos, estando sob a forma de chuvas na atmosfera; como lagos, rios e oceanos, na superfície; e, abaixo da superfície, como água no solo ou aquífero subterrâneo. No estado sólido, ocorre como neve ou gelo e, como vapor d'água, ocorre abundantemente nas camadas inferiores da atmosfera e dentro das camadas mais superficiais da crosta terrestre. A água está continuamente mudando de estado: de sólido para líquido, pelo descongelamento de neves e gelos; de líquido para sólido, como resultado de congelamento; de líquido para vapor d'água, pela evaporação; e de vapor para líquido, por meios da condensação. A água move-se rapidamente, como chuva, na atmosfera e como fluxo superficial canalizado ou não-canalizado. Abaixo da superfície, entretanto, move-se mais lentamente e flui gradualmente para os rios ou oceanos.

Berner e Berner (1987) indicam que os oceanos constituem importantes reservatórios de água, armazenando 97% das águas do planeta; os gelos representam cerca de 2,1%; as águas subterrâneas totalizam 0,7% e mais, entre lagos doces e salinos (0,016%), umidade do solo (0,005%), atmosfera (0,001%), biosfera (0,0002%) e, nos rios, apenas 0,00009%. Os mesmos autores enfatizam que o total de evaporação da Terra e o total de precipitação que retorna à Terra se equivalem, mostrando que não há perdas no balanço global: ambos atingem $496,10^{12}m^3$/ano, o que equivale a uma profundidade de 97cm/ano em termos médios do planeta. De acordo com Budyco (1974), a América do Sul é o continente que apresenta os maiores valores de precipitação total (163cm ano), dos quais 93cm/ano escoam na superfície e 70cm/ano retornam à atmosfera; já o continente Australiano recebe os menores valores de precipitação total (47cm/ano), perdendo, por evaporação, 42 cm/ano e escoando 5cm/ano na superfície.

A Figura 3.2 ilustra, esquematicamente, os movimentos e as mudanças do estado da água que traduzem um ciclo hidrológico. Parte da água estocada na superfície terrestre é transferida para a baixa atmosfera por evaporação ou evapotranspiração, no caso da inclusão de perdas d'água pela transpiração das plantas. O vapor d'água contido na atmosfera até uma certa altitude pode ser condensado em função do próprio rebaixamento de temperaturas com a altitude e também pela presença de micropartículas em suspensão que funcionam como núcleos de condensação. Quando o nível de condensação atinge uma massa crítica e as microgotículas d'água não mais conseguem se manter em suspensão no ar, ocorre a precipitação. As águas retornam à superfície na forma líquida (chuvas) ou sólida (gelo ou neve), de acordo com as condições de temperatura na sua zona de precipitação. Antes de atingir a superfície, pode ser parcialmente evaporada e/ou parcialmente interceptada pela vegetação; o restante, então, será redistribuído na superfície: o que não se infiltrar nos solos ou rochas escoará superficialmente; quanto à água infiltrada, depois de preencher o déficit de água do solo, poderá gerar um escoamento subsuperficial. Detalhes sobre cada um destes estágios do ciclo hidrológico na fase terrestre serão descritos em separado, mais adiante.

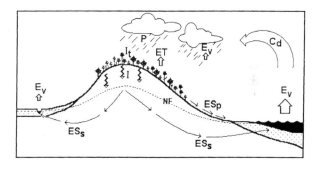

Figura 3.2 — *Movimentos e mudanças de estado da água no ciclo hidrológico: E_v = evaporação (oceanos, rios, lagos e durante a precipitação); ET = evapotranspiração (solos e plantas); C_d = condensação do vapor e formação de nuvens; P = precipitação; I_t = intercepção pela vegetação; I = infiltração; ES_p = escoamento superficial; ES_s = escoamento subsuperficial ou subterrâneo; NF = nível freático.*

1.2. Bacia de Drenagem: um Sistema Hidrogeomorfológico

Encostas, topos ou cristas e fundos de vales, canais, corpos de água subterrânea, sistemas de drenagem urbanos e áreas irrigadas, entre outras unidades espaciais, estão interligados como componentes de bacias de drenagem. A bacia de drenagem é uma área da superfície terrestre que drena água, sedimentos e materiais dissolvidos para uma saída comum, num determinado ponto de um canal fluvial. O limite de uma bacia de drenagem é conhecido como divisor de drenagem ou divisor de águas. Uma determinada paisagem pode conter um certo número de bacias drenando para um reservatório terminal comum, como os oceanos ou mesmo um lago. A bacia de drenagem pode desenvolver-se em diferentes tamanhos, que variam desde a bacia do rio Amazonas até bacias com poucos metros quadrados que drenam para a cabeça de um pequeno canal erosivo ou, simplesmente, para o eixo de um fundo de vale não-canalizado. Bacias de diferentes tamanhos articulam-se a partir dos divisores de drenagem principais e drenam em direção a um canal, tronco ou coletor principal, constituindo um sistema de drenagem hierarquicamente organizado.

Chorley (1962), advogando sobre o uso do pensamento sistêmico em Geomorfologia, enfatizou a analogia direta entre a operação dos sistemas abertos clássicos e os sistemas geomorfológicos. A bacia de drenagem, enquanto uma unidade hidrogeomorfológica, constitui um exemplo típico de sistema aberto na medida em que recebe impulsos energéticos das forças climáticas atuantes sobre sua área e das forças tectônicas subjacentes, e perde energia por meio da água, dos sedimentos e dos solúveis exportados pela bacia no seu ponto de saída. A organização interna do sistema bacia de drenagem, isto é, os elementos de forma e os processos característicos, influencia as relações de entrada e saída (Gregory e Walling, 1973). Assim, mudanças externas no suprimento de energia e massa conduzem a um auto-ajuste das formas e dos processos, de modo a ajustar essas mudanças. Chorley (1962) ressalta que o princípio de auto-ajuste no desenvolvimento do relevo foi apontado no trabalho clássico de Gilbert (1877) — "... como um membro do sistema pode influenciar todos os demais, então, cada membro é influenciado por todos os outros. Há uma inter-dependência por meio do sistema".

As bacias de drenagem podem ser desmembradas em um número qualquer de sub-bacias de drenagem, dependendo do ponto de saída considerado ao longo do seu eixo-tronco ou canal coletor (Fig. 3.3). Os interflúvios são as zonas representadas nas cartas topográficas por curvas de nível convexas para baixo as quais indicam uma divergência dos fluxos d'água: a linha perpendicular ao eixo destas curvas convexas delimita os divisores de drenagem internos da bacia. As curvas de nível côncavas para cima, por sua vez, indicam a zona de convergência dos fluxos d'água ou fundos de vales, onde fluem em direção ao eixo de drenagem da bacia e, daí, articulam-se com os eixos de bacias de drenagem imediatamente adjacentes. Os fundos de vales podem ser drenados por canais abertos, os quais, segundo Montgomery e Dietrich (1989), constituem feições morfológicas incisas, delimitadas por bordas bem definidas e mensuráveis. A interconexão de canais, constituindo uma rede de canais, representa a principal via de exportação de água, sedimentos e elementos solúveis das bacias de drenagem.

Seguindo o conceito de auto-ajuste mencionado, pode-se considerar que alterações significativas na composição am-

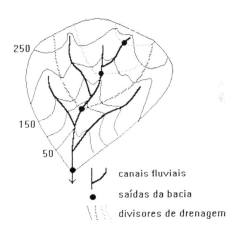

Figura 3.3 — *Bacia de drenagem e sub-bacias delimitadas por pontos de saídas* (outlet) *previamente selecionados.*

biental de uma certa porção da bacia de drenagem poderão afetar outras áreas situadas a jusante. Significa, portanto, que os efeitos hidrológicos e geomorfológicos de processos naturais ou antrópicos se vão refletir num determinado ponto de saída de uma bacia de drenagem, podendo propagar-se a jusante por meio de bacias de drenagem adjacentes. Tais aspectos devem ser levados em consideração no planejamento das formas de intervenção humana, mesmo que o interesse do planejador recaia sobre uma área restrita da bacia de drenagem. Sem dúvida alguma, a bacia de drenagem revela-se como uma unidade conveniente ao entendimento da ação dos processos hidrológicos e geomorfológicos e das ligações espaciais entre áreas distintas que podem afetar tanto o planejamento local como o planejamento regional.

2. Entradas de Chuvas

A precipitação é um importante fator-controle do ciclo hidrológico e, portanto, da regulagem das condições ecológicas e geográficas de uma determinada região. As quantidades relativas de precipitações (volume), seus regimes sazonais ou diários (distribuição temporal) e as intensidades de chuvas individuais (volume/duração) são algumas das características que afetam a natureza e a magnitude do trabalho geomorfológico em bacias de drenagem e, portanto, o planejamento de áreas urbanas, industriais ou rurais. Neste capítulo focalizamos apenas alguns aspectos relevantes aos estudos hidrológicos em bacias de drenagem ou, simplesmente, nos domínios de encostas, ressaltando os fatores que afetam as variações espaço-temporais da precipitação e alguns métodos de mensuração.

2.1. Variações Espaço-Temporais da Precipitação: Fatores Controladores

As precipitações podem ser originadas por mecanismos de abrangência regional ou apenas local. As chuvas regionais decorrem do choque de massas de ar com propriedades físicas distintas, geralmente associadas à invasão de massas polares sob massas de ar relativamente mais quentes e úmidas que configuram o avanço das chamadas frentes frias. A magnitude dos efeitos pluviométricos ocasionados pela entrada de frentes frias depende fundamentalmente das diferenças de temperatura entre as duas massas de ar em choque e, naturalmente, da quantidade de umidade disponível na massa de ar sob perturbação: as frentes frias geralmente ocasionam chuvas intensas e de menor duração, no verão, e chuvas mais longas e de menor intensidade no inverno. Já os mecanismos locais, que se podem sobrepor aos efeitos das perturbações frontais, são os principais responsáveis pelas variações quantitativas das chuvas que se precipitam sobre um determinado espaço geográfico. Tais mecanismos são expressos por: a) movimentos convectivos do ar pela ocorrência localizada de maiores temperaturas do ar em relação às áreas circundantes e, b) ascensão dos fluxos de ar pela presença de barreiras orográficas. O que se observa de comum nos três mecanismos citados é o movimento ascendente das correntes de ar, que ocasiona o seu resfriamento com o ganho de altitude e propicia a condensação do vapor d'água para, então, produzir as chuvas. Mais detalhes sobre formação e variações espaciais das precipitações podem ser encontrados em Ramos *et al.* (1989).

2.2. Mensurações da Precipitação: Registros Pontuais e Estimativas em Área

As precipitações podem ser mensuradas por meio de pluviômetros ou pluviógrafos, sendo expressas em unidades de profundidade (geralmente em milímetros). Assume-se que a profundidade de água coletada pontualmente por estes instrumentos representa a mesma profundidade ou altura de chuva precipitada sobre a área circundante. Os pluviômetros, representados esquematicamente na Figura 3.4, são instrumentos cilíndricos, coletores da chuva que se precipita sobre a área do anel superior do cilindro, durante intervalos regulares de tempo (usualmente de 1 h, 6 h ou 24 horas). A água acumulada no interior do cilindro é lida por meio do auxílio de provetas graduadas, sendo empregada a seguinte fórmula:

$$P_R \text{ (mm)} = r^2 \frac{h}{R}, \text{ onde}$$

P = altura de precipitação (em milímetros);
R = raio do pluviômetro;
r = raio da proveta;
h = altura da coluna d'água na proveta.

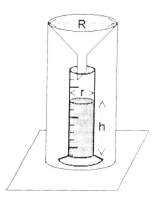

Figura 3.4 — *Pluviômetro com proveta graduada interna.*

Os pluviógrafos são instrumentos gráficos automatizados que registram continuamente as alturas de chuvas, sua distribuição no tempo e intensidade (altura/tempo). As intensidades de chuva podem ser lidas diretamente nos pluviogramas, seguindo os intervalos de tempo desejados. Para maiores esclarecimentos sobre mensuração de precipitações, os leitores devem consultar o relatório da Organização Meteorológica Mundial (1971).

A precisão da análise espaço-temporal de chuvas depende, em parte, da distribuição espacial da rede pluviométrica, cuja intensidade deve variar em função do tamanho da área de interesse e também em função dos objetivos pretendidos. A extrapolação de registros pontuais para estimativas da precipitação média em bacia de drenagem ou mesmo a análise dos padrões espaciais das chuvas pode ser obtida por meio de métodos simples, tais como:

a) média aritmética — é recomendada para área de baixo relevo, com alta densidade de postos pluviométricos e baseia-se no simples cálculo da média aritmética dos totais de chuva registrados nos postos da área;

b) média ponderada de Thiessen — recomendada para áreas com baixa densidade de postos pluviométricos e permite que registros obtidos em postos adjacentes à bacia de drenagem sejam incorporados à média; como mostra a Figura 3.5a, postos vizinhos são unidos por linha fina e bissetores perpendiculares são traçados para formar polígonos que circundarão os postos pluviométricos; a proporção da área contida em cada polígono, em relação à área total da bacia de drenagem, constitui o elemento ponderador, sendo multiplicado pela altura da chuva mensurada no respectivo polígono; então, a média aritmética dos produtos obtidos em cada posto constitui a média ponderada de Thiessen para toda a bacia de drenagem;

c) média ponderada por isoietas — recomendada para áreas sob fortes gradientes de precipitação causadas por relevo ou por células de tempestades; a partir do traçado das isoietas (linhas de igual valor de precipitação), considera-se a fração decimal da bacia inserida entre duas isoietas adjacentes (Fig. 3.5b) como o elemento ponderador do valor médio das chuvas entre as referidas linhas; os valores ponderados obtidos permitem, então, o cálculo das chuvas médias ponderadas por isoietas para a bacia de drenagem.

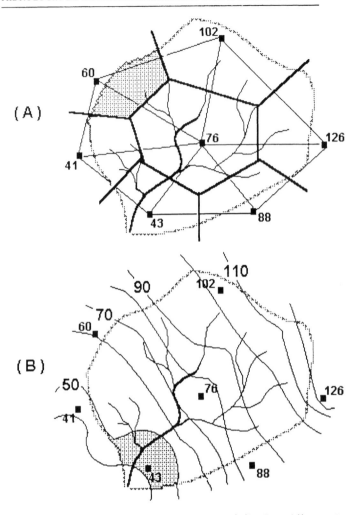

Figura 3.5 — *Métodos para computar precipitação média em área; os números menores indicam a altura da precipitação em cada Estação: (A) método de Thiessen — as áreas sombreadas são multiplicadas pelo vapor da precipitação do respectivo posto; (B) método das isoietas — os números maiores indicam a precipitação correspondente às isoietas; o valor médio entre duas isoietas é multiplicado pela área sombreada para obter a precipitação média.*

Dunne e Leopold (1978) ressaltam que o registro hidrológico é uma simples amostra dos eventos de uma estação de mensuração, a qual é utilizada para fazer estimativas da população de todos os eventos potenciais naquele ponto e, em particular, dos eventos que podem ocorrer no futuro: as deduções sobre a população de uma amostra são obtidas por meio de estimativas estatísticas. A variabilidade nos valores totais de chuvas — diárias, mensais ou anuais — implica a necessidade de registros longos, com distribuições normais, de modo a permitir certo nível de precisão. Uma análise de freqüência simples das classes de chuvas de diferentes tamanhos permite identificar a amplitude de variação da pluviometria, ressaltando os eventos de ocorrência regular, moderada e extrema. Instruções sobre procedimentos de análise estatística simples para previsão de eventos de chuvas são encontradas em Dunne e Leopold (1978).

3. Intercepção das Chuvas pela Vegetação

A cobertura vegetal tem como uma de suas múltiplas funções o papel de interceptar parte da precipitação (P) pelo armazenamento de água nas copas arbóreas e/ou arbustivas (A_c), de onde é perdida para a atmosfera por evapotranspiração (ET) durante e após as chuvas (Fig. 3.6). Quando a chuva excede a demanda da vegetação, a água atinge o solo por meio das copas (atravessamento, A_t) e do escoamento pelos troncos (fluxo no tronco, F_t). Uma outra parte da chuva é armazenada na porção extrema superior do solo que comporta os detritos orgânicos que caem da vegetação (folhas, galhos, sementes e flores) e é denominada serrapilheira (A_s), conforme indica a Figura 3.6.

A serrapilheira se desenvolve mais em solos florestados e pode ser composta de duas camadas que formam os horizontes O_1 e O_2 do solo. A camada superior, O_1, engloba os detritos recém-caídos que ainda não sofreram decomposição; a camada inferior, O_2, é constituída por todos os materiais parcialmente decompostos. A decomposição do material orgânico produz o crescimento de raízes

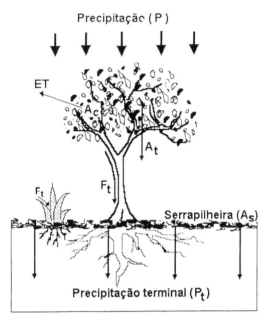

Figura 3.6 — *Componentes da interceptação: P é precipitação; ET é evapotranspiração; A_c é armazenamento nas copas; A_t é atravessamento nas copas; e F_t é fluxo nos troncos.*

finas, formando um manto de espessura variável, que pode ser levantado do solo, como um tapete (Went e Stark, 1968). A serrapilheira é variável na sua composição e estrutura, e nem sempre a camada O_2 está presente. Coelho Netto (1987) demonstrou, com base em mensurações e experimentos de campo realizados na Floresta da Tijuca (RJ), que a água não retida pela serrapilheira pode fluir descontinuamente, durante a chuva, sobre a camada O_1 e no interior da malha de raízes (fluxos de serrapilheira) (Fig. 3.7). Após certo tempo de vazão-pico constante, este fluxo é transferido gradualmente para os horizontes minerais: a quatidade de água que entra na superfície mineral é chamada de precipitação terminal (P_t) e pode ser representada pela fórmula em seguida:

$P_t = P - I = P - (A_c + A_s) = (A_t + F_t) - A_s$, onde

P_t = precipitação terminal;
P = precipitação acima das copas;
I = intercepção;
A_c = armazenamento pelas copas;
A_s = armazenamento pela serrapilheira;
A_t = atravessamento;
F_t = fluxo de tronco.

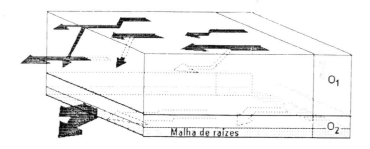

Figura 3.7 — *Mecanismo dos fluxos da serrapilheira: sobre a camada O_1 e intramalha de raízes da camada O_2; fluxos de curta extensão e duração.*

3.1. Variações Espaço-Temporais da Intercepção

A natureza da cobertura vegetal (tipo, forma, densidade e declive da superfície), assim como as características físicas das chuvas, constitui importante variável-controle do processo de intercepção (Hamilton e Rowe, 1949; Jackson, 1975; Coelho Netto *et al.*, 1986 e Miranda, 1992). A Figura 3.8 contém dados obtidos em região montanhosa do Rio de Janeiro, na Floresta da Tijuca, por Coelho Netto e colaboradores, os quais permitem ilustrar a variabilidade da intercepção mensal em resposta às variações na distribuição das chuvas, especialmente quanto à intensidade: pode-se observar que a intercepção florestal aumenta na estação menos chuvosa (maio — agosto), refletindo as mudanças tanto nas características das chuvas, menos intensas, como na demanda da vegetação.

A intercepção pela cobertura vegetal varia consideravelmente entre áreas sob ecossistemas similares. Os dados contidos na Tabela 3.1, por exemplo, indicam a variabilidade da intercepção em florestas tropicais naturais situadas em diversas posições geográficas e sob estágios sucessórios diferenciados. Clegg (1963, *in* Lundgren e Lundgren, 1979) obteve os valores mais elevados de intercepção (57%), numa floresta secundária de Porto Rico sob precipitação média anual de 3.300mm, contrastando com o resultado obtido por McColl (1970, *in* Lundgren e Lundgren, 1979) para uma floresta pré-montanhosa na Costa Rica (5%), igualmente sob elevada precipitação média anual, em torno de 3.800mm. Nesta mesma tabela, chamam atenção os valores de intercepção obtidos numa mesma área de floresta primária, em região montanhosa da Tanzânia e com precipitação média anual

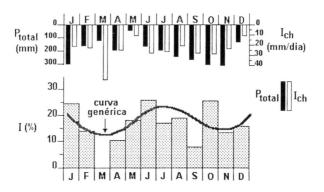

Figura 3.8 — *Histogramas de intercepção mensal (I) e, acima, histogramas de precipitação total mensal (P_{total}) e intensidade média mensal da precipitação (I_{ch}) — dados obtidos em 1980 na Estação Experimental do Alto Rio da Cachoeira, na Floresta da Tijuca.*

de 1.230mm: Jackson (1971, *in* Lundgren e Lundgren, 1979) encontrou 16%, enquanto Lundgren e Lundgren (1979) obtiveram 22%. Resultados próximos, confirmando certa variação interna, foram encontrados por Coelho Netto *et al.* (1986) e Miranda (1992), 17% e 24%, respectivamente, no mesmo ecossistema montanhoso de floresta secundária (Floresta da Tijuca) no Rio de Janeiro, sob 2.300mm de precipitação média anual.

Quanto ao armazenamento de água na serrapilheira florestal, Vallejo (1982) e Coelho Netto (1985, 1987) mostraram em seus estudos conduzidos na Floresta da Tijuca que a capacidade de retenção de água varia entre 130% a 330% em relação ao peso seco. Estes autores sugerem que a composição e a estrutura da serrapilheira controlam a capacidade de retenção ou armazenamento de água: enquanto a camada superior (O_1) retém em média 250%, a camada inferior (O_2) retém em torno de 300% por ser mais decomposta e, conseqüentemente, apresentar uma maior superfície específica. Nesta mesma floresta, Miranda (1992) observou que, sob condição de campo, a retenção média de água pela serrapilheira é da ordem de 200% em relação ao peso seco. Em florestas de coníferas, na Califórnia, Lowdermilk (1930) encontrou valores de retenção em torno de 180%, e Blow (1955), nos bosques do Tennessee, obteve de 200% a 250%.

3.2. Atravessamento de Chuvas pelas Copas e Fluxos de Tronco

O mecanismo de atravessamento da chuva explica em grande parte a variabilidade espacial das características físicas da chuva abaixo das copas: num lado extremo estão os espaços vazios por meio dos quais as chuvas atingem diretamente a superfície e, no outro, estão os grandes adensamentos de vegetação florestal decorrentes da superposição de estratos e desenvolvimento concentrado de lianas e epífetas.

Vallejo e Vallejo (1981) mostraram, na Floresta da Tijuca (RJ), grande variação pontual do atravessamento de chuvas individuais pelas copas arbóreas, durante o ano de 1980. Os autores observaram pontos no interior da floresta com pluviosidade superior

TABELA 3.1 – VALORES DE INTERCEPÇÃO DOCUMENTADOS POR LUNDGREN E LUNDGREN (1979), ACRESCIDOS DOS VALORES ENCONTRADOS NA FLORESTA DA TIJUCA, NO RIO DE JANEIRO, PARA FINS DE COMPARAÇÃO.

AUTOR	TIPO DE FLORESTA	PAÍS	PRECIPITAÇÃO MÉDIA ANUAL (mm)	INTERCEPÇÃO (%)
Clegg (1963)	Pluvial Secundária	Porto Rico	3300	57
Freise (1936)	Subtropical	Brasil	1950	66 (38)*
Golley *et al.* (1975)	Tropical Úmida	Panamá	1933	19
Hopkins (1960)	Tropical	Uganda	1130	35
Hopkins (1965)	Semidecídua Seca	Nigéria	1232	3**
Huttel (1975)	Subequatorial	Costa do Marfim	2095	10-12
Huttel (1975)	Subequatorial	Costa do Marfim	1739	22
Jackson (1971)	Tropical Montanhosa	Tanzânia	1230	16
Kenworthg (1970)	*Dipterocarpus*	Malásia	2050	22-25
Kline & Jordan (1968)	Pluvial Tropical	Porto Rico	?	25
Low (1972)	*Dipterocarpus*	Malásia	?	36
McColl (1970)	Tropical Pré-Montanhosa	Costa Rica	3800	5
Nye (1961)	Semidecídua Úmida	Gana	1656	15
Pereira (1952)	Bambu	Quênia	1150	20
Soepadmo & Kira (1977)	*Dipterocarpus* Tropical	Malásia	2054	37-43
Vaughan & Wiache (1949)	Pluvial Montanhosa	I. Maurício	3175	33
Lundgren & Lundgren (1979)	Tropical Montanhosa	Tanzânia	1230	23
Coelho Netto (1985)	Tropical PL/Encosta (Secundária)	Brasil/Rio de Janeiro	2300	17
Miranda (1992)	Tropical PL/Encosta (Secundária)	Brasil/Rio de Janeiro	2300	24

* 38% = Intercepção e 28% = *Stemflow*.
** Elevada proporção de árvores decíduas.

aos valores da precipitação acima das copas. Tal fato é função da umidade antecedente, da composição e estrutura da vegetação. Enquanto o maior adensamento de vegetação ou um aumento na demanda de água pela vegetação propicia menores quantidades de chuvas atravessadas, alguns aspectos fisionômicos da vegetação propiciam o aumento na concentração pontual de chuvas no interior de uma floresta; as bromélias, por exemplo, acumulam água no interior de sua folhagem e, ao transbordar, alimentam um fluxo contínuo de água que atinge diretamente os solos; galhos superpostos podem incrementar gotejamento freqüente durante as chuvas.

De um modo geral o atravessamento de chuvas tende a aumentar em direção às chuvas maiores ou eventos mais intensos de precipitação, conforme indica a Figura 3.9. Apesar das diferenças nas quantidades de chuvas atravessadas e na variabilidade interna das áreas exemplificadas (coníferas e floresta tropical secundária), em ambos os casos, as chuvas atravessadas representam o principal componente da precipitação terminal, em detrimento do fluxo de tronco. Na Floresta da Tijuca, Miranda (1992) observou que chuvas até 10mm podem ser totalmente interceptadas pelas copas florestais, aumentando linearmente o atravessamento com o aumento das chuvas; a intercepção torna-se insignificante durante chuvas maiores e de longa duração. Com isso, pode-se dizer que a intercepção pouco influencia as cheias máximas dos rios quando, geralmente, transbordam e inundam as áreas adjacentes.

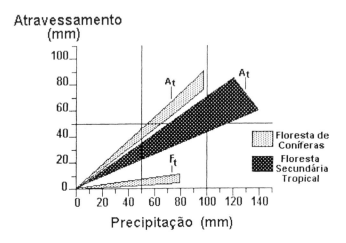

Figura 3.9 — *Relação entre o atravessamento e o fluxo de tronco em floresta de coníferas (extraído de Dunne e Leopold, 1978); comparação com o atravessamento na Floresta da Tijuca. A área sombreada representa a variabilidade interna do atravessamento e do fluxo de tronco nas condições estudadas.*

Mensurações de campo em áreas sob florestas tropicais indicam que o fluxo de tronco atinge, em média, cerca de 1% da precipitação acima das copas, levando muitos autores a desprezar este dado (Jackson, 1975; Manokaran, 1979). Miranda (1992), em seus estudos na Floresta da Tijuca, constatou que os fluxos de tronco representam, em média, apenas pequena parcela das chuvas (em torno de 1,8%) e variam consideravelmente no nível dos indivíduos vegetais: os menores volumes tendem a ocorrer nas árvores de diâmetro maior, principalmente as que desenvolvem suportes na base dos troncos (sapopemas), que, além de absorver mais água, também promovem o espraiamento do fluxo de tronco antes de esse penetrar o solo. As palmeiras, em contrapartida, mostram os maiores volumes de fluxos de tronco em decorrência da geometria convergente de suas folhas e galhos. Miranda (1992) mostrou que uma determinada palmeira produziu um fluxo de tronco com 8,4mm de altura em resposta a uma chuva de 161,6mm, o que representa 5,1% da chuva precipitada acima da sua copa, sugerindo que a principal variável-controle do fluxo de tronco é a morfologia da planta, em combinação com a estrutura do dossel.

3.3. Intercepção por Gramíneas

Os dados de intercepção em áreas recobertas por gramíneas são ainda muito escassos na literatura; entretanto, Dunne e Leopold (1978) apontam que o armazenamento de parte das chuvas tende a aumentar no período de máximo crescimento da vegetação. Deus (1991), simulando chuvas intensas (em torno de 50mm/hora) sobre áreas de gramíneas no Médio Vale do Rio Paraíba do Sul, durante a estação seca, observou, após três corridas de chuvas, cada uma com três horas de duração e uma hora de intervalo, que elas não foram suficientes para gerar escoamento superficial; uma parcela significativa das chuvas foi armazenada pela vegetação. O autor observa que, no período em que esses experimentos foram realizados, a vegetação se encontrava bem ressecada e com capacidade de retenção de água em torno de 500% em relação ao seu peso seco.

Uma vez atendida a demanda das gramíneas, a água excedente pode gerar fluxos de tronco, como extensão dos fluxos d'água provenientes diretamente das folhas. A convergência das folhas em direção a um núcleo comum de enraizamento propicia maior favorecimento à produção do chamado fluxo de tronco, o qual, em conjugação com o sistema radicular da gramínea, implicará sensíveis variações espaciais das quantidades de precipitações terminais que penetram a superfície mineral.

4. Água no Solo

A infiltração é o movimento da água dentro do solo. Os solos definem as quantidades de chuvas que infiltram ou que excedem para escoar na superfície do terreno. Considerando que a viagem da água sobre a superfície é mais rápida, tornando-se cada vez mais lenta em profundidade, pode-se dizer que os solos determinam o volume do escoamento da chuva, a sua distribuição temporal e as descargas-máximas, tanto em superfície como em subsuperfície.

O entendimento da geração e produção do escoamento superficial é importante para a orientação de obras de engenharia como construção de pontes ou represas; é igualmente importante para o manejo e conservação dos solos, na medida em que os fluxos d'água superficiais podem erodir o topo dos solos e remover os nutrientes básicos para o crescimento de vegetais. O geomorfólogo tem um interesse especial sobre as taxas e distribuições espaço-temporais do escoamento sobre a superfície do terreno, por ser um importante modelador do relevo.

A água infiltrada e estocada no solo torna-se disponível à absorção pelas plantas e também ao retorno para a atmosfera por evapotranspiração. A água que não retorna à atmosfera recarrega o reservatório de água subsuperficial ou subterrânea e daí converge muito lentamente para as correntes de fluxos. Em solos com boa infiltração, o fluxo d'água subterrâneo pode alimentar os canais abertos (ou rios) durante longos períodos de estiagem. Estes reservatórios constituem fontes de água muito importantes para atender ao abastecimento doméstico, às demandas de atividades urbanas, industriais ou agrícolas, à diluição de elementos solúveis residuais, merecendo atenção especial da parte dos planejadores. A retirada em excesso de água subterrânea ou a contaminação por elementos poluentes pode causar grandes danos ecológicos e, por isso, sua utilização deve ser regulamentada.

4.1. Características Físicas dos Solos Relevantes à Infiltração

As rochas situadas junto à superfície estão sujeitas à ação de processos físicos, químicos e biológicos (processos de intemperismo), produzindo os chamados mantos de alteração. Coelho Netto (1992) considerou que o solo, num sentido mais amplo, engloba os materiais do manto de alteração, os quais podem estar *in situ* (são os chamados solos residuais ou elúvio) ou já podem ter sido transportados de uma área a montante por mecanismos diversos (são os chamados solos transportados ou depósitos de encosta ou fluvial). Os materiais depositados nas encostas tendem a espessar-se em direção às zonas representadas por curvas de níveis côncavas, que correspondem aos fundos de vales.

Os solos são constituídos por milhões de partículas de diferentes composições mineralógicas e diversos tamanhos, entre cascalhos, areias, siltes ou argilas, parte das quais podem estar como grãos simples ou agregados por matéria orgânica ou argila, como ilustra a Figura 3.10. Os espaços vazios entre as partículas de solos são chamados de poros e podem estar parcial ou totalmente preenchidos com água (solos não-saturados e saturados, respectivamente). No interior das partículas agregadas também ocorrem poros bem pequenos. Os poros com diâmetro inferior a 0,2 milímetro são denominados microporos; os de diâmetro superior são chamados de macroporos. A razão entre o volume de vazios e o volume total do solo corresponde à porosidade do solo e, geralmente, é expressa em percentual.

O arranjo espacial dos materiais do solo (ou estrutura) influencia no direcionamento e no tempo de viagem dos fluxos de água, como é indicado por Knapp (1978). Os solos com estrutura granular (Figura 3.10a) possuem grande número de poros que permitem o movimento dos fluxos em todas as direções; as estruturas em bloco (Fig. 3.10b) também formam grande número de poros, porém de menor tamanho, por meio dos quais os fluxos se movem em todas as direções; as estruturas prismáticas (Fig. 3.10c), geralmente associadas aos agregados maiores e com poros maiores e bem definidos no sentido vertical, favorecem os fluxos nesta direção, e, finalmente, nas estruturas em placas (Fig. 3.10d), os fluxos se distribuem preferencialmente na direção horizontal.

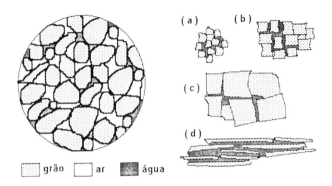

Figura 3.10 — *Componentes do solo e arranjo espacial das partículas que controlam o tempo de viagem da água no solo: (a) estrutura granular; (b) estrutura em bloco; (c) estrutura prismática; (d) estrutura em placa.*

Em solos homogêneos, a porosidade total do solo tende a decrescer com a profundidade, sendo acompanhada por aumento relativo da densidade aparente. Rosas (1991), estudando os solos recobertos pela Floresta da Tijuca, ressalta que descontinuidades podem ocorrer em profundidade pela ocorrência, por exemplo, de um paleo-horizonte A soterrado por sedimentos mais recentes, onde a porosidade tende a aumentar (Fig. 3.11). Outros casos de descontinuidade podem estar associados à ocorrência de camadas diferenciadas em suas características mineralógicas, texturais ou morfológicas, como indica Fernandes (1990) em seus estudos hidrológicos no médio vale do rio Paraíba do Sul.

A macroporosidade do solo inclui feições produzidas por rachaduras do solo ou ainda pela atividade biológica associada à presença de raízes mortas e/ou animais escavadores os quais mostram que, mesmo nas camadas superficiais, ocorrem variações significativas na distribuição da fauna endopedônica: as camadas orgânicas da serrapilheira (horizontes O_1 e O_2) abrigam uma po-

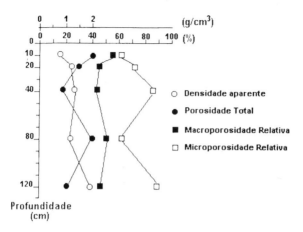

Figura 3.11 — *Variação da porosidade total, macroporosidade, microporosidade e densidade aparente com a profundidade, em solo florestado das encostas montanhosas do Maciço da Tijuca (Rosas, 1992).*

pulação média de 14.500 animais/m²; logo abaixo, nos primeiros 5cm do solo mineral, a população média aumenta para 23.500/m² e, entre 15 e 20cm de profundidade, cai para 4.500/m². Essa distribuição é acompanhada pela variação vertical dos macroporos no topo dos solos: entre 0 e 5cm de profundidade, 63% da porosidade são maiores do que 0,2mm; entre 15 e 20cm este percentual cai para 30% (Nunes *et al.*, 1991).

Bonnel *et al.* (1983) indicaram que também as raízes têm importante participação na estruturação física dos solos, ampliando a capacidade de transmissão de água. Coelho Netto (1987) demonstrou experimentalmente que o adensamento de raízes no topo de solos florestados permite a injeção de água nos solos em poucos minutos após a água atravessar o dossel e antes mesmo de preencher o déficit de água da serrapilheira. Com efeito, estudos de campo conduzidos recentemente por Nunes *et al.* (1992), nas encostas da Floresta da Tijuca, mostram um aumento da umidade abaixo da zona com maior freqüência de raízes, aproximadamente entre 50 e 150cm de profundidade. Em contrapartida, a camada de solo imediatamente acima apresenta-se geralmente com menor umidade, indicando as perdas para a zona subjacente, particularmente onde predominam raízes verticais condutoras de água.

Também a presença de blocos de rochas de diversos tamanhos embutidos numa matriz de solo transportado, principalmente nas áreas adjacentes a escarpamentos rochosos, interfere no comportamento da água em subsuperfície (Coelho Netto, 1985). Dados de campo obtidos por Castro Jr. (1991) sustentam a idéia de que os blocos, enquanto superfícies impermeáveis, funcionam como barreiras à percolação lateral das águas subsuperficiais, divergindo lateralmente os fluxos e, sob descarga crítica, induzindo uma erosão em túnel ao redor dos blocos que forma dutos subsuperficiais que funcionam como drenos naturais quando o solo está quase saturado ou saturado.

4.2. Processo de Infiltração

O termo infiltração foi proposto por Horton (1933) para expressar a água que molha ou que é absorvida pelo solo. Características da superfície e da cobertura dos solos limitam a infiltração no solo, e, por isso, Horton (1933) propôs um termo diferente, percolação, para referir-se ao fluxo em subsuperfície que atravessa a zona de aeração em direção ao nível freático, o qual delimita a porção extrema superior da zona saturada do solo. Contudo, estes dois fenômenos estão fortemente interrelacionados, como enfatizou Childs (1969; in Ward, 1975), quando indicou que a taxa de infiltração pode ser considerada tanto como conseqüência da condutividade hidráulica e do gradiente de sucção, seguindo a lei de Darcy (discutida mais adiante), ou como a taxa de aumento do teor de umidade no perfil do solo.

Duas forças devem ser consideradas no entendimento da infiltração no meio poroso: a atração capilar e a força gravitacional. Enquanto a força gravitacional direciona a água verticalmente no perfil do solo, a força capilar impulsiona a água em todas as direções, especialmente para cima. A água, ao percolar o solo como fluxo livre gravitacional, sofre a resistência da força capilar, a qual aumenta na medida em que os diâmetros dos poros se tornam menores. Nos poros maiores, especialmente naqueles associados à fauna escavadora e às raízes mortas, a força capilar torna-se negligenciável. A umidade envolvida nestes movimentos pode estar na forma líquida ou como vapor, sendo difícil distinguir suas importâncias relativas. O processo de infiltração resulta das relações de interdependência dos mecanismos de entrada na superfície do solo, de estocagem dentro do solo e de transmissão de umidade do solo. Sob determinadas condições, o solo possui uma taxa máxima de absorção de água, a qual Horton (1933) denominou capacidade de infiltração. A relação entre a intensidade da chuva e a capacidade de infiltração define a quantidade de água que infiltra: quando a intensidade da chuva é menor do que a capacidade de infiltração, a taxa de infiltração é igual à taxa da chuva; porém, quando a intensidade da chuva ultrapassa a capacidade de infiltração, o solo absorve parte da água de acordo com a sua capacidade, e o excedente de precipitação, após preencher as microdepressões do terreno, escoa sobre a superfície em direção aos canais (Fig. 3.12).

Diversas variáveis-controle regulam a capacidade de infiltração, incluindo:

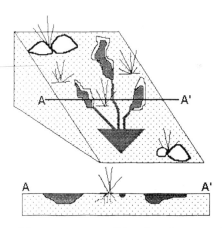

Figura 3.12 — *Diagrama esquemático da estocagem de precipitação excedente nas microdepressões da superfície: ao transbordar, forma-se o escoamento sobre a superfície (abaixo, visão em seção transversal A-A').*

a) características físicas das chuvas — a intensidade da chuva, junto com as demais variáveis do solo, define o que entra e o que excede a capacidade de infiltração; as chuvas mais intensas causam maiores impactos no solo exposto, e os picos de chuva de longa duração preenchem o potencial de estocagem e eventualmente conduzem os solos à saturação;
b) condições de cobertura dos solos — a cobertura vegetal tende a aumentar a capacidade de infiltração; solos recobertos por florestas geralmente apresentam os maiores valores de capacidade de infiltração, especialmente pela influência da serrapilheira, como mencionamos anteriormente. A redução na densidade de cobertura vegetal é acompanhada pelo decréscimo da infiltração;
c) condições especiais dos solos — se por um lado, a compactação pelo impacto das chuvas e a selagem por partículas finas deslocadas pelo salpico das gotas de chuvas promovem uma diminuição da água infiltrada, por outro, o aumento da carga hidráulica na superfície ou das rachaduras de ressecamento do solo ou do declive da superfície aumentam a infiltração;
d) condições de textura, profundidade e umidade antecedente do solo — estas variáveis importam na definição da quantidade de água que poderá ser estocada antes de o solo atingir a saturação: solos profundos e bem drenados, com textura grosseira e grandes quantidades de matéria orgânica apresentarão alta capacidade de infiltração; já os solos rasos e mais argilosos mostrarão baixas taxas e volumes de infiltração; a umidade antecedente, se por um lado reduz a ação capilar que inibe a infiltração, por outro limita o volume de água que pode ser estocado no solo, especialmente nos mais finos;
e) atividade biogênica no topo dos solos — a formação de bioporos pela atividade da fauna escavadora e do enraizamento dos vegetais aumenta a capacidade de infiltração e a percolação, conforme foi apontado anteriormente.

A capacidade de infiltração varia não apenas em solos com composições diferentes, mas também durante o evento de chuva: decresce rapidamente após o início das chuvas quando algumas das variáveis descritas sofrem modificações em relação às condições antecedentes. Após certo tempo de precipitação (uma ou até três horas), verifica-se uma taxa de infiltração constante, como exemplificado na Figura 3.13. Existem diversas formas de mensurar ou estimar a infiltração. Na avaliação das taxas de infiltração, podem ser empregados eventos de chuvas naturais ou artificiais ou o simples molhamento da superfície do solo. Dunne e Leopold (1978) propõem um método simples e barato para avaliar as variações relativas de infiltração entre os sítios de interesse, empregando infiltrômetros cilíndricos com diâmetros de 10 a 30cm, os quais são enterrados entre 5 e 50cm do solo. A água é colocada até formar uma lâmina de 1 a 2cm dentro do tubo, mantido num nível constante com o suprimento de um reservatório graduado que indica a taxa na qual a água se infiltra no solo (volume/tempo). Os autores ressaltam que os valores obtidos são geralmente superestimados, de 2 a 10 vezes, em relação à capacidade de infiltração mensurada durante eventos de chuvas naturais sob condições similares. No entanto, são válidos para análises comparativas e para indicar os controles deste processo, tais como cobertura vegetal, textura, etc.

Outras formas de mensurar a infiltração incluem o uso de simuladores de chuvas e de pequenas parcelas coletoras de esco-

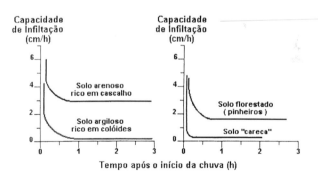

Figura 3.13 — *Curvas de capacidade de infiltração para solos com diferentes texturas e cobertura vegetal (modificado de Strahler, 1925; in: Dunne e Leopold, 1978).*

amento superficial: a intensidade da chuva é mantida constante, e a taxa de escoamento é mensurada. A diferença entre as duas taxas é a capacidade de infiltração, como ilustra a Figura 3.14. As taxas de infiltração também podem ser medidas por meio do escoamento superficial gerado nas parcelas ou em pequenas bacias de drenagem em resposta aos eventos naturais de chuvas. A mensuração em bacias, no entanto, requer condições relativamente homogêneas de cobertura vegetal e solo. As intensidades da chuva são plotadas contra os volumes do escoamento com intervalos constantes para, então, por meio das diferenças, obterem-se os valores de infiltração durante o evento. Os valores obtidos em cada intervalo fornecem valor médio da capacidade de infiltração.

4.3. Estocagem e Movimentos da Água

A força capilar regula a estocagem de água no solo. Capilaridade é a tensão exercida nas paredes de tubos de pequeno diâmetro

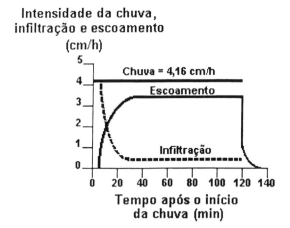

Figura 3.14 — *Intensidade da chuva, taxa de escoamento superficial e capacidade de infiltração para uma chuva artificial de intensidade constante em parcela experimental (extraído de Dunne e Leopold, 1978).*

(tubos capilares) quando em contato com líquidos e que é direcionada para cima. Isto se dá porque a atração molecular na interface líquido-sólido gera uma tensão que causa o encurvamento da superfície líquida, formando uma seção de esfera chamada menisco (Fig. 3.15). A ascensão capilar varia inversamente ao diâmetro dos tubos, ou seja, aumenta com a diminuição do diâmetro.

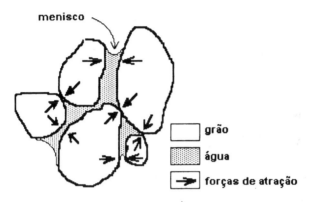

Figura 3.15 — *Tensão da água no solo e formação do menisco.*

Taylor (1948) e Terzaghi e Peck (1967), formulando fisicamente este fenômeno, ressaltam que, quando a superfície flexível de um certo material sofre uma tensão, se torna necessária a atuação de diferentes pressões em cada um dos lados da superfície para alcançar o equilíbrio, formando uma curvatura de superfície. Há uma relação entre a diferença de pressão (P_e), a tensão atuante (T_s) e o raio da curvatura de superfície (R), que é expressa por meio da fórmula: $P_e = T_s / R$ (Fig. 3.16). O contato do menisco com a parede do tubo formam um ângulo (α), e se o tubo estiver limpo, α = 0°, significando que o raio do menisco é igual ao raio do tubo. Na Figura 3.16, os pontos A e C estão submetidos à pressão atmosférica, assim como o ponto B, que está no mesmo nível do ponto A; já o ponto D está mais elevado do que B, devido à altura da elevação capilar (h_c). Portanto, a pressão em D tem que ser menor do que a atmosférica (pressão negativa ou sucção). O cálculo da pressão em D é dado por: $u = h_c \cdot \gamma w$, onde, u é a poro-pressão negativa e γw é o peso específico da água. A altura capilar atingida (h_c no interior do tubo) é expressa pela equação $h_c \cdot \gamma w = 2T_s/R$ ou $h_c = 2T_s/\gamma wR$.

Ao contrário dos tubos capilares, os poros são vazios interconectados com diâmetros variáveis. Childs (1957; *in* Fernandes,

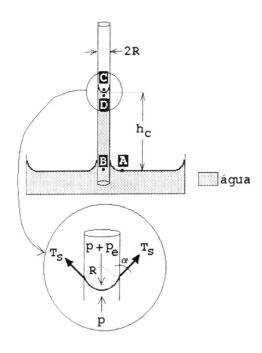

Figura 3.16 — *Componentes físicas da ascensão capilar: R = raio da curvatura da superfície; α = ângulo na interface líquido-sólido; h_c = elevação capilar; A, B e C são pontos sob pressão atmosférica e D é um ponto sob pressão negativa; P_e = diferença de pressão e T_s = tensão superficial.*

1990) ressalta que, na sua porção mais estreita, o poro possui um raio (R_1) que pode acomodar a interface líquido-sólido com uma curvatura de superfície igual ao raio R_1, suportando uma certa pressão negativa ou sucção (Ψ_1). Se a sucção exceder Ψ_1 e passar para Ψ_2, a interface recuará por meio dos espaços porosos, os quais perdem água e ganham ar, até que ele encontre um raio menor (R_2), onde irá repousar a interface. Se a sucção continuar aumentando sucessivamente, ocorrerá maior extração de água, ficando a água remanescente retida em poros cada vez menores (Fig. 3.17).

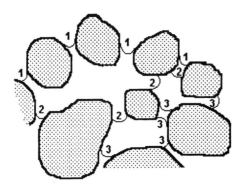

Figura 3.17 — *Estágios na mudança do teor de umidade do solo; os números indicam as sucessivas localizações do menisco durante o aumento da sucção (modificado de Childs, 1957; in Fernandes, 1990).*

Também as forças osmóticas atuam na retenção de água no solo, particularmente em solos salinos. Pode-se dizer que ambas as forças, capilar e osmótica, controlam a retenção de água no solo: após vários dias de estiagem, a drenagem cessa e permanece um certo remanescente de água no solo sob ação destas forças, o tanto quanto seja necessário para resistir às forças gravitacionais. O teor de umidade nesta condição é chamado de capacidade de campo (expressa em porcentagem por volume de solo). A tensão sobre a água no solo na sua capacidade de campo varia entre 0,1 e 0,3 atmosfera (Dunne e Leopold, 1978). A umidade do solo, no entanto, pode continuar a decrescer com a extração de água pela vegetação ou evapotranspiração, atingindo valores inferiores à sua capacidade de campo. Eventualmente, a umidade do solo torna-se tão baixa, que as plantas não conseguem remover mais água. Neste ponto, as plantas murcham, e diz-se que os solos atingiram o ponto de murchamento.

Quando ocorre entrada de água no solo, e parte é estocada, ocorre elevação no chamado teor de umidade (θ), o qual corresponde ao peso da água no solo em relação ao peso seco das partículas do solo e pode ser expressa em porcentagem: θ = P água / Peso grãos (%). O volume máximo de água que pode ser estocado no solo é determinado pela porosidade, e, nessas condições, o solo está saturado. Assim, o volume de vazios ocupados por um determinado volume de água determina o grau de saturação (S) e também pode ser expresso em porcentagem: S = $\theta_{água}$ / θ_{vazios} (%). Com a saturação do solo, a força capilar é neutralizada (Ψ = 0), e a poro-pressão passa a ser positiva (Fig. 3.18). Porém, na medida em que a água começar a drenar para fora do perfil de solo, os poros começam a esvaziar e a força capilar volta a atuar, como foi visto.

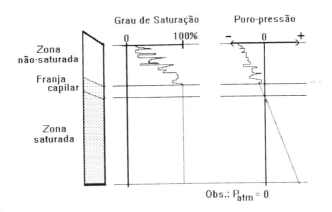

Figura 3.18 — *Representação esquemática entre a poro-pressão (atm) e o grau de saturação (%) nas diversas zonas do solo.*

HIDROLOGIA DE ENCOSTA NA INTERFACE COM A GEOMORFOLOGIA

5. Água Subterrânea

A zona subsuperficial saturada ou zona freática representa a fonte de água fresca mais importante no mundo: 21% do total da água doce do planeta ou 97% da água doce não-congelada (Dunne e Leopold, 1978). Cleary (1989) cita alguns autores que estimaram o volume de água subterrânea no planeta, destacando: Bower (1978), que propõe que o reservatório de água subterrânea no planeta atinja 8,4 . $10^6 km^3$, sendo metade abaixo de 800m de profundidade; Freeze e Cherry (1979) que estimam em 60,0 . $10^6 km^3$; e Heath (1983), que estima em 4,0 . $10^6 km^3$. A discrepância entre os dados revela a dificuldade de mensuração do volume de água armazenada em subsuperfície. Para referenciar a situação no Brasil, Cleary (1989) cita Rebouças (1988), que estimou um volume armazenado de 111.661km^3, ou seja, 0,11 . $10^6 km^3$. Este último autor ressalta que este volume é pouco utilizado devido às condições climáticas e geológicas que favorecem uma grande ocorrência de água superficial, especialmente na Região Sudeste, onde estão as grandes concentrações populacionais. Estimativas do DNAEE, feitas em 1984, indicaram que 1990 seria um ano de consumo baixo: 10km^3/ano para uso doméstico e público; 8km^3/ano para as indústrias, e 16km^3 para a agricultura, o que representaria apenas 0,6% do potencial da água superficial (dos rios).

5.1. Definições e Conceitos Importantes

Como foi visto, a água subterrânea ou subsuperficial tem sua origem na superfície e está intimamente relacionada com a água superficial (Cleary, 1989). O nível situado na porção extrema superior da zona subterrânea saturada é chamado de lençol d'água. Abaixo deste nível a água é mantida nos poros intergranulares dos solos ou das rochas. Logo acima deste nível, está a franja capilar, que resulta da ação da força capilar, na zona de aeração imediatamente sobrejacente à zona saturada. A franja pode elevar-se apenas poucos centímetros em solos cascalhentos ou atingir vários metros em solos mais argilosos. Na zona não-saturada, as forças capilares permitem a retenção de água na in-

HIDROLOGIA DE ENCOSTA NA INTERFACE COM A GEOMORFOLOGIA

terface ar-água sob pressões atmosféricas negativas, de modo que a água não consegue fluir, como na zona saturada, onde está sob pressão atmosférica.

A zona saturada recebe uma recarga de água por meio da zona não-saturada, que pode aumentar o volume de água estocada, elevando o nível do lençol freático. A elevação do lençol implica nível mais íngreme, aumentando a velocidade do fluxo. A velocidade do fluxo d'água subterrâneo é muito lenta em comparação com a velocidade dos fluxos superficiais: Cleary (1989) comenta que um fluxo subterrâneo rápido é da ordem de 1m/dia, enquanto num rio de alta velocidade o valor fica em torno de 1m/s. Quando e onde o lençol d'água intersectar a superfície, a água drenará para fora do sistema subterrâneo (processo de exfiltração, conforme é sugerido por Dunne, 1990), numa certa descarga, em direção aos pântanos, lagos, canais, etc.

Geralmente, os divisores de uma bacia hidrográfica subterrânea são assumidos como correspondentes, num certo nível de aproximação, aos divisores das bacias hidrográficas superficiais. Porém, esta não é uma regra geral; os contornos de uma unidade subterrânea não necessariamente coincidem com os divisores traçados de acordo com a topografia atual, em função de controles lito-estruturais do substrato geológico e também de possíveis ocorrências de inversões de relevo no decorrer da evolução geomorfológica, como mostram os trabalhos de Meis e Moura (1984) e Coelho Netto e Fernandes (1990).

Chama-se de aquífero uma unidade geológica de armazenar e transmitir água em quantidade significativa e sob gradiente hidráulico natural, o que implica a ocorrência de materiais com porosidade interconectada e boa permeabilidade. Um aquífero abrange áreas extensas, de modo a permitir o acúmulo de um volume de água superior ao que é drenado anualmente para fora. Unidades geológicas que podem armazenar água, mas que não permitem a sua movimentação, a não ser em velocidades negligenciáveis, chamam-se aquitardes (Fig. 3.19).

Quando a água subterrânea está em contato direto com a atmosfera por meio de poros abertos do aquífero, diz-se que ele é um aquífero não-confinado ou livre, ou freático, e seu limite superior é o lençol d'água. Se o aquífero é limitado na sua porção

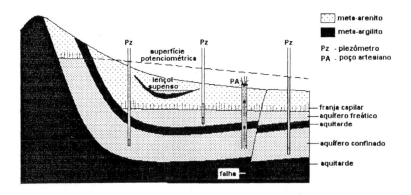

Figura 3.19 — *Diagrama esquemático representando: franja capilar, aquífero freático, aquitarde e aquífero confinado; nível potenciométrico dos aquíferos e artesianismo.*

superior por um aquitarde, então ele é chamado de aquífero confinado e não possui superfície de água livre ou freática: está saturado em toda sua espessura; a recarga é feita por meio dos aquitardes ou, então, por meio de afloramentos da camada confinada na superfície do terreno (Fig. 3.19). Os aquíferos confinados sob pressões muito elevadas podem descarregar água naturalmente por meio de fraturamentos que ultrapassem o aquífero, o aquitarde e as camadas superiores ou por meio de poços; estes aquíferos são chamados de artesianos. Outras zonas de saturação temporária podem desenvolver-se acima de aquitardes de menor extensão espacial ou locais, sendo chamados de lençóis d'água temporários. Estes lençóis temporários estão suspensos em relação ao lençol d'água regional principal e, geralmente, se formam durante alguns eventos de chuvas e na estação chuvosa.

Como foi mencionado, as zonas saturadas estão sob poropressão positiva, que pode atingir valores acima da pressão atmosférica. A superfície que representa o nível de pressão do aquífero é chamada de carga ou superfície piezométrica. Em aquíferos confinados, sob altos potenciais de pressão, é comum o termo superfície potenciométrica. A pressão d'água num determinado ponto do aquífero ou pressão piezométrica é medida por meio da inserção de tubos fechados com ponta porosa na extremidade inferior, chamados de piezômetros, os quais medem a altura da água em metros. A mensuração feita com tubos abertos na extremidade inferior são chamados de poços e fornecem simplesmente a altura do lençol freático (Fig. 3.19).

A instalação de piezômetros em diferentes pontos e profundidades do aquífero permite mapear as variações de carga piezométrica, a partir das quais podem ser traçadas linhas de igual carga ou potencial piezométrico, denominadas linhas equipotenciais. Entre pontos de alta e baixa carga piezométrica, ocorrem os fluxos d'água subterrâneos, formando ângulos retos com as linhas equipotenciais. As linhas de fluxos, portanto, representam a trajetória da água, e as linhas equipotenciais representam estados de igual energia potencial. Existe uma infinidade de linhas de fluxos entre dois pontos com cargas diferentes; contudo, numa representação gráfica da rede de fluxos, selecionam-se apenas algumas, de acordo com o interesse.

5.2. Movimento da Água Subterrânea

Se por um lado a variação de carga de pressão movimenta a água no solo, por outro esse movimento é dificultado pela viscosidade do fluxo, a qual é função da temperatura. A Lei de Darcy expressa a velocidade macroscópica do fluxo d'água (q) no meio poroso (isto é, velocidade média), assumindo que o solo é uniforme e todas as variáveis representam funções contínuas no espaço e no tempo. Em seus experimentos, Darcy tomou um cilindro com uma seção transversal (A) e colocou areia; preencheu os poros com água até saturar para que o fluxo de entrada (Q) fosse igual ao fluxo na saída (Q') do cilindro, o qual foi disposto com uma certa inclinação sobre um *datum* arbitrário (Z = O) (Fig. 3.20). Ao desenvolver seus experimentos, formulou a seguinte expressão física:

$$q = -K\,\Delta h/\Delta l, \text{ onde}$$

K = coeficiente de permeabilidade ou condutividade (o sinal negativo expressa que o fluxo ocorre das áreas de alta carga de pressão para as áreas de baixas cargas);
h = carga hidráulica ($\Delta h = h_2 - h_1$);
$\Delta h/\Delta l$ = gradiente hidráulico.

A seguir, Darcy considerou que $h = \Psi + Z$, onde Ψ = carga de pressão (força capilar) e Z = elevação da carga, e transformou sua formulação física em equação diferencial:

$$q = -K\,dh/dX \quad (1), \text{ onde } X = \text{uma direção arbitrária}$$

$$q = -K\,\frac{d(\Psi+Z)}{dX} \quad (2)$$

No caso de infiltração vertical, considera-se que:

$$q = -K\,\frac{d(\Psi+Z)}{dZ} \quad (3)$$

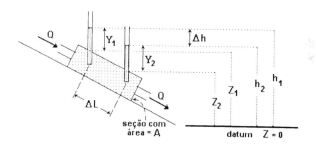

Figura 3.20 — *Esquema do experimento de Darcy, onde:* Ψ = *carga de pressão; h = carga hidráulica; Z = carga de elevação ou carga de posição;* Δh = *variação de carga total; L = distância entre os piezômetros; Q = vazão.*

Finalmente, levando-se em conta que a coordenada Z muda em direção à profundidade, então:

$$q = K_{(\theta)} \frac{(d\Psi+1)}{dZ} \qquad (4)$$

onde (θ) indica um certo teor de umidade.

Muitos autores usam o termo condutividade hidráulica como sinônimo de permeabilidade. Dimensionalmente, ambos expressam a relação distância/tempo (D/T). Porém, há autores que consideram a permeabilidade uma propriedade dos materiais do solo, enquanto a condutividade hidráulica é uma propriedade da unidade geológica como um todo. O coeficiente de permeabilidade ou condutividade hidráulica (K) indica a capacidade de o solo transmitir água sob determinada temperatura ou viscosidade (expresso em m/dia e, geralmente, para temperaturas de 15,6°C). Este coeficiente pode ser obtido em laboratório (K_s), com solos saturados e temperatura de 15,6°, ou em campo (K_c), com solos à temperatura de campo. Dunne e Leopold (1978) apontam uma forma de corrigir essa distorção por meio da equação:

$$\frac{K_s}{K_c} = \frac{\mu_c}{\mu_s} \text{, onde}$$

μ_c e μ_s representam a viscosidade dinâmica da água na temperatura de campo e a 15,6°C, respectivamente.

A porosidade é outra variável importante no controle da permeabilidade, e, assim, solos arenosos são mais permeáveis do que solos argilosos por apresentar alta porosidade. Embora os solos argilosos tenham maior número de poros do que os solos mais grosseiros, os seus espaços individuais são muito menores, acentuando a força capilar que é inibidora dos fluxos gravitacionais livres. Vale lembrar que a força capilar diminui com o aumento da umidade no solo, sendo neutralizada quando o solo atinge a saturação, e, por isso, a permeabilidade saturada (K_s) representa a melhor condição de transmissão de água no solo.

O fluxo d'água subterrâneo no meio poroso é laminar; porém, pode apresentar-se turbulento no interior de dutos ou canais subterrâneos, particularmente quando a matriz do solo circundante estiver saturada ou próxima da saturação. Alguns autores referem-se a estes fluxos concentrados como fluxos em dutos (*pipe flow*). Estes dutos podem ser iniciados em zonas de descontinuidades litológicas ou podem estar associados à atividade biológica como já mencionamos: pela ação da fauna escavadora e por raízes mortas. Nesses dutos prevalecem os fluxos gravitacionais livres, por representar espaços mais abertos no meio poroso sem a interferência das forças capilares.

6. *Produção dos Fluxos da Chuva e Implicações na Erosão*

Como mencionamos no início deste capítulo, os estudos sobre o escoamento das águas em suas diferentes trajetórias são fundamentais ao entendimento e quantificação da erosão dos solos e, portanto, na modelagem geomorfológica. Estes estudos são igualmente importantes no planejamento em geral, sobretudo porque permitem o reconhecimento rápido das parcelas da paisagem com maiores vocações para a produção de escoamento rápido em superfície ou escoamentos mais lentos em subsuperfície (Dunne *et al.*, 1975). O conhecimento da vocação hidrológica de áreas sob distintas composições ambientais revela-se de aplicação direta para previsões relacionadas à recarga de mananciais de águas subterrâneas: às enchentes ou à propagação espaço-temporal de poluentes que convergem para os rios, entre outras, auxiliando na definição do uso mais adequado da terra e no manejo dos solos.

A Figura 3.21 focaliza as possíveis rotas dos fluxos d'água no domínio das encostas, incluindo fluxo superficial tipo hortoniano (FSH); fluxo subterrâneo de base (FSb); fluxo subsuperficial da chuva (FSSch) e fluxo superficial de saturação (FSSat). Neste tópico discutiremos a geração dessas rotas, destacando as respectivas associações com os mecanismos erosivos responsáveis pelo desenvolvimento de certas feições morfológicas nas encostas.

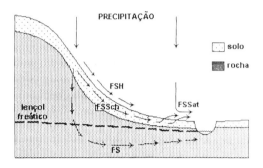

Figura 3.21 — *Possíveis rotas de fluxos d'água nas encostas: FSH = fluxo superficial hortoniano; FS = fluxo subterrâneo; FSSch = fluxo subsuperficial da chuva e FSSat = fluxo subsuperficial de saturação (extraído de Dunne e Leopold, 1978).*

6.1. Fluxos de Chuva e Fluxos de Base

O escoamento pluvial inclui os chamados fluxos da chuva, os quais são gerados depois de determinado tempo de chuva e, ao atingir o canal de drenagem, aumentam sua descarga ou vazão. Os fluxos de base são definidos por Hewlett e Nutter (1969) como parte componente do fluxo canalizado que se mantém durante os períodos secos e são alimentados pela descarga da água subterrânea residente nos solos e rochas. Essa água subterrânea representa chuvas passadas estocadas no solo, cujo tempo de residência pode variar amplamente: enquanto as águas rasas (menos de 750m) residem por curtos períodos (meses, anos), as águas profundas (entre 750 e 4.000m) podem residir até milhares de anos.

Nem sempre é fácil distinguir os dois tipos de fluxos, porque há uma possibilidade de as áreas-fontes dos fluxos das chuvas subsuperficiais prolongarem sua contribuição por certo tempo após o evento de chuva. Um método aproximado de separação entre fluxos de base e fluxos de chuva baseia-se na leitura e decomposição gráfica de hidrógrafas (curva da taxa de vazão num ponto do canal ou da encosta, que é expressa em volume por unidade de tempo) (Fig. 3.22). Acoplando-se as hidrógrafas aos histogramas da distribuição de intensidade das chuvas, pode-se avaliar os tempos de resposta do fluxo canalizado às chuvas (tempos de ascensão e de recesso do fluxo: atraso do fluxo pico em relação ao pico da chuva), como mostra a mesma Figura 3.22. Respostas mais rápidas ou próximas às variações das intensidades de chuva indicam a contribuição de áreas-fontes produtoras de fluxos sobre a superfície, enquanto respostas mais lentas indicam

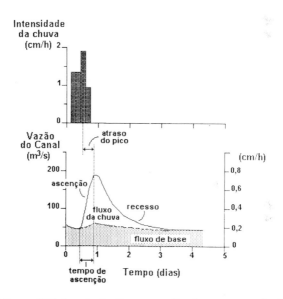

Figura 3.22 — *Hidrógrafa de fluxo canalizado em resposta à chuva sobre uma bacia de 10km². Método de separação dos fluxos da chuva e de base: seguindo a inclinação do início da ascensão da hidrógrafa, traça-se uma linha até o eixo da curva e, daí, projeta-se uma outra linha em direção ao final do recesso, quando a vazão retorna à vazão antecedente àquela chuva; a porção superior é o fluxo da chuva e a inferior é o fluxo de base (extraído de Dunne e Leopold, 1978).*

áreas-fontes subsuperficiais. Chuvas simples ou unimodais, que produzem hidrógrafas compostas, ou seja, com dois picos de fluxo (um rápido e outro mais lento em relação ao pico da chuva), indicam a ocorrência de áreas-fontes variáveis na área de drenagem que converge para aquele ponto mensurado (Fig. 3.23). As alturas e descargas dos fluxos de base também variam no tempo de acordo com a recarga na área de contribuição, ou seja, elevação do lençol d'água. As bacias de drenagem com área pequena e altos gradientes geralmente são mais sensíveis às

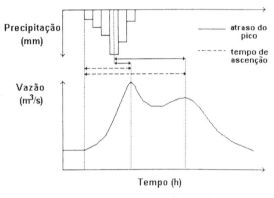

Figura 3.23 — *Hidrógrafa composta de fluxo d'água canalizado em resposta à chuva sobre uma bacia de 3,5km²: o primeiro pico resulta da contribuição de fluxos superficiais e o segundo de fluxos subsuperficiais, como marcam os diferentes tempos de atraso do pico em relação à intensidade máxima de chuva.*

flutuações do regime sazonal de chuvas, como mostra Coelho Netto (1985) para a bacia montanhosa florestada do alto rio da Cachoeira (3,5km²). Em contrapartida, apesar de a zona de recarga ser maior em bacias de drenagem mais extensas, as oscilações dos fluxos de base são mais lentas e de menor amplitude. Dunne e Leopold (1978) ressaltam ainda que um fluxo de chuva produzido hoje numa zona de cabeceira de drenagem pode, alguns dias depois, constituir-se num componente do fluxo de base de um ponto a jusante do sistema de drenagem.

6.2. Produção de Fluxos da Chuva sobre a Superfície

O escoamento sobre a superfície é produzido com o excedente de precipitação em relação à capacidade de infiltração, como foi descrito anteriormente. Este tipo de fluxo tem sido denominado na literatura de fluxo superficial hortoniano, numa referência a Robert E. Horton (1933), autor dos primeiros estudos quantitativos sobre hidrologia. Horton integrou o modelo de hidrologia superficial com o modelo de erosão pela ação destes fluxos, enfatizando o processo de formação de canais, rede de canais e vales ou bacias de drenagem em seus múltiplos níveis hierárquicos (Horton, 1945). Em sua formulação sobre a produção do fluxo superficial, assumiu que, em solos homogêneos, a capacidade de infiltração é uniforme ao longo das encostas, permitindo a produção simultânea do fluxo em todo o seu perfil. A continuidade da chuva permitiria um aumento da descarga deste fluxo, segundo as taxas de chuva, acarretando atraso mínimo do pico em relação à intensidade máxima de chuva. Cessada a chuva, o fluxo decresce rapidamente e acaba.

A Figura 3.24 ilustra a relação entre o escoamento superficial hortoniano e o trabalho erosivo deposicional nas encostas, segundo

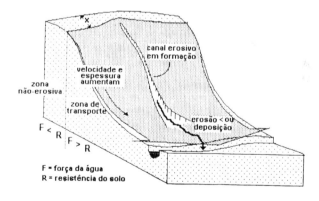

Figura 3.24 — *Diagrama esquemático da produção de fluxo superficial hortoniano e conseqüente trabalho erosivo, incluindo a formação de canal. O "x" indica a distância crítica que separa a zona não-erosiva da zona de transporte.*

HIDROLOGIA DE ENCOSTA NA INTERFACE COM A GEOMORFOLOGIA

a proposta de Horton (1933; 1945). Observa-se o acúmulo do fluxo superficial em direção à base inferior das encostas, antes de entrar no canal. Horton propôs que, numa faixa de largura variável, do divisor de águas até uma certa distância crítica x, o escoamento não tem competência erosiva e, por isso, denominou-a zona não-erosiva. Para jusante, então, a ocorrência de descargas críticas, pelo acúmulo de água e pelo próprio aumento do gradiente topográfico, define uma zona de transporte. A redução deste gradiente na base inferior da encosta, por sua vez, pode conduzir à redução da erosão ou, mesmo, à deposição dos sedimentos em transporte nas encostas.

Os modelos quantitativos de Horton assumem que, nessa trajetória, a erosão, inicialmente concentrada nas microdepressões da superfície do terreno, poderia evoluir vertical e, depois, lateralmente, dando origem a um canal erosivo e, em seguida, alargando suas paredes laterais (bordas); ao desenvolvimento deste canal se associaria a formação de vales pelo recuo das encostas. Nas novas encostas laterais ocorreria, então, a formação de canais tributários, que, por sua vez, dissecariam outros vales tributários, constituindo, assim, um sistema de drenagem com uma rede de canais interconectados em diferentes níveis hierárquicos. Vale ressaltar, aliás, que, desde os estudos clássicos de Gilbert (1877), já se assumia que os trabalhos de incisão linear seriam sucedidos pela expansão lateral da erosão, configurando-se a dissecação do relevo e o alargamento dos vales.

6.3. Produção de Fluxos da Chuva em Subsuperfície

A dinâmica hidrológica subsuperficial varia de uma área para outra em função das características geográficas locais, tais como topografia, descontinuidades no perfil dos solos e/ou umidade antecedente às chuvas que precipitam sobre a bacia de drenagem (Whipkey e Kirkby, 1978). O escoamento subsuperficial predomina em regiões úmidas pelo fato de a vegetação proteger os solos do impacto direto das chuvas e, junto com a fauna endopedônica, favorecer a infiltração: em áreas de cobertura florestal, por exemplo, não ocorre o escoamento tipo hortoniano (Coelho Netto, 1985). A água percola em profundidade com taxas proporcionais

138

à condutividade hidráulica. As camadas de baixa permeabilidade que funcionam como impedimento à percolação propiciam a saturação até certa altura das camadas de solo sobrejacentes. Estas faixas podem ser temporárias ou permanentes, em função das distribuições de chuvas e da capacidade de drenagem dos solos, como vimos no tópico sobre água subterrânea.

Existe consenso na literatura hidrológica: as áreas adjacentes aos canais que drenam os fundos de vales, representam as principais fontes dos fluxos de chuvas porque elas recebem os fluxos d'água provenientes das partes mais elevadas das encostas (Hewlett, 1961; Whipkey, 1967). Esta formulação é igualmente válida para os fundos de vales não-canalizados que se desenvolvem próximos às cabeceiras de drenagem, por serem zonas côncavas, ou seja, de convergência dos fluxos d'água subsuperficiais, como mostram os trabalhos de Anderson e Burt (1978); Coelho Netto e Fernandes (1990), entre outros.

Dunne e Leopold (1978) destacam que, num vale com encostas retilíneas, solos uniformes e sem planície de inundação, o lençol d'água antes da chuva tem forma aproximadamente parabólica, e o teor de umidade do solo (0) decresce com o aumento da distância acima do lençol (Fig. 3.25). A figura ilustra que, em conseqüência da inclinação do lençol em direção ao canal, haverá uma contribuição de fluxos lentos, alimentando o fluxo de base (FB) (Fig. 3.25 — caso *a*). Em qualquer profundidade do solo o teor de umidade aumenta com a distância do topo da encosta, ou seja, em direção à base inferior da encosta, e, próximo ao canal, o teor de umidade é mais elevado e a altura do lençol freático está mais próxima da superfície. Com isso, a água que se infiltra durante a chuva promove mais rapidamente a subida do lençol próximo ao canal, contribuindo primeiro para o aumento da vazão no canal, ou seja, fluxos subsuperficiais da chuva (FSSch) são adicionados ao fluxo de base. A montante dessa porção da encosta, alguma parcela da chuva é armazenada no solo antes de ocorrer o deslocamento de umidade do solo para jusante. Se o lençol estiver mais profundo, como na porção superior da encosta, a água é estocada no solo e somente dias depois atinge a zona saturada devido à lentidão do fluxo; pode acon-

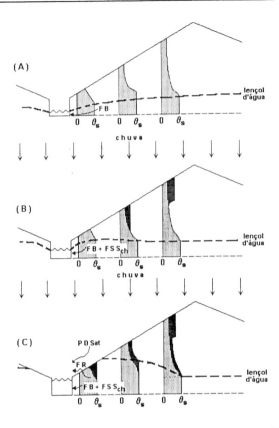

Figura 3.25 — *Processo de infiltração numa área com alta taxa de infiltração. O diagrama mostra uma encosta com um canal na sua base, o lençol d'água e gráficos de umidade do solo com a profundidade em três pontos. O é zero e θ_s umidade saturada: (a) Condição antes da chuva; FB é fluxo de base. (b) Resposta inicial à chuva; sombreamento escuro é o adicional de umidade; o fluxo subsuperficial da chuva (FSS_{ch}) é adicionado ao fluxo de base. (c) Na seqüência da chuva, o lençol sobe até a superfície na porção inferior da encosta e a zona saturada expande remontantemente; a água emerge como fluxo de retorno (FR), o qual, junto com a precipitação direta sobre a área saturada, produz o fluxo superficial de saturação (FSSat) (extraído de Dunne e Leopold, 1978).*

tecer também de esse molhamento não ser suficiente para promover o avanço da frente de umidade até o lençol (Fig. 3.25 — caso *b*). Com a continuidade da chuva, o lençol d'água ascende nas porções média e inferior da encosta, atingindo a superfície próximo ao canal, enquanto permanece estacionário na porção extrema superior da encosta, como é visto na Figura 3.25 — caso *c*. Em conseqüência do aumento de inclinação do lençol d'água e de acordo com a Lei de Darcy, haverá aumento do fluxo subsuperficial da chuva. Parte deste fluxo retorna à superfície em conseqüência da saturação do solo naquela porção inferior da encosta onde, conseqüentemente, a precipitação direta sobre a porção saturada (PDSat) se soma ao fluxo de retorno (FR), produzindo sobre a superfície do terreno o que Dunne (1970) denominou fluxo superficial de saturação (FSSat).

Os fundos de vales com solos profundos e bem drenados favorecem a contribuição de fluxos subsuperficiais para os canais fluviais durante os períodos chuvosos. Por outro lado, quando os fundos de vales possuem solos rasos e mal drenados, a produção do fluxo superficial de saturação tende a prevalecer. Com a extensão das chuvas ou da estação chuvosa, as zonas produtoras do FSSat se expandem para as laterais e remontantemente, sobretudo nos fundos de vales ou zonas de topografia côncavas do relevo. Dessa forma, a drenagem canalizada não apenas se expande para montante, como também por meio do surgimento de novos canais, aumentando a densidade de drenagem durante as chuvas ou durante a estação chuvosa, como já havia sido sugerido por Hewlett e Nutter (1969) (Fig. 3.26).

O retorno das águas subsuperficiais à superfície, ou seja, a exfiltração dos fluxos d'água subsuperficiais, como é apontado por Dunne (1980, 1990), pode erodir os materiais do solo. Os mecanismos de erosão associados aos fluxos d'água subsuperficiais incluem: a) erosão de vazamento (*seepage erosion*) — quando o fluxo exfiltrante atinge uma descarga crítica capaz de deslocar a partícula do meio poroso, e b) lavagem em túnel (*tunnel scour*) — quando uma força cisalhante atua nas margens de um macroporo, originado independente do fluxo d'água, promovendo sua lavagem interna. Estes dois mecanismos não são mutuamente exclusivos. Como foi ressaltado por Jones (1987) e Dunne (1980,

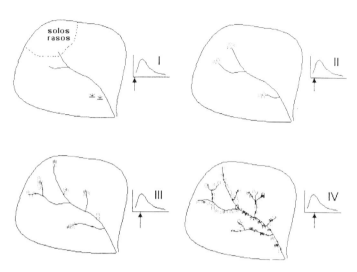

Figura 3.26 — *Expansão da zona de saturação nos fundos de vale e aumento progressivo da densidade de drenagem (extraído de Hewlett e Nutter, 1969).*

1990), o vazamento da água subsuperficial pode convergir e erodir a extremidade interna de um túnel, e, internamente, este mesmo fluxo transporta os detritos erodidos e lava as bordas do referido túnel.

O trabalho erosivo nas faces de exfiltração (pontos de intersecção do lençol d'água com a superfície; túneis ou dutos associados à ação biogênica nos solos; bordas de canais ou cores de estrada) pode conduzir à formação de canais e vales e, posteriormente, à expansão de redes de drenagem canalizadas, como foi proposto por Dunne (1980). Os trabalhos conduzidos por Coelho Neto e colaboradores no vale do rio Paraíba do Sul (Coelho Neto et al., 1988; Coelho Neto e Fernandes, 1990; Avelar e Coelho Neto, 1994; entre outros) confirmam a importância dos mecanismos erosivos pela ação dos fluxos d'água subsuperficiais e apontam esta região como exemplo típico da paisagem geomorfológica prevista no modelo dunneano de evolução de relevo por mecânica de erosão subsuperficial (Dunne, 1990).

HIDROLOGIA DE ENCOSTA NA INTERFACE COM A GEOMORFOLOGIA

Avelar e Coelho Neto (1994) ressaltam que as descontinuidades lito-estruturais do substrato geológico na região estudada (ganisses bandados e granitóides) atuam no controle das propriedades hidráulicas e mecânicas das rochas, destacando o fraturamento como zonas de alívio de pressão piezométrica. A exfiltração da água por meio das fraturas pode detonar a erosão de vazamento, originando túneis que avançam remontantamente; com o colapso do teto e ocorrer a formação do canal erosivo. A evolução destes canais associa-se à instabilização das encostas laterais e da cabeceira pela ação gravitacional (movimentos de massa), especialmente sob condições de fortes declives, propiciando a formação e o desenvolvimento do vale. No avanço remontante do canal pode ocorrer a intersecção com outras fraturas ou com bandas litológicas menos resistentes, induzindo neste ponto à formação de canais e respectivos vales tributários e, assim, promovendo o avanço da rede de drenagem.

Coelho Neto *et al.* (1988) e Coelho Neto e Fernandes (1990) indicaram que outras descontinuidades hidráulicas, associadas aos contatos da sedimentação quaternária com o saprólio ou à ação da fauna escavadora, particularmente produzida pelas formigas saúvas, são também muito importantes na detonação do mecanismo de erosão por vazamento dos fluxos d'água subsuperficiais ou por lavagem em túneis. Tais mecanismos são vistos pelos autores como dominantes na iniciação e no avanço subsequente de canais incisos, os quais são também chamados de voçorocas. Não se exclui a importância do trabalho dos fluxos d'água superficiais do tipo hortoniano no desenvolvimento da rede de drenagem desta região do Vale do Paraíba, em qualquer um de seus paleo-ambientes naturais ou no ambiente atual bem antropogeneizado. Ao contrário, mesmo nos ambientes vegetados e, portanto, desfavoráveis à produção do fluxo hortoniano, estes fluxos atuaram e atuam de maneira muito efetiva na lavagem das cicatrizes erosivas originadas pela ação das águas subsuperficiais e ação gravitacional e, também, na remoção dos respectivos materiais detríticos.

Finalizando este capítulo, vale ressaltar que, se por um lado as variáveis de cobertura e de superfície dos solos constituem importantes elementos indicadores da atual vocação hidrológica e erosiva daquela porção da paisagem, por outro, o entendimento da evolução geomorfológica exige um conhecimento que transpõe as fronteiras deste espaço delimitável por sua composição ambiental, no espaço e no tempo: no espaço, porque os mecanismos erosivos, uma vez detonados, podem catalizar outros tantos por instabilidades autodirigidas que intervêm nas transformações do sistema geomorfológico e, no tempo, porque os controles que limitam a evolução do sistema também podem ser alterados por processos naturais ou antrópicos.

7. Bibliografia

ANDERSON, M. G. e BURT, T. D. The role of topography in controlling runoff generation; *Earth Surface Processes and Landforms*, 3, 331-344, 1978.

AVELAR, A. S. e COELHO NETTO, A. L. Fraturas e desenvolvimento de unidades geomorfológicas côncavas no médio vale do rio Paraíba do Sul, SP. *Rev. Bras. de Geociências 22(2)*, 1994.

BERNER, R. A. e BERNER, L. The global cycle, 1987.

BLOW, F. E. Quantity and hydrological characteristics of litter under upland oak forest in Eastern Tennessee.; *J. of Forestry*, 53, 190-195, 1955.

BONNEL, M., GILMOUR, D. A. e CASSELS, D. S. A preliminary survey of the hydraulic properties of rainforest soils in tropical north-east Quensland and their implications for the runoff processes; *CATENA Suppl.*, 4, 57-78, 1983.

BOWER, H. *Groundwater hydrology*; McGraw-Hill. Book Co, 480 p., 1978.

BUDYKO, M. I. *Climatic changes*. Traduzido pelo Comitê de Traduções de Am. Geophys. Union, Waverley Press Inc., 261p., 1974.

CASTRO JR. E. O papel da fauna endopedônica na estruturação física do solo e seu significado para a hidrologia de superfície. Tese de Mestrado, IGEO-UFRJ, 150p., 1991.

CHORLEY, R. J. Geomorphology and the general systems theory U.S. Geol. Survey Prof. Paper, 500-B: 10p., 1962.

CLEARY, R. Águas subterrâneas, *in* RAMOS *et al*. 1989 — capítulo 5; ABRH, Editora da UFRJ: 293-404, 1989.

COELHO NETTO, A. L. Surface Hydrology and Soil Erosion in a Tropical Mountainous Rainforest Drainage Basin, Rio de Janeiro. Tese de Doutorado, Katholieke Universiteit Leuven, Belgium, 181p., 1985.

COELHO NETTO, A. L. Overlandflow production in a tropical rainforest catchment: the role of the litter cover. CATENA, v. 14, nº 3: 213-231, 1987.

COELHO NETTO, A. L. O Geoecossistema da Floresta da Tijuca, *in Natureza e Sociedade no Rio de Janeiro*, organizado por ABREU, M.A.; Coleção Biblioteca Carioca, vol. 21,104-142, 1992.

COELHO NETTO, A. L. e FERNANDES, N. F. Hillslope erosion sedimentation and relief inversion in SE Brazil, *in* Res. Needs and Applications to Reduce Erosion in Tropical Steeplands, Proceed. Fuji Symp, IAHS Publ. nº 192, 1990.

COELHO NETTO, A. L.; FERNANDES, N. F. e DEUS, C. E. Gullying processes in the Southeastern Brazilian Plateau, Bananal, SP, *in* Higgins, G. and Coates, D.R., eds., *Groundwater Geomorphology*. Geological Society of America. Special Paper, 252:1-28, 1990.

COELHO NETTO, A. L.; FERNANDES, N. F. & DEUS, C. E. Gulling in the southeastern Brazilian Plateau, SP. International Association of Hidrological Scientists Publication, nº 1992, p. 174-182, 1988.

COELHO NETTO, A. L., SANCHE, M., e PEIXOTO, M. N. O. Precipitação e Intercepção Florestal em Ambiente Tropical Montanhoso; *Rev. Bras. de Engenharia*, 4, 2, 1986.

DEUS, C. E. O papel da formiga saúva (Gênero ATTA) na hidrologia e erosão dos solos em ambiente de pastagem, Bananal, SP. Tese de Mestrado, IGEO-UFRJ, 236p., 1991.

DUNNE, T. Runnof production in a humid area. US Department of Agriculture Report ARS 41-160, 1970.

DUNNE, T. Formation and controls of channel networks. *Prog. Phys. Geogr.* 4, 211-239, 1980.

DUNNE, T. Hydrology, mechanics and geomorphic implications

of erosion by surface flow. *In Groundwater Geomorphology* (Eds.C.G.; Higgins & Coates, D.R.) Geolo. Soc. Am. Spec. Pap. 252, 1-28, 1990.

DUNNE, T; & LEOPOLD, L.B. Water Enviromental Planning. W.H. Freeman & Company, San Francisco, 818p., 1978.

DUNNE, T.; MOORE, T. R. e TAYLOR, C. H. Recognition and Prediction of Runoff Producing Zones in Humid Regions. *Hydrological Sci. Bull-Sci.* Hydrologiques, 3, 9, 305-327, 1975.

FERNANDES, N. F. Hidrologia Subsuperficial e Propriedades Físico-Mecânicas dos Complexos de Rampa, Bananal (SP). Tese de Mestrado, IGEO/UFRJ, 120p., 1990.

FREEZE, R.A. & CHERRY, J.A. Groundwater. Englewood Cliffs, New Jersey, Prentice-Hall Inc., 604 p., 1979.

GREGORY, K. J. e WALLING, D. E. *Drainage Basin Form and Processes: a Geomorphological aproach.* John Wiley & Sons, Inc., 456 p., 1973.

GILBERT, G. K. Report on the Geology of the Henry Mountains. U.S. Geogr. Geol. Survey Rocky Mtn. Region, 18-98, 1877.

HAMILTON, E. L. e ROWE, P. B. *Rainfall Interception by Chaparral in California.* Calif. Forest and Range Exp. Station and California Division of Forest, 43p., 1949.

HEATH, R.C. Basic ground-water hidrology. U.S. Geological Survey Water-Supply Paper 2220, Washington D.C., 84 p., 1983.

HEWLETT, J. D. Soil Moisture as a Source of Baseflow from Steep Montain Watersheds. U. S. Forest Service, Southeastern Forest Exp. Station, Paper nº 132, 1961.

HEWLETT, J. D. e NUTTER, W. D. An outline of forest hydrology. Capitulo 7. *In Surface Water, Streamflow and the Hydrography.* Univ. of Georgia Press: 87-105, 1969.

HORTON, R. E. The role of infiltration in the hydrological cycle; Trans. Am. Geophys. Union, 14, 446-460, 1933.

HORTON, R. E. Erosional development of streams and their drainage basins: hydrophysical approach to quantitative morphology. *Geol. Soc. Am. Bull,* 56, 275-370, 1945.

JACKSON, I. G. Relationships between rainfall parameters and interception by tropical forest. *J. Hydrology,* 24, 215-238, 1975.

JONES, J. A. A. The iniciation of natural drainage networks. Progress in Physical Geography, 11, 207-245, 1987.

KNAPP, B. J. Infiltration and Storage of Soil Water. Capítulo 2, 43-68, *in* Kirkby, M.J. (ed) *Hillslope Hydrology*, John Wiley & Sons: 389p., 1978.

LOWDERMILK, W. C. Influence of forest litter on runoff, percolation and erosion. J. of Forestry, 28, 474-491, 1930.

LUNDGREN, L.& LUNDGREN, B. Rainfall, interception and evaporation in Mazumbai Forest Reserve, West Usambara Mts, Tânzania and their importance in the assessement of land potencial. *Geogr. Annaler* 61a, 3-4,157-178, 1979.

MANOKARAN, N. Stemflow, throughfall and rainfall interception in a Bowland Tropical Forest in Peninsular Malásia. Malasian Forester, 42,174-201, 1979.

MEIS, M. R. M. e MOURA, J. R. S. Upper Quaternary Sedimentation and Hillslope Evolution: Southeastern Brazilian Plateau; *Am. Jour. Sci.*, 284, 241-254, 1984.

MIRANDA, J. C. Intercepção das Chuvas pela Vegetação Florestal e Serrapilheira nas Encostas do Maciço da Tijuca: Parque Nacional da Tijuca, RJ. Tese de Mestrado, IGEO/UFRJ, 100p., 1992.

MONTGOMERY, D. R. e DIETRICH, W. E. Source Areas, Drainage Density and Channel Initiation; *Water Resources Research*, 25, 8, 1907-1918, 1989.

NUNES, V. M.; ALLEMAO, A. V. F.; MIRANDA, J. C.; CASTRO JR. E. e COELHO NETTO, A. L. Sistemas Radiculares e Hidrologia de Encostas Florestadas: subsídios à análise de estabilidade. *I Conferência Brasileira sobre Estabilidade de Encostas* — COBRAE, vol. III, 35-46, 1992.

NUNES, V. M., CASTRO JR., E. e COELHO NETTO, A. L. Bioporosidade e infiltração em solos florestados: o papel da fauna endopedônica. *Anais IV Simp. Geogr. Física Aplicada*, 1991.

ORGANIZAÇÃO METEOROLÓGICA MUNDIAL. *Guide To hydrometeorological practices*. WMO Techincal Publ., 23, Genebra, 1971.

RAMOS, F., OCCHIPINTI, A. G., VILLA NOVA, N. A., REICHARDT, K., MAGALHÃES, D. C. e CLEARY, R. *Engenharia Hidrológica*. Assoc. Bras. Rec. Hídricos, Editora da UFRJ, 404 p., 1989.

REBOUÇAS, A. C. Groundwater in Brazil. *Episodes*, vol 11, 3, 209-214, 1988.

ROSAS, R. O. Formação dos solos em ambiente montanhoso florestal: Maciço da Tijuca, RJ; Tese de Mestrado, PPGG-UFRJ, 100p., 1991.

TAYLOR, D. W. Fundamentals of soil mechanics. John Wiley & Sons, 1948.

TERZAGHI, K. & PECK, R.B. Soil mechanics in engineering practice. 2ª Ed., John Wiley & Sons, New York, 326 p., 1967.

VALLEJO, L. R. A influência do *litter* florestal na distribuição das águas pluviais. Tese de Mestrado, IGEO/UFRJ, 1982.

VALLEJO, L. R. e VALLEJO, M. S. Aspectos da dinâmica hidrológica em áreas florestadas e suas relações com os processos erosivos: primeiros resultados. *Anais do IV Simp. Quaternário do Brasil*, 1981.

WARD, R. C. *Principles of Hydrology*, 2ª ed., McGraw-Hill Book Co., 367p., 1975.

WENT, F. W. e STARK, N. M. The biological and mechanical role of soil fungi. Proceed. of the Nat. Acad. of Sciences of the USA 60, 497-504, 1968.

WHIPKEY, R. Z. Storm runoff from forested catchments by subsurface routes. Proceed of the Leningrado Symp. on Floods and their Computtation Gent, Belgica Int. Assoc. Hydrological Sciences: 773-779, 1967.

WHIPKEY, R. Z. e KIRKBY, M. J. Flow within the soil. *In Hillslope Hydrology*, Kirkby, M. J. (ed): 389p., 1978.

CAPÍTULO 4

PROCESSOS EROSIVOS NAS ENCOSTAS

Antonio José Teixeira Guerra

1. Introdução

Este capítulo aborda a erosão dos solos nas encostas causada pela água oriunda do escoamento superficial e subsuperficial. Apesar de ser um problema em escala mundial, a erosão dos solos ocorre de forma mais séria nos países em desenvolvimento, com regime de chuvas tropicais, sendo considerada por Blaikie (1985) uma causa e conseqüência do subdesenvolvimento. Os países europeus, onde o problema é menos sério, também vêm se preocupando com a erosão. Uma prova disso é o grande número de artigos publicados em revistas especializadas, livros e teses sobre o assunto (Imeson e Jungerius, 1976; Wood, 1976; De Ploey, 1977, 1981, 1985; Morgan, 1978, 1980, 1985, 1986; Kirkby, 1980; Thornes, 1980; Boardman, 1983a, 1983b, 1984, 1990; Cousen e Farres, 1984; De Ploey e Poesen, 1985; Dikau, 1986; Arden-Clarke e Hodges, 1987; Govers e Poesen, 1988; Evans, 1990; Mutter e Burnham, 1990; Robinson e Blackman, 1990; Guerra, 1991, 1994; Wild, 1993). Morgan (1986) destaca que, embora a erosão seja um problema relacionado com a agricultura em áreas tropicais e semi-áridas, nos últimos anos tem ocorrido, também, em áreas utilizadas para transporte e recreação, e vem se alastrando em países temperados europeus, como Grã-Bretanha, Bélgica e Alemanha. A propósito disso, Boardman (1990) chama atenção para o fato de que, na Inglaterra, apesar de o problema não ser conhecido completamente, os solos agrícolas vêm erodindo com regularidade, e, em algumas áreas, já ocorrem taxas erosivas que preocupam os fazendeiros, cientistas e autoridades políticas.

Apesar da importância que os solos têm para a sobrevivência da espécie humana, dos vegetais e dos animais na superfície da Terra, parece que o homem tem dado pouca atenção a esse recurso natural, pelo menos no que diz respeito à sua utilização e conservação. Wild (1993) ressalta que o solo é um dos recursos que o homem utiliza, sem se preocupar com o período necessário para sua recuperação, acreditando que vá durar para sempre; quando investe no solo, é para obter maiores colheitas, raramente para conservá-lo. O autor destaca ainda que, especialmente na Europa e nos Estados Unidos, o desenvolvimento de técnicas que proporcionam a obtenção de maiores colheitas, como o uso intensivo de fertilizantes, pesticidas e irrigação, levou à superprodução de alimentos, incluindo produtos de origem animal. A preocupação agora é com práticas menos intensivas. Existe também uma consciência de melhorar a qualidade dos alimentos, água potável e ar. Isso tem levado a críticas quanto ao uso indiscriminado de fertilizantes e pesticidas.

A partir das questões apontadas, esse capítulo aborda a erosão dos solos, tendo em vista a contribuição que seu estudo sistemático pode dar na compreensão do problema. Dessa forma, uma vez entendido como a erosão se processa, suas causas e conseqüências, pode ser possível não só diagnosticar sua ocorrência, mas também selecionar estratégias apropriadas de conservação.

2. Fatores Controladores

Os fatores controladores são aqueles que determinam as variações nas taxas de erosão (erosividade da chuva, propriedades do solo, cobertura vegetal e características das encostas). É, por causa da interação desses fatores que certas áreas erodem mais do que outras. A intervenção do homem pode alterar esses fatores e, conseqüentemente, apressar ou retardar os processos erosivos. Os fatores podem ser subdivididos em erosividade (causada pela chuva), erodibilidade (proporcionada pelas propriedades do solo), características das encostas e natureza da cobertura vegetal, que, na maioria das vezes, retarda os processos erosivos, mas que, em certas circunstâncias, pode também funcionar como agente acelerador do processo. Como afirma Morgan (1986), é necessário estudar esses fatores com bastante detalhe para se compreender como, onde e por que a erosão ocorre.

Grande parte dos estudos de erosão de solos é oriunda de trabalhos empíricos, nos quais vasta gama de dados sobre perda de solo e agentes controladores é coletada. A partir desses resultados são determinadas correlações estatísticas. Em função disso, uma grande quantidade de variáveis é apontada, nas diversas partes do mundo, como sendo significativas para explicar e predizer a erosão.

2.1. Erosividade da Chuva

Uma definição simples é dada por Hudson (1961): "Erosividade é a habilidade da chuva em causar erosão". Embora a definição seja simples, a determinação do potencial erosivo da chuva é assunto muito complexo, porque depende, em especial, dos parâmetros de erosividade e também das características das gotas de chuva, que variam no tempo e no espaço (Guerra, 1991a).

Os parâmetros utilizados para investigar a erosividade são: o total de chuva, a intensidade, o momento e a energia cinética. Embora o total pluviométrico (diário, mensal, sazonal e anual) seja utilizado em vários estudos sobre erosão dos solos (Elwell e Stocking, 1973; Stocking e Elwell, 1976; Hodges e Bryan, 1982; Kneale 1982; Bonell *et al.* 1983; Morgan, 1983; Stocking, 1983; Boardman e Robinson, 1985; Nearing e Bradford, 1987), esse parâmetro por si só é insuficiente para predizer a erosão dos solos. Como atesta Hudson (1961), a correlação entre perda de solo e total de chuva é baixa. Apesar de haver o reconhecimento da tendência do aumento de erosão, à medida que os totais de chuva aumentam, especialmente em áreas agrícolas, este parâmetro deveria ser levado em conta, apenas para dar uma idéia do relacionamento entre chuva e erosão.

A intensidade da chuva é parâmetro determinado em várias estações meteorológicas e é muito importante em estudos que se relacionem com a energia da chuva. A intensidade tem sido demonstrada por diversos autores como bom parâmetro para predizer a perda de solo. Wischmeier (1959) já mostrava sua importância, através do índice que criou e onde apontava a intensidade máxima em 30 minutos (I30) e seus efeitos na erosão dos solos. Além disso, a intensidade deve ser considerada, pois, como destacam Stocking e Elwell (1976), a distribuição do tamanho das gotas de chuva e a energia cinética são características de cada intensidade (Fig. 4.1).

A intensidade da chuva tem papel importante nas taxas de infiltração. De acordo com Stocking (1977), a partir do encharcamento do solo, a infiltração diminui rapidamente. Isso depende das propriedades do solo, características da encosta, cobertura vegetal e do próprio tipo de chuva. A intensidade da chuva, indicada por Horton (1933), influencia no escoamento superficial, quando a capacidade de infiltração é excedida. A intensidade

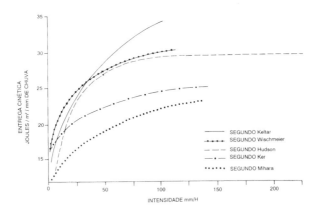

Figura 4.1 — *Relações entre energia cinética e intensidade da chuva (extraído de Stocking e Elwell, 1976).*

também é enfatizada por Kirkby (1980), quando destaca sua importância no escoamento superficial, relacionando-a com as propriedades do solo e a cobertura vegetal.

A intensidade da chuva tem sido utilizada por vários pesquisadores, que têm tentado buscar um valor crítico, a partir do qual começa a haver erosão dos solos. No entanto, é difícil estabelecer um valor universal, porque outros fatores também influenciam o processo. Alguns valores sugeridos são: 25mm/h (Hudson, 1961); 10mm/h (Morgan, 1977); 6mm/h (Richter e Negendank, 1977) e 5mm/h (Boardman e Robinson, 1985).

Momento é o produto entre a massa e a velocidade da gota de chuva, e tem sido empiricamente relacionado à remoção de partículas do solo, porque é medida da pressão ou força, por unidade de área, que tem a natureza do esforço mecânico (Kinell, 1973). De acordo com Hudson (1961), existe uma relação entre momento e erosão do solo, pelo fato de que a erosão é um processo que envolve o dispêndio de energia, e a principal fonte dessa energia é a chuva. Diversos pesquisadores têm utilizado o momento e a energia cinética em estudos de erosividade e perda de solo (Hudson, 1961; Kinell, 1973; Elwell e Stocking, 1973; Stocking, 1977; e Hadley *et al.* 1985), e, entretanto, a maioria tem demonstrado que a energia cinética prediz melhor a perda de solo, do que o momento.

A energia cinética é definida por Goudie (1985) como "a energia devida ao movimento translacional de um corpo". Vários autores têm demonstrado a importância da energia cinética como parâmetro que prediz a perda de solo (Wischmeier e Smith, 1958; Hudson, 1961; Young e Wiersma, 1973; Evans, 1980; Morgan *et al.* 1987; Mutter e Burnham, 1990; Guerra, 1991a).

A energia cinética da chuva está relacionada com sua intensidade, pois é a energia do número total de gotas de um evento chuvoso (Evans, 1980). Como uma grande percentagem das gotas grandes (> 4,0mm) pertence a intensidades entre 50 e 100mm/h, as maiores energias são encontradas nessas intensidades. Levando-se em conta que a energia cinética está relacionada com a intensidade da chuva, ela é função da sua duração, massa e tamanho da gota e velocidade. O trabalho de Hudson (1963), confirmado por outros pesquisadores (Emmett, 1970; Kinell, 1981; Lal, 1981), indica que o tamanho mediano das gotas de chuva aumenta, com a elevação da intensidade da chuva, até 100mm/h. Dessa forma, é possível determinar uma relação entre energia cinética e intensidade da chuva. Baseados nesse relacionamento, Wischmeier e Smith (1958) chegaram à seguinte equação:

$$E. C. = 11,87 + 8,73 \log_{10} I$$

onde: E.C. é a energia cinética em joules/m^2/mm
I é a intensidade da chuva em mm/h

Todos os parâmetros abordados têm sido utilizados com maior ou menor freqüência para predizer perda do solo, mas na realidade, devem ser considerados juntamente com outras variáveis que também afetam o processo erosivo. A propósito disso, estudos de Reed (1979) demonstram que, dependendo das propriedades do solo, a erosão pode ocorrer até mesmo sob chuva com intensidade de apenas 1mm/h, desde que o total pluviométrico seja de 10mm. Isso evidencia a complexidade do estudo da erosão dos solos e, ao mesmo tempo, a necessidade de se levar em consideração uma multiplicidade de variáveis para compreender o processo.

2.2. Propriedades do Solo

As propriedades do solo são de grande importância nos estudos de erosão, porque, juntamente com outros fatores, determinam a maior ou menor susceptibilidade à erosão. Morgan (1986) define erodibilidade como sendo "a resistência do solo em ser removido e transportado". Hadley *et al.* (1985) destacam a importância das propriedades do solo na sua erodibilidade, enquanto Wischmeier e Mannering (1969) apontam a erodibilidade como o principal fator na predição da erosão e no planejamento do uso da terra.

Um aspecto importante, tanto na definição como no estudo da erodibilidade do solo, é que ela não é estática, mas, sim, uma função que depende do tempo. Poesen (1981) demonstrou que o estado inicial dos sedimentos influencia a magnitude de variação

154

da erosão, ao longo de um evento chuvoso. O uso agrícola do solo pode também produzir modificações na erodibilidade, e isso depende da magnitude nas mudanças do teor de matéria orgânica, da estabilidade dos agregados, da própria taxa de remoção (*detachment*) de sedimentos, e das propriedades físico-químicas e biológicas do subsolo exposto (Hadley *et al.*, 1985; Robinson e Boardman, 1988; Guerra, 1990, 1991a, 1991b; Guerra e Almeida, 1993; Barros e Guerra, 1993).

Várias são as propriedades que afetam a erosão dos solos. Entre elas podemos destacar: textura, densidade aparente, porosidade, teor de matéria orgânica, teor e estabilidade dos agregados e o pH do solo. Apesar da importância que essas propriedades têm na erodibilidade, é preciso reconhecer que elas não são estáticas ao longo do tempo. Dessa forma, quando analisadas em um estudo, é preciso relacioná-las a um determinado período de tempo, pois podem evoluir, transformando certos solos mais susceptíveis ou menos resistentes aos processos erosivos (De Ploey, 1981; Lal, 1981; Poesen, 1981; Morgan, 1984; Morgan *et al.*, 1987; Govers e Poesen, 1988; Dickinson *et al.*, 1990, Evans, 1990; Guerra e Almeida, 1993). A partir dessa constatação, algumas propriedades serão analisadas, levando em conta sua importância como fator controlador do processo erosivo.

A textura afeta a erosão, porque algumas frações granulométricas são removidas mais facilmente do que outras. Farmer (1973) reporta que a remoção de sedimentos é maior na fração de areia média e diminui nas partículas maiores ou menores. Estudos de Bryan (1974) concordam com os de Farmer (1973), pois indicam a importância do teor de areia na remoção (*detachment*) de sedimentos, ao se correlacionar significantemente com a perda de solo. Poesen (1981) também observou que as areias apresentam os maiores índices de erodibilidade. O teor de silte também afeta a erodibilidade dos solos, e isso tem sido demonstrado em vários trabalhos. Wischmeier e Mannering (1969), De Ploey (1985), Evans (1990), Mutter e Burnham (1990), Guerra (1991a, 1991b) demonstraram que, quanto maior o teor de silte, maior a susceptibilidade dos solos em serem erodidos. As argilas, se por um lado podem, por vezes, dificultar a infiltração das águas, por outro lado são mais difíceis de serem removidas, especialmente quando se apresentam em agregados. Apesar do reconhecimento da importância da textura na erodibilidade dos solos, as percentagens de areia, silte e argila devem ser levadas em consideração em conjunto com outras propriedades, porque a agregação dessas frações granulométricas é afetada por outros elementos, como o teor de matéria orgânica.

O processo de formação de matéria orgânica, no solo, depende da flora e da fauna que vive sobre ou dentro do solo. As atividades humanas, especialmente a agricultura, tendem a provocar mudanças no teor de matéria orgânica do solo. Essas atividades, sem o suprimento de fertilizantes, geralmente levam à redução do teor de matéria orgânica, que, em conseqüência, provoca mudanças em outras propriedades do solo.

Uma parte considerável da matéria orgânica do solo é formada por raízes e microrganismos. Os minerais são também importantes na formação de humus, porque os efeitos químicos do humus podem reagir com as substâncias minerais para formar o complexo chamado humus-argila.

Vários trabalhos apontam o significado da matéria orgânica na erodibilidade dos solos: Wischmeier e Mannering (1969), Hamblin e Davies (1977), De Ploey (1981), Voroney *et al.* (1981), Boardman (1983a), Morgan (1984), Davies (1985), Chaney e Swift (1986), Evans (1990), Francis (1990), Roberts e Lambert (1990), Guerra (1990, 1991a, 1991b), Guerra e Almeida (1993). O que é comum entre esses diversos trabalhos é que o teor de matéria orgânica afeta de diversas maneiras a erosão dos solos, dependendo de outras propriedades, como a textura. Por exemplo, Wischmeier e Mannering (1969) encontraram uma elevada correlação inversa entre erodibilidade e matéria orgânica, em especial para solos com alto teor de silte e areia. Entretanto, essa correlação decresceu bastante para solos argilosos. A interação entre o teor de matéria orgânica e as outras propriedades do solo é, talvez, uma das razões para a dificuldade em se estabelecer um percentual mínimo que afete a erodibilidade. Mesmo assim, Greenland *et al.* (1975) estabeleceram que solos com menos de 3,5% de matéria orgânica possuem agregados instáveis, enquanto De Ploey e Poesen (1985) indicam que solos com menos de 2,0% de matéria orgânica possuem baixa estabilidade de agregados.

O decréscimo de matéria orgânica, devido à agricultura, possui várias implicações nos processos mecânicos da erosão. Boardman (1983a), por exemplo, cita o caso dos solos de Albourne, West Sussex, na Inglaterra, que contêm menos de 3,5% de matéria orgânica e que perderam bastante matéria orgânica do horizonte A, em apenas um ano. Este fato, associado à remoção das cercas entre os diversos campos, provocou o aumento do comprimento das encostas, que, associado aos solos areno-siltosos, resultou em taxas erosivas de 181t/ha, em um período de apenas nove meses.

Verhaegen (1984) encontrou correlação negativa elevada entre estabilidade dos agregados e perda de solo. Uma explicação para isso é que há um aumento da capacidade de infiltração, à medida que aumenta o teor de matéria orgânica e ocorre o aumento do teor de agregados, havendo, conseqüentemente, maior resistência desses agregados à dispersão. Todos os exemplos expostos anteriormente enfatizam a importância e a complexidade do teor de matéria orgânica na erodibilidade dos solos. Vários autores têm reconhecido o papel da matéria orgânica em agregar partículas (Wischmeier e Mannering, 1969; Greenland *et al.*, 1975; Hamblin e Davies, 1977; De Ploey, 1981; Tisdall e Oades, 1982; Boardman, 1983a e 1983b; Morgan, 1984; Chaney e Swift, 1986; Arden-Clarke e Hodges, 1987; Francis, 1990; Guerra, 1990, 1991a). Entretanto, de acordo com Hodges e Arden-Clarke (1986), ainda não se conhece, com grande profundidade, como a matéria orgânica agrega essas partículas. Emmerson (1977) demonstrou como a matéria orgânica liga as superfícies externas das argilas (Fig. 4.2) e explica que, quando as argilas se dilatam e são ligadas por matéria orgânica, os esforços são transmitidos pelas ligações feitas pela matéria orgânica, e a ruptura dos agregados é evitada. Embora isso seja reconhecido, ainda não é totalmente compreendido como se dão essas ligações entre matéria orgânica e argila.

A estabilidade dos agregados tem sido enfatizada por vários pesquisadores (Epstein e Grant, 1967; Hartmann e De Boodt, 1974; Farres, 1978; Verhaegen, 1984; De Ploey e Poesen, 1985; Imeson e Kwaad, 1990; Guerra e Almeida, 1993) como sendo influenciada pela matéria orgânica e, ao mesmo tempo, agindo sobre a estrutura dos solos. As taxas de erodibilidade vão depender do teor de matéria orgânica, da estabilidade dos agregados, que, por sua

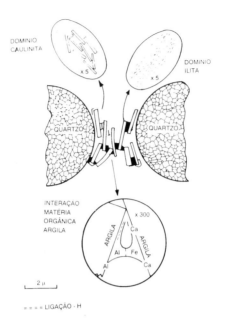

Figura 4.2 — *Esquema de um agregado do solo estabilizado por matéria orgânica. O diagrama destaca os domínios formados por argila, matéria orgânica e quartzo (segundo Emmerson, 1977).*

vez, influenciam a ruptura desses agregados, podendo ser formadas crostas no solo, dificultando a infiltração e aumentando o escoamento.

Estudos dos diversos autores citados acima parecem demonstrar que a matéria orgânica é o melhor agente agregador do solo, aumentando a estabilidade dos agregados. Apesar de algumas divergências entre os resultados obtidos por esses autores, todos concordam que a matéria orgânica proporciona mais estabilidade aos agregados do que a argila. De Ploey e Poesen (1985) afirmam que a estabilidade dos agregados é um dos fatores controladores mais importantes da hidrologia do topo do solo (*topsoil*), na erodibilidade e em dificultar a formação de crostas na superfície do solo. Já Farres (1978) destaca o papel dos agregados no processo de formação de crostas na superfície: "uma vez reduzida a resistência interna dos agregados, a força aplicada pelas gotas de chuva quebra esses agregados, produzindo uma série de pequenas partículas, que cobre a superfície do solo formando uma crosta, que dificulta a infiltração". Isso nos leva a concluir que a alta estabilidade de agregados no solo reduz sua erodibilidade, pois possibilita a existência de elevado índice de porosidade, aumentando as taxas de infiltração e reduzindo o *runoff*. A alta estabilidade dos agregados também proporciona maior resistência ao impacto das gotas de chuva, diminuindo, assim, a erosão por *splash*.

A densidade aparente dos solos é outro fator controlador que deve ser levado em conta quando se tenta compreender os processos erosivos, pois se refere à maior ou menor compactação dos solos. Vários pesquisadores têm medido a densidade aparente em seus trabalhos (Hamblin e Davies 1977; De Ploey, 1981; Voroney *et al.*, 1981; Boardman, 1983a; Morgan, 1984). Nesses trabalhos fica clara a alta correlação entre densidade aparente e áreas de cultivo, que quase sempre fazem aumentar a densidade aparente dos solos. Voroney *et al.* (1981), por exemplo, destacam um aumento de 16% na densidade aparente em solos agrícolas, em um período de 70 anos de cultivo, passando de $1,03g/cm^3$ para $1,19g/cm^3$. A densidade aparente também parece correlacionar-se com o teor de matéria orgânica, isto é, à medida que o teor de matéria orgânica diminui, aumenta a ruptura dos agregados, crostas se formam na superfície do solo, aumentando a sua compactação. Hamblin e Davies (1977), por exemplo, mediram valores de $1,55g/cm^3$ para solos de baixa matéria orgânica e $1,25g/cm^3$ para solos com alto teor de matéria orgânica.

A densidade aparente pode aumentar sob várias circunstâncias, mas a agricultura parece ser a que mais afeta esta propriedade do solo, tanto devido à redução de matéria orgânica como pelo uso de máquinas agrícolas. Morgan (1984) mensurou a densidade aparente dos solos em Bedfordshire, Inglaterra. Dez passagens de um trator com peso de três toneladas em solo franco-arenoso fez aumentar a densidade aparente de $1,40g/cm^3$ para $1,56g/cm^3$, com conseqüente redução na capacidade de infiltração.

PROCESSOS EROSIVOS NAS ENCOSTAS

Já Tacket e Pearson (1965) demonstraram o efeito da chuva no solo, resultando em aumento da densidade aparente. Eles utilizaram um simulador de chuva para mostrar que há rápido aumento da densidade aparente nos primeiros incrementos de água, mas que o valor dessa propriedade do solo aumenta lentamente, com a adição de água.

A porosidade está relacionada de maneira inversa com a densidade aparente, ou seja, à medida que a densidade aparente de um solo aumenta, a porosidade diminui e, em conseqüência, ocorre a redução de infiltração de água no solo. Morgan (1984) destaca redução na infiltração (de 420mm/h para 83mm/h), em solo franco-arenoso, em Bedfordshire, Inglaterra, onde houve aumento da densidade aparente e redução da porosidade.

Mesmo em solos com alto teor de areia, alta permeabilidade a alta porosidade e supostamente elevada capacidade de infiltração, a presença de sedimentos finos, associada com baixo teor de matéria orgânica, pode produzir crostas na superfície do solo, de baixa porosidade, que provocam aumento das taxas de *runoff*. Os solos ricos em argila, que muitas vezes são apontados como de baixa porosidade, podem, ao contrário, facilitar a infiltração de água no solo. Hodges e Bryan (1982), por exemplo, demonstraram que em solos argilosos, onde se formam fendas, a água pode infiltrar-se com maior facilidade.

As medidas de pH do solo mostram a sua acidez ou alcalinidade. Esses dados são encontrados em vários trabalhos que abordam a erosão dos solos (Wischmeir e Mannering, 1969; Hamblin e Davies, 1977; Boardman, 1983a; Chaney e Swift, 1986; Guerra, 1991a; Guerra e Almeida, 1993; Barros e Guerra, 1993). Os valores de pH são geralmente encontrados em trabalhos sobre erosão dos solos, em conjunto com outros índices. Allison (1973) destaca que solos ácidos são deficientes em cálcio, um elemento conhecido em contribuir na retenção do carbono, através da formação de agregados, que combinam humus e cálcio. Já Wischmeier e Mannering (1969) sugerem que os solos com alto teor de silte tendem a ter maior erodibilidade à medida que o pH aumenta. Quando se determina o pH de um solo, há que se considerar a sua história de utilização. Boardman (1983a), por exemplo, mostra que os altos valores de pH, para alguns solos

160

PROCESSOS EROSIVOS NAS ENCOSTAS

arenosos do sul da Inglaterra, se devem à sua história de uso agrícola. A intervenção humana, aliada à combinação do pH com outras propriedades do solo, pode tornar ainda mais complexa a compreensão do seu papel na erodibilidade dos solos. Os exemplos e relacionamentos, apontados nesse subitem, servem para demonstrar como é difícil fazer generalizações sobre as propriedades dos solos e, ao mesmo tempo, apontam o cuidado que se deve ter com os fatores controladores nos estudos de erosão.

2.3. Cobertura Vegetal

Os fatores relacionados à cobertura vegetal podem influenciar os processos erosivos de várias maneiras: através dos efeitos espaciais da cobertura vegetal, dos efeitos na energia cinética da chuva, e do papel da vegetação na formação de humus, que afeta a estabilidade e teor de agregados.

A densidade da cobertura vegetal é fator importante na remoção de sedimentos, no escoamento superficial e na perda de solo. O tipo e percentagem de cobertura vegetal pode reduzir os efeitos dos fatores erosivos naturais. Stocking e Elwell (1976) descobriram que, em Zimbabwe, os contrastes existentes entre os diversos tipos de cultivos são um dos responsáveis pelas diferentes taxas erosivas no país.

A cobertura vegetal pode, também, reduzir a quantidade de energia que chega ao solo durante uma chuva e, dessa forma, minimiza os impactos das gotas, diminuindo a formação de crostas no solo, reduzindo a erosão (Morgan, 1984). Nesse sentido, Finney (1984) chama a atenção para o fato de que a cobertura vegetal proporciona melhor proteção nas áreas com chuva de maior intensidade. A propósito disso, Noble e Morgan (1983) constataram que alguns tipos de cobertura podem aumentar a energia cinética da chuva. É o caso, por exemplo, da lavoura de couve-de-bruxelas, na Inglaterra. A erosão por *splash* foi maior nos solos sob esse cultivo, do que em solos sem nenhuma cobertura vegetal. Isso ocorreu porque as folhas largas da couve-de-bruxelas atuaram como concentradoras eficientes de água. De acordo com Brandt (1986), a cobertura vegetal em uma floresta pode atuar de duas maneiras: primeiro reduzindo o volume de água que chega ao

161

solo, através da interceptação, e, segundo, alterando a distribuição do tamanho das gotas, afetando, com isso, a energia cinética da chuva.

O efeito da vegetação sobre a erosão dos solos pode dar-se de acordo com a percentagem da cobertura vegetal. Em uma área com alta densidade de cobertura, o *runoff* e a erosão ocorrem em taxas baixas, especialmente se houver uma cobertura de serrapilheira (*litter*) no solo, que intercepta as gotas de chuva que caem através dos galhos e folhas (Evans, 1980). Em áreas parcialmente cobertas pela vegetação, o *runoff* e a perda de solo podem aumentar rapidamente. Esse aumento está relacionado a solos com menos de 70% de cobertura vegetal e ocorre geralmente em áreas semi-áridas, agrícolas e de superpastoreio. Elwell e Stocking (1976) demonstraram que à medida que a cobertura vegetal se torna mais densa, cobrindo mais de 30% da superfície do solo, a erosão diminui. A cobertura vegetal tem papel importante também na infiltração de água no solo. Francis (1990), por exemplo, demonstrou o efeito da vegetação nas taxas de infiltração, em Murcia, sudeste da Espanha. As encostas intemperizadas, sem vegetação, apresentaram valores de infiltração que variaram entre 60 e 174mm/h, enquanto nas encostas vegetadas, com mesmo tipo de solo, as taxas de infiltração oscilaram entre 138 e 894mm/h.

Stocking e Elwell (1976) reportaram o significado da altura da cobertura vegetal na interceptação das gotas de chuva. Eles observaram que pode ocorrer ravinamento, na base das árvores, devido ao escoamento de água pelos troncos (*stemflow*), e que nem sempre a cobertura vegetal atua no sentido de reduzir a ação erosiva das gotas, pois a coalescência de água, nas folhas largas das árvores, pode provocar aumento da erosão por *splash*, ao redor das copas das árvores. Já Thornes (1980) destaca que a cobertura vegetal controla a erosão dos solos de três maneiras: primeiro, atuando sobre o *runoff*; segundo, no balanço hidrológico; e, finalmente, nas variações sazonais da interceptação. Essa última interferência se dá, em especial, nas zonas de clima temperado e frio.

A cobertura vegetal, além de influenciar na interceptação das águas da chuva, atua também, de forma direta, na produção de matéria orgânica, que, por sua vez, atua na agregação das partículas constituintes do solo. Além disso, as raízes podem ramificar-se no solo e, assim, ajudar na formação de agregados. Essas raízes atuam mecanicamente e, ao se decompor, fornecem humus, aumentando a estabilidade dos agregados do solo. A propósito disso, Allison (1973) destaca que a matéria orgânica, sob a forma de humus e resíduos das lavouras, é essencial no controle da erosão causada tanto pela água como pelo vento. Elwell e Stocking (1976) reforçam essa afirmativa, destacando a necessidade de se incorporar matéria orgânica aos solos agrícolas, para que a estabilidade dos agregados seja mantida. Dessa forma, a estabilidade pode reduzir as taxas erosivas, uma vez que as partículas do solo são mantidas juntas e, conseqüentemente, com maior resistência ao cisalhamento. Morgan (1984) demonstrou que as práticas agrícolas, além de reduzir a cobertura vegetal permanente dos solos, podem tornar certos solos mais sensíveis à erosão, pois a diminuição do teor de matéria orgânica reduz a resistência dos agregados ao impacto das gotas de chuva. Dessa forma, esses agregados são quebrados com mais facilidade, formando crostas na superfície, o que dificulta a infiltração da água, aumentando o escoamento superficial e a perda de solo.

2.4. Características das Encostas

Os fatores relativos às encostas podem afetar a erodibilidade dos solos de diferentes maneiras: por meio da declividade, do comprimento e da forma da encosta.

De acordo com Hadley *et al.* (1985), a perda total de solo representa uma combinação da erosão por ravinamento, causada pelo *runoff*, e da erosão entre as ravinas (*interrill*), causada pelo impacto das gotas de chuva. Esses processos são influenciados pela declividade das encostas, devido ao efeito na velocidade do *runoff*. No entanto, Morgan (1986) salienta que, em encostas muito íngremes, a erosão pode diminuir devido ao decréscimo de material disponível. A propósito do efeito da declividade das encostas na erosão dos solos, Luk (1979), após ter testado vários solos na região de Alberta (Canadá), chegou à conclusão de que os solos com maior erodibilidade eram aqueles situados em encostas com 30° de declividade. Para Poesen (1984), a declividade das encostas tem efeito positivo nas taxas de infiltração, e ele demonstrou isso, por meio da obtenção de menores taxas de formação de crostas, nas declividades maiores, que aumentam a porosidade dos solos. A declividade das encostas não deveria, no entanto, ser levada em conta separadamente, mas sim em conjunto com as características da superfície do solo, que, igualmente, afetam a remoção do solo e a quantidade de *runoff*. Estudos de Poesen e Govers (1986) apontam a confirmação de que, à medida que a declividade aumenta, diminui a densidade de ravinas. Os referidos autores atribuíram esse fenômeno à maior resistência à selagem do solo a essas encostas mais íngremes, que variaram de 10° a 11° no estudo desenvolvido por eles.

Embora seja aceito que o comprimento da encosta afeta a erosão dos solos, esse é um parâmetro difícil de ser avaliado, pois outras características, como declividade e forma da encosta, e propriedades do solo também afetam o *runoff*. Alguns pesquisadores demonstraram que, à medida que o comprimento das encostas aumenta, diminui o *runoff* (Wischmeier, 1966; Wischmeier e Smith, 1968). No entanto, vários outros trabalhos apontam a constatação de que o *runoff* aumenta, em velocidade e quantidade, à medida que o comprimento das encostas aumenta. Por exemplo, Kramer e Meyer (1969) atribuem maiores velocidades de *runoff* em encostas mais longas e, conseqüentemente, maiores perdas de solo, do que em encostas mais curtas. Boardman (1983a) atribuiu, como uma das causas do aumento de erosão, em West Sussex, sul da Inglaterra, a remoção das cercas entre pequenas propriedades rurais, fazendo gerar um aumento no comprimento das encostas, de 90 para 200 metros.

A forma das encostas é outro fator que tem papel importante na erodibilidade dos solos. Hadley *et al.* (1985) chamam a atenção de que a forma das encostas pode ser até mais importante do que a declividade, na erosão dos solos. Evans (1980 e 1990) enfatiza que, na Inglaterra, os solos erodidos se situam, quase sempre, em áreas que vão dos interflúvios até o fundo dos vales, em topografia suavemente ondulada. Além disso, Morgan (1977) destaca a importância das cristas longas, mas com encostas curtas convexo-côncavas, como sendo características morfológicas que propiciam a erosão dos solos. Encostas convexas, em especial, onde o

164

topo das elevações é plano e a água pode ser armazenada, podem gerar a formação de ravinas e voçorocas quando a água é liberada (Hodges e Arden-Clarke, 1986). Essas características relativas à declividade, comprimento e forma das encostas atuam em conjunto entre si e com outros fatores relativos à erosividade da chuva, bem como às propriedades do solo, promovendo maior ou menor resistência à erosão.

3. Processos Erosivos Básicos

A erosão dos solos é um processo que ocorre em duas fases: uma que constitui a remoção (*detachment*) de partículas, e outra que é o transporte desse material, efetuado pelos agentes erosivos. Quando não há energia suficiente para continuar ocorrendo o transporte, uma terceira fase acontece, que é a deposição desse material transportado. Os processos resultantes da erosão pluvial estão intimamente relacionados aos vários caminhos tomados pela água da chuva, na sua passagem através da cobertura vegetal, e ao seu movimento na superfície do solo.

Os mecanismos dos processos erosivos básicos variam no tempo e no espaço (Thornes, 1980), e a erosão ocorre a partir do momento em que as forças que removem e transportam materiais excedem aquelas que tendem a resistir à remoção. A espessura do solo pode estar relacionada ao controle das taxas de produção (intemperismo) e remoção (erosão) de materiais. Nas áreas onde os efeitos desses dois grupos de processos são iguais, há uma tendência de a espessura do solo permanecer a mesma ao longo do tempo.

Os processos erosivos básicos são de importância fundamental para que se compreenda como a erosão ocorre e quais as suas conseqüências. Dessa forma, uma análise da erosão dos solos, como um problema agrícola, depende não apenas da compreensão das taxas de perda do solo, mas também do quanto ainda está disponível para a agricultura. Isso é uma função da espessura original do solo e do balanço entre produção e remoção de sedimentos. Para se compreender esses processos complexos, esse item leva em consideração as características relativas a infiltração, armazenamento e geração de *runoff*; como se dá o escoamento superficial e subsuperficial; bem como os processos de *piping*, *splash* e a formação de crostas na superfície de solo. É a partir da compreensão de cada um desses processos, isoladamente, e da interação existente entre os mesmos, que podemos entender como se dão os processos erosivos básicos.

3.1. *Infiltração, Armazenamento e Geração de* Runoff

O ciclo hidrológico é o ponto de partida do processo erosivo. Durante um evento chuvoso, parte da água cai diretamente no solo, ou porque não existe vegetação, ou porque a água passa pelos espaços existentes na cobertura vegetal. Parte da água da chuva é interceptada pela copa das árvores, sendo que parte dessa água interceptada volta à atmosfera, por evaporação, e outra parte chega ao solo, ou por gotejamento das folhas, ou escoando pelo tronco. A ação das gotas da chuva diretamente, ou por meio do gotejamento das folhas, causa a erosão por salpicamento (*splash*). A água que chega ao solo pode ser armazenada em pequenas depressões ou se infiltra, aumentando a umidade do solo, ou abastece o lençol freático. Quando o solo não consegue mais absorver água, o excesso começa a se mover em superfície ou em subsuperfície, podendo provocar erosão, através do escoamento das águas.

A taxa de infiltração, que é o índice que mede a velocidade com que a água da chuva se infiltra no solo (Morgan, 1986), exerce importante papel sobre o escoamento superficial. Essa água se infiltra no solo, por força de gravidade e capilaridade, e cada partícula do solo é envolvida por uma fina película de água. Durante um evento chuvoso, os espaços entre as partículas são preenchidos por água, e as forças capilares decrescem. Conseqüentemente, as taxas de infiltração são mais rápidas no começo da chuva e diminuem até atingir o máximo que o solo pode absorver. Essa taxa máxima é a capacidade de infiltração, que corresponde à condutividade hidráulica saturada do solo. Na prática, no entanto, hoje em dia, se acredita que é a condutividade hidráulica real da zona molhada que controla a capacidade de infiltração, que é geralmente um pouco mais baixa do que a condutividade hidráulica saturada, porque existe sempre um pouco de ar nos poros dos solos.

As taxas de infiltração variam ao longo de um evento chuvoso, mas variam também de acordo com as características dos solos. Em geral, solos de textura mais grosseira, como os arenosos, possuem taxas de infiltração maiores do que as dos argilosos. Withers e Vipond (1974) propõem um modelo de taxas de infiltração diferenciadas (Fig. 4.3), ao longo das três primeiras horas de um evento chuvoso, levando em conta diferentes texturas do solo (arenoso, siltoso e argiloso). Mas, nessa ilustração, os autores não levam em consideração outras propriedades que também afetam as taxas de infiltração. Uma delas é a agregação entre as partículas. Por exemplo, solos argilosos, com grandes agregados e a presença de micro e macroporos, podem transmitir

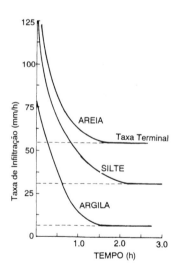

Figura 4.3 — *Taxa de infiltração em vários tipos de solos (segundo Withers e Vipond, 1974).*

grande quantidade de água, aumentando as taxas de infiltração. Nessas circunstâncias, os solos argilosos poderiam ter uma taxa de infiltração muito maior do que a esperada.

As taxas de infiltração podem também variar bastante, num mesmo local, em função de diferenças de estrutura ao longo do perfil, diferenças em graus de compactação e teor de umidade antecedente. Determinações de campo, usando um infiltrômetro (Fig. 4.4), demonstraram que os solos podem apresentar capacidade de infiltração média, com coeficientes de variação em torno de 70 a 75% (Thornes, 1979). Essa variação pode se dar pelos motivos mencionados. Eyles (1967), por exemplo, mediu a

Figura 4.4 — *Infiltrômetro de Hills (1970), em operação, para medir taxas de infiltração do solo.*

capacidade de infiltração, em solos de uma mesma área na Malásia, e encontrou valores que variaram de 15 a 420mm/h, com uma média de 147mm/h.

De acordo com Horton (1945), se a intensidade da chuva for menor do que a capacidade de infiltração do solo, não haverá *runoff* (fluxo hortoniano). Mas, se a intensidade da chuva exceder a capacidade de infiltração, ocorrerá *runoff*. Como um mecanismo

PROCESSOS EROSIVOS NAS ENCOSTAS

gerador de *runoff*, esta comparação entre intensidade da chuva e capacidade de infiltração nem sempre se aplica. Estudos de Morgan (1977), na Inglaterra, em solos arenosos, mostraram que a capacidade de infiltração é maior do que 400mm/h e que as intensidades de chuva raramente ultrapassam 40mm/h. Nesse caso, não ocorreria *runoff*, nesses solos, pois a intensidade da chuva não excede a capacidade de infiltração. Mas, na realidade, o volume médio anual de *runoff* nessa região inglesa é de 55mm, e a média anual de chuva é de 550mm. O fator controlador da produção de *runoff*, nesse caso, não é a capacidade de infiltração, mas um teor limitante de umidade dos solos, que resulta do encharcamento dos mesmos. Isso explica por que certos solos arenosos, com baixa capacidade de armazenamento capilar, produzem *runoff* muito rapidamente, mesmo que sua capacidade de infiltração não tenha sido excedida pela intensidade da chuva.

Uma vez que a água da chuva comece a se acumular na superfície, ela é retida em pequenas depressões, e o *runoff* se iniciará quando a capacidade de armazenamento for saturada. O armazenamento em pequenas depressões do solo varia em função da estação do ano e do tipo de solo. Evans (1980) afirma que solos argilosos, por exemplo, possuem, em média, 1,6 a 2,3 vezes maior capacidade de armazenamento do que solos areno-argilosos. As depressões que armazenam água no solo, antes de se iniciar o escoamento superficial, são quase sempre tratadas como possuindo valores constantes de poucos milímetros, mas, na realidade, elas podem variar bastante, ao longo do ano. Por exemplo, nos solos agrícolas que são arados, as depressões que armazenam água variam sazonalmente, dependendo do tipo de cultivo e das práticas agrícolas adotadas. Essa variação ocorre, também, ao longo do crescimento dos vegetais cultivados, tendendo a uma diminuição da rugosidade do solo, à medida que o tempo passa, devido ao impacto das gotas de chuvas, que quebram alguns agregados. Reed (1979) demonstrou que alguns solos argilosos da Inglaterra diminuem a capacidade de armazenamento nas depressões do solo, de 5 a 7mm, após o cultivo com máquinas agrícolas, para 3mm, próximo a colheita. A partir das interações existentes entre características da chuva, propriedades do solo e encostas, é que se pode compreender os mecanismos que resultam nas diferentes taxas de infiltração e armazenamento de água no solo. O escoamento superficial e subsuperficial, que serão vistos a seguir, dependem desses processos aqui abordados.

3.2. Escoamento Superficial

O escoamento superficial ocorre durante um evento chuvoso, quando a capacidade de armazenamento de água no solo é saturada. Ele pode também se dar caso a capacidade de infiltração seja excedida. O fluxo que se escoa sobre o solo se apresenta, quase sempre, como uma massa de água com pequenos cursos anastomosados e, raramente, na forma de um lençol de água, de profundidade uniforme. Esse fluxo de água tem que transpor vários obstáculos, que podem ser fragmentos rochosos e cobertura vegetal, os quais fazem diminuir sua energia. A interação entre o fluxo de água e as gotas de chuva que caem sobre esse fluxo pode aumentar ainda mais sua energia.

Segundo Morgan (1986), os estudos de transporte de partículas do solo em fluxos não canalizados e rasos têm indicado que apenas uma parte dos sedimentos é transportada em suspensão, e que os mais grosseiros e os agregados são transportados como carga de fundo. A quantidade de perda do solo, resultante do escoamento superficial, vai depender da velocidade e turbulência do fluxo. Igualmente importante é a distribuição espacial do fluxo. Horton (1945) descreve o escoamento superficial como recobrindo dois terços ou mais das encostas, em uma bacia de drenagem, durante o pico de um evento chuvoso. Para o referido autor, o fluxo resulta de a intensidade da chuva ser maior do que a capacidade de infiltração do solo e é distribuído da seguinte maneira na encosta: o topo de encosta é uma zona sem fluxo, que forma uma área sem erosão; a uma distância crítica do topo, ocorre um acúmulo suficiente de água, onde o fluxo começa; um pouco mais abaixo, na encosta, a profundidade do fluxo aumenta, e ele se torna canalizado, formando ravinas.

A maior parte das observações que comprovam o poder do escoamento superficial está relacionada a regiões semi-áridas ou, então, com vegetação esparsa. Isso coloca peso muito grande na cobertura vegetal, como fator controlador do escoamento superficial. A ausência da cobertura vegetal facilita o impacto das gotas de chuva, fazendo com que os agregados se quebrem, crostas sejam formadas na superfície do solo, o que aumenta os efeitos do escoamento superficial, causando maiores taxas de erosão. Segundo Morgan (1986), as partículas mais susceptíveis de serem erodidas pelo escoamento superficial estão entre 0,1 e 0,3mm de diâmetro. Raramente o escoamento superficial tem capacidade de transportar material com mais de 1mm de diâmetro; é só observar os depósitos de sopé de encostas, resultantes do escoamento superficial. A propósito disso, Alberts *et al.* (1980) afirmam que, com o tempo, as encostas que sofrem erosão tendem a se tornar mais arenosas, enquanto o sopé dessas encostas se tornam mais siltosos e argilosos.

Em áreas agrícolas, os processos de escoamento superficial podem ser mais acentuados, devido ao remanejamento de partes do subsolo para cima e vice-versa. Isso ocorre devido à mecanização das lavouras, o que pode causar diminuição da espessura do topo do solo, provocando o empobrecimento das terras agrícolas, com a diminuição do teor de matéria orgânica e de outros nutrientes. A diminuição do teor de matéria orgânica no solo não só afeta sua fertilidade natural, mas também diminui sua resistência ao impacto das gotas de chuva, resultando, quase sempre, em aumento das taxas de escoamento superficial.

3.3. Escoamento Subsuperficial

Tem sido dada muita ênfase nas pesquisas hidrológicas atuais à questão sobre o movimento lateral de água, em subsuperfície, nas camadas superiores do solo. O escoamento subsuperficial, além de controlar o intemperismo, afeta diretamente a erodibilidade dos solos, através de suas propriedades hidráulicas, influenciando o transporte de minerais em solução. O escoamento subsuperficial, quando corre em fluxos concentrados, em túneis ou dutos, possui efeitos erosivos, que são bem conhecidos, provocando o colapso da superfície situada acima, resultando na formação de voçorocas. Apesar dos estudos desenvolvidos sobre escoamento subsuperficial (Burykin, 1957;

Swan, 1970; Morgan, 1973, 1986), pouco se sabe sobre os mecanismos de transporte e de erosão causados por esse processo. Os estudos de Roose (1970), no Senegal, revelam que o escoamento subsuperficial contribui apenas com um por cento do total de material erodido em uma encosta, e isso se refere, principalmente, a colóides e minerais em solução iônica.

De acordo com Thornes (1980), a movimentação da água em subsuperfície ocorre como um resultado de diferenças potenciais de migração de líquidos, e essa água se movimenta através dos poros existentes no solo. O potencial é dado por desníveis altimétricos entre as zonas de saturação, e a resistência ao movimento da água é dada pela estrutura porosa. Em zonas saturadas, linhas potenciais tendem a ser normais à força de gravidade, e o fluxo corre vertical ou paralelo à superfície. Em condições não saturadas, os poros por onde o fluxo subsuperficial caminha estão parcialmente saturados, e, em conseqüência, a condutividade hidráulica é uma função desse grau de saturação.

Em uma encosta, durante um evento chuvoso, pode haver movimento lateral de água (*throughflow*), sob condições saturadas. Isso pode acontecer mesmo depois que a chuva acabar. Uma acentuada diminuição da permeabilidade em subsuperfície pode fazer aumentar o escoamento subsuperficial ainda durante a chuva ou após seu término. Além dos fenômenos erosivos, causados pelo escoamento subsuperficial, em diversas profundidades, Kirkby e Chorley (1967) demonstraram os efeitos da contribuição do escoamento subsuperficial no crescimento de fluxos saturados, no sopé das encostas. A propósito disso, Zaslavsky e Sinai (1981) apontam que o efeito mais importante do escoamento subsuperficial, na sua forma não concentrada, é o de provocar a acumulação de umidade no solo, no sopé das encostas e nas partes côncavas da paisagem, podendo influir sobre a saturação dos fluxos superficiais.

3.4. Piping

Os dutos (*pipes*) ou túneis são grandes canais, abertos em subsuperfície, com diâmetros que variam de poucos centímetros até vários metros. O processo de formação desses dutos está rela-

PROCESSOS EROSIVOS NAS ENCOSTAS

cionado ao próprio intemperismo, sob condições especiais geoquímicas e hidráulicas, havendo a dissolução e carreamento de minerais, em subsuperfície. Eles ocorrem em ambientes bem variados, desde condições semi-áridas até temperadas (Stocking, 1977; Knapp, 1978; Thornes, 1980; Morgan, 1986; Guerra e Almeida, 1993).

Os dutos são responsáveis pelo transporte de grande quantidade de material, em subsuperfície e, à medida que esse material vai sendo removido, se vão ampliando os diâmetros desses dutos, podendo resultar no colapso do solo situado acima. Esse processo pode dar origem a grandes voçorocas, e esses dutos podem ser vistos também, com muita freqüência, nas paredes laterais dessas voçorocas (Fig. 4.5), provocando a ampliação das mesmas.

É preciso haver forte gradiente hidráulico (curva obtida em um gráfico feita com os dados registrados por piezômetros colocados no solo) que proporcione o escoamento em subsuperfície e o transporte de material dissolvido. Sob essas circunstâncias, as voçorocas são desenvolvidas e evoluem no tempo e no espaço. O processo pode também ser acelerado pelo decréscimo da permeabilidade, à medida que a profundidade aumenta, nos horizontes do solo. Vários estudos já documentaram a formação de voçorocas, resultantes do desenvolvimento de dutos ou túneis (Berry, 1970; Heede, 1971; Zaborski, 1972; Morgan, 1986). Na Austrália, por exemplo, Charman (1970) documentou a formação de voçorocas, resultantes da evolução de dutos, onde a textura e a permeabilidade dos solos variaram bastante em profundidade. Nesse caso, o teor de argila aumentou entre os horizontes A e B, passando de franco-arenosos, no horizonte A, para argilosos, no horizonte B. Os dutos se desenvolveram não só em função dessa diferença de textura, mas, também, devido à diminuição de permeabilidade entre os dois horizontes.

A produção e o transporte de sedimentos, ao longo dos dutos, são evidentes, e isso pode ser observado nos leques aluviais que se formam na saída desses dutos. As taxas de produção de sedimentos estão relacionadas ao fluxo de água dentro dos dutos e representam uma função direta desses fluxos. Os elevados índices de umidade em subsuperfície, necessários para a formação dos dutos, são resultantes da prolongada infiltração de água nos

Figura 4.5 — *Duto existente em uma voçoroca no município de Sorriso — Mato Grosso.*

solos. Nas áreas de clima frio, isso ocorre em função do derretimento de neve, enquanto nas áreas tropicais o processo está associado a chuvas prolongadas. Uma vez formados, os dutos causam quase sempre efeitos danosos aos ambientes onde estão situados. O fluxo de água em subsuperfície passa a correr em zonas preferenciais, dentro dos próprios dutos, e de maneira concentrada. Isso tende a alargar os dutos, pela remoção e transporte de sedimentos, o que pode provocar o colapso do teto, situado acima desses túneis, levando à formação de voçorocas.

3.5. Splash e *Formação de Crostas*

A erosão por *splash*, também conhecida no Brasil como erosão por salpicamento, ocorre, basicamente, como um resultado das forças causadas pelo impacto das gotas de chuva. Uma gota de chuva, quando bate em um solo molhado, remove partículas que estão envolvidas por uma película de água. A gota descreve uma curva parabólica, que se move lateralmente, mais ou menos quatro vezes à altura do deslocamento. O *splash* ocorre tanto para baixo como para cima em uma encosta, mas quase sempre as partículas são transportadas para baixo três vezes mais distante do que para cima. Além de as partículas serem transportadas pelo impacto causado pelas gotas de chuva, algumas são deslocadas pelo choque proporcionado por sedimentos que se batem uns contra os outros. Numa forte tempestade tropical, o equivalente a um peso de 350.000kg de água/ha pode cair em um período de apenas meia hora. A energia dessa chuva, segundo Stocking (1977), seria de 10 milhões de joules/ha. Essa energia, causada pelo impacto das gotas de chuva no solo, pode quebrar os agregados existentes, formando crostas na superfície do solo, o que dificulta a infiltração.

Quando a erosividade da chuva é constante, o fluxo de solo devido à erosão por *splash* é uma função do gradiente da encosta, porque a distância média percorrida pelas partículas depende da declividade. Entretanto, para encostas com mais de 20° de declividade, Foster e Martin (1969) descobriram que, dependendo da densidade aparente dos solos, a remoção (*detachment*) de sedimentos pelo *splash* aumenta bastante até 20° e começa a cair a partir desse gradiente. Thornes (1980) afirma que a erosão por *splash* é uma função que depende do tempo. Em alguns casos, ela aumenta no começo de um evento chuvoso, alcança um pico e decai, até um estado de equilíbrio. O significado do *splash*, em condições de escoamento superficial, depende da profundidade do fluxo. Segundo o autor, quando a profundidade do fluxo ultrapassa em três vezes o diâmetro da gota de chuva, o fluxo protege o solo contra o impacto da gota.

A erosão por *splash* pode diminuir em um determinado tipo de solo, especialmente se o próprio *splash* formar crostas na superfície (Fig. 4.6), diminuindo, dessa forma, a ação erosiva das gotas de chuva, que encontrarão uma superfície mais resistente à energia cinética da chuva. Entretanto, nesses casos, há tendência de aumento do escoamento superficial. De acordo com Farres (1978), a formação de crostas é um dos mecanismos mais importantes que ocorrem na superfície do solo antes de acontecer o escoamento superficial. No estudo sobre o papel do tempo e do tamanho dos agregados na formação de crostas, o autor destaca que as crostas podem ser formadas rapidamente, durante um evento chuvoso. Isto vem de encontro ao que Epstein e Grant (1967) observaram em um estudo sobre simulação de chuva. Nesse caso, as crostas se formaram após seis minutos da entrada em operação do simulador, em um solo franco-siltoso. A densidade aparente do solo também aumentou de $1,10g/cm^3$ para $1,53g/cm^3$.

A grande importância do estudo das crostas para o processo erosivo é que, uma vez formadas, a superfície do solo se torna selada, diminuindo bastante a infiltração de água, aumentando, conseqüentemente, o *runoff*. Isso muda o sistema erosivo de elevada remoção/baixo transporte, antes de ocorrer o escoamento superficial, para baixa remoção/elevado transporte, durante a fase de escoamento superficial.

Segundo De Ploey (1977, 1981), os solos "estáveis" apresentam maiores teores de matéria orgânica e de argila do que os "instáveis", tendo, portanto, maior coesão e sendo menos propensos à formação de crostas. O principal agente formador das crostas é o impacto das gotas de chuva, que pode quebrar os agregados, selando a superfície do solo. Com a maior resistência desses agregados ao impacto das gotas, dado pela coesão proporcionada pela matéria orgânica e argila, os solos classificados como "estáveis" por De Ploey (1981) são aqueles em que, praticamente, não existem crostas.

Poesen e Govers (1986) observaram, através de mensurações de campo na Bélgica, que a formação de crostas e a compactação do solo, em condições naturais, são os principais responsáveis pelo aumento das taxas de *runoff* e pelo surgimento de ravinas. Guerra e Almeida (1993) também observaram, para os solos do município de Sorriso (Mato Grosso), que as áreas com maior

Figura 4.6 — *Crosta formada no topo do solo, em áreas com processos erosivos acelerados, no município de Sorriso - Mato Grosso. Note-se o início da formação de uma ravina.*

quantidade de marcas erosivas correspondem àquelas com crostas na superfície dos solos.

A estabilidade dos agregados tem papel importante na erodibilidade dos solos. Como Thornes (1980) destaca, a infiltração ocorre mais rapidamente se o solo possuir agregados grandes e estáveis, reduzindo, dessa forma, as taxas de *runoff*. À medida que os agregados são destruídos e a superfície do solo se torna selada, as crostas podem oferecer maior resistência ao *splash*. Mas, por outro lado, a remoção (*detachment*) de sedimentos para dentro do fluxo de água pode crescer, à medida que aumenta a velocidade do *runoff*. A única situação em que o solo selado pelas crostas não proporciona aumento do *runoff* é quando a superfície do solo se torna tão seca, que se formam fendas, e, assim, a infiltração é maior do que o escoamento.

4. Ação da Água nas Diversas Formas Erosivas

O processo erosivo depende de uma série de fatores controladores: erosividade da chuva, propriedades do solo, cobertura vegetal e características das encostas. A partir da ação desses fatores, ocorrem os mecanismos de infiltração de água no solo, armazenamento e escoamento em superfície e subsuperfície. Em paralelo a esses processos, as gotas de chuva podem formar crostas na superfície dos solos, o que vai acelerar os processos de escoamento superficial, afetando igualmente as taxas de erosão. Esses processos se distribuem ao longo do tempo e do espaço. Através do tempo, tipo e taxa dos processos em operação podem variar consideravelmente, levando a mudanças nos padrões e magnitude da erosão dos solos. Essas mudanças podem variar em poucas horas, durante um evento chuvoso, como podem ser sazonais, ao longo do ano, ou a longo prazo, refletindo os efeitos da ocupação humana, ou de anos mais secos e mais úmidos. Essas variações podem ocorrer, também, espacialmente, em termos de magnitude. O problema da erosão dos solos está relacionado a uma determinada superfície, onde existem contrastes entre a alta, a média e a baixa encostas. Outra dimensão espacial da erosão é a bacia de drenagem, onde a geração do fluxo de água e sedimentos provocam grandes contrastes no tipo e na quantidade de material erodido. Uma terceira escala de observação do problema é uma região mais ampla que engloba várias bacias. Nesse caso, as variações são atribuídas a diferenças na erosividade, erodibilidade e no uso da terra para uma grande área.

A ação da água, como agente erosivo, deve ser compreendida, levando em conta a complexidade dos fatores descritos. A partir disso, esse item procura analisar as diversas formas de erosão. O processo se inicia da seguinte maneira: se cair sobre um determinado tipo de solo mais água do que possa se infiltrar, começa a ocorrer escoamento superficial, podendo provocar a chamada erosão em lençol. O fluxo de água, nesse caso, não está confinado, exceto entre algumas irregularidades do solo. A água que escoa sobre as encostas cobre a maior parte delas. À medida que a velocidade aumenta, a água provoca maior incisão sobre o solo, e começam a se formar as ravinas, que são canais contínuos, estreitos e de pouca profundidade, podendo ser obliterados por máquinas agrícolas (Evans, 1980). O alargamento das ravinas, causado pelo escoamento superficial e subsuperficial, dá origem às voçorocas. Quando o solo está erodido por voçorocas, as máquinas agrícolas não têm condições de obliterar essas formas erosivas. As voçorocas são mais largas e mais profundas do que as ravinas e, em geral, se constituem em características permanentes nas encostas.

4.1. Erosão em Lençol

A erosão em lençol é também conhecida por erosão laminar. Ela recebe esse nome, porque o escoamento superficial, que dá origem a esse tipo de erosão, se distribui pelas encostas de forma dispersa, não se concentrando em canais. O lençol de água que cobre a superfície do solo durante uma tempestade raramente se apresenta com profundidade uniforme e, em geral, ocorre de maneira anastomosada, sem canais definidos. Essa forma de escoamento ocorre, quase sempre, sob condições de chuva prolongada, quando a capacidade de armazenamento de água no solo e nas suas depressões e irregularidades satura. Dessa forma, a capacidade de infiltração é excedida, e começa a ocorrer o escoamento. O fluxo de água que provoca a erosão em lençol é interrompido por blocos rochosos existentes no solo ou pela cobertura vegetal, fazendo com que o fluxo de água contorne essas irregularidades.

Quanto maior a turbulência do fluxo de água, maior a capacidade erosiva gerada por esse fluxo. De acordo com Hjulstrom (1935), o fator importante nas relações hidráulicas, que provoca a erosão em lençol, é a velocidade do fluxo. Devido à resistência do próprio solo, a velocidade do fluxo deve ultrapassar um limite antes que a erosão aconteça (Fig. 4.7). De acordo com Young e Wiersma (1973), a interação do *splash* causado pelas gotas de chuva, com o escoamento em lençol, pode provocar mais erosão do que cada processo atuando isoladamente. Isso se dá porque as partículas de solo são colocadas em suspensão pelo *splash* e são mais facilmente transportadas pelo escoamento em lençol. Além disso, o *splash* causa maior turbulência ao fluxo de água, provocando maior capacidade erosiva. De acordo com Morgan (1977), o escoamento em lençol torna-se um processo erosivo efetivo, especialmente em solos arenosos, porque, nessas circunstâncias, o lençol de água cobre grandes porções das encostas, em contraste com as pequenas áreas atingidas pelas ravinas. Em solos mais coesos e, portanto, mais resistentes à ação do *splash* e à erosão em lençol, as principais formas erosivas são as ravinas e voçorocas.

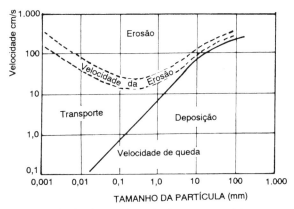

Figura 4.7 — *Velocidades críticas da água, necessárias para que ocorra erosão, transporte e sedimentação, como uma função do tamanho das partículas (segundo Hjulstrom, 1935).*

4.2. Erosão em Ravinas

As ravinas são formadas quando a velocidade do fluxo de água aumenta na encosta, provavelmente para velocidades superiores a 30cm/s (Ellison, 1947), tornando o fluxo turbulento. O aumento no gradiente hidráulico pode ocorrer por uma série de motivos: aumento da intensidade da chuva; aumento do gradiente da encosta; ou, ainda, porque a capacidade de armazenamento de água, na superfície, é excedida, e aí a incisão começa a acontecer no topo do solo.

As ravinas são, muitas vezes, características efêmeras nas encostas. Algumas ravinas que são formadas após um evento chuvoso podem ser obliteradas por uma nova tempestade, que causaria, dessa forma, uma nova rede de ravinas, sem relação com as ravinas formadas anteriormente. Segundo Morgan (1986), a maior parte dos sistemas de ravinas é descontínua, isto é, não tem nenhuma conexão com a rede de drenagem fluvial. Excepcionalmente, uma ravina pode evoluir para um canal de água permanente, desembocando em um rio; nesse caso, quase sempre, quando chega a esse estágio, já evoluiu para uma voçoroca.

As ravinas são, quase sempre, iniciadas a uma distância crítica do topo da encosta, onde o escoamento superficial se torna canalizado. Elas podem ser formadas próximas à base das encostas, onde uma pequena incisão recua em direção ao topo da encosta. Essa incisão, segundo Morgan (1986), pode estar associada à saturação do escoamento superficial, em vez de estar relacionada ao fluxo hortoniano. Moss *et al.* (1982) estudaram a evolução do escoamento superficial difuso para a formação de ravinas. Eles descobriram que, além dos fluxos principais de água, que ocorrem em uma encosta, durante a formação de ravinas, outros fluxos menores podem também se formar, podendo dar origem a outras ravinas menores.

As gotas de chuva aumentam ainda mais a capacidade de transporte de um fluxo de água dentro das ravinas, através da remoção (*detachment*) de sedimentos, nas porções situadas entre as próprias ravinas. A propósito disso, Savat (1979) destacou que a interação entre os eventos chuvosos e os fluxos de água pode aumentar a probabilidade de formação e ampliação da rede de ravinas em uma determinada encosta. Morgan (1986) demonstrou que as características hidráulicas de um fluxo de água passam por quatro estágios distintos durante a formação de ravinas: 1. escoamento superficial difuso; 2. escoamento superficial, com alguma concentração, em pontos preferenciais; 3. escoamento concentrado em microcanais, sem cabeceiras definidas; 4. escoamento concentrado em microcanais, com cabeceiras definidas.

O desmatamento e o uso agrícola da terra podem acelerar

os processos de formação de ravinas (Fig. 4.8), em especial onde chuvas concentradas ocorrem em períodos em que os solos estão desprotegidos de cobertura vegetal. Nesse caso, um grande volume de material pode ser erodido das encostas. Meyer *et al.* (1975) descobriram que 15% das partículas transportadas de um solo franco-siltoso recém-arado, em uma encosta de apenas 3,5° de declividade, tinham diâmetros superiores a 1mm, e 3% eram maiores do que 5mm. Morgan (1986) aponta que a maior parte dos sedimentos erodidos de uma encosta se deve ao transporte efetuado dentro das ravinas.

Estudos executados em estações experimentais (Fig. 4.9), em várias partes do mundo, têm demonstrado a importância de se conhecer bem a dinâmica de formação das ravinas e sua capacidade de transporte de material. São poucos os dados referentes a esses estudos citados, obtidos no Brasil, pois ainda estamos estabelecendo estações experimentais, em vários pontos do território nacional. Nos Estados Unidos, onde essas estações

Figura 4.8 — *Ravina formada em um campo arado, para o plantio de soja, no município de Sorriso - Mato Grosso. A declividade das encostas, nessa área, varia de 2° a 7°.*

já vêm sendo monitoradas há várias décadas, Mutchler e Young (1975) mostraram que, em parcelas de 4,5m de comprimento, mais de 80% dos sedimentos são transportados nas ravinas. Parte desse material deriva-se das áreas situadas entre as ravinas (*interrill areas*) e é transportada para dentro das ravinas, pelo escoamento superficial e pelo *splash*. Segundo Foster e Meyer (1975), o material oriundo das áreas entre as ravinas pode representar até 87% da carga total transportada por uma ravina.

Figura 4.9 — *Estação experimental montada no município de Petrópolis - Rio de Janeiro, contendo quatro parcelas, para monitorar escoamento superficial e perda de solo.*

4.3. Erosão em Voçorocas

As voçorocas são características erosivas relativamente permanentes nas encostas, possuindo paredes laterais íngremes e, em geral, fundo chato, ocorrendo fluxo de água no seu interior durante os eventos chuvosos. Algumas vezes, as voçorocas se aprofundam tanto, que chegam a atingir o lençol freático. Comparando com os canais fluviais, as voçorocas possuem, geralmente, maior profundidade e menor largura. Elas estão associadas com processos de erosão acelerada e, dessa forma, com a instabilidade da paisagem.

O desmatamento, o uso agrícola da terra, o superpastoreio e as queimadas, quase sempre, são responsáveis diretos pelo surgimento de voçorocas, associados com o tipo de chuva e as propriedades do solo e podem ter origens variadas. Uma delas se refere ao alargamento e aprofundamento de ravinas, que se formam em uma determinada encosta. Essas voçorocas podem evoluir pela ação erosiva das águas, na base e nas laterais das ravinas, fazendo aprofundar e ao mesmo tempo alargar essas formas erosivas. Começa, então, a ocorrer um verdadeiro colapso de material, tanto nas laterais, como nas partes superiores, em direção ao topo das voçorocas. Parte desse material é transportado e depositado em áreas mais baixas ou em algum canal fluvial próximo. Existem várias classificações espalhadas pelo mundo, sobre os limites, quanto à profundidade e largura, entre as ravinas e as voçorocas. Goudie (1985), entretanto, não estipula limites precisos entre essas duas formas erosivas. Ele propõe que as ravinas podem ser obliteradas pelas máquinas agrícolas, enquanto as voçorocas não. Já o *Glossário de Ciência dos Solos*, dos Estados Unidos (1987), estipula um limite entre ravinas e voçorocas. Segundo este *Glossário*, as voçorocas possuem mais de 0,5m de largura e de profundidade, podendo chegar a mais de 30m de comprimento. Na realidade, apesar desses valores propostos, com caráter "universal", talvez a melhor solução seja o estabelecimento de valores para cada região, em especial, para voçorocas oriundas da expansão de ravinas.

Algumas voçorocas têm sua origem na erosão causada pelo escoamento subsuperficial. Berry e Ruxton (1960), por exemplo, pesquisaram a origem de voçorocas em Hong-Kong e descobriram que essas formas erosivas sucederam a retirada da cobertura vegetal. A maior parte da água era transportada pelo escoamento subsuperficial, em dutos, e, quando chuvas pesadas provocavam fluxos de água, em subsuperfície, havia a remoção de grandes quantidades de sedimentos, aumentando o diâmetro desses dutos e fazendo com que houvesse o colapso do material situado acima, dando origem ao surgimento de voçorocas. Guerra e Almeida (1993) também observaram o surgimento de voçorocas, no município de Sorriso, em Mato Grosso, resultantes do escoamento subsuperficial. Essa região possui chuvas concentradas no verão, podendo chegar a mais de 120mm, em 24 horas. Na área urbana deste município (Figs. 4.10 e 4.11), foi monitorada uma voçoroca que surgiu apenas cinco anos após a retirada da vegetação de Cerrado para dar lugar à construção de ruas e casas. Essa é uma voçoroca típica, resultante do escoamento subsuperficial.

Ainda uma terceira origem da formação de voçorocas é descrita por Vittorini (1972), na Itália. Elas se podem originar a partir de antigos deslizamentos de terra, quando estes deixam cicatrizes nas paredes laterais íngremes do deslizamento. As águas de chuva, em tempestades subseqüentes ao deslizamento, podem formar voçorocas, através do escoamento superficial concentrado, dentro da cicatriz do deslizamento.

Segundo Morgan (1986), poucos estudos têm sido feitos em

Figura 4.10 — *Voçoroca no município de Sorriso — Mato Grosso. Note que a voçoroca formou-se em antiga rua de terra.*

todo o mundo para estimar qual a participação das voçorocas no transporte total de sedimentos de uma determinada área. Embora as voçorocas possam ser responsáveis pela remoção de grandes

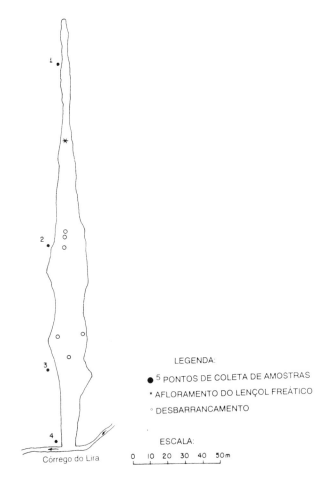

Figura 4.11 — *Esquema de uma voçoroca monitorada na área urbana do município de Sorriso - Mato Grosso (extraído de Guerra e Almeida, 1993).*

quantidades de sedimentos, Zachar (1982) destaca que a área ocupada por voçorocas, em uma determinada região, raramente ultrapassa 15% da área total. No entanto, onde elas ocorrem, podem destruir completamente uma paisagem.

5. Erosão, Impactos Ambientais e Conservação dos Solos

Um dos principais objetivos em se dar continuidade às pesquisas em erosão dos solos é o de procurar resolver os problemas oriundos desse processo, que, em última análise, geram uma série de impactos ambientais. Além disso, para a adoção de técnicas de conservação dos solos, é preciso conhecer como a água executa seu trabalho de remoção (*detachment*), transporte e deposição de sedimentos.

A erosão dos solos não causa problemas apenas nas áreas onde ocorre, podendo reduzir a fertilidade dos solos e criar ravinas e voçorocas, o que torna, às vezes, impossível sua utilização agrícola. A erosão causa, quase sempre, uma série de problemas ambientais, em nível local ou até mesmo em grandes áreas. Por exemplo, o material que é erodido de uma bacia hidrográfica pode causar o assoreamento de rios e reservatórios. Além disso, as partículas transportadas pela água, em uma área agrícola, podem estar impregnadas de defensivos agrícolas e contaminar as águas dos rios. O desmatamento e a erosão dos solos podem provocar o desaparecimento de mananciais, bem como acentuar os efeitos das inundações. Enfim, a erosão dos solos causa uma grande gama de impactos ambientais, desde a sua própria degradação, passando por problemas ambientais de uma forma geral.

5.1. Degradação dos Solos

A degradação dos solos pode ter uma série de causas. A erosão é uma delas, mas pode ser devida à acidificação, à acumulação de metais pesados, à redução dos nutrientes no solo, à redução de matéria orgânica, etc. Muitas vezes, a erosão é confundida ou é colocada como sinônimo de degradação dos solos. Isso ocorre, talvez, por ser uma das principais causadoras da degradação, tanto ao promover uma série de conseqüências danosas ao solo quanto por sua vasta distribuição espacial na superfície terrestre nos dias de hoje.

A erosão acelerada, segundo Wild (1993), é o maior risco para a manutenção da fertilidade dos solos, a longo prazo. Além disso, ela reduz a profundidade do solo e pode, algumas vezes, remover o solo inteiro. A erosão do topo do solo (*topsoil*) significa a perda do horizonte A, que contém a maior parte dos nutrientes utilizados pelas plantas, a maioria da matéria orgânica existente nos solos e, além disso, a melhor estrutura para o desenvolvimento das raízes.

A acidificação é, também, outra causa da degradação dos solos. Ela pode ser promovida pelo uso constante de fertilizantes, em especial os que contêm sais de amônia ou uréia, pela fixação biológica de nitrogênio, pela remoção de nutrientes nas lavouras e pela deposição de ácidos oriundos da atmosfera. A acidez dos solos é problema mundial, e o custo para elevar o pH é alto, a menos que existam jazidas de calcário nas áreas onde ocorra a acidificação.

Uma outra causa da degradação dos solos é a sua contaminação por metais pesados, que se dá, principalmente, através da mineração ou processos industriais. O uso de chumbo na gasolina também pode poluir os solos com metais pesados. Um dos sérios problemas resultantes da degradação dos solos devido aos metais pesados é que eles permanecem nos solos, sendo quase impossível a sua recuperação, uma vez contaminados. Daí a necessidade de se fazer checagem constante nos alimentos, para examinar se estão contaminados pelos metais pesados.

A degradação dos solos pode, também, ser originada pela redução dos nutrientes. A agricultura continuada, sem adubação, pode levar à diminuição de nutrientes no solo. Segundo Wild (1993), por exemplo, para cada tonelada de cereais produzidos, ocorre, em média, uma perda de 20kg de nitrogênio, 6kg de potássio, 4kg de fósforo, 2kg de enxofre, 1kg de cálcio e 1kg de magnésio dos solos, além de quantidades menores de outros micronutrientes. Quantidades bem maiores podem ser removidas,

188

em ambientes tropicais úmidos, pela lixiviação. Em áreas agrícolas, é necessária a colocação de nutrientes nos solos, para que se evite, a médio e longo prazos, a sua degradação.

A redução de matéria orgânica nos solos pode ter efeitos danosos, tanto em termos de aceleração dos processos erosivos como em relação à fertilidade natural, agravando, conseqüentemente, a sua degradação. A agricultura causa a redução de matéria orgânica no solo, e a solução para evitar isso é a adubação através de humus ou a manutenção de áreas agrícolas, com gramíneas, por períodos que podem variar de dois a cinco anos, para recompor parte da matéria orgânica perdida pela agricultura.

As causas analisadas estão relacionadas à intervenção do homem na natureza. Os solos, através de atividades desenvolvidas diretamente sobre eles, como a agricultura, ou atividades desenvolvidas em áreas urbanas, como a industrialização, estão sempre ameaçados de degradação. Os custos de sua recuperação são geralmente elevados e, por isso mesmo, quase nunca são efetivados. Entretanto, os custos de práticas de conservação são quase sempre mais baixos, e os resultados obtidos, em várias partes do mundo, têm demonstrado sua eficiência.

5.2. Efeitos do Aquecimento Global nos Solos

De acordo com Wild (1993), se a emissão de gases na atmosfera continuar no ritmo em que vem ocorrendo atualmente, existem previsões de aumento da temperatura, de 0,3° C por década, o que acarretaria aumento de 6cm do nível dos oceanos por década. A quantidade de gás carbônico na atmosfera deverá dobrar até a metade do século 21, caso persistam as atuais emissões desses gases. Enfim, existem várias previsões sobre os efeitos do aquecimento global, sobre a atmosfera, oceanos, seres vivos, solos, etc. Muitas delas são ainda hipóteses ou especulações, mas certos cuidados devem ser tomados, pois os exemplos têm mostrado que a recuperação de ecossistemas é, quase sempre, mais difícil e mais cara do que ações preventivas.

Em relação aos solos, os efeitos sobre suas propriedades e processos não podem ainda ser totalmente definidos, mas algumas modificações podem ser apontadas em caráter preliminar. A pri-

PROCESSOS EROSIVOS NAS ENCOSTAS

meira conseqüência é o aumento das taxas de intemperismo, bem como a oxidação de matéria orgânica e outros processos biológicos, além da maior evaporação para a atmosfera de água dos solos e de outros gases. É bem provável que o aumento de temperatura altere alguns padrões regionais de distribuição de chuvas. Com isso, algumas áreas poderiam tornar-se mais úmidas, e outras, mais secas. Além de alterar a erosividade das chuvas, haveria também influência sobre as propriedades dos solos, que poderiam, em maior ou menor escala, se adaptar a essas mudanças de temperatura e regimes pluviométricos.

Além dos efeitos diretos sobre os solos, existem ainda os efeitos diretos sobre a economia dos países. Por exemplo, o aumento do nível do mar, caso ocorra ao ritmo de 6cm por década, no século 21, provocaria a inundação de áreas costeiras, em países como Egito e Bangladesh, que teriam vastas áreas agrícolas inutilizadas. Dessa forma, grandes extensões de solos férteis, que são utilizados, na atualidade, para a agricultura, estariam sob as águas, em várias partes do mundo. No Reino Unido, Boardman (1990) chama a atenção do risco para o aumento de erosão, caso a temperatura aumente em apenas 1° C. É que esse aumento propiciaria a expansão do cultivo do milho para área bem maior no Reino Unido. O milho tem causado processos erosivos acelerados, onde é praticado, sendo, atualmente, cultivado apenas no extremo sul da Inglaterra, onde as temperaturas são um pouco mais elevadas do que no resto do país.

As conseqüências do aquecimento global sobre os solos, analisadas sob a forma de alguns exemplos, dão a dimensão da seriedade do problema. Toda a superfície terrestre sentirá os efeitos, com maior ou menor intensidade. No entanto, os solos que dependem de uma série de fatores para a sua utilização e que, ao mesmo tempo, são fundamentais para a sobrevivência dos vegetais, dos animais e do próprio homem sentirão, sem dúvida nenhuma, os efeitos do aquecimento global.

5.3. Problemas Ambientais

Os problemas ambientais, advindos da erosão dos solos, dizem respeito a uma gama bastante variada. Esses problemas ocorrem tanto nas áreas onde os solos são erodidos, podendo atingir sua degradação comprometendo sua fertilidade natural, como também em áreas afastadas de onde a erosão está se processando. É o caso, por exemplo, dos rios, baías e reservatórios que ficam assoreados e/ou poluídos, ou, ainda, das inundações nas áreas urbanas e rurais devidas ao desmatamento e ao uso da terra, sem levar em conta os riscos e limitações que os ambientes impõem.

Os solos deveriam ser mais bem utilizados, porque, além de proporcionar a produção agrícola e animal, são um importante componente da biosfera, sendo que grande parte da vida vegetal e animal da superfície terrestre depende e se desenvolve nos solos. Os problemas ambientais decorrentes da sua degradação têm repercussões, muitas vezes, irreversíveis. As queimadas que são praticadas em vários países, em especial no Terceiro Mundo, causam também problemas ambientais, porque, além de serem responsáveis pela aceleração dos processos erosivos, matam a fauna endopedônica, que proporciona maior aeração aos solos, além, é claro, de produzir matéria orgânica.

É importante ressaltar que os problemas ambientais causados pelo uso irracional dos solos não estão restritos aos países do Terceiro Mundo, onde as queimadas são freqüentes e uma parte da população usa a lenha como fonte de energia, contribuindo, assim, para o aumento das áreas desmatadas, e onde a agricultura nem sempre leva em conta os riscos de erosão. Nos países desenvolvidos, o uso excessivo de defensivos agrícolas tem provocado, também, problemas ambientais. A agricultura nesses países nem sempre adota medidas de conservação dos solos, sendo responsável, ao mesmo tempo, por processos de erosão acelerada (Fig. 4.12), como também pelo uso, cada vez maior, de fertilizantes, para compensar as perdas de nutrientes provocadas pela erosão.

Os problemas ambientais não são oriundos apenas da erosão dos solos. Segundo Wild (1993), a superprodução agrícola de alguns países europeus e dos Estados Unidos tem, também, causado problemas ambientais. O uso intensivo de pesticidas e fertilizantes, por exemplo, tem causado a poluição dos solos, rios e lagos, em várias partes do mundo, como também compromete a qualidade dos alimentos cultivados. Isso tem levado muitos

Figura 4.12 — *Ravina formada em solo cultivado de alto a baixo em uma encosta, em Rogate, sul da Inglaterra.*

especialistas e pessoas preocupadas com a qualidade de vida a propor a adoção de uma agricultura orgânica.

5.4. Agricultura Orgânica

Uma das maneiras de manter a fertilidade natural é por meio da colocação de matéria orgânica no solo. Além de melhorar sua coesão e aumentar sua capacidade de retenção de água, promove a formação de uma estrutura com agregados estáveis. A matéria

PROCESSOS EROSIVOS NAS ENCOSTAS

orgânica pode ser adicionada ao solo sob várias formas: adubos verdes, restos de colheitas ou, ainda, um tipo de adubo bastante decomposto por alto grau de fermentação. Tudo isso tem dois aspectos favoráveis aos solos: aumenta sua fertilidade e reduz os riscos de erosão. Além disso, os vegetais produzidos nessas condições estão livres da contaminação que os defensivos agrícolas podem causar.

A agricultura orgânica se propõe a criar um sistema baseado em processos biológicos para a lavoura e a pecuária, e que proteja contra pestes e doenças. Ou seja, a agricultura orgânica não utiliza defensivos agrícolas nem fertilizantes artificiais. Dessa forma, os consumidores têm certeza de estar adquirindo produtos saudáveis, sem os riscos de contaminação causada pela agropecuária convencional. Na Europa e nos Estados Unidos, a agricultura orgânica já tem milhões de consumidores. No Brasil, ainda existem poucas fazendas produzindo alimentos oriundos da agricultura orgânica, bem como poucos consumidores.

Para conseguir obter nitrogênio, os fazendeiros que praticam a agricultura orgânica plantam leguminosas. O nitrogênio deixado no solo pelas leguminosas suprem as necessidades dos vegetais que são cultivados logo a seguir.

O controle de ervas daninhas, doenças e insetos é feito através de práticas agronômicas, que incluem o uso de rotação de culturas, cultivos adequados e seleção de lavouras resistentes a doenças e insetos. Os adubos de origem animal e vegetal são utilizados para ajudar a manter os níveis de matéria orgânica nos solos. Apesar de a agricultura orgânica estar cada vez mais difundida, em especial nos países do Primeiro Mundo, os preços dos produtos para os consumidores ainda são altos. Isso se deve, principalmente, ao fato de a produtividade ser menor na agricultura orgânica do que na convencional. De qualquer maneira, a agricultura orgânica, além de propiciar alimentos de melhor qualidade e, ao mesmo tempo, reduzir a erosão dos solos, é um sistema de produção que necessita muito pouco de insumos externos. Essa pode ser uma solução, pelo menos para produzir alimentos em menor escala, mas de maior qualidade, desde que o consumidor esteja preparado para pagar um pouco mais caro.

193

5.5. Limites de Tolerância de Perda de Solo

Segundo Morgan (1986), o limite de tolerância de perda de solo é a taxa máxima de erosão, em uma determinada área, que permita a manutenção de elevada produtividade na agricultura e pecuária. Na prática, é difícil estabelecer esses limites de tolerância, porque, apesar de ser possível determinar com boa exatidão as taxas de perda de solo, é mais difícil estimar as taxas de formação dos solos, que são muito lentas. Os limites de tolerância se baseiam no balanço existente entre esses dois processos.

De acordo com Buol *et al.* (1973), as taxas de formação dos solos, nas várias partes do mundo, váriam de 0,01 a 7,7mm/ano. Kirkby (1980) sugere taxas de 0,1mm/ano, para o nordeste dos Estados Unidos e para a Inglaterra, enquanto, para o mesmo autor, as taxas seriam de 0,02mm/ano, para o sudoeste árido americano. As taxas de formação de solos podem ser maiores naqueles locais onde à taxa natural de formação dos solos, por meio do intemperismo, soma-se a deposição de material transportado pelo vento.

Uma taxa de formação de solo de 0,1mm/ano representa 0,1kg/m²/ano. Esse índice, baseado, principalmente, em estimativas de taxas de intemperismo, pode ser um dado importante como indicador do desenvolvimento dos solos agrícolas. Bennet (1939), Hall *et al.* (1979) sugerem que em solos de textura média a moderada, em áreas de lavouras com um bom manejo, as taxas de formação do horizonte A podem chegar a 1,12kg/m²/ano. Isto se deve à mistura de partes do subsolo com o topo do solo durante a aragem, além da incorporação de fertilizantes químicos e adubos orgânicos. Com base nessas características podem ser estimados limites de tolerância de perda de solo, usando critérios de manutenção adequada da profundidade da raiz, evitando, com isso, redução da produtividade agrícola, caso a superfície do solo esteja sendo removida pela erosão.

Dessa forma, os limites de tolerância de perda de solo são definidos como aqueles em que a fertilidade do solo possa ser mantida por 20 a 25 anos (Morgan, 1986). Um valor médio de 1,1kg/m²/ano é quase sempre aceito. Mas valores de 0,2 a 0,5kg/m²/ano são mais recomendados nos casos de os solos serem pouco espessos e/ou muito susceptíveis à erosão (Hudson, 1981).

Embora esses dados representem metas que deveriam ser atingidas, eles podem ser pouco realistas em áreas onde as taxas de erosão são naturalmente elevadas, por exemplo, nas áreas montanhosas, com totais pluviométricos altos. Nessas condições, um limite de 2,5kg/m²/ano é bem mais razoável. Apesar de todas essas estimativas, os valores mais recomendados, em termos de limites de tolerância, oscilam entre 0,2 e 2,5kg/m²/ano. Mas existe uma preocupação de que o valor, geralmente recomendado, de 1,1kg/m²/ano, seja muito alto, porque, embora possa manter o solo produtivo por um período de 25 a 50 anos, a espessura do solo vai sendo reduzida. Com isso há uma diminuição da espessura do horizonte A, havendo, por conseguinte, diminuição do teor de matéria orgânica do solo, diminuindo a estabilidade dos agregados e podendo acelerar, a médio e longo prazos, mais ainda, as taxas de erosão. Isso tudo resultaria numa diminuição drástica da produtividade agrícola do solo.

5.6. Estratégias de Conservação dos Solos

As estratégias de conservação dos solos implicam a sua proteção para prevenir a ação do impacto das gotas de chuva. Isso aumenta a capacidade de infiltração, melhorando a estabilidade dos agregados e aumentando a rugosidade da superfície do solo. Tudo isso tem o objetivo de reduzir a velocidade do *runoff* e do vento. Existe grande variedade de métodos de controle de erosão do solo. A decisão quanto à escolha cabe aos objetivos, que podem ser a redução da velocidade do *runoff*, o aumento da capacidade de armazenamento de água ou, ainda, a liberação do excesso de água no solo. Os métodos mecânicos são utilizados normalmente em conjunto com as medidas agronômicas. Eles podem incluir cultivo em curva de nível, terraceamento, captação de águas, estruturas de estabilização e os geotêxteis.

O cultivo em curva de nível pode reduzir em até 50% a perda de solo, se comparado com o plantio de alto a baixo, na encosta. Esse tipo de técnica é mais efetiva em áreas de chuvas de baixa intensidade. Em áreas com chuvas de forte intensidade, esse método deve ser combinado com outras técnicas de controle de erosão, por exemplo, com o plantio de fileiras de plantas protetoras, que retêm os sedimentos vindos de áreas situadas mais acima nas encostas. Em solos siltosos e de areias finas, a erosão pode ser reduzida se a água for armazenada em vez de escoar pelo solo.

No terraceamento, os terraços são construídos transversalmente às encostas, para interromper o escoamento superficial, e também para reduzir o comprimento das rampas. É preciso definir o espaçamento e o comprimento dos terraços, os locais de saída de água dos terraços, o gradiente e as dimensões dos canais dos terraços, e o próprio esquema geral dos terraços numa encosta. Os terraços podem ser construídos com três objetivos básicos: interceptar o fluxo de água superficial e canalizá-lo transversalmente à encosta; aumentar o armazenamento de água na encosta ou construir degraus nas encostas com mais de 30°, que precisam ser cultivadas.

Uma outra estratégia de conservação dos solos é a captação de águas, onde o *runoff* seja captado a uma velocidade não erosiva, até um ponto onde possa ser disperso. A captação deve ser construída de forma muito cuidadosa, e as dimensões dessa captação devem ser suficientes para confinar o *runoff*, numa época de pico, de um evento chuvoso, com recorrência de 10 anos.

As estruturas de estabilização têm papel muito importante no controle da erosão em voçorocas. São construídas pequenas paredes de 40cm a 2 metros de altura, com material disponível no próprio local, como rochas, terra, madeira, etc. Essas paredes são construídas transversalmente à voçoroca para reter os sedimentos e reduzir a profundidade e gradiente da voçoroca (Fig. 4.13). Essas estruturas possuem elevado risco de insucesso. Portanto, é aconselhável que sejam tomadas, na região que circunda as voçorocas, medidas agronômicas, como plantio de gramíneas e/ou de árvores.

Os geotêxteis também vêm sendo utilizados para controlar os processos erosivos. Existem vários tipos de redes, feitas com fibras naturais, como juta, e artificiais, como náilon, que são produzidas para o controle de erosão. Elas são fabricadas de forma que possam ser facilmente desenroladas nas encostas, a partir do topo até a base, e fixadas com pinos. Essas redes podem ser

196

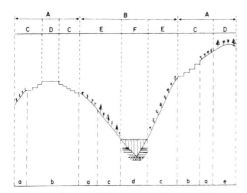

A - Terra entre Voçorocas B - Terra dentro das Voçorocas C - Encostas terraceadas e com vegetação
D - Topo da Elevação E - Encosta da Voçoroca F - Fundo da Voçoroca
a - Vegetação Plantada b - Terras agrícolas com terraceamento c - Mata
d - Represa para conter e - Vegetação protetora no topo da elevação
transporte de materiais

Figura 4.13 — *Corte transversal de uma voçoroca na China, mostrando medidas de conservação dos solos (segundo Jiang, Qi e Tan, 1981; extraído de Morgan, 1986).*

colocadas, por exemplo, em cortes íngremes de estradas e permitem o crescimento da vegetação. Os geotêxteis podem reduzir em até 20% as taxas de erosão, se comparadas com encostas sem proteção.

6. Conclusões

Um dos objetivos do estudo da erosão dos solos é o de se conhecer o comportamento dos fatores controladores, bem como os processos erosivos básicos e a ação da água nas diversas formas erosivas. Tudo isso pode estar voltado para a adoção de estratégias de conservação dos solos, de forma a reduzir a erosão a níveis aceitáveis. Esse capítulo teve como um dos seus objetivos aprofundar a discussão teórica sobre erosão dos solos, de forma a despertar a atenção para um problema que pode, a médio e longo prazos, tornar os solos de algumas partes do mundo totalmente imprestáveis e degradados.

Apesar da ampla bibliografia utilizada na elaboração desse capítulo, o assunto não se esgota nessas páginas, mas, sim, abrem-se perspectivas para o aprofundamento das pesquisas básicas sobre os processos erosivos em ambientes tropicais, em especial no território brasileiro. A introdução de itens relacionados à degradação dos solos, aos efeitos do aquecimento global na erosão, dos problemas ambientais, da agricultura orgânica, dos limites de tolerância de perda de solo e das estratégias de conservação dos solos reflete a preocupação que representa a erosão, vinculada não apenas à compreensão do tema, mas, também, à forma como a sociedade pode lidar com o problema e, a partir daí, propor formas de uso da terra que proporcionem desenvolvimento sustentável.

A justificativa de se desenvolver projetos de pesquisa básica em erosão dos solos, no Brasil, antecedendo a adoção de estratégias de conservação dos solos, está relacionada ao fato de que só conhecendo como o problema se desencadeia é que podem ser sugeridas técnicas eficazes, que contribuam para o aumento da produtividade agrícola, sem causar impactos ao meio ambiente. Dada a abrangência e complexidade do tema, torna-se cada vez mais necessária a realização de projetos integrados, com a participação de especialistas dos mais variados campos do saber — geógrafos, agrônomos, geólogos, biólogos, ecólogos, engenheiros florestais e outros. Esses grupos poderiam identificar mais facilmente os fatores controladores e os processos básicos, em diferentes escalas, e, assim, propor, de forma mais eficaz, medidas de conservação dos solos. Esses estudos são de importância vital para decidir se as medidas contra a erosão, numa determinada área, deveriam dar ênfase ao escoamento superficial ou subsuperficial, à remoção ou ao transporte de partículas e, ainda, ao aumento da infiltração de água no solo ou à sua captação, para removê-la rapidamente de uma determinada encosta.

Após esse capítulo, fica aberta a perspectiva de, em futuro bem próximo, ser publicado um estudo mais detalhado, com maior quantidade de exemplos brasileiros e que contemple itens aqui não abordados. A vasta bilbiografia apresentada tem como objetivo servir de fonte de consulta para aqueles que desejem aprofundar-se no estudo da erosão e conservação dos solos.

7. Bibliografia

ALBERTS, E. E., MOLDENHAUER, W. C. e FOSTER, G. R. (1980). Soil aggregates and primary particles transported in rill and interrill flow. *Soil Sci. Soc. Am. J.*, 44, 590-595.

ALLISON, F. E. (1973). Soil organic matter and its role in crop production. Elsevier Scientific Publishing Company, Amsterdan, 637p.

ARDEN-CLARKE, C. e HODGES, D. (1987). Soil erosion: the answer lies in organic farming. *New Scientist*, 12/2/87, 42-43.

BARROS, R. C. e GUERRA, A. J. T. (1993). Propriedades do solo relacionadas à erodibilidade: um estudo comparativo no município de Petrópolis — RJ. *Anais do IV Encontro Nacional de Estudos sobre Meio Ambiente*, Cuiabá, MT.

BENNETT, H. H. (1939). *Soil Conservation*, McGraw-Hill.

BERRY, L. (1970). Some erosional features due to piping and subsurface wash with special reference to the Sudan. *Geografiska Ann.*, 52-A, 113-119.

BERRY, L. e RUXTON, B. P. (1960). The evolution of Hong Kong harbour basin. *Z. F. Geomorph.*, 4, 97-115.

BLAIKIE, P. (1985). *The political economy of soil erosion in developing countries.* Longman Group Limited, Nova York, 188p.

BOARDMAN, J. (1983a). Soil erosion at Albourne, West Sussex, Inglaterra. *Applied Geography*, 3, 317-329.

BOARDMAN, J. (1983b). Soil erosion on the Lower Greensand Hascombe, Surrey, 1982-83. *Journal Farnham Geology Society*, 1, 3, 2-8.

BOARDMAN, J. (1984). Erosion on the South Downs. *Soil and Water*, 12, 1, 19-21.

BOARDMAN, J. (1990). Soil erosion on the South Downs: A review. *In Soil erosion on agricultural land*. Editores: J.

Boardman, I. D. L. Foster e J. A. Dearing, 87-105.

BOARDMAN, J. e ROBINSON, D. A. (1985). Soil erosion, climatic vagary and agricultural change on the South Downs around Lewes and Brighton, autumn 1982. *Applied Geography*, 5, 243-258.

BONNEL, M., GILMOUR, D. A. e CASSELS, D. S. (1983). A preliminary survey of the hydraulic properties of rainforest soils in tropical Northeast Queensland, and their implications for the runoff process. *In Rainfall simulation, runoff and soil erosion*. Editor: J. De Ploey, *Catena Supplement*, 4, 57-78.

BRANDT, C. J. (1986). Transformation of the kinetic energy of rainfall with variable tree canopies. Tese de Doutorado, Universidade de Londres, 446p.

BRYAN, R. B. (1974). Water erosion by splash and the erodibility of Albertan soils. *Geogr. Annlr.*, 56A, 159-181.

BUOL, S. W., HOLE, F. D. e McCRAKEN, R. J. (1973). *Soil genesis and classification*, Iowa State University Press.

BURYKIN, A. M. (1957). *Water regime and erosion*, Israel Program for Scientific Translation. Nac. Sci. Foundation and Dept. Agric. Washington, D. C.

CHANEY, K. e SWIFT, R. S. (1986). Studies on aggregate stability — I. Reformation of soil aggregates. *Journal of Soil Science*, 37, 2, 329-335.

CHARMAN, P. E. V. (1970). The influence of sodium salts on soils with reference to tunnel erosion in coastal districts. Part II. Grafton area. *Journal of Soil Conservation Service*, NSW 26, 71-86.

COUSEN, S. M. e FARRES, P. J. (1984). The role of soil moisture content in the stability of soil aggregates from a temperate silty soil to raindrop impact. *Catena*, 11, 313-320.

DAVIES, P. (1985). Influence of organic matter content, moisture status and time after reworking on soil shear strength. *Journal of Soil Science*, 36, 2, 299-306.

DE PLOEY, J. (1977). Some experimental data on slopewash and wind action with reference to Quaternary morphogenesis in Belgium. *Earth Surface Processes*, 2, 101-115.

DE PLOEY, J. (1981). Crusting and time-dependent rainwash mechanisms on loamy soil. *In Soil Conservation Problems and Prospects*. Editor: R. P. C. Morgan, 139-152.

DE PLOEY, J. (1985). Experimental data on runoff generation. *In Soil erosion and conservation*. Editores: S. A. Swaify, W.C. Moldenhauer e A. Lo, 528-539.

DE PLOEY, J. e POESEN, J. (1985). Aggregate stability, runoff generation and interril erosion. *In Geomorphology and soils*. Editores: K. S. Richards, R. R. Arnett e S. Ellis, 99-120.

DICKINSON, W. T., WALL, G. J. e RUDRA, R. P. (1990). Model building for predicting and managing soil erosion and transport. *In Soil erosion on agricultural land*. Editores: J. Boardman, I. D. L. Foster e J. A. Dearing, 415-428.

DIKAU, R. (1986). Experimentelle Untersuchungen zu Oberflachenabluss und Bodenabtrag von Messparzellen und landwirtschaftlichen Nutzflachen. Geographischen Institutes der Universitat Heidelberg (resumo em inglês), 195p.

ELLISON, W. D. (1947). Soil erosion studies. II. Soil detachment hazard by raindrop splash. *Agric. Engng.*, 28, 197-201.

ELWELL, H. A. e STOCKING, M. A. (1973). Rainfall parameters for soil loss estimation in a subtropical climate. *Journal of Agricultural Engineering Research*, 18, 169-177.

EMMERSON, W. W. (1977). Physical properties and structure. *In Soil factors in crop production in a semi-arid environment*. Editores: J. S. Russel e E. L. Greacen, University of Queensland Press, St. Lucia, Queensland, 78-104.

EMMET, W. W. (1970). The hydraulics of overland flow on hillslopes. *U. S. Geological Survey Professional Paper*, 662-A, 68p.

EPSTEIN, E. e GRANT, W. J. (1967). Soil losses and crust formation as related to some physical properties. *Proceedings of Soil Science Society of America*, 31, 547-550.

EVANS, R. (1980). Mechanics of water erosion and their spatial and temporal controls: an empirical viewpoint. *In Soil erosion*. Editores: M. J. Kirkby e R. P. C. Morgan, 109-128.

EVANS, R. (1990). Water erosion in British farmers' fields — some causes, impacts, predictions. *Progress in Physical Geography*, 14, 2, 199-219.

EYLES, R. J. (1967). Laterite at Kerdau, Pahang, Malaya. *J. Trop. Geog.*, 25, 18-23.

FARMER, E. E. (1973). Relative detachability of soil particles by simulated rainfall. *Soil Science Society American Proceedings*, 37,

629-633.

FARRES, P. J. (1978). The role of time and aggregate size in the crusting process. *Earth Surface Processes*, 243-254.

FINNEY, H. J. (1984). The effect of crop covers on rainfall characteristics and splash detachment. *Journal of Agricultural Engineering Research*, 29, 337-343.

FOSTER, R. L. e MARTIN, G. L. (1969). Effects of unit weight and slope on erosion. Irrigation and Drainage Div., *Proc. Am. Soc. Civil Engrs*, 95, IR4, 551-561.

FOSTER, G. R. e MEYER, L. D. (1975). Mathematical simulation of upland erosion by fundamental erosion mechanics. *In Present and prospective technology for predicting sediment yields and sources*. USDA Agr. Res. Serv. Pub. ARS-S-40, 190-207.

FRANCIS, C. (1990). Soil erosion and organic matter losses on fallow land: a case study from South-east Spain. *In Soil erosion on agricultural land*. Editores: J. Boardman, I. D. L. Foster e J.A. Dearing, 331-338.

GLOSSARY OF SOIL SCIENCE TERMS (1987). Soil Science Society of America, Wisconsin, Estados Unidos, 44p.

GOUDIE, A. (1985). *The encyclopaedic Dictionary of Physical Geography*. Basil Blackwell Ltd., Oxford, Inglaterra, 528p.

GOVERS, G. e POESEN, J. (1988). Assessment of the interrill and rill contributions to total soil loss from an upland field plot. *Geomorphology*, 1, 343-354.

GREENLAND, D. J., RIMMER, D. e PAYNE, D. (1975). Determination of the structural stability class of English and Welsh soils using a water coherence test. *Journal of Soil Science*, 26, 294-303.

GUERRA, A. J. T. (1990). O papel da matéria orgânica e dos agregados na erodibilidade dos solos. *Anuário do Instituto de Geociências da UFRJ*, 13, 43-52.

GUERRA, A. J. T. (1991a). Soil characteristics and erosion, with particular reference to organic matter content. Tese de Doutorado, Universidade de Londres, 441p.

GUERRA, A. J. T. (1991b). Avaliação da influência das propriedades do solo na erosão com base em experimentos utilizando um simulador de chuvas. *Anais do IV Simpósio de Geografia Física Aplicada*, Porto Alegre, 260-266.

GUERRA, A. J. T. (1994). The effect of organic matter content on soil erosion in simulated rainfall experiments in W. Sussex, U.K. *Soil Use and Management*, Harpenden, Inglaterra, 10, 60-64.

GUERRA, A. J. T. e ALMEIDA, F. G. (1993). Propriedades dos solos e análise dos processos erosivos no município de Sorriso-MT. *Anais do IV Encontro Nacional de Estudos sobre o Meio Ambiente*, Cuiabá.

HADLEY, R. F., LAL, R., ONSTAD, C. A., WALING, D. E. e YAIR, A. (1985). Recent developments in erosion and sediment yield studies. *Technical documents in hidrology*. International Hydrological Programme, UNESCO, Paris, 127p.

HALL, G. F., DANIELS, R. B. e FOSS, J. E. (1979). Soil formation and renewal rates in the United States. *Symp. Determinants of soil loss tolerance*, Soil Sci. Soc. Am. Annual Meeting, Fort Collins, Colorado.

HAMBLIN, A. P. e DAVIES, D. B. (1977). Influence of organic matter on the physical properties of some East Anglian soils of high silt content. *Journal of Soil Science*, 28, 11-22.

HARTMANN, R. e DE BOODT, M. (1974). The influence of the moisture content, texture and organic matter on the aggregation of sandy and loamy soils. *Geoderma*, 11, 53-62.

HEEDE, B. H. (1971). Characteristics and processes of soil piping in gullies. USDA, *Forest Service Research Paper*, RM-68, Rocky Mountain Forest and Range Experiment Station, Fort Collins, Colorado.

HJULSTROM, F. (1935). Studies of the morphological activity of rivers as illustrated by the River Fyries. *Bull. Geol. Inst. Univ. Uppsala*, 25, 221-527.

HODGES, R. D. e ARDEN-CLARKE, C. (1986). Soil erosion in Britain — levels of soil damage and their relationship to farming practices. *The Soil Association*, 45p.

HODGES, W. K. e BRYAN, R. B. (1982). The influence of material behaviour on runoff initiation in the Dinosaur Badlands, Canada. *In Badlands Geomorphology and Piping*. Editores: R.B. Bryan e A. Yair, Geo Books (Geo Abstracts Ltd.), 13-46.

HORTON, R. E. (1933). The role of infiltration in the hydrological cycle. *Trans. Am. Geophys. Un.*, 14, 446-460.

HORTON, R. E. (1945). Erosional development of streams and their drainage basins: a hydrological approach to quantitative morphology. *Bull. Geol. Soc. Am.*, 56, 275-370.

HUDSON, N. W. (1961). An introduction to the mechanics of soil erosion under conditions of sub-tropical rainfall. *Proc. Trans. Rhod. Sci. Ass.*, 49, 15-25.

HUDSON, N. W. (1963). Raindrop size distribution in high intensity storms. *Rhod. J. Agric. Res.*, 1, 5-16.

HUDSON, N. W. (1981). *Soil conservation*. Batsford.

IMESON, A. C. e JUNGERIUS, P. D. (1976). Aggregate stability and colluviation in the Luxembourg Ardennes: an experimental and micromorphological study. *Earth Surface Processes*, 1, 259-271.

IMESON, A. C. e KWAAD, F. J. P. M. (1990). The response of tilled soils to wetting by rainfall and the dynamic character of soil erodibility. *In Soil erosion on agricultural land*. Editores: J. Boardman, I. D. L. Foster e J.A. Dearing, 3-14.

KINNELL, P. I. A. (1973). The problem of assessing the erosive power of rainfall from meteorological observations. *Proc. Soil. Sci. Soc. Am.*, 37, 617-621.

KINNELL, P. I. A. (1981). Rainfall intensity-kinetic energy relationships for soil loss prediction. *Proc. Soil. Sci. Soc. Am.*, 45, 153-155.

KIRKBY, M. J. (1980). Modelling water erosion processes. *In Soil erosion*. Editado por M. J. Kirkby e R. P. C. Morgan, 183-216.

KIRKBY, M. J. e CHORLEY, R. J. (1967). Throughflow, overland flow and erosion. *Bull. Int. Assoc. Sci. Hydrology*, 12, 5-21.

KNAPP, B. J. (1978). Infiltration and storage of soil water. *In Hillslope hydrology*. Editor: M. J. Kirkby, 43-72.

KNEALE, W. R. (1982). Field measurements of rainfall drop size and the relationship between rainfall parameters and soil movement by splash. *Earth Surface Processes and Landforms*, 7, 499-502.

KRAMER, L. A. e MEYER, L. D. (1969). Small amount of surface mulch reduces soil erosion and runoff velocity. *Trans. Am. Soc. Agric. Engnrs.*, 12, 638-641.

LAL, R. (1981). Analysis of different processes governing soil erosion by water in the tropics. *IAHS Publication*, 13, 351-366.

LUK, S. H. (1979). Effect of soil properties on erosion by wash and splash. *Earth Surface Processes*, 4, 241-255.

MEYER, L. D., FOSTER, G. R. e NIKOLOV, S. (1975). Effect of flow rate and canopy on rill erosion. *Trans. Am. Soc. Agric. Engnrs.*, 18, 905-911.

MORGAN, R. P. C. (1973). Soil-slope relationships in the lowlands of Selangor and Negri Sembilan, West Malaysia. *Z. F.Geomorph*, 17, 139-155.

MORGAN, R.P.C. (1977). Soil erosion in the United Kingdom: field studies in the Silsoe area, 1973-75. *Nat. Coll. Agric. Engng. Silsoe Occasional Paper*, 4, 41p.

MORGAN, R. P. C. (1978). Field studies of rainsplash erosion. *Earth Surface Processes*, 3, 295-299.

MORGAN, R. P. C. (1980). Field studies of sediment transport by overland flow. *Earth Surface Processes*, 5, 307-316.

MORGAN, R. P. C. (1983). The non-independence of rainfall erosivity and soil erodibility. *Earth Surface Processes and Landforms*, 8, 323-338.

MORGAN, R. P. C. (1984). Soil degradation and erosion as a result of agricultural practice. *In Geomorphology and Soils*. Editores: K. S. Richards, R. R. Arnett e S. Ellis, George Allen and Unwin, Londres, 370-395.

MORGAN, R. P. C. (1985). Establishment of plant cover parameters for modelling splash and detachment. *In Soil erosion and conservation*. Editores: S. A. El-Swaify, W. C. Moldenhauer e A. Lo. Soil Conservation Society of America, 377-383.

MORGAN, R. P. C. (1986). *Soil erosion and conservation*. Longman Group, Inglaterra, 298p.

MORGAN, R. P. C., MARTIN, L. e NOBLE, C. A. (1987). Soil erosion in the United Kingdom: a case study from mid-Bedfordshire. *Occasional Paper*, 14, Silsoe, Cranfield Institute of Technology, Inglaterra.

MOSS, A. J., GREEN, P. e HUTKA, J. (1982). Small chanells: their formation, nature and significance. *Earth Surface Processes and Landforms*, 7, 401-415.

MUTCHLER, C. K. e YOUNG, R. A. (1975). Soil detachment by raindrops. *In Present and prospective technology for predicting sediment yields and sources*, USDA Agr. Res. Serv. Pub. ARS-S-40, 113-117.

MUTTER, G. M. e BURNHAM, C. P. (1990). Plot studies comparing water erosion on chalky and non-calcareous soils. *In Soil erosion on agricultural land.* Editores: J. Boardman, I. D. L. Foster e J. A. Dearing, 15-23.

NEARING, M. A. e BRADFORD, J. M. (1987). Relationships between waterdrop properties and forces of impact. *J. Soil Sci. Soc. Am.*, 51, 425-430.

NOBLE, C. A. e MORGAN, R. P. C. (1983). Rainfall interception and splash detachment with a brussels sprout plant: a laboratory simulation. *Earth Surface Processes and Landforms*, 8, 569-577.

POESEN, J. (1981). Rainwash experiments on the erodibility of loose sediments. *Earth Surface Processes and Landforms*, 6, 285-307.

POESEN, J. (1984). The influence of slope angle on infiltration rate and Hortonian overland flow volume. *Z. Geomorph. N. F.*, 49, 117-131.

POESEN, J. e GOVERS, G. (1986). A field-scale study of surface sealing and compaction on loam and sandy loam soils. Part II. Impact of soil surface sealing and compaction on water erosion processes. *In Assessment of soil surface sealing and crusting.* Proceedings of the symposium held in Ghent, Bélgica, 1985. Editores: F.Callebaut, D. Gabriels e M. De Boodt, 183-193.

REED, A. H. (1979). Accelerated erosion of arable soils in the United Kingdom by rainfall and runoff. *Outlook on Agriculture*, 10,1, 41-48.

REID, I. (1979). Seasonal changes in microtopography and surface depression storage of arable soils. *In Man's impact on the hydrological cycle in the United Kingdom*, Geo Books, Norwich. Editor: G. E. Hollis, 19-30.

RICHTER, G. e NEGENDANK, J. F. W. (1977). Soil erosion processes and their measurement in the German area of the Moselle River. *Earth Surface Processes*, 2, 261-278.

ROBERTS, N. e LAMBERT, R. (1990). Degradation of Dambo soils and peasant agriculture in Zimbabwe. *In Soil erosion on agricultural land.* Editores: J. Boardman, I. D. L. Foster e J. A. Dearing, 537-558.

ROBINSON, D. A. e BLACKMAN, J. D. (1990). Some costs and consequences of erosion and flooding around Brighton and Hove, Autumn 1987. *In Soil erosion on agricultural land.* Editores: J. Boardman, I. D. L. Foster e J. A. Dearing, 339-350.

ROBINSON, D. A. e BOARDMAN, J. (1988). Cultivation practice, sowing season and soil erosion on the South Downs, England: a preliminary study. *J. Agric. Sci.*, Cambridge, 110, 169-177.

ROOSE, E. J. (1970). Importance relative de l'érosion, du drainage oblique et vertical dans la pédogenèse actuelle d'un sol ferralitique de moyenne Côte d'Ivoire. *Cah. Orstom, sér. Pédol.*, 8, 469-482.

SAVAT, J. (1979). Laboratory experiments on erosion and deposition of loess by laminar sheet flow and turbulent rill flow. *In Colloque sur l'érosion agricole des sols en milieu tempéré non Mediterranéen.* Editores: H. Vogt e Th. Vogt. Univ. Louis Pasteur, Strasbourg, 139-143.

STOCKING, M. A. (1972). Relief analysis and soil erosion in Rhodesia using multi-variate techniques. *Zeitschrift fur Geomorphologie N. F.*, 16, 432-443.

STOCKING, M. A. (1977). Rainfall erosivity in erosion: some problems and applications. *Research discussion paper*, 13, University of Edinburgh, Dept. of Geography, 29p.

STOCKING, M. A. (1983). Examination of the factors controlling gully growth on cohesive fine sands in Rhodesia. University of East Anglia. *Discussion Paper*, 39, 6p.

STOCKING, M. A. e ELWELL, H. A. (1976). Vegetation and erosion: a review. *Scottish Geographical Magazine*, 92, 4-16.

SWAN, S. B. St. C. (1970). Piedmont slope studies in a humid tropical region, Johor, Southern Malaya. *Z. F. Geomorph. Suppl.*, 10, 30-9.

TACKET, J. L. e PEARSON, R. W. (1965). Some characteristics of soil crusts formed by simulated rainfall. *Soil Science*, 99, 407-413.

THORNES, J. B. (1979). Fluvial Processes. *In Process in geomorphology.* Editores: C. Embleton e J. B. Thornes, 213-271.

THORNES, J. B. (1980). Erosional processes of runnig water and their spatial and temporal controls: a theoretical viewpoint.

In Soil erosion. Editores: M. J. Kirkby e R. P. C. Morgan, 129-182.

TISDALL, J. M. e OADES, J. M. (1982). Organic matter and water stable aggregates in soils. *Journal of Soil Science*, 33, 2, 141-163.

VERHAEGEN, Th. (1984). The influence of soil properties on the erodibility of Belgian loamy soils: a study based on rainfall simulation experiments. *Earth Surface Processes and Landforms*, 9, 499-507.

VITTORINI, S. (1972). The effects of soil erosion in an experimental station in the Pliocene clay of the Val d' Era (Tuscany) and its influence on the evolution of the slopes. *Acta Geographica Debrecina*, 10, 71-81.

VORONEY, R. P., VAN VEEN, J. A. e PAUL, E. A. (1981). Organic carbon dynamics in grassland soil. II Model validation and simulation of the long-term effects of cultivation and rainfall erosion. *Canadian Journal of Soil Science*, 61, 211-224.

WILD, A. (1993). *Soils and the environment: an introduction*. Cambridge University Press, Grã-Bretanha, 287p.

WISCHMEIER, W. H. (1959). A rainfall erosion index for a Universal Soil Loss Equation. *Proc. Soil. Sci. Soc. Am.*, 23, 246-249.

WISCHMEIER, W. H. (1966). Relation of field-plot runoff to management and physical factors. *Proc. Soil Sci. Soc. Am.*, 30, 272-277.

WISCHMEIER, W. H. e MANNERING, J. V. (1969). Relation of soil properties to its erodibility. *Proceedings Soil Science Society of America*, 33, 133-137.

WISCHMEIER, W. H. e SMITH, D. D. (1958). Rainfall energy and its relationship to soil loss. *Trans.Am. Geophys. Union*, 39, 285-291.

WISCHMEIER, W. H. e SMITH, D. D. (1968). Predicting rainfall erosion losses. *Guide to conservation farming*, U.S. Department of Agriculture Handbook, 537, 58p.

WITHERS, B. e VIPOND, S. (1974). *Irrigation: design and practice*, Batsford.

WOOD, P. A. (1976). The sediment budget and source in the cathment of the River Rother, West Sussex. Tese de Doutorado, Universidade de Londres, 325p.

YOUNG, R. A. e WIERSMA, J. L. (1973). The role of rainfall impact in soil detachment and transport. *Water Resources Research*, 9, 1629-1639.

ZACHAR, D. (1982). *Soil erosion*, Elsevier.

ZABORSKI, B. (1972). On the origin of gullies in loess. *Acta Geographica Debrecina*, 10, 109-111.

ZASLAVSKY, D. e SINAI, G. (1981). Surface hydrology: V. In-surface transient flow. *J. Hydraul. Div.* ASCE, 107, 65-93.

CAPÍTULO 5

GEOMORFOLOGIA FLUVIAL

Sandra Baptista da Cunha

1. Introdução

A Geomorfologia Fluvial engloba o estudo dos cursos de água e o das bacias hidrográficas. Enquanto o primeiro se detém nos processos fluviais e nas formas resultantes do escoamento das águas, o segundo considera as principais características das bacias hidrográficas que condicionam o regime hidrológico. Essas características ligam-se aos aspectos geológicos, às formas de relevo e aos processos geomorfológicos, às características hidrológicas e climáticas, à biota e à ocupação do solo.

A Geomorfologia Fluvial representa um setor de destaque na ciência geomorfológica, pelo seu caráter condicionante da própria vida humana; por exemplo, civilizações antigas cresceram às margens de grandes rios. Por esta razão, a ação fluvial, alterando a dinâmica do rio e suas formas topográficas, serviu de temática preferida dos pesquisadores, a ponto de, ao longo da história da ciência geomorfológica, deter a maior produção científica dessa área do conhecimento.

A partir de 1945 (Dury, 1970), é possível assinalar três abordagens temáticas distintas: morfometria numérica; compreensão do tratamento estatístico e inter-relações de dados sobre canais fluviais e, por último, produção de modelos estocásticos.

A partir da década de 70, os estudos sobre a Geomorfologia Fluvial foram intensificados, com ênfase nos processos e nos mecanismos observados no canal fluvial, adquirindo visão mais ampla, ao envolver outras áreas do conhecimento, como a Hidrologia (superficial e subterrânea), a Pedologia e a Ecologia. Ainda, a partir da década de 70, as contribuições da Geomorfologia Fluvial têm adotado uma perspectiva temporal para as mudanças fluviais e se preocupado com as modificações decorrentes da maior atuação do homem sobre o ambiente fluvial, em especial modificando-o com a construção de obras de engenharia, ou usos indevidos na bacia hidrográfica.

No Brasil, nas décadas de 70 e 80, merecem destaque o trabalho de sistematização sobre os estudos sedimentológicos (Suguio, 1973), que consolidou alguns conceitos básicos ligados ao campo da Geomorfologia Fluvial, como as publicações dos livros textos de Christofoletti (1974 e 1981) e Bigarella *et al.* (1979).

2. Fisiografia Fluvial

A Fisiografia Fluvial pode ser entendida sob o ponto de vista dos tipos de leito, de canal e de rede de drenagem.

2.1. Tipos de Leito

O leito fluvial corresponde ao espaço ocupado pelo escoamento das águas. De acordo com a freqüência das descargas e a conseqüente topografia dos canais fluviais, os leitos podem assumir a seguinte classificação (Tricart, 1966): leito menor, de vazante, maior e maior excepcional (Fig. 5.1). A delimitação entre esses tipos de leito nem sempre é fácil, pela falta de nitidez de seus limites. A existência dos distintos tipos de leito e as relações entre eles podem variar de um curso de água para outro ou de um setor a outro do mesmo rio.

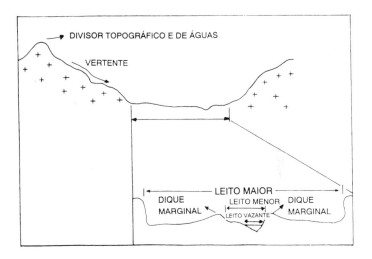

Figura 5.1 — *Tipos distintos de leito (adaptado de Christofoletti, 1976 e Guerra, 1993).*

O leito menor corresponde à parte do canal ocupada pelas águas e cuja freqüência impede o crescimento da vegetação. Esse tipo de leito é delimitado por margens bem definidas. O leito de vazante equivale à parte do canal ocupada durante o escoamento das águas de vazante. Suas águas divagam dentro do leito menor seguindo o talvegue, linha de máxima profundidade ao longo do leito e que é mais bem identificada na seção transversal do canal.

O leito maior, também denominado leito maior periódico ou sazonal, é ocupado pelas águas do rio regularmente e, pelo menos uma vez ao ano, durante as cheias. Dependendo do tempo ocorrido entre as subidas das águas, é possível haver a fixação e o crescimento da vegetação herbácea. O leito maior excepcional é ocupado durante as grandes cheias, no decorrer das enchentes. A freqüência do escoamento das águas nesse tipo de leito obedece a intervalos irregulares, que podem se estender a algumas dezenas de anos.

2.2. *Tipos de Canal*

A fisionomia que o rio exibe ao longo do seu perfil longitudinal é descrita como retilínea, anastomosada e meândrica, constituindo o chamado padrão dos canais. Essa geometria do sistema fluvial resulta do ajuste do canal à sua seção transversal e reflete o interrelacionamento entre as variáveis descarga líquida, carga sedimentar, declive, largura e profundidade do canal, velocidade do fluxo e rugosidade do leito. Para Schumm (1967), as diferentes sinuosidades dos canais são determinadas muito mais pelo tipo de carga detrítica do que pela descarga fluvial. Assim, os canais meândricos relacionam-se aos elevados teores de silte e argila, e os canais anastomosados a uma carga mais arenosa. Esse autor ainda faz referência à diminuição da sinuosidade pelo aumento da granulometria e da quantidade de carga detrítica.

Uma bacia hidrográfica pode apresentar os três tipos de padrão de canais, espacialmente setorizados ou em um mesmo setor, durante a evolução do seu sistema fluvial, quando ocorrem variações temporais dessa drenagem. Dessa forma, um setor do rio pode ser anastomosado em período de ausência de chuva, quando há um excesso de carga sólida em relação à descarga, e exibir a fisionomia meandrante nos períodos de cheia.

No Brasil, as fortes chuvas registradas em Caraguatatuba, litoral de São Paulo, em 1967, e os conseqüentes desmoronamentos das vertentes da Serra do Mar foram os responsáveis pela mudança temporária da rede meandrante de canais para um sistema anastomosado efêmero (Cruz, 1974).

2.2.1. Canais retilíneos

Os exemplos de canais naturais retos são pouco freqüentes, representando trechos ou segmentos de canais curtos, à exceção daqueles controlados por linhas tectônicas (linhas de falhas, diáclases ou fraturas) e dos canais localizados em planícies de restingas, controlados pelos cordões arenosos ou em planícies

GEOMORFOLOGIA FLUVIAL

deltaicas. Leopold e Wolman (1957) definiram, de maneira geral, que os canais retos, com extensão superior a 10 vezes a sua largura, são extremamente raros na natureza.

A condição básica para a existência de um canal reto está associada a um leito rochoso homogêneo que oferece igualdade de resistência à atuação das águas. A divagação do talvegue, de uma margem para outra, nos canais retos com leitos inconsolidados, origina um perfil transversal com um ponto de maior profundidade e um local mais raso, de agradação (Fig. 5.2A). Essa zona de acumulação, que origina os bancos ou as barras de sedimentos, se alterna de um lado a outro do canal.

Devido à existência de certa homogeneidade no volume do material do leito, sucedem-se as depressões (*pools*) e soleiras/umbrais (*riffles*), ao longo do perfil longitudinal do leito, mostrando que um canal reto não requer, necessariamente, uma topografia uniforme do leito nem o talvegue em linha reta.

Durante as obras de canalização de um rio, a rugosidade do leito pode diminuir com a passagem da draga, quando, então, as geometrias não uniformes do fundo, constituídas pelas soleiras e depressões, são eliminadas.

Por sua vez, Keller (1971) refere-se a um certo dinamismo dessas irregularidades do fundo do leito, em função da intensidade variável dos débitos. Durante os fluxos baixos, os sedimentos que constituem as soleiras são transportados pelas águas correntes e depositados nas depressões. De modo inverso, no decorrer dos altos fluxos, essas depressões são escavadas e limpas pela correnteza, depositando-se o material removido nas soleiras.

Keller (1978), depois de examinar a variabilidade no desenvolvimento da seqüência de depressões e soleiras em canais submetidos a diversos tipos de canalização, demonstrou não haver diferença significativa nas distâncias interdepressões, entre os canais dos rios naturais e os dos modificados por obras de engenharia. Ainda, para o autor, as seqüências de depressões e soleiras, em rios naturais, parecem estar diretamente relacionadas com a largura do canal. Desse modo, o ambiente sedimentar das depressões e soleiras será alterado em virtude das mudanças na largura do canal.

Leopold *et al.* (1964) e Keller (1972), ao estudar essas irregu-

GEOMORFOLOGIA FLUVIAL

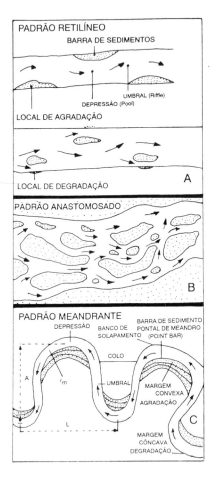

Figura 5.2 — *Tipos de padrões de canais. (A) padrão retilíneo; (B) padrão anastomosado; (C) padrão meandrante; (L) comprimento do meandro; (A) amplitude; (Rc) raio médio da curvatura do meandro (segundo Bigarella et al., 1979).*

laridades do fundo, atribuíram um espaçamento sucessivo entre as soleiras e depressões de cinco e sete larguras, de acordo com a forma do rio ou sua localização geográfica. Segundo Keller (1978), após as obras de retificação dos canais, a semelhança de espaçamento entre as irregularidades do fundo do leito corresponde a uma nova movimentação dos sedimentos, representando os primeiros processos fluviais que ocorrem no canal, em busca natural do rio para encontrar novo equilíbrio de seu perfil longitudinal.

2.2.2. Canais anastomosados

O termo anastomose foi aplicado aos rios, pela primeira vez, por Jackson (1834), enquanto Peale (1879) fez a primeira descrição desse padrão ao observar a maneira como os tributários se confluíam com o rio Verde (*Green River*), Estados Unidos.

Os canais anastomosados caracterizam-se por apresentar grande volume de carga de fundo que, conjugado com as flutuações das descargas, ocasionam sucessivas ramificações, ou múltiplos canais que se subdividem e se reencontram, separados por ilhas assimétricas e barras arenosas (Fig. 5.2B). Essas barras são bancos ou coroas de detritos móveis carregados pelos cursos de água e ficam submersas durante as cheias. As ilhas são mais fixas ao fundo do leito, apesar da ação erosiva e da sedimentação, podendo ficar parcialmente emersas no decorrer do período das cheias. Também as barras podem ser estabilizadas pela deposição de sedimentos mais finos e/ou pela fixação da cobertura vegetal durante os intervalos das enchentes. A presença da vegetação dificulta a erosão e permite a deposição de sedimentos finos.

O perfil transversal dos canais anastomosados é largo, raso e grosseiramente simétrico, com pontos altos (topos das ilhas e dos bancos) e baixos (talvegue dos canais), com contínuas migrações laterais (margens frágeis), devido às flutuações das descargas e rápido transporte dos sedimentos. O perfil longitudinal apresenta concavidades relativamente profundas e protuberâncias irregulares.

As variações do fluxo fluvial, que podem levar ao estabelecimento do padrão anastomosado, espelham as condições climáticas locais, a natureza do substrato, a cobertura vegetal e o gradiente. As precipitações concentradas e os longos períodos de estiagem (clima árido ou semi-árido) e as pesadas nevadas e os degelos rápidos (clima frio) oferecem as melhores condições de clima local para o assentamento da drenagem anastomosada.

A natureza impermeável do substrato, dificultando a infiltração e o suprimento de água para o subsolo, propicia escoamento rápido na superfície, enquanto a cobertura vegetal, ausente ou rarefeita, pode gerar aumento de detritos para os sistemas fluviais, em conseqüência da rápida denudação dos solos, causada por fortes escoamentos superficiais. Ainda, os canais anastomosados estão associados a gradientes relativamente altos e de contraste topográfico acentuado, como os encontrados nos leques aluviais e deltaicos, em zonas de piemontes (escarpa e planície de sopé) ou em regiões próximas às escarpas de falhas.

Em síntese, o padrão anastomosado se estabelece pela existência de algumas condições básicas, como a disponibilidade da carga do leito, a variabilidade do regime fluvial e a existência de contraste topográfico acentuado. A grande quantidade de carga detrítica, grosseira e heterogênea, em conjunto com a flutuação das descargas, permite a seleção, a deposição de material e, conseqüentemente, a formação de bancos. Essa topografia do leito promove a divergência de fluxos e o ataque às margens. O padrão anastomosado dos canais é o que melhor expressa a relação entre o débito, a carga detrítica e os mecanismos de transporte.

2.2.3. Canais meandrantes

Os canais meândricos são encontrados, com freqüência, nas áreas úmidas cobertas por vegetação ciliar, descrevem curvas sinuosas harmoniosas e semelhantes entre si (Fig. 5.2C), possuem um único canal que transborda suas águas na época das cheias e são distintos dos outros padrões pelo valor do índice de sinuosidade igual ou inferior a 1,5 (Fig. 5.3). A formação da seqüência de depressões (*pools*) e umbrais (*riffles*) ao longo do leito fluvial, definindo margens de erosão e deposição, representa o estágio inicial do meandramento.

Várias são as condições essenciais para o desenvolvimento

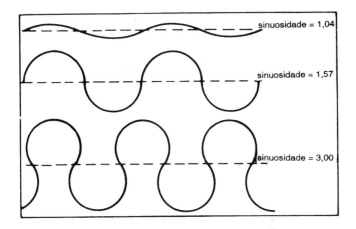

Figura 5.3 — *Sinuosidades desenvolvidas pelos rios. O valor igual ou superior a 1,5 para o índice de sinuosidade, que representa a relação entre o comprimento do canal e a distância do eixo do vale, define o padrão meândrico de canal (conforme Dury, 1969 e Christofoletti, 1974).*

dos meandros: camadas sedimentares de granulação móvel, coerentes, firmes e não soltas; gradientes moderadamente baixos; fluxos contínuos e regulares; cargas em suspensão e de fundo em quantidades mais ou menos equivalentes. Essas formas meandrantes representam um estado de estabilidade do canal, denunciando um certo ajustamento entre todas as variáveis hidrológicas (declividade, largura e profundidade do canal, velocidade dos fluxos, rugosidade do leito, carga sólida e vazão); no entanto, esse estado de equilíbrio, representado pela formação dos meandros, poderá ser alterado pela ocorrência de um distúrbio na região, como, por exemplo, a atuação do homem (plantio nas áreas férteis próximas aos meandros).

As seções transversais, nesse tipo de padrão de canal, são desiguais, considerando o desenvolvimento das curvaturas. Nos trechos retilíneos entre dois meandros contínuos, os canais são mais simétricos, rasos, com a ocorrência de umbrais (*riffles*). Nos pontos de curvaturas máximas, o perfil transversal é assimétrico, com maior profundidade na margem côncava (depressões/*pools*) suavizando-se na direção da margem convexa. Os canais meandrantes transportam, em dominância, sedimentos finos e mais selecionados, e sua capacidade de transporte é mais baixa e uniforme, quando comparada com os canais anastomosados.

Uma terminologia específica é empregada para esse padrão de canal, cujos termos mais freqüentes são: meandro abandonado, dique semicircular, colo, faixa de meandro, banco de solapamento e barra de sedimento (*point bar*). A parte da planície ocupada pelos meandros atuais e paleoformas é denominada faixa de meandros. Colo de meandro é o esporão ou pedúnculo que separa os dois braços de meandro (Fig. 5.2C). Quando as margens côncavas adjacentes sofrem intensa ação erosiva, essa zona pode ser estrangulada pela formação e desenvolvimento de bancos sedimentares (dique/barra de meandro), desligando, assim, parte do curso que dará origem ao meandro abandonado. Uma vez isolado, esse meandro pode formar lagoas ou pântanos. Os bancos de solapamento originam-se da atuação da erosão, por solapamento basal, nas margens côncavas, permitindo a conservação da verticalidade das margens. A remoção e transporte dos materiais desses bancos de solapamento dão origem à formação de bancos ou barras de sedimentos (*point bar*), localizados nas margens convexas a jusante.

Os meandros podem, ainda, pertencer a duas categorias, em função dos tipos de vale onde correm. Considera-se meandro divagante ou de planície aluvial quando as sinuosidades meândricas são independentes do traçado do vale. Esses meandros deslocam-se em qualquer direção da planície, podendo atingir toda a sua extensão. Os meandros encaixados surgem quando a curvatura meândrica acompanha a curvatura do vale, conservando a mesma escala.

2.2.4. Outras classificações de canais

Na natureza existe uma série de padrões de drenagem, intermediários, entre os canais retos, meândricos e anastomosados, e o trabalho de Leopold e Wolman (1957) teve o mérito de reunir as informações básicas a respeito desses três padrões de drenagem.

Schumm (1963), com base no índice de sinuosidade, que representa a relação entre os comprimentos do talvegue e do vale, dividiu os canais em: meandrante (tortuoso, irregular e regular), transicional e reto.

De acordo com Dury (1969), os padrões de drenagem foram divididos em sete tipos: meandrante, anastomosado, reto, deltaico, ramificado, reticulado e irregular. Chitale (1970) propôs uma classificação baseada nos canais únicos (reto, sinuoso, meandrante, tortuoso), nos canais múltiplos (ramificado, anastomosado, reticulado, deltaico e labiríntico em trechos rochosos) e nos canais transicionais, uma categoria de padrão situada entre as duas anteriores.

Kellerhals *et al.* (1976), considerando os padrões de canais um dos elementos dos processos fluviais, criaram uma classificação mais útil para aqueles que trabalham com as questões das obras de engenharia nos canais, em especial, a canalização. Considerando, além dos padrões de canais, a presença de ilhas, de bancos e de rugosidades do fundo do leito fluvial, essa classificação envolve uma ampla gama de tipos de canais, ampliando, desse modo, a classificação convencional (Fig. 5.4).

Para Kellerhals *et al.* (1976), o padrão de canais inclui: (a) canal reto, com pouca curvatura; (b) canal sinuoso, que tem pequena curvatura; (c) canal irregular, onde o padrão não se repete; (d) meandro regular; (e) meandro tortuoso. Quanto à presença de ilhas, relativamente estáveis e vegetadas, a ocorrência pode ser: (a) ocasional, com espaçamentos de 10 ou mais larguras do canal; (b) freqüente, espaçamento menor do que 10 larguras do canal; (c) separada; (d) anastomosada. A classificação dos bancos envolve: (a) banco lateral, (b) cordão marginal convexo; (c) banco da confluência; (d) banco central; (e) banco em losango; (f) banco em diagonal; (g) ondas de areia, banco lingóide ou dunas maiores (soleiras).

2.3. Hierarquia da Rede Fluvial

Os critérios de ordenação dos cursos de água foram propostos, inicialmente, por Horton (1945) e modificados por Strahler (1952a). Para esse autor, os segmentos de canais formadores, sem

GEOMORFOLOGIA FLUVIAL

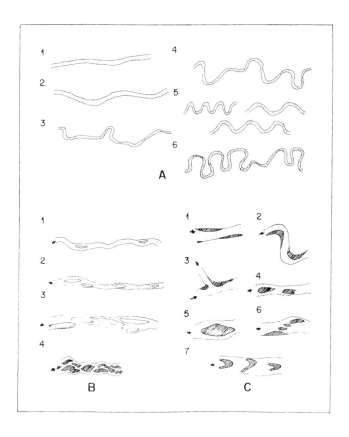

Figura 5.4 — *Classificação dos canais segundo Kellerhals, Church e Bray, 1976. (A) Padrões de canais: (A1) reto; (A2) sinuoso; (A3) irregular; (A4) meandros irregulares; (A5) meandros regulares; (A6) meandros tortuosos. (B) Presença de ilhas: (B1) ocasional; (B2) freqüente; (B3) separada; (B4) anastomosada. (C) Classificação dos bancos: (C1) bancos laterais; (C2) cordões marginais convexos; (C3) bancos de confluências; C4) bancos centrais; (C5) bancos em losangos; (C6) bancos em diagonal; (C7) ondas de areia, bancos lingóides ou dunas maiores (segundo Kellerhals* et al., *1976).*

tributários, são denominados de primeira ordem; da confluência de dois canais de primeira ordem surgem os segmentos de canais de segunda ordem que só recebem afluentes de ordem inferior (segmentos de canais de primeira ordem). Da confluência de dois segmentos de canais de segunda ordem surgem os segmentos de terceira ordem que recebem afluentes de ordens inferiores (no caso, segmentos de primeira e segunda ordens).

A ordenação dos canais fluviais é o primeiro passo para a realização da análise morfométrica das bacias hidrográficas (análise areal, linear e hipsométrica). Essa perspectiva quantitativa teve larga expansão nas décadas de 60/70, e, em conseqüência, inúmeros trabalhos foram produzidos por pesquisadores estrangeiros e brasileiros; entre eles, citam-se: Freitas (1952), Schumm (1956), Strahler (1950, 1952b, 1956, 1957), Leopold *et al.* (1964), Shreve (1966), Scheidegger, 1965, 1967, 1968a, 1968b), Ghose *et al.* (1967), Doornkamp e King (1971), Gandolfi (1971), Christofoletti (1969, 1970), Cunha *et al.* (1975), Cunha (1977,1978).

2.4. Tipos de Drenagem

A drenagem fluvial é constituída por um conjunto de canais de escoamento interligados. A área drenada por esse sistema fluvial é definida como bacia de drenagem, e essa rede de drenagem depende não só do total e do regime das precipitações, como também das perdas por evapotranspiração e infiltração. Têm papel importante no escoamento canalizado a topografia, a cobertura vegetal, o tipo de solo, a litologia e a estrutura das rochas da bacia hidrográfica. A disposição espacial dos rios, controlada em grande parte pela estrutura geológica, é definida como padrão de drenagem (Howard, 1967).

A classificação dos padrões fundamenta-se na forma do escoamento, na gênese ou na geometria. De acordo com o escoamento fluvial, as bacias de drenagem podem ser classificadas em: exorréica, quando a drenagem se dirige para o mar; endorréica, quando a drenagem se dirige para uma depressão (*playa* ou lago) ou dissipa-se nas areias do deserto, ou se perde nas depressões cársticas. O padrão arréico expressa uma drenagem sem estruturação em bacia hidrográfica, sendo o caso das áreas desérticas, onde a precipitação é insignificante, e a atividade dunária, intensa. Quando as bacias são subterrâneas, como nas áreas cársticas, são conhecidas como criptorréicas.

A classificação genética foi proposta por Horton (1945), que considerou os cursos de água em relação à inclinação das camadas geológicas (Fig. 5.5). Assim, os rios foram classificados em cinco padrões: conseqüente, subseqüente, obseqüente, resseqüente e inseqüente. O rio conseqüente é determinado pela inclinação do terreno e coincide, em geral, com o mergulho das camadas, originando curso retilíneo e paralelo. O rio subseqüente é controlado pela estrutura rochosa e acompanha as linhas de fraqueza (falha, junta, diáclase). Nas áreas sedimentares, corre perpendicular à inclinação das camadas. Quando o curso de água se dirige em sentido inverso à inclinação das camadas, descendo das escarpas até o rio subseqüente, é classificado como rio obseqüente, formando um canal de pequena extensão, que corre no sentido contrário ao do rio conseqüente. O rio resseqüente corre na mesma direção dos rios conseqüentes, porém, nasce em nível topográfico mais baixo, no reverso das escarpas, e desemboca em um rio subseqüente. O rio inseqüente corre de acordo com a morfologia do terreno e em direção variada, sem nenhum controle geológico aparente (áreas de topografia plana ou de rocha homogênea).

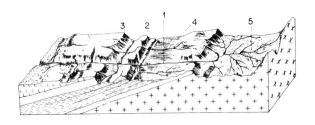

Figura 5.5 — *Classificação genética dos rios: (1) conseqüente; (2) subseqüente; (3) obseqüente; (4) resseqüente; (5) inseqüente (adaptado de Bigarella et al. 1979).*

A classificação dos padrões de drenagem, com base na geometria dos canais, apresenta os seguintes tipos fundamentais: dendrítico, retangular, paralelo, radial, anelar e irregular (Fig. 5.6). A drenagem drendrítica é conhecida como arborescente pela sua semelhança com os galhos de uma árvore. Esse padrão desenvolve-se sobre rochas de resistência uniforme ou em rochas estratificadas horizontais. A drenagem retangular está adaptada às condições estruturais e tectônicas que originam confluências em ângulos quase retos. Na drenagem paralela, os rios são pouco ramificados e mantêm espaçamento regular entre si, originado pelos controles estruturais. Ocorre em áreas com declividade acentuada (camadas resistentes de inclinação uniforme) ou em locais de presença de falhas paralelas, ou, ainda, lineamentos topográficos paralelos. A drenagem radial desenvolve-se em diferentes embasamentos e estruturas. Quando os rios nascem próximos de um ponto comum e se irradiam para todas as direções, a drenagem é classificada como radial centrífuga (domos, cones vulcânicos, morros isolados). Ao contrário, quando a drenagem converge para um ponto comum, em posição mais baixa, é classificada como radial centrípeta (crateras vulcânicas, depressões topográficas). A drenagem anelar (anular) é típica de áreas dômicas profundamente entalhadas (domos dissecados, cones vulcânicos estratificados). Por fim, a drenagem irregular surge em áreas de recente sedimentação, erosão ou levantamento, onde a drenagem não teve tempo suficiente para se organizar.

Uma bacia hidrográfica pode englobar diferentes padrões geométricos para seus rios e uma gama de subtipos definidos em diversos trabalhos (Howard, 1967; Christofoletti, 1974; Bigarella *et al.*, 1979, entre outros). Ainda, como a padronagem geométrica relaciona-se com o ambiente geológico e climático local, é possível, através do estudo desses padrões, interpretar a natureza dos terrenos, a disposição das camadas e das linhas de falhamento, os processos fluviais e climáticos predominantes.

GEOMORFOLOGIA FLUVIAL

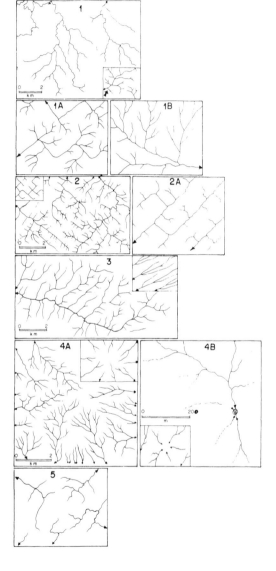

Figura 5.6 — *Distribuição espacial de alguns padrões de drenagem. (1) Dendrítica, Campo Largo, Paraná; (1A) retangular dendrítica; (1B) Pinada; (2)Retangular, Rio Branco do Sul, Paraná; (2A) Treliça; (3) Paralela, Rio Mato Preto, Tunas, Paraná; (4A) Radial centrífuga, Folha Rio Pardinho, Paraná; (4B) Radial centrípeta, Rio Branco do Sul, em Tacaniça, Paraná; (5) Anelar (adaptado de Bigarella* et al., *1979).*

3. Dinâmica das Águas Correntes: Hidrologia e Geometria Hidráulica

A quantidade de água que alcança o canal expressa o escoamento fluvial, que é alimentado pelas águas superficiais e subterrâneas. A proporcionalidade entre essas duas fontes é definida por fatores, tais como clima, solo, rocha, declividade e cobertura vegetal. Fazendo parte do ciclo hidrológico, o escoamento fluvial recebe as águas das chuvas, refletidas no escoamento fluvial imediato, mais a água da infiltração, e, do total precipitado, apenas as quantidades eliminadas pela evapotranspiração estão isentas da participação do escoamento.

A geometria hidráulica é o estudo das relações entre vazão, velocidade das águas, forma do canal, carga de sedimentos e declividade. Os trabalhos fundamentais sobre essas inter-relações foram realizados por Leopold e Maddock (1953) e Leopold *et al.* (1964). Outras contribuições de igual importância foram realizadas por Knighton (1974), Pickup (1976), Richards (1973, 1976a, 1976b, 1977), Christofoletti (1976), Gregory (1977a) e Park (1977a).

A velocidade das águas de um rio depende de fatores como: declividade do perfil longitudinal, volume das águas, forma da secção transversal, coeficiente de rugosidade do leito e viscosidade da água. Como pode ser percebido, esses diversos fatores fazem com que a velocidade tenha caráter dinâmico ao longo do canal e na própria seção tranversal. Entre os elementos que alteram a velocidade citam-se: mudanças na declividade, na rugosidade do leito e na eficiência do fluxo. Modificações como aumento da declividade do perfil do rio e diminuição da rugosidade do leito, com a passagem da draga, são realizadas pelas obras de retificação de canais, com a intenção de acelerar a velocidade das águas.

A alteração na eficiência do fluxo é dada pelo aparecimento de obstáculos. Assim, quanto mais lisa for a calha, maior será a eficiência do fluxo. Essa eficiência é medida pelo raio hidráulico, que corresponde ao quociente da área da seção transversal molhada, pelo perímetro molhado. Como se verifica, quanto menor for o perímetro molhado (ou mais lisa a calha fluvial), maior será o valor do raio hidráulico, expresso em metros. A facilidade de o fluxo escoar é função direta do raio hidráulico; portanto, quanto maior for o seu valor, mais lisa será a calha, que oferecerá maior facilidade ao escoamento do fluxo.

A capacidade de erosão das margens e do leito fluvial, bem como o transporte e deposição da carga do rio dependem, entre outros fatores, da velocidade, e sua alteração modifica, de imediato, essas condições. As correntes fluviais podem transportar a carga sedimentar de diferentes maneiras (suspensão, saltação e rolamento), de acordo com a granulação das partículas (tamanho e forma) e as características da própria corrente (turbulência e forças hidrodinâmicas exercidas sobre as partículas).

O fluxo fluvial é constituído pela descarga líquida, sólida e dissolvida. A descarga líquida é definida pela equação $Q = A . V$, que representa a relação entre a área (A) da seção do canal (largura x profundidade média) e a velocidade da corrente (V), podendo, também, ser expressa da forma $Q = L \times P \times V$, onde Q é descarga, L é largura, P é profundidade, e V é velocidade.

Por meio da descarga líquida, ou vazão, são definidas a competência (tamanho máximo do material que pode ser transportado) e a capacidade do rio (volume de carga que pode ser transportado).

A carga sólida de um rio (suspensão e fundo) decresce para jusante, indicando diminuição na sua competência (Fig. 5.7). Ainda, a carga sólida é reflexo direto da participação da chuva, com sua intensidade e freqüência, erodindo as encostas, e do papel da cobertura vegetal. Ambas, chuva e cobertura vegetal, possuem destaque na participação do volume da carga sólida e no entulhamento de lagoas (Marques, 1990), e de reservatórios reduzindo, muitas vezes, a sua utilização (vida útil).

A carga em suspensão constitui-se de partículas finas, silte e argila, que se conservam suspensas na água até a velocidade do fluxo decrescer, atingindo o limite crítico ou velocidade crítica, que corresponde à menor velocidade requerida para uma partícula de determinado tamanho movimentar-se.

A carga de fundo é formada por partículas de tamanhos maiores (areia, cascalho ou fragmento de rocha) que saltam ou deslizam ao longo do leito fluvial. A velocidade, nesse tipo de carga, tem participação reduzida, fazendo com que os grãos se movam lentamente.

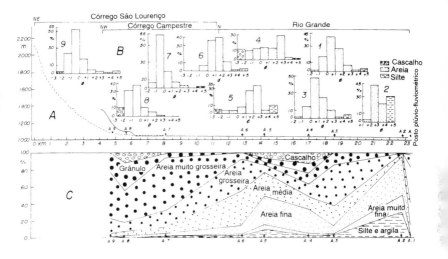

Figura 5.7 — *Composição granulométrica do material de fundo do leito, Alto Rio Grande. (A) Perfil longitudinal com a localização das amostras; (B) Histogramas de composição granulométrica; (C) Diagrama de freqüência acumulada ao longo do perfil (conforme Cunha, 1978).*

Mudanças ocorridas na vazão implicam, de imediato em alterações e ajustamentos em diversas variáveis. Leopold *et al.* (1964) destacam que o aumento da vazão (variável independente), em dada seção transversal do canal, origina aumento nas variáveis dependentes: largura, profundidade média, velocidade média das águas, rugosidade do leito e concentração de sedimentos. A exemplo, Cunha (1993) verificou que, no rio Capivari, tributário da bacia do rio São João, Rio de Janeiro (Fig. 5.8 e Tabela 5.1), as mudanças nos valores de vazão, ocorridas entre 1987 e 1991, refletiram-se em acentuada variação na largura do canal, enquanto a variação da profundidade mostrou o talvegue em diferentes posições. Verificou, ainda, mudança no calibre dos sedimentos predominantes para teores de areias mais finas (entre 0,5mm a

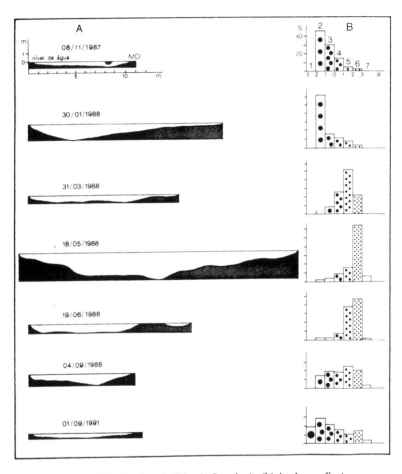

Figura 5.8 — *Rio Capivari (Rio de Janeiro). Série de perfis transversais, de novembro de 1987 a agosto de 1991, onde podem ser observadas as mudanças ocorridas no leito, em função da variação dos débitos; respectivos histogramas de composição granulométrica dos sedimentos de fundo (talvegue); (1) cascalho; (2) grânulo; (3) areia muito grosseira; (4) areia grosseira; (5) areia média; (6) areia fina (segundo Cunha, 1993).*

GEOMORFOLOGIA FLUVIAL

0,125mm). Em seguida, ocorreu menor selecionamento do material, com aumento do número de classes texturais e distribuição mais homogênea dos valores percentuais. Essas modificações granulométricas denunciam alteração na energia do fluxo.

A área da seção transversal (ou forma do canal) varia com o maior ou menor volume de água. Por outro lado, esta área resulta do produto da profundidade média pela largura total. Como esses dois elementos variam em função da vazão e da morfologia do canal, afetam, em conseqüência, os resultados da área da seção transversal.

4. Processos Fluviais: Erosão, Transporte e Deposição

Os processos de erosão, transporte e deposição de sedimentos no leito fluvial alternam-se no decorrer do tempo e, espacialmente, são definidos pela distribuição da velocidade e da turbulência do fluxo dentro do canal. São processos dependentes entre si e resultam não apenas das mudanças no fluxo, como, também, da carga existente.

Dessa forma, a capacidade de erosão das águas depende da velocidade e turbulência, do volume e das partículas por elas transportadas em suspensão, saltação e rolamento. A erosão das paredes e do fundo do leito pelas águas correntes atua de três formas: pelas ações corrasiva e corrosiva, e pelo impacto hidráulico. A corrasão ou efeito abrasivo das partículas em transporte sobre as rochas e sobre outras partículas tende a reduzir a rugosidade do leito, enquanto a ação corrosiva resulta da dissolução de material solúvel no decorrer da percolação da água ainda no solo.

Ao longo do perfil longitudinal, quando a velocidade é lenta e uniforme, as águas fluem em camadas, sem haver mistura entre elas, constituindo o fluxo laminar, no qual os processos erosivos são diminutos e a capacidade de transporte se torna reduzida, deslocando, apenas, partículas muito finas. Ao contrário, nos

231

TABELA 5.1 — SEÇÃO TRANSVERSAL DO RIO CAPIVARI NO SETOR RETIFICADO. CARACTERÍSTICAS HIDRÁULICAS (1987 a 1991)

DATA	Largura (m)	Profundidade do talvegue (m)	Profundidade média (m)	Velocidade média (m/s)	Área (m^2)	Débito (m^3/s)	Capacidade do canal (adm)	Raio hidráulico (m)
8-11-87	7,00	0,40	0,21	0,62	1,47	0,91	33,33	0,10
30-01-88	12,60	1,00	0,47	0,65	5,92	3,85	26,81	0,23
31-03-88	9,80	0,55	0,33	0,60	3,23	1,94	29,70	0,16
18-05-88	18,30	1,80	0,94	0,82	17,20	14,10	19,47	0,46
19-06-88	10,60	0,65	0,34	0,58	3,60	2,09	31,18	0,17
4-09-88	6,80	0,75	0,39	0,60	2,65	1,59	17,44	0,18
1-09-91	7,40	0,27	0,13	0,59	0,96	0,57	56,92	0,06

Capacidade do canal (Largura/Profundidade média)
Raio hidráulico (Área/Perímetro)
Fonte: Cunha, 1993

fluxos turbulentos, onde ocorrem flutuações da velocidade, devidas a redemoinhos produzidos por obstáculos e irregularidades existentes no leito, a capacidade de transporte atinge partículas maiores. Hjulstrom (1935) indicou velocidades críticas, a partir das quais partículas de diferentes tamanhos iniciam sua movimentação. A menor velocidade crítica para a remoção de uma partícula é em torno de 20cm/s, removendo material de diâmetro entre 0,1 e 0,5mm. Partículas de tamanhos menores (silte e argila) necessitam de maiores velocidades críticas de erosão devido à força de coesão entre os minerais de argila (Sundborg, 1956, e Morisawa, 1968). As partículas permanecem em movimento até ser atingida sua velocidade crítica de deposição, que corresponde a cerca de dois terços da velocidade crítica de erosão.

Ao longo do perfil transversal, a velocidade e a turbulência das águas são também variáveis, definindo locais preferenciais de erosão e deposição das partículas. Logo abaixo da superfície da água, situa-se a área de maior velocidade, onde qualquer sedimento em suspensão é transportado pelas águas. Na superfície, o atrito com o ar reduz os valores da velocidade e turbulência, que também são modificados de acordo com a forma dos canais. Em canais de leito simétrico, em geral de padrão retilíneo, a velocidade máxima ocorre no centro do canal, diminuindo em direção às margens. Em leito assimétrico, de padrão meândrico, a zona de máxima velocidade e turbulência localiza-se nas proximidades das margens côncavas, decrescendo de valor em direção à margem de menor profundidade (convexa). Junto ao fundo do leito e nas paredes laterais do canal localizam-se as menores velocidades e turbulências. As áreas de máxima turbulência refletem as variações verticais do leito, como, por exemplo, as ondulações e os desníveis representados pelas soleiras, depressões e obstáculos, como troncos de árvores e blocos rochosos, sendo ladeadas, em geral, por uma zona de máxima velocidade.

Outro elemento que deve ser considerado nos processos fluviais refere-se às velocidades de decantação dos grãos. Quando esses são muito pequenos (silte e argila), a velocidade de decantação é diretamente proporcional às diferenças de densidades entre a partícula e o fluido; à esfericidade da partícula;

GEOMORFOLOGIA FLUVIAL

e ao quadrado do diâmetro da partícula; e inversamente proporcional à viscosidade do fluxo (Lei de Stokes, Muller, 1967). Quando as partículas são maiores (areias), as velocidades de decantação são independentes da viscosidade do fluido; diretamente proporcionais à raiz quadrada do diâmetro da partícula e à diferença entre as densidades da partícula e do fluido dividida pela densidade do fluido (Lei do Impacto).

5. *Perfil Longitudinal dos Rios e Equilíbrio Fluvial*

O perfil longitudinal de um rio expressa a relação entre seu comprimento e sua altimetria, que significa o gradiente. O perfil típico é côncavo, com declividades maiores em direção à nascente, e cursos de água que apresentam tal morfologia são considerados em equilíbrio, assumido quando há relação de igualdade entre a atuação da erosão, do transporte e da deposição.

Ainda, a forma do perfil reflete o ajuste do rio a diferentes fatores, com distintas flutuações (volume e carga da corrente, tamanho e peso dos sedimentos transportados, declividade, geologia da calha e regime das chuvas, entre outros) e a propagação das ações erosivas e deposicionais para montante, que tendem a alterar a declividade e a forma do canal, eliminando as irregularidades da calha. A forma do perfil do rio procura atingir o equilíbrio entre a carga que entra e a que é transportada, representado por um perfil côncavo e liso.

Essa visão teórica do perfil longitudinal é modificada, na prática, pela presença de controles, na maioria estruturais, que originam importantes níveis de base regionais e locais, seccionando, dessa forma, o curso de água em segmentos individualizados com perfis de equilíbrio próprios.

Cunha (1978), ao analisar os perfis longitudinais dos nove tributários do rio Grande, município de Nova Friburgo, Rio de Janeiro, cujas nascentes estão localizadas nas escarpas elevadas

234

da Serra do Mar (localmente denominada de Serra dos Órgãos), observou diversidade quanto ao equilíbrio dos canais, destacando-se três grupos distintos (Fig. 5.9). No primeiro grupo, os perfis longitudinais dos afluentes 1, 2 e 6, com valores de gradiente entre 12 e 18%, embora côncavos, estão mais evoluídos nos pontos terminais, apresentando os segmentos de canais de terceira ordem certa horizontalidade. As maiores inclinações para esses tributários situam-se nas áreas de segmentos de canais de ordens inferiores (primeira e segunda ordens). O segundo grupo inclui os afluentes 3, 4 e 5, com 18 a 21% de gradiente. São perfis longitudinais mais acentuados, bastante irregulares, com porções convexas. O tributário 4, por exemplo, mostra nítido *knickpoint*, originado, talvez, por descontinuidade litológica, por camada resistente de rocha ou estrutura. Ao terceiro grupo pertencem os afluentes 7, 8 e 9, cujos perfis longitudinais tendem a possuir acentuada concavidade. Nessas áreas de drenagem ocorre melhor equilíbrio entre balanço da capacidade e competência com quantidade e calibre da carga transportada ao longo de todo o comprimento do canal.

Christofoletti (1981) dedicou um capítulo do seu livro ao tema perfil longitudinal, onde apresentou a evolução da idéia e analisou questões relacionadas com o nível de base, à ruptura de declive, à erosão regressiva e às capturas fluviais.

Em síntese, na natureza, os rios estão em equilíbrio com seus fluxos, havendo um balanço entre a descarga líquida, o transporte de sedimentos, a erosão e a deposição, de tal modo que o rio mantém a proporcionalidade do tamanho de sua calha, da nascente à foz. Gregory e Walley (1977) destacam que, em qualquer ponto do perfil longitudinal, existe uma relação direta entre o tamanho do canal (área da seção molhada) e a área da bacia hidrográfica correspondente, sendo a aproximação linear, quando os dados são plotados em papel logarítmico.

Esse equilíbrio longitudinal pode alterar-se, como resultado da atividade humana, em um trecho do rio, como, por exemplo, a substituição da vegetação natural ciliar por terras cultivadas, a ampliação do processo de urbanização e a construção de reservatórios (Fig. 5.10). Relações similares podem ser realizadas, substituindo a área da seção transversal (seção molhada) por dados

GEOMORFOLOGIA FLUVIAL

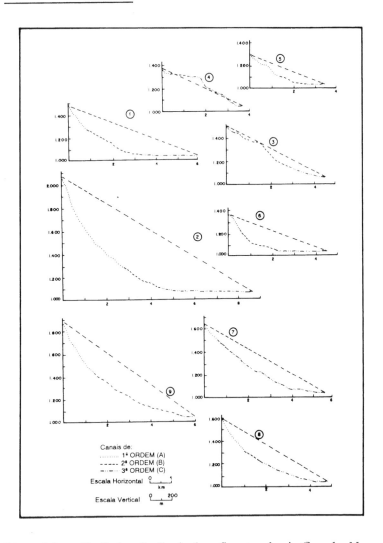

Figua 5.9 — *Perfis longitudinais dos afluentes do rio Grande, Nova Friburgo. Através da variação da concavidade de seus leitos é possível avaliar o estado de equilíbrio dos canais. Observar os diferentes comprimentos e inclinações para os segmentos de primeira, segunda e terceira ordens (segundo Cunha, 1978).*

GEOMORFOLOGIA FLUVIAL

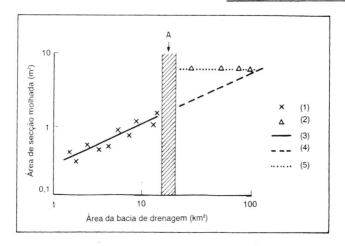

Figura 5.10 — *Rompimento do perfil longitudinal resultante da atividade humana. (A) Área urbana, reservatório ou substituição da vegetação por cultivos. (1) Dados a montante do local onde a atividade humana se desenvolve, (2) dados a jusante, (3) reta de ajuste para os dados a montante, (4) reta de ajuste extrapolada, (5) reta de ajuste dos dados a jusante (adaptado de Matthews e Foster, 1986).*

de largura ou profundidade do canal, ou distribuição do tamanho das partículas de sedimentos ao longo do perfil longitudinal.

6. Influência do Homem sobre a Geomorfologia Fluvial

Nos últimos três séculos, as atividades humanas têm aumentado a sua influência sobre as bacias de drenagem e, por conseguinte, sobre os canais constituintes. Hoje, há grande interesse no homem como agente geomorfológico. Park (1981) e Knighton (1984) ressaltam dois grupos de mudanças fluviais induzidas pelo homem. O primeiro se refere a modificações ocorridas diretamente no canal fluvial para controlar as vazões (para armazenamento das águas em reservatórios ou desvio de águas) ou para alterar a forma do canal imposta pelas obras de engenharia, visando a estabilizar as margens, atenuar os efeitos de enchentes, inundações, erosão ou deposição de material, retificar o canal e extrair cascalhos. Essas obras alteram a seção transversal, o perfil longitudinal do rio, o padrão de canal, entre outras modificações.

O segundo grupo relaciona-se às mudanças fluviais indiretas que resultam das atividades humanas, realizadas fora da área dos canais, mas que modificam o comportamento da descarga e da carga sólida do rio. Tais atividades estendem-se para a bacia hidrográfica e estão ligadas ao uso da terra, como a remoção da vegetação, desmatamento, emprego de práticas agrícolas indevidas, construção de prédios e urbanização.

Em ambos os tipos de mudança fluvial (direta ou indireta), os efeitos podem ser transmitidos a longas distâncias e estudos realizados (Petts, 1977; Richards e Wood, 1977; Park,1977b; Gregory e Madew, 1982; Patrick *et al.*, 1982) têm mostrado muitas incertezas quanto às respostas do rio diante dessas modificações. A propósito disso, alguns pontos foram questionados por Park (1977b); eles serão enunciados a seguir e devem nortear as futuras pesquisas:

1) Apesar de as relações entre a forma do canal e suas variáveis de controle constituírem uma base para identificar o estado de equilíbrio de um rio, elas estão longe de ser adequadas para generalizações, em especial no que diz respeito ao tipo e quantidade de carga de sedimentos. Relações obtidas para um ambiente ou tipo de canal não podem ser aplicadas para outro, e os resultados particulares precisam ser cuidadosamente avaliados para possíveis generalizações;

2) Ainda não está bem entendida a sensibilidade da mudança de um ambiente para outro e de uma variável de forma de canal para outra;

3) O conceito de equilíbrio é difícil de ser aplicado quando os rios têm múltiplas respostas, com escalas de tempo de ajustes variáveis;

4) Está, ainda, pobremente entendido o processo de propagação de mudanças localizadas, que sabemos transmitirem-se para longe da fonte.

Existem maneiras distintas de se identificar as mudanças fluviais induzidas pelo homem (Park, 1977b). O método ideal é aquele que se apóia no monitoramento das mudanças do canal, em locais-marco. Esse método requer dados coletados durante algum tempo e são necessárias observações anteriores às modificações, muitas vezes obtidas em fotos aéreas. Outro método refere-se à predição através do emprego de relações estabelecidas entre a descarga e a forma do canal e a produção de sedimentos. Como esse método só faz a predição, surgem problemas quando é necessário saber o caráter e a magnitude do processo de mudanças. O terceiro método diz respeito à aplicação da técnica de interpolação espacial, onde a comparação das propriedades da forma do canal pode ser feita entre rios adjacentes, um que sofreu mudanças e outro não; ou essa comparação pode ser feita ao longo do próprio rio, cujo alto curso se mantém natural e a porção jusante teve mudanças causadas por alguma condição. A facilidade de aplicação desse método relaciona-se à flexibilidade e ao fato de não precisar qualquer conhecimento anterior às mudanças fluviais.

7. Impactos das Obras de Engenharia no Ambiente Fluvial

O aproveitamento das águas fluviais, com o fechamento de um rio para a formação do reservatório, assim como o aproveitamento da planície de inundação, através de obras de canalização, está associado à geração de uma série de alterações fluviais (Petts, 1984; Brookes, 1988; Cunha, 1991a, 1993), em especial na dinâmica fluvial. Esses impactos no canal fluvial são, na maioria, fenômenos localizados que ocasionam efeitos em cadeia, com reações muitas vezes irreversíveis.

7.1. Construção de Barragens

A construção de barragens em vales fluviais rompe a seqüência natural dos rios em três áreas distintas (Makkaveyev, 1972, Fig. 5.11). Na parte a montante da barragem, o nível de base local é levantado, alterando a forma do canal e a capacidade de transporte sólido, quando ocorre o assoreamento na desembocadura e no fundo do vale principal e afluentes (Fig. 5.11). Os impactos registrados no local não se limitam à área próxima do reservatório e à faixa de inundação, estendendo-se gradualmente para montante, ao longo dos perfis dos rios. Geram o aumento no fornecimento de sedimentos para o reservatório, modificando, muitas vezes, o seu tempo útil e alterando a biota fluvial (Lousã, 1986).

No reservatório, em virtude da mudança da situação lótica (água corrente) para lêntica (água parada), a atuação dos ventos e ondas nas margens torna-se mais importante do que o impacto da energia cinética das correntes sobre o fundo. Desenvolvem-se as margens de abrasão, cujos declives favorecem a atuação dos processos gravitacionais, o recuo das margens ou das falésias lacustres e a formação de praias. Os produtos de abrasão, em

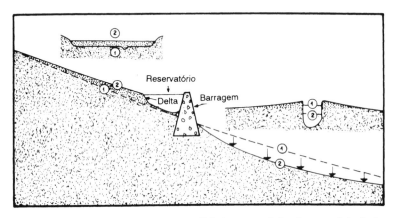

Figura 5.11 — *Rompimento do equilíbrio natural do rio, em virtude da construção de reservatório. A montante ocorre a agradação do vale, e, a jusante, o aprofundamento da calha fluvial.*

conjunto com os sedimentos trazidos pelos tributários, podem originar feições deposicionais na faixa litoral lacustre, tais como os depósitos dos desmoronamentos, as praias e os leques lacustres. Os impactos mencionados aumentam a carga de fundo e de suspensão, provocando o assoreamento do reservatório com conseqüente redução da vida útil do mesmo (Fig. 5.12).

A terceira área localiza-se a jusante do reservatório, onde o regime do rio sofre significativas modificações, devidas ao controle artificial das descargas líquidas e de sedimentos no reservatório. As mudanças ocorridas no regime das águas, neste setor do rio, acarretam significativos efeitos nos processos do canal, tais como o entalhe do leito, a erosão nas margens e a deposição a jusante, atingindo longas distâncias. Muitos pesquisadores, nos últimos anos, têm procurado entender o complexo reajustamento da

Figura 5.12 — *Assoreamento do reservatório de Juturnaíba, Rio de Janeiro, após oito anos de construção (1984/1991). A vegetação encontrada junto ao vertedouro é trazida pela corrente durante a época das cheias (Cunha, 1993). O vertedouro tipo ziguezague (710m de extensão) é de utilização ainda restrita e de excelente emprego em áreas de cheias freqüentes e intensas (Magalhães e Lorena, 1989).*

morfologia do canal e estimar o tempo requerido para a resposta morfológica chegar ao seu equilíbrio (Petts, 1980). Neste contexto, Buma e Day (1977) afirmaram que nenhuma resposta do canal pode ser observada antes de cinco anos (ou mais) do represamento e que essas trocas podem perdurar mais de 50 anos. Neste setor do rio, a água límpida ultrapassa a barragem, e Grimshaw e Lewin (1980) mostraram este fato pela comparação entre duas bacias hidrográficas vizinhas, na Grã-Bretanha. Uma delas possuía 54% da sua área represada, e a outra encontrava-se em condições naturais. Ambas as bacias foram consideradas similares, em tamanho e em características naturais. Medições, entre 1973 e 1975, revelaram que a carga de sedimentos foi reduzida em 90%, a jusante do rio represado.

Neste setor, o perfil do rio principal e dos seus tributários tem sua forma modificada pelo entalhe dos leitos ocasionado pelo abaixamento dos seus níveis de base, produzindo, gradualmente, novo terraço (Fig. 5.11). Alterações na magnitude e freqüência dos escoamentos podem mesmo alcançar a foz e afetar a dinâmica da linha de costa a ela anexa (Daveau, 1977).

7.2. Canalização

O interesse pelos impactos geomorfológicos causados pelas obras de engenharia fluvial tem sido expresso por uma abundância de publicações. A partir da década de 70, esses trabalhos se dirigiram para as questões ligadas aos ajustamentos dos canais, porque estes adquiriram importância diante dos problemas práticos (Hails, 1977; Schumm, 1977; Gregory, 1977b).

A canalização é uma obra de engenharia realizada no sistema fluvial que envolve a direta modificação da calha do rio e desencadeia consideráveis impactos, no canal e na planície de inundação. Os diferentes processos de canalização consistem no alargamento e aprofundamento da calha fluvial, na retificação do canal, na construção de canais artificiais e de diques, na proteção das margens e na remoção de obstáculos no canal. Estes processos foram sumarizados por Brookes (1988), que apresentou as diferentes terminologias utilizadas na América do Norte e na Inglaterra. O emprego de qualquer desses processos de canalização exige

GEOMORFOLOGIA FLUVIAL

permanente manutenção da capacidade do canal. Isso envolve dragagem, corte e/ou remoção das obstruções. Por sua vez, a freqüência da dragagem requerida pelos canais é função do tipo granulométrico dos sedimentos, o que varia com o ambiente e a taxa de sedimentação. Canais de leitos arenosos, por apresentarem grande sedimentação, requerem freqüência de dragagem com intervalos de 10 anos ou mais. Experiências na Inglaterra, em rios com competência argilosa, mostraram a necessidade da passagem da draga a intervalos de 5 a 10 anos (Haslam,1978).

Entre as obras de canalização, a retificação dos rios tem como finalidade o controle das cheias, a drenagem das terras alagadas e a melhoria do canal para a navegação. A utilização desse tipo de obra de engenharia é ainda controversa, sendo considerada técnica imprópria, com efeitos prejudiciais ao ambiente (Keller, 1981). A passagem da draga, aprofundando o canal, provoca o abaixamento do nível de base, favorecendo a retomada erosiva nos afluentes. Cunha (1993) observou que o rio Pirineus (Fig. 5.13), afluente do rio São João, passou a elaborar formas de acumulação na sua desembocadura (bancos de confluência, segundo terminologia de Kellerhals *et al.*, 1976) após as obras de retificação do rio São João. Esse assoreamento tornou-se acentuado, uma vez que as margens do rio Pirineus são constituídas por alúvios holocênicos inconsolidados, variando de tamanho entre as areias muito grosseiras e muito finas, oferecendo baixa resistência para a erosão lateral.

Ainda, os impactos geomorfológicos que ocorrem no canal retificado mudam o padrão de drenagem, reduzindo o comprimento do canal, com a perda dos meandros; altera a forma do canal (aprofundamento e alargamento, Cunha, 1991b, Fig. 5.14), diminui a rugosidade do leito e aumenta seu gradiente. A jusante do canal retificado verifica-se um aumento da carga sólida e imediato assoreamento durante a passagem da draga, e a erosão no canal pelos eventos torrenciais do regime. A erosão dos bancos de areia, formados pelos sedimentos provenientes da passagem da draga, pode aumentar a quantidade de sedimentos que chega à foz do rio principal, modificando o equilíbrio natural de sedimentação e dando origem a novas formas deposicionais. Na planície de inundação, o aprofundamento do leito poderá causar a transformação dos

Figura 5.13 — *Banco arenoso na confluência dos rios São João e Pirineus. O crescimento desse depósito é impedido pela draga que explora a areia local. Observa-se, também, a instabilidade das margens em 4 de setembro 1991 (segundo Cunha, 1993).*

meandros em bacias de decantação, lagos ou pântanos e a subida relativa do terraço fluvial, em relação ao nível da água.

Para minimizar os efeitos dessa obra de engenharia é possível realizar uma canalização alternativa que objetiva amenizar certos efeitos negativos da canalização (Brookes, 1985). Por sua vez, alguns tipos de canalização alternativa têm sido desenvolvidos pelos geomorfólogos, que consideram o rio um sistema aberto, no qual há balanço entre a forma do canal e os processos nele atuantes (Keller, 1978).

Brookes *et al.* (1983) sumarizaram os tipos de canalização alternativa realizados em diferentes países. O primeiro diz respeito à construção de depressões e soleiras, no fundo do canal, para produzir uma estabilidade morfológica que é, biologicamente pro-

GEOMORFOLOGIA FLUVIAL

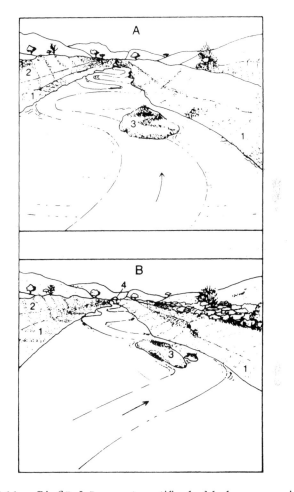

Figura 5.14 — *Rio São João, no setor retificado. Mudanças ocorridas na forma do canal entre (A) novembro de 1987 e (B) agosto de 1991. (1) Leito maior; (2) dique; (3) ilha formada após a retificação do canal; (4) depósito de areia proveniente da exploração do leito fluvial (conforme Cunha, 1993).*

GEOMORFOLOGIA FLUVIAL

dutiva. Esta alternativa tem aplicação geral na América do Norte (Keller, 1975). Outra opção refere-se à alternância de setores de canal revestido por cimento e pequenos trechos de canais naturais que fornecem *habitat* aceitável para os peixes. Esta alternativa permite a migração dos peixes, ao contrário da situação do canal concretado na sua totalidade.

A restauração e a reparação dos canais são também empregadas para amenizar os efeitos negativos da canalização. Esse processo consiste na conservação das árvores, que produzem a estabilização das margens, na minimização das mudanças na forma do canal, no emprego de técnicas de estabilização das margens e na reconstituição da morfologia natural da calha do rio (Nunnally, 1978). A alternativa de reparar é semelhante à restauração. Para minimizar os impactos da canalização no ambiente, essa alternativa preconiza dragar o mínimo do fundo e das margens, exceto onde ocorra assoreamento, e conservar a maioria das árvores.

A engenharia biotécnica vem sendo utilizada na Alemanha (Binder *et al.*,1983) e recorre à vegetação, em vez de a materiais artificiais, como meio de proteção das margens. Procura manter a morfologia do canal natural, com meandros e perfis transversais assimétricos e sugere a preservação ou criação de *habitats* naturais para a flora e fauna.

8. Bibliografia

BIGARELLA, J. J., SUGUIO, K. e BECKER, R. D. (1979) *Ambiente Fluvial: Ambientes de Sedimentação, sua interpretação e importância.* Editora da Universidade Federal do Paraná. Associação de Defesa e Educação Ambiental, 183p.

BINDER, W., JURGING, P. e KARL, J. (1983) Natural river engineering — characteristics and limitations. *Garten Und Landschaft*, 2: 91-94.

BROOKES, A. (1985) River channelization: tradicional engineering methods, physical consequences and alternative practices. *Progess in Physical Geography*, 9(1): 325-326.

BROOKES, A. (1988) *Channelized Rivers: Perspectives for Environmental Management*. Wiley-Intercience, 326p.

BROOKES, A., GREGORY, K. J. e DAWSON, F. H. (1983) An assessment of river channelization in England and Wales. *The Science of the Total Environment*, 27: 97-112.

BUMA P., G. e DAY, J. C. (1977) Channel morphology below reservoir storage projects. *Environmental Conservation*, 4 (4): 279-284.

CHITALE, S. V. (1970) River channel patterns. *Journal Hydraulics Division*, ASDE, 96 (1): 201-221.

CHRISTOFOLETTI, A. (1969) Análise morfométrica de bacias hidrográficas. *Not. Geomorf. 9* (18): 35-64.

CHRISTOFOLETTI, A. (1970) Análise hipsométrica de bacias de drenagem. *Not. Geomorf. 10* (19): 68-76.

CHRISTOFOLETTI, A. (1974) *Geomorfologia*. São Paulo, Editora da Universidade de São Paulo, 149p.

CHRISTOFOLETTI, A. (1976) Geometria hidráulica. *Notícia Geomorfológica*, São Paulo, 16 (32): 3-37.

CHRISTOFOLETTI, A. (1981) *Geomorfologia Fluvial*. São Paulo, Editora Edgard Blucher, 313p.

CRUZ, O. (1974) A Serra do Mar e o litoral na área de Caraguatatuba — SP. Contribuição à geomorfologia litorânea tropical. *Série Teses e Monografias*, 11, São Paulo, 181pp.

CUNHA, S. B. (1977) Contribuição à análise das características fisiográficas de bacias fluviais — o alto rio Grande — RJ. *Anais do I Seminário de Hidrologia e Recursos Hídricos*, pp. 581-606.

CUNHA, S. B. (1978) *Ambientes e características hidrológicas da bacia do alto rio Grande (Nova Friburgo-RJ)*. Dissertação de mestrado. Instituto de Geociências. Departamento de Geografia, UFRJ, 188pp.

CUNHA, S. B. (1991a) Impactos das obras de engenharia na dinâmica do canal e planície de inundação do rio São João— RJ—Brasil. *V Simpósio Luso-Brasileiro de Hidráulica e Recursos Hídricos — IX Simpósio Brasileiro de Recursos Hídricos*, 4: 110-121, Rio de Janeiro.

CUNHA, S. B. (1991b) Rectificação do rio São João — Efeitos na morfologia do canal e na ecologia. *Finisterra*, XXVI, 51:185-193.

GEOMORFOLOGIA FLUVIAL

CUNHA, S. B. (1993) *Impactos das obras de engenharia sobre o ambiente biofísico da bacia do rio São João (Rio de Janeiro-Brasil)*. Tese de doutoramento. Departamento de Geografia. Universidade Clássica de Lisboa, Lisboa, 415pp.

CUNHA, S. B., MACHADO, M. B. e MEIS, M. R. M. (1975) Drainage basin morphometry on deeply weathered bedrocks. *Z. f. Geomorph*. N. F. *19*: 125-139.

DAVEAU, S. (1977) Bases geográficas do problema da barragem de Alqueva. *Finisterra, XII (24)*: 342-350.

DOORNKAMP, J. C. e KING, C. A. M. (1971) *Numerical analysis in geomorphology: an introduction*. Edward Arnold, Londres.

DURY, G. H. (1969) Relation of morphometry to runoff frequency. *In Water, Earth and Man* (Chorley, R. J., editor). Methuen & Co, Londres, pp. 419-430.

DURY, G. H. (1970) (organizador) *River and river terraces*. Londres, Mac Millan & Co.

FREITAS, R. O. de. (1952) Textura de drenagem e sua aplicação geomorfológica. *Boletim Paulista Geografia (11)*: 53-57.

GANDOLFI, N. (1971) Análise morfométrica de drenagem na bacia do rio Mogi-Guassu. *Not. Geomorf. 11*: 23-40.

GHOSE, B., PANDEY, S., SINGH, S. e GHESA, L. (1967) Quantitative Geomorphology of the drainage basins in the Central Lund Basin in Western Rajasthan. *Z. f. Geomorph*. N. F. *11*: 146-160.

GREGORY, K. J. (1977a) *River Channel Changes*. Wiley, Chichester, 450p.

GREGORY, K. J. (1977b) Stream network volume: an index of channel morphometry. *Geol. Soc. America Bulletin, 88* (8): 1075-1080.

GREGORY, K. J. e MADEW, J. R. (1982) Land use change, flood frequency and channel adjustments. *In Gravel Bed Rivers*. John Wiley and Sons, pp. 755-782.

GREGORY, K. J. e WALLEY, D. E. (1976) *Drainage Basin Form and Process*. Edward Arnold.

GRIMSHAW, D. L. e LEWIN, J. (1980) Reservoir effects on sediment yield. *Journal of Hidrology, 47*: 163-171.

GUERRA, A. T. (1993) *Dicionário Geológico-Geomorfológico*, Rio de Janeiro, Fundação Instituto Brasileiro de Geografia e Estatística, 8ª edição, 446p.

HAILS, J. R. (1977) *Applied Geomorphology*. Amsterdam, Elsevier, 354p.

HASLAM, S. M. (1978) *River Plants*. Cambridge University Press. Cambridge, 394p.

HJULSTROM, F. (1935) Studies of the morphological activity of rivers as illustrated by the river Fyris. Univ. Upsala. *Geol. Inst. Bull.* 25: 221-527.

HORTON, R. E. (1945) Erosional development of streams and their drainage basins: hydrophysical approach to quantitative morphology. *Geol. Soc. America Bulletin 56 (3):* 275-370.

HOWARD, A. D. (1967) Drainage analysis in geologic interpretation: a summation. *American Association of Petroleum Geologists Bulletin, 51, 11:* 2246-2259.

JACKSON, J. R. (1834) Hints on the subject of geographical arrangement and nomenclature. *Royal Geog. Soc. Jour.* v. 4, pp. 72-88.

KELLER, E. A. (1971) Aerial sorting of bed load material: the hypothesis of velocity reversal. *Geological Society of America Bulletin, 82:* 753-756.

KELLER, E. A. (1972) Development of alluvial stream channels: a five stage model. *Geological Society of America Bolletin, 83:* 1531-1536.

KELLER, E. A. (1975) Channelization: a search for a better way. *Geology, 3:* 246-248.

KELLER, E. A. (1978) Pools, riffles and channelization. *Environmental Geology, 2:* 119-127.

KELLER, E. A. (1981) Hidrology and human use. *In Environmental Geology*, Charles E. Merril Publishing Company, pp. 227-270.

KELLERHALS, R., CHURCH, M. e BRAY, D. I. (1976) Classification and analysis of river processes. *Journal of the Hidraulics Division*, American Society of Civil Engineers, *102:* 813-829.

KNIGHTON, A. D. (1974) Variation in width-discharge relation and some implications for hydraulic geometry. *Geol. Soc. America Bulletin 85(7):* 1069-1076.

KNIGHTON, A. D. (1984) *Fluvial forms and processes*. Edward Arnold, 218p.

LEOPOLD, L. B. e MADDCK, J. T. (1953) The hydraulic geometry of stream channels and some physiographic implications. *U. S. Geol. Survey Professional Paper*, 252: 1-57.

LEOPOLD, L. B. e WOLMAN, M. G. (1957) River channel patterns: braided, meandering and straight. *U. S. Geol. Survey Prof. Paper* (282-B): 39-84.

LEOPOLD, L. B., WOLMAN, M. G. e MILLER, J. P. (1964) *Fluvial Processes in Geomorphology*, São Francisco, W. F. Freeman and Co., 522p.

LOUSÃ, M. F. (1986) *Uma barragem em perspectiva. Impactos sobre as fiticenoses*. Universidade Técnica de Lisboa. Instituto Superior de Agronomia, 50p.

MAGALHÃES, A. P. e LORENA, M. (1989) Hydraulic design of labyrinth weirs. Laboratório Nacional de Engenharia Civil, *Memória, 736*: 1-10.

MAKKAVEYEV, N., I. (1972) The impact of large water enginee-ring projects on geomorphic processes in stream valleys. *Soviet Geography*: Review and Transactions *13*: 387-393.

MARQUES, J. S. (1990) *A participação dos rios no processo de sedimentação da baixada de Jacarepaguá*. Tese de Doutoramento em Geografia, Instituto de Geociências e Ciências Exatas, UNESP, 435p.

MATTWEUS, M. H. e FOSTER, I. D. L. (1986) *Fieldword Exercices in Human and Physical Geography*. Edward Arnold, 96p.

MORISAWA, M. (1968) *Streams: their dynamics and morphology*. McGraw-Hill, New York, 175p.

MULLER, G. (1967) *Methods in sedimentary petrology*. Stuttgart, E. Schweizerbartische Verlagbuchhandlung, 283p.

NUNNALLY, N. R. (1978) Stream renovation: an alternative to channelization. *Environment Management*, 2: 403-411.

PARK, C. C. (1977a) World-wide variations in hydraulic geome-try exponents of stream channels: an analysis and some ob-servations. *Journal of Hidrology 33* (1-2): 133-146.

PARK, C. C. (1977b) Man-induced changes in stream channel capacity. *In River Channel Changes*. John Wiley and Sons, pp. 121-144.

PARK, C. C. (1981) Man, river systems and environmental impacts. *Progress in Physical Geography 5* (1): 1-31.

PATRICK, D. M., SMITH, L. M. e WHITTEN, C. B. (1982) Methods for studying accelerated fluvial change. *In Gravel Bed Rivers*. John Wiley and Sons, pp. 783-816.

PEALE, A. C. (1879) Report on the geology of the Green River District. *U. S. Geol. and Geog. Survey Territory*, 9° Annual Report, 720p.

PETTS, G. E. (1977) Channel response to flow regulation: the case of the River Derwent, Derbyshire. *In Gravel Bed Rivers*. John Wiley e Sons, pp. 145-166.

PETTS, G. E. (1980) Long-term consequences of upstream impoundment. *Environmental Conservation*, 7(4): 325-332.

PETTS, G. E. (1984) *Impounded Rivers-Perspectives for Ecological Management*. John Wiley and Sons, 326p.

PICKUP, G. (1976) Adjustment of stream-channel shape to hydrologic regime. *Journal of Hidrology*, 30 (4): 365-373.

RICHARDS, K. S. (1973) Hidraulic geometry and channel roughness- a non linear system. *American Journal of Science*, 273(10): 877-896.

RICHARDS, K. S. (1976a) Complex width-discharge relations in natural river sections. *Geol. Soc. America Bulletin*, 87(2): 199-206.

RICHARDS, K. S. (1976b) Channel width and the riffle-pool sequence. *Geol. Soc. America Bulletin*, 87(6): 883-890.

RICHARDS, K. S. (1977) Channel and flow geometry: a geomorphological perspective. *Progress in Physical Geography*, 1(1): 65-102.

RICHARDS, K. S. e WOOD, R. (1977) Urbanization, warwe redistribution, and their effect on channel processes. *In River Channel Changes*. John Wiley and Sons, pp. 369-387.

SCHEIDEGGER, A. E. (1965) The algebra of stream order numbers. *U. S. Geol. Surv. Prof. Paper* 525B, pp. 187-189.

SCHEIDEGGER, A. E. (1967) On the topology of river nets. *Water Resources Research* 3(1): 103-106.

SCHEIDEGGER, A. E. (1968a) Horton's law of stream numbers. *Water Resources Research* 4(3): 655-658.

SCHEIDEGGER, A. E. (1968b) Horton's laws of streams lengths and drainage areas. *Water Resources Research* 4(5): 1015-1021.

SCHUMM, S. A. (1956) Evolution of drainage systems and slopes in badlands of Perth Amboy.Geol. *Soc. America Bulettin* 67: 597-646.

SCHUMM, S. A. (1963) Sinuosity of alluvial rivers on the great plains. *Geol. Soc. America Bulletin, 74*(9): 1089-1100.

SCHUMM, S. A. (1967) Meander wavelenght of alluvial rivers. *Science, 157*: 1549-1550.

SCHUMM, S. A. (1977) *The Fluvial System*. Wiley and Sons-Interscience, 338p.

SHREVE, R.L. (1966) Statistical law of stream numbers. *Journal of Geology 74* (1): 17-37.

STRAHLER, A. N. (1950) Equilibrium theory of erosional slopes approaches by frequency distribution analysis. Amer. *J. Sci.* 248: 673-696.

STRAHLER, A. N. (1952a) Hypsometric (area-altitude) analysis of erosional topography. *Geol. Soc. America Bulletin 63*: 1119-1142.

STRAHLER, A. N. (1952b) Dynamic basis of Geomorphology. *Geol. Soc. Amer. Bull. 63*: 923-938.

STRAHLER, A. N. (1956) Quantitative slope analysis. *Geol. Soc. America Bulletin, 63*(4): 571-596.

STRAHLER, A. N. (1957) Quantitative analysis of watershed Geomorphology. *Trans. Amer. Geophys. Union, 38*: 913-920.

SUGUIO, K. (1973) *Introdução à Sedimentologia*. São Paulo, Editora da Universidade de São Paulo, 317p.

SUNDBORG, A. (1956) The River Klaralven: a study of fluvial processes. *Geograf. Ann. 38*: 127-316.

TRICART, J. (1966) Os tipos de leitos fluviais. *Notícia Geomorfológica*, São Paulo, *6* (11): 41-49.

CAPÍTULO 6

GEOMORFOLOGIA COSTEIRA

Dieter Muehe

1. Introdução

A preocupação de planejar racionalmente a ocupação e uso do espaço costeiro é relativamente recente no Brasil. Os constantes problemas resultantes de interferência, direta e indireta, no balanço de sedimentos costeiros e do avanço da urbanização sobre áreas que deveriam ser preservadas mostram que ainda é longo o caminho entre intenção e realização.

Em parte o lapso de reação entre a percepção de problemas na ocupação do litoral e a busca de soluções decorre da enorme extensão do litoral (7.400 quilômetros, sem considerar os contornos de baías e ilhas), cuja ocupação mais intensa se iniciou apenas há cerca de 40 anos, impulsionada com a popularização do automóvel. Atualmente (censo de 1991), cerca de 20% da população brasileira vivem em municípios costeiros, ou seja, a uma distância em geral não superior a 20km do mar. É um valor que contradiz a noção muito difundida de um país eminentemente orientado para o litoral, conforme ressaltado por Neves, em Muehe & Neves (1994, em publicação). Esta ocupação, entretanto, apesar de mais baixa do que o esperado quando vista em termos relativos, se concentra nas proximidades das capitais, o que gera problemas bem localizados e de forte ressonância nos meios de comunicação.

Sob o ponto de vista geomorfológico, a linha de costa se caracteriza por instabilidade decorrente de alterações por efeitos naturais e antrópicos, que se traduzem em modificações na disponibilidade de sedimentos, no clima de ondas e na altura do nível relativo do mar. O litoral e, especialmente, as praias respondem com mudanças de forma e de posição que podem ter conseqüências econômicas indesejáveis quando resultam em destruição de patrimônio ou em custos elevados, na tentativa de interromper ou retardar o processo de reajuste morfológico.

Pari passu com os crescentes problemas ambientais, aumenta o interesse de profissionais e estudantes no aprimoramento de sua formação para que, no âmbito de suas próprias especialidades, possam participar de forma mais adequada e integrada na busca de soluções. A diversidade de profissionais que, na universidade, realizam cursos em áreas diferentes da de sua formação original é uma demonstração clara da busca de ruptura do confinamento ditado pelo elenco de disciplinas obrigatórias de cada profissão regulamentada. Minha experiência como docente da disciplina Geomorfologia Costeira de um Programa de Pós-Graduação em Geografia é especialmente rica pelo fato de a Geografia, com seu enfoque interdisciplinar, atrair estudantes não apenas da própria Geografia, mas também da Biologia, Geologia, Oceanografia, Ecologia, Arquitetura e Engenharia Costeira, o que, por outro lado, tem propiciado uma abertura para trabalhos conjuntos gratificante e frutífera.

2. Terminologia de Feições Costeiras

O importante desenvolvimento da hidráulica e da geologia marinha ou oceanografia geológica, principalmente após a Segunda Guerra Mundial, gerou, devido à liderança dos pesquisadores norte-americanos, uma série de termos em língua inglesa de aceitação quase universal, cuja adaptação para o português nem sempre se fez ou quando feita nem sempre da mesma forma. Por essa razão, achei prudente escrever a palavra inglesa correspondente a cada termo técnico usado. A terminologia, principalmente de feições deposicionais e de hidráulica costeira, ainda apresenta alguns problemas, havendo necessidade de harmonização, o que está sendo iniciado pelo Programa de Geologia e Geofísica Marinha (PGGM), conjuntamente com representantes da área de Engenharia Costeira. Uma ajuda importante é o *Dicionário de Geologia Marinha,* de Suguio (1992). Mas, por falta de um acordo sobre terminologia, alguns ajustes certamente terão que ser feitos.

Um esquema sobre os principais tipos de costas foi apresentado por Shepard, em 1937, e, posteriormente, revisado, em 1968, por ocasião da segunda edição do seu livro *Submarine Geology.* Estes tipos estão sumarizados na Figura 6.1 e se subdividem em costas primárias e secundárias. Nas primárias, as feições morfológicas resultam do contato das águas com uma topografia previamente esculpida por agentes não-marinhos, ao passo que na segunda a topografia resulta de formas de erosão ou acumulação por processos marinhos.

Nas feições primárias, a classificação de vale fluvial afogado corresponde aos estuários, termo mais empregado para essas feições de grande importância econômica e social devido à fertilidade de suas águas, condições de abrigo para embarcações e acessibilidade à retroterra. Como feição secundária, deposicional, teria sido interessante a ilustração de um tômbolo, depósito arenoso em forma de banco ou cordão, construído em decorrência de refração e difração das ondas em torno de uma ilha que assim fica ligada ao continente.

Na Figura 6.2 é apresentada a terminologia típica das feições morfológicas do prisma praial emerso e submerso, entendendo-se como prisma praial a acumulação de sedimentos da zona submarina até a feição emersa mais elevada de uma praia. Como já ressaltado, não há consenso na utilização de uma série de termos que, mesmo na língua inglesa, apresentam definições contrastantes. Um exemplo é o termo *shoreface,* definido por Shepard (1963) como zona pouco além da linha da baixa-mar, na qual a

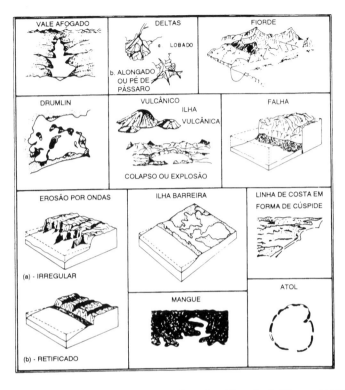

Figura 6.1 — *Tipos de costas segundo a classificação de Shepard (1963).*

ação das ondas impõe aos sedimentos um movimento de vaivém mais ativo. Swift (1976a), por outro lado, denomina de *shoreface* toda a porção submersa do prisma praial, muitas vezes morfologicamente limitada por um decréscimo de declividade no que se pode considerar o limite entre prisma praial e plataforma continental interna. Dependendo do clima de ondas, esse limite pode se estender a mais de 10m de profundidade. O emprego do termo *shoreface*, na concepção de Swift, me parece mais adequado, pois se aplica a uma importante feição morfológica resultante de processos hidrodinâmicos que afetam o equilíbrio e a evolução de todo o prisma praial. Em português, um termo adequado para designar a *shoreface* é *antepraia*, já utilizado por alguns pesquisadores neste sentido mas, também, no sentido de *foreshore*, praticamente sinônimo de face de praia, ou então prisma praial submerso, uma denominação ainda pouco utilizada. Na falta de consenso, o termo *antepraia* será aqui utilizado como tradução de *shoreface*, de acordo com a concepção de Swift (1976a).

3. Processos Costeiros

Entende-se como *processos costeiros* a ação de agentes que, provocando erosão, transporte e deposição de sedimentos, levam a constantes modificações na configuração do litoral.

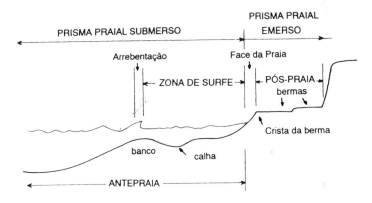

Figura 6.2 — *Terminologia da praia e zona submarina adjacente.*

Segundo Swift (1976a), o deslocamento de uma linha de costa (lc) é proporcional à taxa de aporte de sedimentos (Qs), que pode ser negativa, das características do sedimento (G), como granulometria e composição mineralógica, da energia da onda (E), da inclinação do fundo marinho (β) e da amplitude de oscilação do nível do mar (ΔM), podendo ser expressa de forma semiquantitativa pela relação:

$$lc \propto (Qs \cdot G / E) - (\beta / \Delta M)$$

Se, por exemplo, ocorrer redução da taxa de aporte de sedimentos devida à construção de barragem no baixo curso de um rio, teríamos como conseqüência a diminuição de (Qs) e, quase certamente, também a redução do tamanho dos sedimentos (G), pois o material de maior granulometria tenderá a ficar retido a montante da barragem. A resposta é um recuo da linha de praia por efeito de erosão. Efeito semelhante ocorre devido à ação de uma tempestade, aumentando a altura das ondas e, conseqüentemente, sua energia (E). Vamos analisar essas variáveis um pouco mais detidamente.

3.1. Sedimentos

3.1.1. Caracterização granulométrica

A distribuição do tamanho dos grãos é geralmente determinada por meio de peneiramento da fração areia e pipetagem da fração silte, sendo a proporção de argila inferida pela diferença entre o peso acumulado determinado no ensaio e o peso total da amostra. Na maioria das vezes as praias são compostas por areias, mas lamas (siltes e argilas) podem cobrir parte da zona submarina defronte à praia, principalmente quando há presença de desembocaduras fluviais.

A análise de areias por peneiramento tem sido algumas vezes substituída pela determinação da velocidade de decantação, através da utilização de tubos de sedimentação. A análise granulométrica por peneiramento tem, sobre a análise por decantação, a vantagem de apresentar boa definição da distribuição granulométrica, sendo, assim, indicada para os estudos de transporte de sedimentos ou no estabelecimento de relações estatísticas entre parâmetros granulométricos e parâmetros biológicos, como nos estudos sobre comunidades bentônicas ou, ainda, na identificação de ambientes de sedimentação. A determinação da velocidade de decantação, por outro lado, é interessante, tanto pela rapidez com que se pode realizar a análise, quando se trata de areias, quanto pelo fato de o resultado refletir diferenças na densidade e geometria dos grãos, oferecendo, assim, representação mais correta do sedimento em termos de seu comportamento hidrodinâmico, sendo, por essa razão, adotada em estudos de transporte de sedimentos litorâneos e de morfodinâmica costeira.

O método mais empregado de cálculo dos parâmetros estatísticos de uma distribuição granulométrica é o que foi descrito por Folk & Ward (1957). Neste método, os tamanhos dos grãos são expressos em Phi (Φ), sendo Phi o logaritmo negativo de base dois do valor em milímetro ($\Phi = -\log_2$ mm). O percentual acumulado do peso do material retido em cada peneira é plotado em gráfico, cujo eixo das ordenadas (percentagem) é em escala de probabilidade aritmética e o eixo das abscissas (tamanho granulométrico em Φ), em escala aritmética. Nesse tipo de gráfico, uma distribuição normal é representada por uma reta. A grande vantagem reside no fato de o eixo das abscissas ser em escala aritmética, em vez de logarítmica, o que permite uma correta interpolação. Após a plotagem da curva acumulada são determinados os valores em unidades Φ correspondentes aos percentis de 5; 16; 25; 50; 75; 84 e 95, que, por sua vez, são utilizados no cálculo dos parâmetros estatísticos da distribuição granulométrica, ou seja, a mediana (Md), a média gráfica (Mz), o desvio padrão gráfico (σ_1), a assimetria gráfica (Sk$_1$) e a curtose gráfica (KG) por meio das seguintes fórmulas propostas por Folk (1974):

$$Md = \Phi_{50}$$

$$Mz = \frac{\Phi_{84} + \Phi_{50} + \Phi_{16}}{3}$$

$$\sigma_I = \frac{\Phi_{84} - \Phi_{16}}{4} + \frac{\Phi_{95} - \Phi_5}{6,6}$$

$$Sk_I = \frac{\Phi_{16} + \Phi_{84} + 2\Phi_{50}}{2(\Phi_{84} - \Phi_{16})} + \frac{\Phi_5 + \Phi_{95} - 2\Phi_{50}}{2(\Phi_{95} - \Phi_5)}$$

$$K_G = \frac{\Phi_{95} - \Phi_5}{2,44(\Phi_{75} - \Phi_{25})}$$

GEOMORFOLOGIA COSTEIRA

A vantagem na adoção da escala Phi fica evidenciada não apenas na facilidade de cálculo dos parâmetros estatísticos, mas, também, nos valores dos limites das classes texturais estabelecidas por Wentworth (1922), onde a progressão geométrica de razão 2 dos intervalos, expressos em milímetros, é substituída por uma progressão aritmética de razão 1 para os intervalos expressos na escala Phi:

CLASSIFICAÇÃO	Phi	mm		
Areia muito grossa	-1 a 0	2	a	1
Areia grossa	0 a 1	1	a	0,5
Areia média	1 a 2	0,5	a	0,25
Areia fina	2 a 3	0,25	a	0,125
Areia muito fina	3 a 4	0,125	a	0,0625
Silte	4 a 8	0,0625	a	0,0039
Argila	> 8			< 0,0039

A transformação de valores em milímetro para Phi e vice-versa pode ser feita facilmente através das seguintes relações:

$$\Phi = \log(mm^{-1}) / \log(2)$$
$$mm = 1/2^{\Phi}$$

3.1.2. Minerais pesados

Minerais pesados se caracterizam por apresentar densidade superior à do bromofórmio ($\rho = 2,85g/cm^3$) líquido comumente utilizado no laboratório para a separação de minerais leves dos pesados. Comumente apresentam coloração que os diferencia da cor clara dos minerais leves, como o quartzo ($\rho = 2,65g/cm^3$) que, pela sua abundância nas rochas do embasamento e resistência ao intemperismo, é o mineral que geralmente representa mais de 90% dos minerais constituintes de um sedimento de praia. Exceção constituem as ilhas oceânicas, de origem vulcânica, que não têm quartzo e cujas praias são formadas por minerais pesados e por

GEOMORFOLOGIA COSTEIRA

fragmentos de conchas e algas calcárias, como em Fernando de Noronha e Trindade.

Um exemplo típico de concentração de minerais pesados é a Praia de Areia Preta, em Guarapari, no Espírito Santo. A coloração escura desta praia resulta da presença da ilmenita, um óxido de ferro e titânio, enquanto o mineral responsável pelas propriedades terapêuticas da praia é a monazita, um mineral de tório, radiativo, de coloração amarelada.

Outro exemplo é a coloração avermelhada das areias da praia de João Fernandes, no cabo de Búzios (RJ), devida à concentração da granada, muito abundante nos afloramentos do embasamento cristalino da área.

Dependendo da composição química, a ocorrência de minerais pesados pode formar depósitos economicamente exploráveis (pláceres) já a partir de concentrações da ordem de três por cento, sendo que tais depósitos podem ser encontrados tanto nas praias atuais quanto em paleopraias suspensas, construídas por ocasião de um nível relativo do mar mais elevado, ou submersas, localizadas na plataforma continental.

O mecanismo responsável pela concentração de minerais pesados é o espraiamento e refluxo da onda, na praia. Quando a onda sobe na rampa que forma a face da praia, transporta os sedimentos, ao mesmo tempo que parte da água se infiltra e retorna para o mar em subsuperfície. Com isto, o volume de água que reflui em superfície é menor, principalmente na parte mais elevada da face da praia, reduzindo a capacidade de transporte de sedimentos. O resultado é a formação de um depósito residual constituído por areias, de tamanho médio geralmente mais grosso do que na zona submarina adjacente à praia.

A presença de minerais pesados nos sedimentos pode também servir como indicador da área fonte, quando houver diferenças nas suítes mineralógicas dos rios que drenam para a região costeira em estudo, e como traçador de direções de transporte. Sendo mais pesados do que os minerais leves de mesma granulometria, espera-se a diminuição da proporção de minerais pesados na direção de transporte. Isto, entretanto, nem sempre ocorre, pois a competência de transporte das correntes pode ser capaz de transportar todas as frações sem deixar um depósito residual. O método pode ser aprimorado estudando-se as variações de concentração dos diversos minerais pesados, o que, entretanto, implica substancial aumento do esforço de análise e de conhecimento para identificação dos minerais. Resultados interessantes foram obtidos por ambos os métodos, registrando-se também fracassos.

3.2. Ondas e sua Transformação em Águas Rasas

A ondulação que costumamos ver na superfície do mar é devida à ação do vento. Este, por soprar em rajadas, exerce variação de pressão que provoca, em resposta, oscilação vertical na superfície da água, que se torna rugosa. O vento passa, então, a empurrar esta ondulação, ao mesmo tempo que cria depressão, por turbulência, a sotavento de cada ondulação. O efeito combinado de variação de pressão, tração e turbulência molda a configuração das ondulações, também denominadas ondas de gravidade. À medida que o vento sopra, as ondas ou vagas vão aumentando de altura, comprimento e velocidade até um limite que depende da velocidade do vento. Para isso é necessário que o vento sopre tempo suficiente ao longo de uma distância mínima chamada pista (*fetch*). Ondas geradas numa lagoa não atingem o pleno desenvolvimento, como no mar, por falta de pista. O mesmo efeito ocorre se o vento não soprar o tempo mínimo necessário.

Uma vez geradas, as ondas mantêm sua trajetória mesmo fora da área de ação do vento, quando passam a ser denominadas de marulho (*swell*). Por se propagarem como as ondulações concêntricas, geradas por um objeto lançado na água, a energia se distribui ao longo de uma circunferência cada vez maior, o que resulta em diminuição de energia por unidade de comprimento de crista, ou seja, em diminuição da altura da onda. Dessa maneira, as ondas de tempestade, que provocam erosão na praia, podem se transformar em ondas construtivas, como será visto mais adiante.

Quando ondas de trajetórias diferentes se interceptam, cada conjunto mantém sua trajetória, dando à superfície do mar o aspecto confuso ou caótico com que é vista freqüentemente.

Na Figura 6.3 são representados os principais parâmetros de uma onda, que é caracterizada pela altura (H), que é a diferença vertical entre a cava e a crista; pela amplitude (a), ou seja, a metade da altura; pelo comprimento (L), que é a distância entre duas cristas sucessivas; e pelo período (T), que é o tempo medido entre a passagem de duas cristas sucessivas por um mesmo ponto fixo. A forma de uma onda pode ser expressa pela medida da esbeltez (*steepness*) que é a relação entre a altura e o comprimento (H/L). A celeridade, ou seja, a velocidade de propagação é função da relação L/T. A cada um desses parâmetros é comumente adicionado um subscrito para caracterizar se a onda é ou não afetada pela profundidade. Assim, o subscrito "o" caracteriza ondas não afetadas pelo fundo (H_o, L_o, C_o); o subscrito "s", ondas em águas rasas (H_s, L_s); o subscrito "b", ondas na arrebentação (H_b).

Uma onda se modifica a partir do momento em que começa a sentir o efeito do fundo. Isso ocorre quando a profundidade (h) é igual ou menor do que a metade do comprimento da onda ($h/L_o \leq 0{,}5$). Para efeitos de cálculo, a adoção deste limite é muito rigorosa, pois o erro é de apenas 0,37% (Komar, 1976). A adoção do limite de um quarto do comprimento da onda aumenta o erro para 5%, o que é aceitável e tem como vantagem permitir o uso de equações válidas para ondas não afetadas pelo fundo, para profundidades menores do que no limite anterior. Por exemplo, para uma onda com comprimento de 100m, o limite de aplicação das fórmulas para ondas não afetadas pelo fundo passa de 100/2

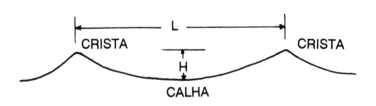

Figura 6.3 — *Representação dos principais parâmetros de uma onda.*

= 50m, para 100/4 = 25m de profundidade, abarcando, dessa forma, grande parte da plataforma continental interna, intimamente ligada aos processos que afetam a região costeira, e cujo limite externo é fixado em 60m.

Adotando esse critério, podemos distinguir três limites distintos para o cálculo dos parâmetros de uma onda:

$\dfrac{h}{L_o} \geq 0{,}25$ água profunda (onda não afetada pelo fundo)

$0{,}25 > \dfrac{h}{L_o} \geq 0{,}05$ água intermediária (onda afetada pelo fundo)

$\dfrac{h}{L_o} < 0{,}05$ água rasa (onda afetada pelo fundo)

Para descrever as características de uma onda foram desenvolvidas várias teorias, como a de Airy (1845), Stokes (1847) e Cnoidal (Korteweg & de Vries, 1895), cada uma adequada para certas faixas de h/L. Devido a maior simplicidade, porém, a teoria de Airy é a mais empregada. Uma boa descrição sobre as diversas teorias é encontrada em Komar (1976).

Pela teoria de Airy (1845), a celeridade de uma onda não afetada pelo fundo é dada pela equação:

$$C_o = \sqrt{\dfrac{gL_o}{2\pi} \tanh \dfrac{2\pi h}{L_o}}$$

onde g representa a aceleração da gravidade ($9{,}81 m/s^2$) e $\pi = 3{,}1416$. Os outros parâmetros já foram definidos, sendo que suas dimensões são geralmente expressas no sistema de unidades MKS (metro, quilograma, segundo).

Como $\tanh \dfrac{2\pi h}{L_o} \approx 1$, a expressão se simplifica para:

$$C_o = \sqrt{\frac{gL_o}{2\pi}} \quad \text{ou } C_o = 1{,}25\sqrt{L_o}$$

Isto significa que a celeridade ou velocidade de deslocamento de uma onda não afetada pelo fundo é função do seu comprimento.

Como $L = CT$, temos que $C_o = 1{,}25\sqrt{C_oT}$

eliminando a raiz, podemos escrever que $C_o^2 = 1{,}25^2CT$ ou $C_o = 1{,}56T$. Adotando a mesma sistemática, podemos, em conformidade com Moreira da Silva (1972), deduzir que:

$$C_o = 1{,}25\sqrt{L_o} \quad \text{ou} \quad C_o = 1{,}56T$$
$$Lo = 0{,}64C_o^2 \quad \text{ou} \quad L_o = 1{,}56T^2$$
$$T = 0{,}81\sqrt{L_o} \quad \text{ou} \quad T = 0{,}64C_o$$

Como o período (T) de uma onda não se modifica, podemos determinar o comprimento e a celeridade que uma onda apresentava em alto-mar a partir da medição do intervalo de tempo em que as ondas arrebentam próximas à praia. Isto, por exemplo, pode ser feito medindo o tempo de arrebentação de 11 ondas e dividindo esse valor por 10.

Em águas rasas a relação $\tanh\left(\dfrac{2\pi h}{L_s}\right) = \dfrac{2\pi h}{L_s}$, de modo que a equação

$C = \sqrt{\dfrac{gL}{2\pi}\tanh\dfrac{2\pi h}{L}}$ se simplifica para $C_s = \sqrt{gh}$. A . A celeridade, portanto, passa a ser função apenas da profundidade.

Para o cálculo dos parâmetros de uma onda em águas de profundidade intermediária, foi apresentada por Eckart (1952) uma equação empírica segundo a qual

$$L = L_o \left[\tanh \left(\frac{2\pi.h}{L_o} \right) \right]^{1/2}$$

À medida que a onda se aproxima do litoral, a diminuição da profundidade afeta a geometria da mesma, que se torna mais alta e mais curta, a esbeltez aumenta até que a onda arrebente, o que ocorre quando a relação entre profundidade da água e a altura da onda atinge a relação $\frac{H_b}{h_b} \cong 0{,}75 - 1{,}2$, ou seja, quando a profundidade da água for mais ou menos igual à altura da onda.

A capacidade de uma onda realizar trabalho, como mobilizar sedimentos, depende de sua energia, que é dada por:

$$E = \frac{1}{8} \rho.g.H^2$$

onde p é a densidade da água. Vê-se que, em termos práticos, a única variável é a altura da onda. Por entrar na equação como potência, seu efeito, na intensidade do processo costeiro, não é uma função linear. Assim, uma onda com 2m de altura tem uma energia quatro e não duas vezes superior à de uma onda de 1m. Como o estado do mar se caracteriza por apresentar ondas de alturas variadas, denominado espectro, torna-se necessário escolher aquela altura que seja representativa sob o ponto de vista do objetivo do estudo. A altura significativa, comumente a média de um terço das ondas mais altas, é adequada para avaliação da capacidade de transporte de sedimentos, apresentando também boa relação com a geometria (comprimento, altura) de marcas de ondulação (*ripple marks*). Já a média quadrática $\sqrt{\frac{\Sigma H^2}{N}}$, onde N é o número de ondas medidas, é mais adequada para o estabelecimento de relações estatísticas entre altura de onda e características de sedimentos (concentrações de minerais pesados e granulometria).

Uma dificuldade é a falta generalizada de medições por tempo suficiente para uma análise estatística ou espectral dos parâmetros medidos. A solução mais usada, então, é a utilização de dados de onda estimados visualmente. Para reverter esta situação foi sugerida, por ocasião do X Simpósio de Recursos Hídricos, realizado em novembro de 1993, em Gramado (Rio Grande do Sul), a ampliação da rede de estações de medição e o encaminhamento dos resultados para o Banco Nacional de Dados Oceanográficos da Diretoria de Hidrografia e Navegação (BNDO/ DHN), onde deverão ficar disponíveis para a comunidade. Uma experiência interessante está em andamento através do programa "Sentinelas do Mar", idealizado pelo Dr. Eloy Melo F°, do Programa de Engenharia Oceânica da Universidade Federal do Rio de Janeiro, onde observadores, geralmente surfistas, estão realizando estimativas diárias do clima de ondas ao longo de todo o litoral brasileiro. O material obtido já representa um acervo útil e deverá ficar à disposição de pesquisadores interessados.

Conhecida a altura da onda não afetada pelo fundo (H_o), sua altura na arrebentação pode ser avaliada, segundo Weishar & Byrne (1978), pela relação:

$$Hb = 0,39g^{0,2} (TH_o)^{0,4}$$

Aplicando esta fórmula, uma onda não afetada pelo fundo, com altura de 1m e período de 7s, irá apresentar na arrebentação uma altura (H_b) de aproximadamente 1,3m. Este resultado somente é válido se a onda não sofrer mudanças de trajetória por efeito de refração. Nesta, em analogia à mudança de trajetória da luz ao passar de um meio para outro de densidade diferente, a onda muda de direção em função da topografia do fundo, de acordo com a lei de Snell:

$$\frac{sen\alpha}{sen\alpha_0} = \frac{C}{C_0} \therefore sen\alpha = \frac{sen\alpha_0 \cdot C}{C_0}$$

onde α é o ângulo formado entre a crista da onda e a curva batimétrica a uma dada profundidade; C, a celeridade da onda à mesma profundidade; e α_0 e C_0, a direção e a velocidade da onda não afetada pelo fundo. Isto significa que a onda tende a se tornar paralela à direção das isóbatas.

Conhecida a batimetria, é possível traçar, por método gráfico ou, preferencialmente, através de um programa de refração, empregando computador, linhas perpendiculares (ortogonais) à direção das cristas. Como entre duas ortogonais a quantidade de energia se mantém razoavelmente constante, a aproximação das mesmas resulta em aumento de altura da onda e em diminuição no caso de afastamento. Essa é uma das principais razões pela distribuição desigual das alturas de onda na arrebentação e pela ocorrência, na praia, de erosão localizada devido à convergência de ortogonais. A Figura 6.4 mostra o efeito da batimetria sobre o traçado das ortogonais e a conseqüente variação da distribuição das alturas de onda ao longo da linha de costa.

A maneira como a onda arrebenta defronte à praia depende do gradiente do fundo marinho e da geometria da onda. As mais comuns é a arrebentação em forma progressiva ou derrame (*spilling*), típico de fundo marinho de baixa declividade; e a arrebentação tipo mergulhante (*plunging*), também conhecida pelos surfistas como tubo ou caixote. Esta, ao contrário da anterior, ocorre em fundos mais inclinados, principalmente por ocasião de

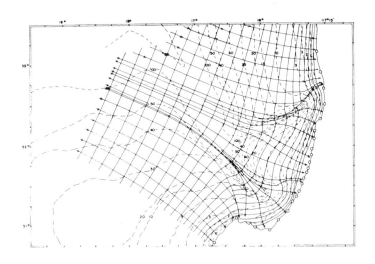

Figura 6.4 — *Efeito da refração sobre a disposição das ortogonais para ondas com período de 14s. A batimetria é representada por linhas tracejadas. (Simplificado de Munk & Traylor, 1947)*

tempestades, quando a altura da onda é maior. No tipo progressiva, a onda cresce, se torna instável e vai arrebentando ao longo da zona de surfe. A onda mergulhante cresce de uma vez e entra em colapso quando a crista se curva para a frente e despenca quase que em queda livre. Um terceiro tipo de arrebentação é o *surging* e, na forma mais avançada, o *colapsing,* ambos termos sem tradução adequada para o português. Nestas últimas formas de arrebentação, a onda aumenta de altura para, em seguida, entrar em colapso sem arrebentar, devido ao fato de a base da onda avançar por sobre a face da praia. É, pois, típica de gradientes muito íngremes.

A relação entre a geometria da onda e o gradiente do fundo marinho com o tipo de arrebentação pode ser estabelecida através do *surf scaling parameter* (ε), de Guza e Inman (1975):

$$\varepsilon = A_b \sigma^2 / g \tan^2 \beta$$

sendo A_b a amplitude da onda na arrebentação ($H_b/2$); σ, a freqüência de radiano da onda ($\sigma = 2\pi/T$); g, a aceleração da gravidade; e β, o gradiente da zona de surfe. Segundo Guza & Inman (1975), Guza & Bowen (1977) e Wright & Short (1983), os limites entre os diversos tipos de arrebentação são aproximadamente:

$$\varepsilon < 2,5 \; surging$$
$$2,5 < \; \varepsilon < 20 \; \text{mergulhante}$$
$$\varepsilon > 20 \; \text{progressiva}$$

Após a arrebentação, a onda atravessa a zona de surfe à semelhança de um macaréu (*bore*) até atingir a face da praia, onde se espraia (*swash, uprush*) para depois refluir (*backwash*). Durante o espraiamento, parte da água percola através da areia, renovando, dessa forma, a água intersticial e trazendo nutrientes para a fauna bentônica. Para esta última, a maneira como se processa o ciclo de espraiamento, percolação e refluxo da água na face da praia pode ser um fator importante para compreender diferenças na composição, densidade e diversidade das espécies encontradas, por ser o resultado da interação entre características de topografia, granulometria do sedimento e clima de ondas. Para McLachlan (1990) é o clima de *espraiamento-refluxo das ondas na face da praia* (clima de *swash*), e não o clima de ondas, o responsável por modificações nas comunidades bentônicas. McArdle & McLachlan (1992) propõem medidas simples como a distância do espraiamento, medido entre o refluxo máximo da onda, na base da face da praia e o alcance máximo de espraiamento, duração e velocidade do espraiamento, período do espraiamento-refluxo, que é o intervalo de tempo correspondente ao ciclo espraiamento-refluxo, e o gradiente da face da praia, para caracterizar o clima de *swash*. Kemp & Plinstone (1968) estabeleceram a relação T_s/T, isto é, a relação entre o período de espraiamento e o período da onda, para caracterizar o regime de fluxo na face da praia em:

$$T_s/T < 0,5 \text{ fase baixa}$$
$$0,5 < T_s/T < 1,0 \text{ fase média}$$
$$T_s/T > 1,0 \text{ fase alta}$$

Na fase baixa, o fluxo de espraiamento e refluxo se completa antes da chegada de uma nova onda. Na fase média, o ciclo é interrompido pela chegada de uma nova onda antes de completar o refluxo, gerando turbulência na parte inferior da face da praia. Na fase alta, não ocorre o refluxo, pois a freqüência de chegada das ondas é muito maior do que o tempo para completar o ciclo de espraiamento-refluxo. Neste caso, o escoamento da água acumulada na face da praia tem que ocorrer por percolação e fluxo lateral.

3.3. Correntes Induzidas pelas Ondas:
Transporte Longitudinal e Transversal de
Sedimentos em Relação à Praia

A água trazida em direção à praia, pelas ondas, se acumula na zona de surfe e precisa encontrar um caminho para ultrapassar a zona de arrebentação e retornar ao mar aberto. Como a altura das ondas na arrebentação varia por efeito da convergência e divergência das ortogonais e também por variações na batimetria, o escoamento se faz nos pontos em que as ondas são mais baixas. Freqüentemente se estabelece uma série de células de circulação, cada uma caracterizada por uma corrente longitudinal (*longshore current*), fluindo paralela à praia, e uma corrente de retorno (*rip current*), que atravessa a zona de arrebentação em fluxo rápido e concentrado, espraiando-se após em forma de leque (Fig. 6.5). Essas células podem ser facilmente percebidas pela elevada turbidez decorrente dos sedimentos colocados em suspensão. Os surfistas aproveitam as correntes de retorno para atravessar a zona de arrebentação em direção ao mar aberto. Para os banhistas representam um perigo, pois sua velocidade dificulta o retorno à praia, o que tem causado muitos afogamentos. Para sair de uma corrente de retorno, a solução é nadar no sentido paralelo à praia.

A direção, velocidade e volume de transporte de sedimentos paralelamente à praia, tanto na zona de surfe como na face da praia, também chamada de deriva litorânea, dependem da obliqüidade de incidência das ondas, isto é, o ângulo formado entre a crista da onda, na arrebentação, e a linha de praia. Com ângulos superiores a 5°, a velocidade da corrente longitudinal é bastante eficiente. Enquanto na zona de surfe o transporte se dá

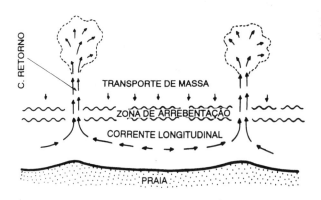

Figura 6.5 — *A célula de circulação costeira.*

pela corrente longitudinal, na face da praia o transporte ocorre pelo movimento de espraiamento e refluxo da onda. Como resultado do espraiamento oblíquo e refluxo, segundo a direção do mergulho da face da praia, o sedimento segue uma trajetória em forma de ziguezague. Com o transporte longitudinal de sedimentos, o arco praial sofre erosão numa extremidade e acumulação na outra, buscando, dessa forma, uma posição perpendicular ao ângulo de incidência das ondas. Essa posição de equilíbrio é rompida com a mudança da direção de incidência das ondas, e um novo ajustamento se processa.

A quantificação do volume de sedimentos transportados longitudinalmente, em especial a resultante de transporte residual ao longo de um período representativo (geralmente um ano), é de fundamental importância no planejamento de obras costeiras. Dependendo da intensidade do transporte longitudinal, a colocação de obstáculos no sentido transversal ao fluxo de sedimentos, como guias corrente ou espigões, geralmente causa sérios problemas de erosão a jusante da direção de transporte devidos à retenção de sedimentos a montante do obstáculo. Fortaleza e Olinda apresentam problemas de erosão típicos decorrentes da construção de um quebra-mar e de espigões, respectivamente.

A velocidade da corrente longitudinal (cm/s), medida a meia distância entre a arrebentação e a praia, pode ser determinada através da equação de Longuet-Higgins (1970a,b) a partir da medição do ângulo de incidência e da altura da onda na arrebentação:

$$\overline{V}_1 = 1,19 \ (gH_b)^{0,5} \ sen\alpha_b \cos \alpha_b$$

Para a avaliação do volume de transporte de areia na praia foi encontrada por Komar (1983) a seguinte relação empírica entre o volume transportado (Q_s), em m^3/dia, e o fluxo de energia da onda (P_l):

$$Q_s = 3,4 \ (ECn) \ _b sen\alpha_b \cos \alpha_b$$

onde E representa a energia da onda na arrebentação, calculada para a altura significativa $E = \dfrac{1}{8} \ \rho g H^2$; e Cn, a velocidade de grupo das ondas, sendo n = 1/2 para ondas não afetadas pelo fundo, e n = 1 para águas rasas.

O transporte longitudinal de sedimentos em decorrência da obliqüidade de incidência das ondas leva à modificação do perfil em planta de uma praia, com erosão em uma das extremidades do arco praial e acumulação na outra. Entretanto, erosão ou acumulação também dependem do estado do mar, se de tempestade ou de tempo bom. Após uma tempestade (ressaca), a praia se apresenta erodida, com reduzido estoque de areia, sendo que parte desta areia foi levada para o largo onde forma bancos. Como conseqüência, as ondas quebram a uma distância maior da praia. Todo pescador de beira de praia sabe da dificuldade de lançar a linha para além da arrebentação após uma ressaca. Decorrido algum tempo o banco migra de volta à praia que retorna ao seu perfil de acumulação. Sob condições de tempo bom as ondas (*swell*) apresentam períodos longos, alturas baixas e, conseqüentemente, esbeltez também baixa, ao passo que sob condições de tempestade a altura da onda tende a ser maior; o período, curto; e a esbeltez, elevada. Tentativas de definir um valor crítico de esbeltez, para caracterizar condições de erosão e acumulação, apresentavam resultados discrepantes, em grande parte devidos à variação da granulometria dos sedimentos. Esta dificuldade foi parcialmente contornada por Dean (1973), ao associar a velocidade de decantação dos grãos de um sedimento (ω), com vários parâmetros de onda. O autor estabeleceu, dessa forma, uma equação empírica para o limite crítico de esbeltez, entre transporte para o largo (erosão da praia) e transporte em direção à praia (engordamento da praia), com 87,5% de acerto:

$$\frac{H_o}{L_o}\ crítico = \frac{1{,}7\pi\omega}{gT}$$

3.4. Nível do Mar

Variações na altura do nível do mar constituem um dos mais eficientes mecanismos de modificação da linha de costa. Oscilações da ordem de uma centena de metros, como as devidas aos efeitos

GEOMORFOLOGIA COSTEIRA

das glaciações, provocam migrações da linha de costa da ordem de dezenas a mais de uma centena de quilômetros, correspondentes à largura da plataforma continental. Esta, por sua vez, passou seguidamente de feição submarina para planície costeira, tendo sido alternadamente submetida aos processos de modelagem fluvial e marinha, cujas feições erosivas e deposicionais típicas, freqüentemente preservadas, representam peças fundamentais para a reconstituição da evolução paleogeográfica, como também para a localização de depósitos minerais em praias submersas e paleocanais fluviais, e ainda para a compreensão da ocorrência de espécies animais e vegetais em função do tipo de fundo.

3.4.1. Variação absoluta e variação relativa do nível do mar

As causas que provocam modificações do nível do mar são várias e de magnitude distinta. Oscilações de longa duração (milhões de anos) e amplitude de várias centenas de metros foram provocadas principalmente no final do Mesozóico e início do Terciário, pelo espraiamento rápido dos fundos oceânicos, e associadas à enorme expansão das cordilheiras mesoceânicas e a conseqüente redução do volume das bacias oceânicas. Como resultado, ocorreu o transbordamento, sobre grandes extensões, das regiões costeiras e posterior refluxo nas fases de menor atividade tectônica. Variações de duração média (milhares de anos) e amplitude da ordem de uma centena de metros resultaram de retenção da água, nos continentes, em forma de geleiras. O volume de água atualmente retido nas geleiras da Groenlândia e da Antártica corresponde, em caso de derretimento, a uma elevação do nível do mar da ordem de algumas dezenas de metros. Finalmente, variações de curta duração (meses a centenas de anos) e amplitude da ordem de decímetros resultam de modificações climáticas, ajustamentos isostáticos, de efeitos tectônicos locais, de variações da pressão atmosférica, de modificação na circulação oceânica e de deformações do geóide por efeitos gravitacionais.

Tentativas de estabelecer uma curva global da variação do nível do mar, como as realizadas por Fairbridge (1961), tiveram utilidade para indicar tendências gerais da variação do nível do

274

mar. Comparados com os de medições locais, os resultados divergem devido ao ajustamento isostático diferenciado de cada local. Por exemplo, o soerguimento da Escandinávia após o derretimento das geleiras tem, na linha de costa, o efeito de uma regressão marinha, apesar de o nível do mar estar subindo. É por essa razão que as curvas do nível do mar, obtidas para uma dada localidade, representam o nível relativo (relativo à linha de costa) e não o nível absoluto do mar.

3.4.2. Variação do nível do mar nos últimos 7.000 anos

Para o geomorfólogo, a configuração da linha de costa está diretamente vinculada aos processos de ajustamento morfológico ao nível do mar pós-glacial, que atingiu a altura atual há cerca de 7.000 anos A.P. (Antes do Presente).

Pelas curvas de variação relativa do nível do mar estabelecidas para o litoral do Brasil, entre Salvador e Santa Catarina, sumarizadas por Suguio *et al.* (1985), o mesmo ultrapassou, por duas vezes e em vários metros, o nível atual e apresenta tendência de decréscimo deste nível a partir dos últimos 2.600 anos (Fig. 6.6).

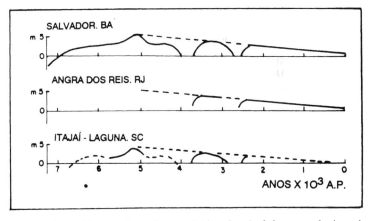

Figura 6.6 — *Curvas de variação relativa do nível do mar selecionadas para diferentes localidades do litoral brasileiro. (Segundo Suguio et al., 1985)*

Em contraposição, a interpretação de registros maregráficos de curta duração (20 anos) para várias localidades do litoral brasileiro (Pirazzoli, 1986) aponta elevação, principalmente para as cidades de Canavieiras, Salvador e Recife (Fig. 6.7).

Por falta de registros maregráficos confiáveis de longa duração, não há consenso sobre a ocorrência ou não de elevação do nível do mar no litoral brasileiro. Mas aumenta o número de pesquisadores que, baseados em observações isoladas, se inclinam em favor dessa possibilidade. Mesquita & Harari (1983), Mesquita & Leite (1985), Silva & Neves (1991) e Silva (1992), analisando registros maregráficos das décadas de 60 a 80, verificaram elevação do nível relativo do mar, em Cananéia e Baía de Guanabara, da ordem de 1 cm/ano; taxa quase 70% maior do que a tendência secular mundial. A mesma tendência foi registrada para Recife por Harari & Camargo (1993), que analisaram o período de 1946

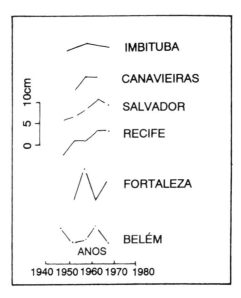

Figura 6.7 — *Curvas de variação relativa do nível do mar para o litoral do Brasil, obtidas de registros maregráficos. (Segundo Pirazolli, 1986).*

a 1988. Tomazelli & Villwock (1989), partindo de evidências geomorfológicas, chegaram a estabelecer o esboço de uma curva do nível do mar para o litoral do Rio Grande do Sul, mostrando uma tendência de elevação, iniciando o processo de retrogradação exemplificado na Figura 6.12B.

3.4.3. Efeito estufa e aceleração da taxa de elevação do nível do mar

A reemissão em forma de ondas longas (calor) da radiação solar absorvida pela superfície da Terra e seu bloqueio pela atmosfera são os responsáveis pelo aquecimento da ordem de 30°C na temperatura média da atmosfera nas proximidades do solo. Este processo, conhecido como efeito estufa, tem, pois, uma função primordial no estabelecimento das condições de habitabilidade do planeta. Quando se fala, hoje, sobre o efeito estufa, é, geralmente, no sentido de aumento da retenção da radiação infravermelha (calor) pelo aumento da presença na atmosfera dos gases responsáveis por essa retenção e que são, principalmente, o dióxido de carbono (CO_2), o metano (CH_4), o vapor d'água (H_2O) e os clorofluorcarbonos (CFC). Com exceção dos CFC's, introduzidos na atmosfera pela ação do homem, todos os outros experimentaram, ao longo do tempo, variações na sua proporção de ocorrência em função de efeitos naturais. Entretanto, o contínuo e exponencial aumento dos mesmos, após a revolução industrial, é principalmente o resultado da queima de combustíveis fósseis, da queimada das florestas das médias e baixas latitudes e da atividade agrícola.

Correlações positivas entre a presença do dióxido de carbono e a temperatura da Terra foram estabelecidas para os últimos 160.000 anos, a partir da análise de bolhas de ar encontradas em amostras obtidas por testemunhagem na camada de gelo da Antártica (Fig. 6.8).

Aumento exponencial do teor de dióxido de carbono, também com base em mensurações realizadas em testemunhos de gelo e observações de superfície, foi registrado para os últimos 130 anos, o que se deveria refletir em aumento da temperatura. De fato, a análise de registros históricos mostra sensível incremento

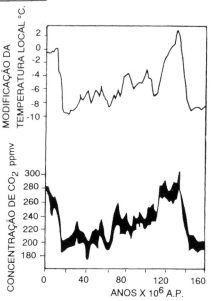

Figura 6.8 — *Relação entre teor de CO_2 e temperatura ao longo dos últimos 160.000 anos. (Segundo Barmola et al., 1987)*

da temperatura do ar entre 1920 e 1940 e a partir de 1975, conforme mostra a Figura 6.9.

Partindo dessas constatações e assumindo a manutenção da tendência de elevação da temperatura do ar (Fig. 6.10), foram idealizadas diversas previsões sobre o aumento do nível do mar para os próximos 100 anos, como decorrência da expansão térmica da água dos oceanos, do descongelamento de geleiras e da calota de gelo da Groenlândia (Fig. 6.11). Pelas estimativas mais recentes, não se espera contribuição importante por descongelamento da banquisa de gelo da Antártica oriental, que, em grande parte apoiado sobre o fundo marinho, contém quantidade de gelo suficiente para elevar o nível dos oceanos em cerca de 5m. Apesar da discrepância entre as estimativas, a mais provável é a que assume elevação de 20cm até o ano 2030 e de 68cm até o ano 2100 (IPCC 1990). Mesmo que cesse, por volta de 2030, toda a

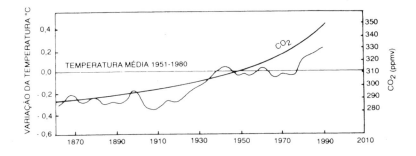

Figura 6.9 — *Teores de CO_2 (Neftel et al., 1985) e variação da temperatura do ar na superfície (Wigley et al., 1989) em tempos históricos.*

contribuição artificial de emissão de gases intensificadores do efeito estufa, o lapso de reação do clima dos oceanos e das massas de gelo seria da ordem de décadas e mesmo séculos, não interrompendo, assim, a tendência de elevação do nível dos oceanos.

3.4.4. Evidências de erosão no litoral do Brasil

As principais respostas fisiográficas à elevação relativa do nível do mar foram sumarizadas por Bird (1987), sendo que as que se aplicam para exemplos do litoral do Brasil estão representadas na Figura 6.12.

Na região Norte, a enorme carga de sedimentos trazida pelo Amazonas é levada para o norte, sendo parcialmente depositada no litoral do Amapá, que apresenta uma planície costeira regular, de sedimentação predominantemente lamosa, coberta de exuberante flora de manguezal. Fenômenos erosivos de ampla extensão afetam este litoral, sugerindo o estabelecimento de uma situação como a exemplificada na Figura 6.12D. Entretanto, inexistem estudos que permitam avaliar se o fenômeno é cíclico ou de tendência definida. Ao sul da foz do Amazonas, o litoral é

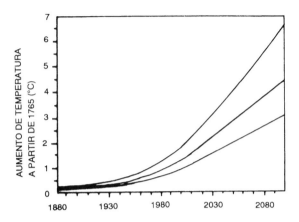

Figura 6.10 — *Previsões de aumento da temperatura do ar. (Segundo IPCC, 1990)*

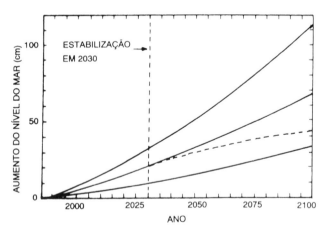

Figura 6.11 — *Previsões de elevação do nível do mar como resultado estufa. A curva tracejada mostra a redução da taxa de elevação, caso fosse interrompida a emissão de forçantes do efeito estufa, a partir do ano 2030. (Segundo IPCC, 1990)*

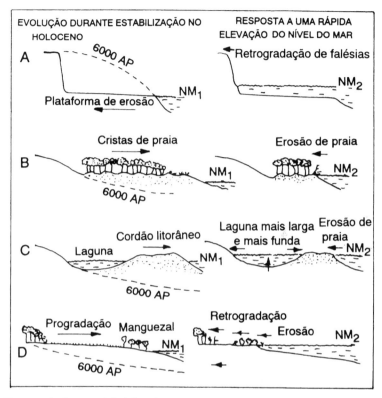

Figura 6.12 — *Modelos de resposta fisiográfica a uma evelação do nível do mar. (Segundo Bird, 1987)*

recortado em forma de rias, indicando que a disponibilidade de sedimentos não foi suficiente para inibir o afogamento dos baixos cursos fluviais pela transgressão holocênica.

Na região Nordeste, predomina o litoral com falésias esculpidas nos depósitos do Grupo Barreiras. A erosão dessas falésias é ativa em praticamente todo o litoral, caracterizando o processo representado na Figura 6.12A. Mas a erosão é também notável nas praias, como em Pernambuco, onde todo o litoral entre o Cabo Santo Agostinho e a ilha de Itamaracá, incluindo Recife e Olinda, mostra sinais de acentuada erosão. Em Canavieiras, na praia do

GEOMORFOLOGIA COSTEIRA

Atalaia, no sul da Bahia, troncos de coqueiros são encontrados a distâncias da ordem de 8 a 10m do limite do pós-praia, indicando apreciável retrogradação.

Na região Sudeste, há problemas de erosão costeira no delta do rio Paraíba do Sul, principalmente em Atafona (Argento, 1987) e Macaé. Sinais de instabilidade no sistema de cordões litorâneos, entre Rio de Janeiro e Cabo Frio, com fenômenos erosivos nas praias oceânicas e no reverso do cordão litorâneo, em contato com a lagoa de Araruama, foram registrados por Muehe *et al.* (1989) e parecem retratar o exemplo da Figura 6.12C. Em Santa Catarina, o afloramento de turfas na praia de Moçambique também é indicador de retrogradação da linha de costa.

4. Formação de Pontais, Cordões Litorâneos e Ilhas Barreira

O contato entre oceano e terra pode se dar de forma brusca através de um obstáculo rígido, como as falésias em rochas duras ou em sedimentos consolidados, em que as ondas são refletidas sem grande perda de energia, ou através de um contato em material móvel e freqüentemente permeável, adequado para a dissipação da energia da onda, representado pelas praias, cuja composição pode variar de seixos a areias e lamas. A praia, por sua vez, é a parte frontal, oceânica, de uma feição geomorfológica em forma de terraço, quando apoiado em uma escarpa mais elevada, ou em forma de cordão ou barreira, de extensão lateral geralmente muito maior do que em largura, freqüentemente separado da planície costeira por uma laguna. Os cordões podem se apresentar sem conexão de suas extremidades à terra firme, constituindo ilhas barreira (*barrier islands*), com apenas uma das extremidades conectada à terra firme, constituindo pontais (*barrier spits*), ou com ambas as extremidades conectadas à terra firme, constituindo os cordões litorâneos (*beach barriers* ou *barrier beaches*). Por serem formadas por sedimentos não coesos, as praias, juntamente com o cordão ou terraço associado, são moldadas de acordo com o clima de ondas e a altura do nível do mar. Exigem, portanto, para sua permanência, uma razoável estabilidade deste nível, aliás, pouco freqüente na história geomorfológica quaternária, especialmente no intervalo de tempo da transgressão holocênica. Nesta, a elevação do nível do mar, em decorrência do descongelamento das geleiras, se deu, na maior parte do tempo, de forma muito acelerada, numa taxa de mais de 100 cm por século, até atingir o nível próximo ao atual. Nessas condições, a manutenção de feições deposicionais emersas de origem marinha ficou praticamente limitada aos curtos intervalos de estabilização do nível do mar, com posterior destruição ou afogamento no impulso transgressivo subseqüente.

Uma vez atingida relativa estabilidade, a formação de depósitos sedimentares emersos na interface oceano-terra firme depende fundamentalmente da disponibilidade de sedimentos, sobretudo arenosos. Para grande parte do litoral brasileiro, o abundante estoque de sedimentos acumulados na plataforma continental, trazido pelo sistema fluvial durante as fases de regressão marinha dos períodos glaciais das médias e altas latitudes, somado ao material erodido, por ocasião da transgressão, dos depósitos sedimentares continentais (Grupo Barreiras), representou a principal fonte para a construção das feições topográficas costeiras de acumulação. Contribuições atuais de sedimentos fluviais ou derivados da erosão de depósitos costeiros tiveram e têm importância, em geral, apenas secundária, à exceção talvez de algumas áreas deltaicas.

Uma retificação precisa ser feita com relação à concepção sobre a formação de depósitos costeiros de origem marinha do litoral do Rio de Janeiro e, por analogia, de grande parte das feições semelhantes do litoral brasileiro. Nesta concepção, derivada dos trabalhos pioneiros de Lamego (1940, 1945), admite-se que a formação dos cordões litorâneos, denominados *restingas*, entre a Marambaia, defronte à baía de Sepetiba, e a Maçambaba, defronte à lagoa de Araruama, teria ocorrido por crescimento lateral em direção a leste, na forma de um pontal, fechando enseadas preexistentes. A formação de um cordão litorâneo por progradação lateral foi originalmente proposta por Gilbert (1885) e exige uma obliqüidade de incidência de ondas capaz de gerar uma deriva litorânea significativa. Muehe & Corrêa (1989), em estudo realizado na praia da Maçambaba, entretanto, concluíram pela existência de equilíbrio no transporte de sedimentos em direção a cada uma das extremidades do arco praial, o que não favorece a hipótese de formação de um pontal. Além disso, a ocorrência de alinhamentos submersos de arenitos de praia (*beach rocks*), defronte de várias praias do Estado do Rio de Janeiro, atesta a posição de antigas linhas de costa, sugerindo que os cordões litorâneos deste trecho do litoral migraram para sua posição atual juntamente com a elevação do nível do mar, conforme preconiza o modelo evolutivo de Hoyt (1967). A presença de arenitos de praia, como indicadores de posições da linha de costa e do nível do mar, decorre do fato de os mesmos se formarem, na face da praia ou no interior do prisma praial, por cimentação por carbonato de cálcio, o que lhes confere elevada resistência à erosão, razão pela qual se mantêm na posição original. O cordão litorâneo, uma vez tendo migrado para sua nova posição de equilíbrio com o nível do mar, se posiciona entre o mar e a planície costeira, que é posteriormente inundada por ocasião de uma ligeira elevação do nível do mar, formando, dessa maneira, a laguna costeira. Esta, portanto, não resultou do fechamento de uma enseada e, sim, de afogamento, por transgressão marinha, após a instalação do cordão litorâneo.

4.1. Morfologia de Ilhas Barreira

Ilhas barreira, bem destacadas do litoral, como na costa leste dos Estados Unidos, não são encontradas no Brasil, mas ocorreram no passado, por ocasião do máximo transgressivo há cerca de 5.100 anos A.P., quando serviram de balizamento ou arcabouço na formação de algumas de nossas planícies de feições deltaicas, como as dos rios Doce (Fig. 6.15) e Jequitinhonha (Dominguez *et al.*, 1981). Por não estarem aprisionados em compartimentos, como os cordões litorâneos, permitem a livre migração dos sedimentos em resposta aos processos atuantes, não sofrendo, assim, restrições à modelagem em planta e em perfil. A maioria dos autores norte-americanos, entretanto, não faz distinção clara entre ilha barreira e cordão litorâneo, tratando essas feições como idênticas.

284

Sem considerar os efeitos de progradação e retrogradação associados a variações da altura relativa do nível do mar, que serão analisados mais adiante, a morfologia de uma ilha barreira é fortemente influenciada pela amplitude da maré e pela altura média das ondas, sendo a forma resultante efeito da capacidade de transporte de sedimentos pelas correntes de maré e pela corrente longitudinal gerada pelas ondas. Dependendo do processo predominante, o litoral pode ser classificado como dominado por ondas, misto ou dominado pela maré (Fig. 6.13). É importante considerar que a dominação de um ou outro processo não é função da altura absoluta das ondas ou da amplitude absoluta da maré, mas, sim, do predomínio de um processo sobre o outro. Assim, um litoral pode ser dominado por ondas, mesmo de pequena altura, se a amplitude da maré também for pequena.

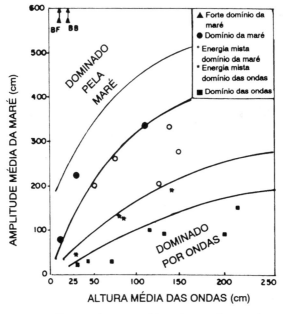

Figura 6.13 — *Caracterização ambiental como função da amplitude da maré e altura média das ondas. (Segundo Nummedal, 1983).*

Segundo Nummedal (1983), em um litoral dominado por ondas, as ilhas barreira tendem a se apresentar muito alongadas, conseqüência da dispersão dos sedimentos pela corrente longitudinal, e estreitas, interrompidas por canais de maré (*tidal inlets*) muito espaçados e com amplos depósitos em forma de leque na extremidade lagunar destes canais, formando deltas de maré enchente (*flood-tidal deltas*). Devido à remoção dos sedimentos, por efeito das ondas, os deltas de maré vazante (*ebb-tidal deltas*), caracterizados por acumulações de areia no lado oceânico dos canais de maré, são raros a não existentes. Com ampla disponibilidade de sedimentos, o perfil em planta é reto ou ligeiramente côncavo para o lado oceânico, ou convexo, quando o suprimento de sedimentos é limitado.

Em um litoral dominado pela maré, a redistribuição dos sedimentos pela ondas é inibida, e predomina o desenvolvimento de canais de maré estáveis, de espaçamento pequeno, com amplo desenvolvimento de deltas de maré vazante. Aumentando a amplitude da maré, aumenta o transporte da praia para o largo, e vice-versa, e a energia das ondas é distribuída por uma larga área durante um ciclo de maré, podendo ocorrer a destruição da barreira. Ilhas barreira geralmente não ocorrem em locais com amplitude de maré superior a 4m.

4.2. Adaptação às Variações do Nível Relativo do Mar

Em geral, a adaptação de um perfil de praia a uma elevação relativa do nível do mar se faz, de acordo com Bruun (1962), por aumento de sua altura e concomitante recuo em direção ao continente (Fig. 6.14A). Por essa razão, qualquer tentativa de "fixar" uma linha de costa não costuma levar a resultados duradouros. A capacidade de adaptação depende da taxa de elevação do nível relativo do mar e da disponibilidade de sedimentos. Para taxas muito elevadas e insuficiente disponibilidade de sedimentos, o cordão litorâneo é ultrapassado, passando a formar um banco submarino. Para elevadas taxas de aporte sedimentar, como em áreas deltaicas, pode ocorrer progradação da linha de costa por construção de seqüências de cristas de praia, mesmo com elevação do nível relativo do mar (Fig. 6.14B).

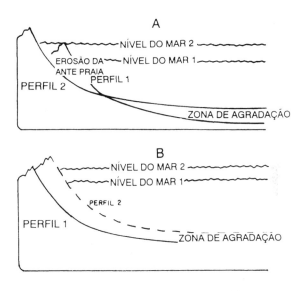

Figura 6.14 — *A: Retrogradação, e B: Progradação da linha de costa por efeito de aumento do nível relativo do mar. (Segundo Swift, 1976b)*

5. Planícies Costeiras

As planícies costeiras, como o nome diz, são superfícies relativamente planas, baixas, localizadas junto ao mar, e cuja formação resultou da deposição de sedimentos marinhos e fluviais. Na região Norte, Nordeste e Sudeste do Brasil, a largura das planícies costeiras é geralmente estreita, confinada entre o mar e a escarpa dos depósitos sedimentares do Grupo Barreiras. Planícies amplas se desenvolveram, associadas ao aporte de sedimentos do rio Amazonas, na ilha de Marajó e litoral do Amapá, na região Norte, e associadas às feições deltaicas dos rios Parnaíba,

São Francisco, Pardo e Jequitinhonha, na região Nordeste, e dos rios Doce (Fig. 6.15) e Paraíba do Sul, na região Sudeste. Para o sul, mais nitidamente a partir do Rio de Janeiro, o confinamento devido ao Grupo Barreiras é substituído pelas escarpas dos afloramentos do embasamento cristalino, com as planícies costeiras embutidas nas depressões lateralmente balizadas por interflúvios que se estendem em direção ao mar na forma de promontórios. As baixadas de Sepetiba e Jacarepaguá, no Rio de Janeiro, são exemplos dessas planícies, que se repetem em dimensões as mais variadas, até o Rio Grande do Sul, onde se encontra a planície costeira mais extensa. Com largura de até 120km e litoral oceânico de 520km, esta planície incorpora a lagoa dos Patos, a maior laguna do país.

5.1. Planícies de Cristas de Praia

As planícies de cristas de praias resultam da progradação da linha de costa em direção ao oceano, através de processo de acumulação de sedimentos por ação das ondas, onde cada crista de praia representa um depósito individualizado, associado a uma linha de praia ativa (Dominguez et al., 1992). Segundo os mesmos autores, as cristas de praia formam uma espécie de "anéis de crescimento", permitindo a reconstituição da evolução da planície costeira. Através do mesmo processo também ocorre o alargamento dos cordões litorâneos. Estes, entretanto, formam uma barreira morfologicamente individualizada, mais elevada, em cuja retaguarda se desenvolve a planície costeira e que se consolida, espacialmente, após a colmatagem das lagunas. Já na planície de cristas de praia, o alargamento por progradação é de tal ordem, que deixa de haver a individualização do cordão litorâneo. A disponibilidade de sedimentos é um fator essencial para o desenvolvimento dessas planícies, especialmente favorecido sob condições de mar regressivo, que tornam acessíveis volumes crescentes de sedimentos da plataforma continental interna.

Os alinhamentos seqüenciais das cristas, orientadas de acordo com a direção de incidência das ondas, são facilmente identificados quando vistos de cima. O truncamento erosivo do

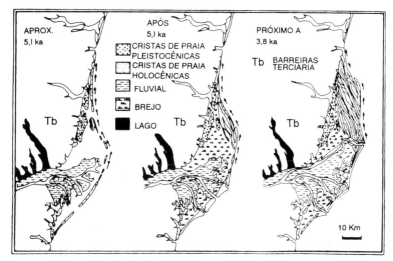

Figura 6.15 — *Evolução da planície costeira do rio Doce entre 5.000 e 3.800 anos A.P. (Segundo Dominguez et al., 1992). Observa-se a ocorrência de ilhas barreira típicas na fase inicial de formação da planície juntamente com a formação de um delta intralagunar.*

alinhamento dessas cristas, na porção norte da planície costeira do rio Doce, foi interpretado por Martin *et al.* (1984) como decorrente de inversão da direção da deriva litorânea por efeito de mudança na direção de incidência das ondas, por sua vez induzida por modificações na circulação atmosférica. Reversões semelhantes da deriva litorânea foram também observadas por Dominguez *et al.* (1992) na planície do rio Caravelas.

5.2. Planícies de Chênier

Uma forma particular de planícies de cristas de praia em ambiente deltaico são as *chêniers*, caracterizadas por seqüências de depósitos praiais separados por afloramentos do substrato formado por sedimentos argilosos orgânicos. Foram detalhadamente estudados no litoral norte-americano do Golfo de

México, onde os depósitos de praia apresentam espessuras de até 4,5m e largura de até 200m (Komar,1976). A designação planície de *chênier* vem da presença do carvalho (*chêne*), em francês árvore típica da *chênier* do delta do Mississippi. No Brasil são encontrados no litoral do Pará, sem grande expressão espacial, e há indícios de ocorrências no Amapá.

5.3. Planícies Deltaicas: Deltas ou Pseudodeltas do Litoral Brasileiro

O termo delta vem da semelhança entre a configuração, em leque, das feições deposicionais à frente de desembocaduras fluviais e a forma da letra Δ (D) do alfabeto grego. Dependendo do predomínio dos processos fluviais ou marinhos (ondas e marés), os deltas podem ser classificados como construtivos, no primeiro caso, e destrutivos, no segundo (Fig. 6.16). Um caso extremo de predomínio

Figura 6.16 — *Exemplos da relação processo-forma na configuração de deltas (segundo Wanless, 1976).*

GEOMORFOLOGIA COSTEIRA

de processos fluviais sobre os marinhos é o delta do Mississippi, cujo avanço da sedimentação fluvial, à frente da planície costeira, se faz acompanhado da construção de diques marginais, resultando num padrão conhecido como pés-de-pássaro (*bird foot*). Como deltas destrutivos, dominados por ondas, podemos citar as desembocaduras dos rios São Francisco (Sergipe e Alagoas), Jequitinhonha (Bahia), Doce (Espírito Santo) e Paraíba do Sul (Rio de Janeiro). Já o delta do Amazonas se caracteriza como delta altamente destrutivo dominado por marés.

Uma discussão interessante surgiu com relação à origem das feições deltaicas associadas aos rios Doce e Paraíba do Sul, cuja denominação "delta" foi questionada por Dominguez *et al.* (1982) com o argumento de que a progradação defronte das respectivas desembocaduras resultou do aporte de sedimentos, pela deriva litorânea, trazidos da plataforma continental e acumulados por efeito da barreira hidráulica, representada pelo fluxo de vazão destes rios, contrapondo-se, assim, à interpretação de acumulação de sedimentos fluviais considerada por Bandeira *et al.* (1975) e Dias (1981), respectivamente, para cada uma das desembocaduras mencionadas. Mais recentemente, entretanto, é atribuído por Dominguez (1989) maior significado à sedimentação fluvial do que assumido inicialmente.

A avaliação, portanto, da contribuição efetiva de sedimentos arenosos trazidos pelos rios passa a ser um elemento importante para a compreensão do papel da sedimentação fluvial na estabilidade de áreas costeiras.

6. Praias

As praias são depósitos de sedimentos, mais comumente arenosos, acumulados por ação de ondas que, por apresentar mobilidade, se ajustam às condições de ondas e maré. Representam, por essa razão, um importante elemento de proteção do litoral, ao mesmo tempo em que são amplamente usadas para o lazer.

291

6.1. Perfil de Praia e sua Variabilidade

O perfil transversal de uma praia varia com o ganho ou perda de areia, de acordo com a energia das ondas, ou seja, de acordo com as alternâncias entre tempo bom (engordamento) e tempestade (erosão). Nos locais em que o regime de ondas se diferencia significativamente entre verão e inverno, a praia desenvolve perfis sazonais típicos de acumulação e erosão, denominados perfil de verão e perfil de inverno, respectivamente. Dessa forma, ao adaptar seu perfil às diferentes condições oceanográficas, a praia desempenha papel fundamental na proteção do litoral contra a erosão marinha.

Provavelmente, o primeiro pesquisador a iniciar o estudo do perfil de uma praia no Brasil foi o geólogo Renato Kowsmann, ao monitorar durante um ano inteiro o perfil da praia de Copacabana, antes do alargamento por aterro hidráulico (Kowsmann, 1970). O autor pôde demonstrar que períodos de maior erosão, associados à entrada de frentes frias com ventos de sudeste, ocorreram durante os meses de maio (outono) e outubro (primavera).

Um estudo da variabilidade do perfil da praia de Ipanema (Rio de Janeiro) e fundo marinho adjacente foi realizado por Muehe & Dobereiner (1977), utilizando a estrutura do pier construído para execução das obras de instalação de um emissário submarino, o que permitiu estender o estudo para a zona submarina adjacente. O resultado mostrou que, num intervalo de pouco mais de um mês, durante o qual se registrou a entrada de uma frente fria de grande intensidade, com ventos de mais de 80km/h, ocorreram amplitudes máximas de variação do perfil transversal de 2,6m na praia, 2,2m da zona de surfe e 1,2m um pouco além da zona de arrebentação (Fig. 6.17).

Métodos mais ou menos sofisticados de análises classificatórias têm sido empregados para caracterizar a variabilidade de um perfil de praia, sendo que um dos mais promissores é o modelo de estágios de praia, que será tratado mais detalhadamente a seguir. A ciclicidade do armazenamento e retirada de sedimentos na praia foram caracterizadas por Sonu & Van Beek (1971), que definiram a seqüência típica de configurações do perfil de praia (Fig. 6.18).

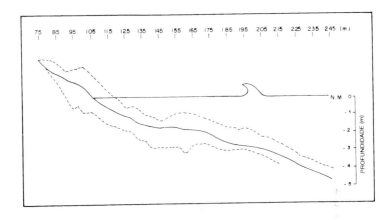

Figura 6.17 — *Amplitude máxima de variação do perfil da praia de Ipanema (RJ) e fundo marinho adjacente no período de 7 de outubro a 18 de novembro de 1974. (Segundo Muehe & Dobereiner, 1977)*

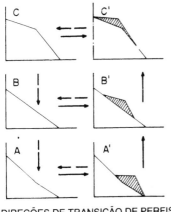

Fig. 6.18 — *Seqüência típica de configurações de um perfil de praia. (Segundo Sonu & Van Beek, 1971)*

GEOMORFOLOGIA COSTEIRA

6.2. Morfodinâmica da Praia e a Concepção de Estágios da Escola Australiana

Um modelo de variabilidade espacial da praia e zona de surfe foi desenvolvido na "escola australiana de geomorfologia". Foram reconhecidos seis estados ou estágios morfológicos distintos, associados a diferentes regimes de ondas e marés, caracterizados por dois estados extremos (estado dissipativo e estado refletivo) e quatro estados intermediários (Short, 1979; Wright *et al.*, 1979; Wright *et al.*, 1982; Wright & Short, 1984; Wright *et al.*, 1985, entre outros).

No estado dissipativo (Fig. 6.19a), a zona de surfe é larga, apresenta baixo gradiente topográfico e elevado estoque de areia, sendo também baixo o gradiente da praia. Ocorre sob condições de ondas altas e de elevada esbeltez (tempestade) ou na presença de areias de granulometria fina. O estado refletivo (Fig. 6.19f), ao contrário, é caracterizado por elevados gradientes da praia e fundo marinho adjacente, o que praticamente elimina a zona de surfe. A berma da praia é elevada devido à velocidade de espraiamento da onda. O estoque de areia na zona submarina é baixo.

Os estados intermediários são caracterizados por uma progressiva redução da largura da calha longitudinal (*longshore trough*), em decorrência da migração do banco submarino da zona de arrebentação em direção à praia (Fig. 6.19b a 6.19e), o que, por sua vez, é uma resposta às variações nas características hidrodinâmicas.

Os estados intermediários de banco e calha longitudinal (*longshore bar and trough*) (Fig. 6.19b), e banco e praia rítmicos ou de cúspides (*rhytmic bar and beach*) (Fig. 6.19c) podem se desenvolver a partir de um perfil dissipativo numa seqüência acrecional. A amplitude do relevo entre banco e calha é maior, e a face da praia, mais íngreme do que no perfil dissipativo. Ao contrário do estado dissipativo, as ondas, após a arrebentação, voltam a se reformar na calha, cuja profundidade é da ordem de 2 a 3m. A face da praia, mais íngreme, apresenta, localmente, características refletivas. Ondas de baixa esbeltez se espraiam na face da praia ao passo que ondas mais esbeltas sofrem colapso nas proximidades da base da face da praia, seguido de uma rápida

294

GEOMORFOLOGIA COSTEIRA

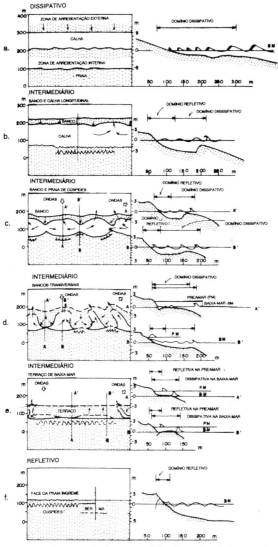

Figura 6.19 — *Características morfológicas dos seis estados de praia. (Adaptado de Wright & Short, 1984). (BCL = banco e calha longitudinal; BPC = banco e praia de cúspides; BT = bancos transversais; TBM = terraço de baixa-mar).*

elevação (*surge*). Em ambos os casos o espraiamento atinge altura considerável, e cúspides de praia são freqüentes.

O estado caracterizado por megacúspides ou bancos dispostos transversalmente à praia e fortes correntes de retorno (*transverse-bar and rip*) (Fig. 6.19d) se desenvolve, preferencialmente, em seqüências acrecionais quando as extremidades dos bancos, em forma de cúspide, se juntam à face da praia. A morfologia resultante é uma alternância lateral entre bancos transversais à praia, de características dissipativas, e embaiamentos mais profundos com características refletivas e fortes correntes de retorno que, neste estágio, atingem seu maior desenvolvimento.

O terraço de baixa-mar (*low tide terrace*) (Fig. 6.19e) é caracterizado por uma acumulação plana de areia, no nível da baixamar ou um pouco abaixo, moderadamente dissipativa e limitada por uma face de praia mais íngreme e refletiva durante a preamar. Correntes de retorno de baixa intensidade, irregularmente espaçadas, relacionadas a um padrão de circulação anterior mais vigoroso, podem estar presentes.

Dependendo da variabilidade do clima de ondas, da maré, do vento e das características dos sedimentos, uma praia pode variar amplamente de configuração em relação ao seu estado mais freqüente ou modal. E é justamente tanto o estado modal quanto a amplitude de variação, em relação a este estado, que diferenciam as praias no tocante à sua morfodinâmica. O estabelecimento de relações empíricas, entre variáveis de forma e de processo, assim como de relações entre a comunidade bentônica e o tipo de praia, deverá dar resultados muito mais consistentes quando for estabelecido para praias previamente classificadas de acordo com sua dinâmica.

A relação entre o estado de uma praia e as características das ondas e dos sedimentos foi estabelecida por Wright & Short (1984), utilizando o parâmetro ômega (Ω) de Dean (1973):

$$\Omega = \frac{H_b}{\omega_s T}$$

Os valores médios de Ω, para os diversos estados, foram fixados por Wright *et al.* (1985):

Estado	$\overline{\Omega}$	Desvio Padrão
Refletivo	≤1,5	—
Terraço de baixa-mar (TBM)	2,40	0,19
Bancos transversais (BT)	3,15	0,64
Banco e praia de cúspides (BPC)	3,50	0,76
Banco e calha longitudinal (BCL)	4,70	0,93
Dissipativo	>5,5	—

Desequilíbrios existem quando o valor de Ω não corresponde ao estado previsto, o que permite avaliar a direção de evolução da praia na busca de recuperação do equilíbrio (Fig. 6.20). É preciso, porém, considerar que a relação obtida, nos estudos realizados na Austrália, entre o valor de Ω e o estado da praia, no momento da observação, foi baixa, sendo que o valor utilizado foi o da média ponderada das condições antecedentes. Isto naturalmente aumenta a dificuldade de aplicação deste modelo pelo esforço adicional a ser feito no levantamento das variáveis. É

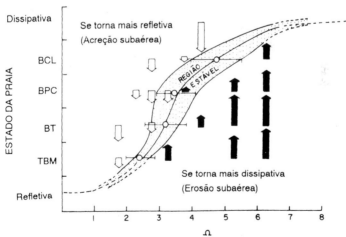

Figura 6.20 — *Equilíbrio dos estados de praia em relação ao parâmetro Ω de Dean. (Segundo Wright et al., 1985).*

GEOMORFOLOGIA COSTEIRA

possível, no entanto, que a menor amplitude de variação de energia das ondas, no litoral brasileiro, quando comparada com a do sudeste da Austrália, aumentem a diagnosticidade de curto prazo do valor de Ω.

7. Dunas Costeiras: Origem e Distribuição

Dunas costeiras se formam em locais em que a velocidade do vento e a disponibilidade de areias praiais de granulometria fina são adequadas para o transporte eólico. Estas condições são mais freqüentemente encontradas em praias do tipo dissipativo a intermediário, de gradiente suave, como ocorre em quase todo o litoral do Rio Grande do Sul, em Cabo Frio, no litoral do Rio de Janeiro, e em muitos locais do litoral do Maranhão, Piauí e Ceará, ali favorecidas pelo clima seco e a maior amplitude da maré.

Short (1988), ao estudar as dunas, no sudeste da Austrália, observou a ocorrência de uma relação positiva entre o nível de energia das ondas, na arrebentação, e o desenvolvimento de dunas, resultado do controle que a onda exerce sobre o suprimento de sedimentos e sobre a estabilidade das dunas frontais (*foredunes*), as primeiras a se desenvolver na pós-praia. Dunas frontais pequenas e estáveis se desenvolvem à retaguarda de praias de baixa energia. Com o aumento de energia das ondas, as praias tendem a se tornar dissipativas, aumentando o aporte potencial de areia, e as dunas frontais se tornam mais largas e instáveis. Maior energia também está associada à maior velocidade do vento, de cuja atuação resulta a formação de dunas de deflação (*blowout*), que, por sua vez, podem se transformar em dunas parabólicas. Nos ambientes de mais alta energia, o campo de dunas avança para o interior em forma de lençóis de areia (*sand sheets*) e dunas transversais (*transverse dunes*) dispostas, como o nome diz, transversalmente à direção do vento efetivo.

O desenvolvimento de dunas tem sido relacionado a períodos de progradação costeira com ampla disponibilidade de sedimentos. Entretanto, Psuty (1988) chama a atenção de que

298

grande parte das regiões costeiras se encontra hoje numa fase de retrogradação e nem por isto deixa de possuir dunas bem desenvolvidas. O mesmo autor mostra que cada um destes componentes do sistema costeiro, apesar de inter-relacionados, não apresenta, necessariamente, a mesma magnitude ou sinal (positivo, negativo ou em equilíbrio) no balanço (*budget*) de sedimentos. A partir destas considerações, é apresentado por Psuty (1986) um esquema conceitual das respostas morfológicas, de acordo com as características dos balanços de sedimentos dos subsistemas praia e duna (Fig. 6.21).

Uma situação pouco comum de balanço de sedimentos do sistema praia-duna foi descrita por Valentini & Rosman (1993) para o litoral de Fortaleza. Ali, num litoral formado por sucessivos arcos praiais, separados por afloramentos rochosos, o vento retira material da face da praia, deposita-o nas dunas à retaguarda, que, por sua vez, alimentam o arco praial subseqüente a jusante da

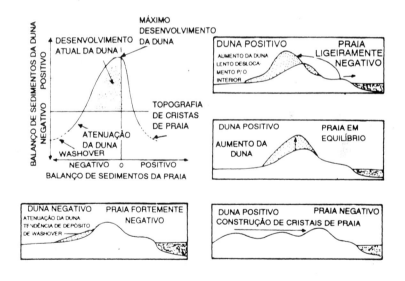

Figura 6.21 — *Resultados do efeito combinado do balanço de sedimentos de praia e duna sobre a morfologia. (Adaptado de Psuty, 1986).*

direção do transporte eólico, reforçando o aporte por deriva litorânea. É um exemplo interessante para o gerenciamento costeiro, já que a fixação das dunas para efeito de ocupação geraria, como resposta, a ruptura no equilíbrio do balanço de sedimentos com erosão das praias a jusante de cada campo de dunas.

8. Conclusão

No Brasil, a obrigatoriedade de realização de um Estudo de Impacto Ambiental (EIA) e a conseqüente elaboração de um Relatório de Impacto Ambiental (RIMA), para cada intervenção no espaço, seja a implantação de um complexo industrial, a construção de uma marina ou a colocação de dutos, tem ampliado de forma significativa o mercado de trabalho para as diversas especialidades das ciências naturais, econômicas e sociais. Para os geógrafos físicos e geólogos ou geógrafos-geomorfólogos, a solicitação mais imediata é a da elaboração do capítulo que trata dos aspectos físicos da paisagem e na realização de estudos de caracterização sedimentológica e inferência de processos e direção do transporte residual de sedimentos, através da análise das formas de acumulação resultantes e dos gradientes granulométricos. Surge, além dessa participação, a solicitação crescente de elaboração de pareceres e estudo de soluções para problemas decorrentes de obras feitas sem os devidos cuidados ou sem o conhecimento especializado necessário, e que, geralmente, resultam em erosão ou acumulação acelerada em trechos do litoral. Casos desse tipo se situam no limiar de atuação entre o geomorfólogo e o engenheiro costeiro, devendo a atuação conjunta desses especialistas propiciar não somente ganhos de conhecimento para cada um, mas, também, soluções melhores.

Face às novas perspectivas de atuação da Geomorfologia, há uma necessidade premente de aprimoramento do enfoque de aplicabilidade. É fundamental a realização e divulgação de diagnósticos e dos resultados de monitoramento dos efeitos de uma obra costeira ou de uma intervenção na busca de solucionar um problema já existente. Por parte dos geógrafos, a realização de Simpósios de Geografia Física Aplicada é uma tentativa neste sentido, mas é preciso ampliar o estudo de casos. O diagnóstico de Bigarella *et al.* (1970), sobre as causas do desastre de Guaratuba, no Paraná, onde o colapso de um muro de arrimo provocou um rápido fluxo do lençol freático represado em direção ao mar, com a conseqüente remoção dos sedimentos arenosos muito finos e o afundamento de quase dois quarteirões da cidade, e o de Psuty & Moreira (1992), sobre a expectativa de manutenção do engordamento artificial das praias da Rocha e dos Três Castelos, em Portugal, mostrando que, apesar de adjacentes, a primeira perde apenas 2 a 5% de areia por ano, enquanto a segunda vem perdendo sedimentos a uma taxa de 15 a 20%, retornando, em cerca de 5 anos, à situação pré-engordamento, são exemplos a serem seguidos. O primeiro mostra a importância de se conhecer as características dos sedimentos da planície costeira ao se decidir pela construção de um muro que venha a barrar o fluxo do lençol freático, e o outro é um alerta sobre as respostas diferenciadas em casos de aterros hidráulicos.

Outras frentes de atuação se esboçam, como no estudo de dinâmica de praia e fundo marinho adjacente para efeitos de colocação de dutos e cabos de fibra ótica, na integração de estudos de morfodinâmica costeira e bentônicos, na elaboração de cartas de risco e no gerenciamento costeiro, com o estabelecimento de critérios de ocupação do espaço. Para estes, a possibilidade de elevação do nível relativo do mar deve ser levada em conta. Os efeitos como salinização do lençol freático, erosão de praia, redução do gradiente de escoamento das águas pluviais e de esgotos, entre outros, são amplamente discutidos na literatura, mas precisam ser lembrados, pois os interesses imediatos quase sempre sobrepujam o bom senso. Enfim, as perspectivas para os pesquisadores costeiros se ampliam, sendo que importantes aprimoramentos de técnicas e conhecimentos deverão resultar na interface entre campos de conhecimento distintos.

GEOMORFOLOGIA COSTEIRA

9. Bibliografia

AIRY, G. B. 1845. Tides and waves. *Encycl. Metropol.*, 241-396, Londres.

ARGENTO, M. S. F. 1987 A retrogradação do Paríiba do Sul e o impacto ambiental de Atafona. II Congresso Brasileiro de Defesa do Meio Ambiente. *Anais.* 2: 179-194.

BANDEIRA Jr., A. N.; S. PETRI, e K. SUGUIO, 1975. Projeto Rio Doce: Petróleo Brasileiro S. A., Relatório Interno, 203p.

BARNOLA, J.M., D. RAYNAUD, Y.S.`KOROTKEVICH & C. LORIUS. 1987. Vostok ice core provides 160,000-year record of atmospheric CO_2. *Nature, 329*: 408-414.

BIGARELLA, J. J., SILVA, J. X. da & DUARTE, G. M. 1970. O desastre de Guaratuba. Um estudo de Geomorfologia Aplicada. *Revista do Instituto de Biologia e Pesquisas Tecnológicas. 14*: 5-16.

BIRD, E. 1987. *Physiographic indications of a rising sea level. A discussion paper.* Department of Geography, University of Melbourne, 14p.

BRUUN, P. 1962. Sea level rise as a cause of shore erosion. Proc. *ASCE Journal Waterways and Harbors Division. 88*:117-130.

DEAN, R.G. 1973. Heuristic models of sand transport in the surf zone. Conference of Eng. Dyn. in the Surf Zone. Sydney, Austália, 7p.

DIAS, G. T. M., 1981. O complexo deltaico do Rio Paraíba do Sul. IV Simpósio Quaternário no Brasil. Publ. Especial. 2: 58-79. Rio de Janeiro.

DOMINGUEZ, J. M. L., 1989. Ontogeny of a strandplain: Evolving concepts on the evolution of the Doce river beach-ridge plain (East coast of Brazil). International Symposium on Global Changes in South America during the Quaternary: Past — Present — Future. São Paulo, May 8-12. Special Publication 1: 235-240.

DOMINGUEZ, J. M. L., BITTENCOURT, A. C. da S. P. & MARTIN. L. 1981. Esquema evolutivo da sedimentação quaternária nas feições deltaicas dos rios São Francisco (Se/

Al), Jequitinhonha (Ba), Doce (ES) e Paraíba do Sul (RJ). *Revista Brasileira de Geociências, 11(4):* 227-237.

DOMINGUEZ, J. M. L., BITTENCOURT, A. C. da S. P. & MARTIN, L. 1992. Controls on Quaternary coastal evolution of the east-northeastern coast of Brazil: roles of sea-level history, trade winds and climate. *Sedimentary Geology, 80*: 213-232.

DOMINGUEZ, J. M. L., L. MARTIN, A. C. S. P. BITTENCOURT, Y. DE A. FERREIRA, e J.-M. FLEXOR, 1982. Sobre a validade da utilização do termo delta para designar planícies costeiras associadas às desembocaduras dos grandes rios brasileiros. XXXII Congresso Brasileiro de Geologia, 2 *(Breves Comunicações)*: 92, Salvador.

ECKART, C. 1952. The propagation of waves from deep to shallow water. Gravity waves. National Bureau of Standards Circular nº 521: 165-173.

EISHAR, L. L. & BYRNE, R. J. 1979. Field study of breaking wave characteristics. *Proceedings of the 16th Coastal Engineering Conference*. ASCE, Nova York.

FAIRBRIDGE, R. W. 1961. Eustatic changes of sea level. *Physics and Chemestry of the Earth*. 4: 99-185. Oxford, Pergamon Press.

FOLK, R. L. 1974. *Petrology of sedimentary rocks*. Hemphill's, Austin, Texas.

FOLK, R. L. & WARD, W. C. 1957. Brazos river bar: a study in the significance of grain size parameters. *Journal of Sedimentary Petrology, 27*: 3-26.

GILBERT, G. K. 1885. The topographic features of lake shores. U.S. Geological Survey. 5th Annual Report, pp. 69-123.

GUZA, R. T. & BOWEN, A. J. 1977. Resonant interaction from waves breaking on a beach. *Proceedings of the 15th International Conference of Coastal Engineering*. ASCE, Nova York.

GUZA, R. T. & INMAN, D. L. 1975. Edge waves and beach cusps. *Journal of Geophysical Research, 80(21)*: 2997-3012.

HARARI, J. & CAMARGO, R. 1993. Tides and mean sea level in Recife (PE) — 8° 3.3'S 34° 51.9' W — 1946 to 1988. *Boletim do Instituto Oceanográfico*, Universidade de São Paulo.

HOYT, J. H. 1967. Barrier islands formation. *Geological Society American Bulletin, 78*: 1125-1135.

IPCC — Intergovernmental Pannel of Climate Changes. 1990. Policymakers summary of the scientific assessment of climate change. Report to IPCC from working group 1, second draft, 12 march 1990, p. 27.

KEMP, P. H & PLINSTONE, D.T. 1968. *Journal of Hydraulic Division*, ASCE *94*: 1183-1195.

KOMAR, P. D. 1976. *Beach processes and sedimentation*. Prentice Hall Inc., 429p.

KOMAR, P.D. 1983. Beach processes and erosion - an introduction. *In CRC Handbook of coastal processes and erosion*. (Komar, P.D. ed.). CRC Press, Boca Raton, Florida, pp.1-20.

KORTEWEG, D. J. & DE VRIES, G. 1895. On the change of form of long waves advancing in a retangular canal, and on a new type of long stationary waves. *Philosophical Magazin, 5* (39): 422-443.

KOWSMANN, R. 1970. Variações de curto prazo de um perfil da praia de Copacabana — Rio de Janeiro. Instituto de Pesquisas da Marinha. Publ., n° 039,16p.

LAMEGO, A. R. 1940. Restingas na costa do Brasil. Rio de Janeiro. *Boletim da Divisão de Geologia e Mineralogia.*Publ., n° 96. —, 66p.

LAMEGO, A.R. 1945. Ciclo evolutivo das lagunas fluminenses. Departamento Nacional da Produção Mineral, *Boletim n° 118.* Rio de Janeiro, 45p.

LONGUET-HIGGINS, M. S. 1970a. Longshore currents generated by obliquely incident sea waves. *Journal of Geophysical Research, 75*: 6778-6789.

LONGUET-HIGGINS, M. S. 1970b. Longshore currents generated by obliquely incident sea waves. *Journal of Geophysical Research, 75*: 6790-6801.

MARTIN, L., FLEXOR, J. -M., BITTENCOURT, A. C. S. P. & DOMINGUES, J. M. L. 1984. Registro do bloqueio da circulação atmosférica meridiana na geometria dos cordões litorâneos da costa brasileira. *Anais do XXXIII Congresso Brasileiro de Geologia,* pp. 133-144.

McARDLE, S. B. & McLACHLAN, A. 1992. Sand beach ecology: swash features relevant to the macrofauna. *Journal of Coastal Research, 8*(2): 398-407.

McLACHLAN, A. 1990. Dissipative beaches and macrofauna communities on exposed intertidal sands. *Journal of Coastal Research*, 6:57-71.

MESQUITA, A. R. & HARARI, J. 1983. Tides and tide gauges of Ubatuba and Cananéia. *Relatório do Instituto Oceanográfico*, Universidade de São Paulo.

MESQUITA, A. R. & LEITE, J. B. A. 1985. Sobre a variabilidade do nível médio do mar na costa sudeste do Brasil. I Encontro Regional de Geofísica, São José dos Campos.

MOREIRA DA SILVA, P. de C. 1972. *Oceanografia Física*. Ed. Instituto de Pesquisas da Marinha. Rio de Janeiro, 259p.

MUEHE, D. e CORRÊA C.H.T. 1989. Dinâmica de praia e transporte de sedimentos na restinga da Maçambaba, RJ. *Revista Brasileira de Geociências, 19*(3): 387-392.

MUEHE, D., CORRÊA C. H. T. & IGNARRA. 1989. Avaliação dos riscos de erosão dos cordões litorâneos entre Niterói e Cabo Frio. 3° Simpósio de Geografia Física Aplicada. Nova Friburgo, 29 de maio a 3 de junho, pp. 368-383.

MUEHE, D. & DOBEREINER, C. 1977. Dinâmica do fundo marinho ao longo do pier de Ipanema, Rio de Janeiro. *Anais da Academia Brasileira de Ciências, 49*(2): 281-285.

MUEHE, D. & NEVES, C. F. 1994. Basic assessment of sea level rise effects on the Brazilian coast. *Journal of Coastal Research* (em publicação).

MUNK, W. H. & TRAYLOR, M. A. 1947. Refraction of ocean waves: a process linking underwater topography to beach erosion. *The Journal of Geology*, LV(1): 1-26.

NEFTEL, A., E. MOOR, H. OESCHGER & B. STAUFFER. 1985. Evidence from polar ice cores for the increase in atmospheric CO_2 in the past two centuries. *Nature 315*: 45-47.

NUMMEDAL, D. 1983. Barrier islands. *In CRC Handbook of coastal processes and erosion*. (Paul D. Komar, ed.), pp. 77-117. CRC Press, Inc., Boca Raton, Flórida.

PIRAZOLLI, P.A. 1986. Secular trends of relative sea-level changes indicated by tide-gauge records. *Journal of Coastal Research*. S1: 1-26.

PSUTY, N.P. 1986. Principles of dune-beach interaction related to coastal management. *Thalassas*, 4: 11-15.

PSUTY, N. P. 1988. Sediment budget and dune/beach interaction. *Journal of Coastal Research*, Special Issue n° 3: 1-4.

PSUTY, N. P. & MOREIRA, M. E. S. A. 1992. Characteristics and longevity of beach nourishment at praia da Rocha, Portugal. *Journal of Coastal Research*, 8(3): 660-676.

SHEPARD, F. P. 1937. Revised classification of marine shorelines. *Journal of Geology*, 45: 602-624.

SHEPARD, F. P. 1963. *Submarine Geology*. Harper & Row (edit.). 557p.

SHORT, A. D. 1979. Three dimensional beach stage model. *Journal of Geology. 87*: 553-571.

SHORT, A. D. 1988. Wave, beach, foredune, and mobile dune interactions in southeast Australia. *Journal of Coastal Research*, Special Issue n° 3: 5-8.

SILVA, G. N., 1992. Variação do nível médio do mar: causas, conseqüências e metodologia de análise. Dissertação de Mestrado em Ciências (M.Sc.). Programa de Engenharia Oceânica/COPPE. Universidade Federal do Rio de Janeiro. 93p.

SILVA, G. N. e C. F. NEVES, 1991. O nível médio do mar entre 1965 e 1986 na ilha Fiscal, RJ. IX Simpósio de Recursos Hídricos, Rio de Janeiro. Associação Brasileira de Recursos (ABRH), pp. 568-577.

SONU, C. J & VAN BEEK, J. L. 1971. Systematic beach changes in the outer banks, North Carolina. *Journal of Geology, 74*: 416-425.

STOKES, G. G. 1847.On the theory of oscillatory waves. Trans. Cambridge Phil. Soc. *8*: 441-455.

SUGUIO, K. 1992. *Dicionário de Geologia Marinha*. T.A. Queiroz, Editor, Ltda., 171p.

SUGUIO, K., L. MARTIN, A. C. S. P. BITTENCOURT, J. M. L. DOMINGUES, J-M. FLEXOR & A. E. G. AZEVEDO. 1985. Flutuações do nível relativo do mar durante o Quaternário superior ao longo do litoral brasileiro e suas implicações na sedimentação costeira. *Revista Brasileira de Geociências, 15 (4):* 273-286.

SWIFT, D. J. P. 1976a. Continental shelf sedimentation. *In* Stanley, D. J. & Swift, D. J. P., *Marine sediment transport and environmental management*, John Wiley & Sons, 311-350.

SWIFT, D. J. P. 1976b. Coastal sedimentation. In: Stanley, D.J. & Swift, D. J. P., *Marine sediment transport and environmental management*, John Wiley & Sons, pp. 255-310.

TOMAZELLI, L. J. & VILLWOCK. J. A. 1989. Processos erosivos atuais da costa do Rio Grande do Sul, Brasil: Evidências de uma provável tendência contemporânea de elevação do nível do mar. *In* II Congresso da Associação Brasileira de Estudos do Quaternário (ABEQUA). Rio de Janeiro. *Anais* (no prelo).

VALENTINI, E. & ROSMAN, P. C. 1993. Subsídios técnicos para o gerenciamento costeiro no Ceará. X Simpósio Brasileiro de Recursos Hídricos. *Anais*. 2: 51-60.

WANLESS, H. R. 1976. Intracoastal sedimentation. *In* Stanley, D.J. & Swift, D.J.P., *Marine sediment transport and environmental management*, John Wiley & Sons, pp. 221-239.

WEISHAR, L. L. & BYRNE, R. J. 1978. Field study of breaking wave characteristics. *Proceedings of the 16th Coastal Engineering Conference*. ASCE, New York, pp. 487-506.

WENTWORTH, C. 1922. A scale of grade and class terms for clastic sediments. *Journal of Geology, 30:* 377-392.

WIGLEY, T. M. L., JONES, P. D., KELLY, P. M. & RAPER, S. C. B. 1989. Statistical significance of global warming. *Proceedings of the Thirteenth Annual Climate Diagnostics Workshop*. Washington D.C.: National Oceanographic and Atmospheric Administration, pp. A-1-A-8.

WRIGHT, L. D., CHAPPELL, J., THOM, B. G., BRADSHAW, M. P. & COWELL, P. 1979. Morphodynamics of reflective and dissipative beach and inshore systems: Southeastern Australia. *Marine Geology, 32:* 105-140.

WRIGHT, L. D., GUZA, R. T. & SHORT, A. D. 1982. Dynamics of high energy dissipative surf zone. *Marine Geology, 45:*41-62.

WRIGHT, L. D. & SHORT, A. D. 1983. Morphodynamics of beaches and surf zones in Australia. *In Handbook of coastal processes and erosion*. (Paul D. Komar, ed.), pp. 35-64. CRC Press, Inc., Boca Raton, Flórida.

WRIGHT, L. D. & SHORT, A. D. 1984. Morphodynamic variability of surf zones and beaches: A synthesis. *Marine Geology, 56:* 93-118.

WRIGHT, L. D., SHORT, A. D. & GREEN, M. O. 1985. Short term changes in the morphodynamic states of beaches and surf zones: An empirical predictive model. *Marine Geology*, 62:339-3

CAPÍTULO 7

GEOMORFOLOGIA CÁRSTICA

Heinz Charles Kohler

1. Introdução

Compreende-se hoje por Geomorfologia Cárstica o estudo da forma, gênese e dinâmica dos relevos elaborados sobre rochas solúveis pela água, tais como as carbonáticas e os evaporitos, e, mesmo, rochas menos solúveis, como os quartzitos, granitos, basaltos, entre outras.

Os relevos cársticos, perfazendo o total de aproximadamente 10% do globo terrestre, em sua maioria sobre rochas carbonáticas, distinguem-se por sua beleza e exuberância. Seus edifícios ruiniformes, com os paredões enrugados e corroídos pelo tempo, arcadas suspensas abrindo-se em cavernas subterrâneas e os abrigos com seus sumidouros frente a lagoas de águas cristalinas sempre atraíram o homem desde os seus primórdios. Esse fato, aliado às especificidades de sua geomorfologia, tornou o carste uma região-chave para o estudo da paleontologia, arqueologia e principalmente das mudanças globais ocorridas durante o Quaternário. As depressões fechadas e os condutos subterrâneos funcionam como armadilhas para reter qualquer material (mineral

309

ou orgânico) existente em sua bacia. A calcita, mineral proveniente da dissolução e precipitação das rochas carbonáticas, funciona como uma lápide petrificada sobre esses depósitos, fossilisando-os e preservando-os para serem descobertos e analisados pelos pesquisadores que estudam o passado de nosso planeta.

Os primeiros estudos sobre o carste foram realizados no início desse século, por Albrecht Penk e seus discípulos Civic e Grund (Civic,1893; Grund,1903; Penk,1904). A esses pesquisadores austríacos devemos a terminologia de origem servocroata. Carste é a transcrição portuguesa do termo alemão *karst*, que, por sua vez, tem origem no *kras*, denominação dada pelos eslavos ao planalto carbonático situado na porção noroeste da península Balcânica. O termo carste deriva do pré-indo-europeu *krs*, pedra dura, que em céltico significava deserto de pedra (Fenelon,1972; Sweeting,1972 e 1981). Os termos dolina, poliés e hume também são de origem servocroata, correspondendo a pequeno vale, campo de cultura e colina, respectivamente.

Ford & Williams (1989) denominam cársticas todas as feições elaboradas pelos processos de dissolução, corrosão e abatimento, reservando o termo pseudocárstico para formas originadas por outros processos.

Adotaremos aqui os termos cárstico, paleocárstico e pseudocárstico, nas seguintes situações:

* Feições cársticas são todas as formas de relevos ativos elaborados sobretudo pelos processos de corrosão (química) e pelos processos de abatimentos (físicos). Exemplos: dolinas e uvalas funcionais.
* Feições "cársticas" elaboradas por processos de corrosão (química) e abatimentos (físicos), hoje não mais ativas (funcionais), são denominadas paleocársticas. Exemplos: sumidouros e ressurgências inativas, dolinas inativas e parcialmente assoreadas.
* Feições do tipo "carste", não elaboradas por processos de corrosão (química) e abatimentos (físicos), são denominadas pseudocársticas. Exemplos: cavernas de origem vulcânicas, depressões fechadas de origem glacial.

GEOMORFOLOGIA CÁRSTICA

Boegli (1980) distingue o exocarste do endocarste. O primeiro representa os relevos superficiais, e o segundo caracteriza as formas subterrâneas de domínio da espeleologia. A Geomorfologia Cárstica só poderá ser entendida conhecendo-se os processos responsáveis pela gênese do exocarste e endocarste. Um relevo exocárstico é resultado, na maioria das vezes, da evolução do endocarste (abatimentos).

No domínio das formas exocársticas prevalecem as feições negativas, como os poliés, uvalas e dolinas, em contraposição às formas positivas dos maciços, mogotes, torres e verrugas. Distingue-se ainda o microcarste, com formas recentes e de pequena dimensão (lapiás), do macrocarste, que são relevos bastante evoluídos e de grandes dimensões.

O endocarste é caracterizado pelo mundo subterrâneo, com suas cavernas decoradas por exuberantes espeleotemas (colunas, cortinas, véus, assoalhos, nichos, estalactites, estalagmites, entre outras).

A gênese e evolução de uma paisagem cárstica depende do grau de dissolução da rocha, da qualidade e volume de água associados às características ambientais da litosfera, biosfera e atmosfera. O gerenciamento e a ocupação de uma região cárstica só é possível após profundo conhecimento da dinâmica desses parâmetros. Esse capítulo trata, sobretudo, da conceituação e morfologia cársticas. Conhecimentos mais aprofundados sobre a Litologia, Hidrologia, Geoquímica e Espeleologia Cárstica poderão ser encontrados na bibliografia anexa.

2. Morfologia Cárstica

Existem inúmeras classificações morfológicas do carste, uma puramente descritiva, outra genética, uma terceira em função do tipo de cobertura, etc. Serão descritas aqui as formas mais clássicas, e, no item 4, serão descritos alguns cenários cársticos.

Ford & Williams (1989) distinguem feições de dissolução das

de acumulação, propondo o sistema cárstico, adaptado na Figura 7.1, enquanto White (1988) propõe uma classificação de paisagens cársticas em função da feição dominante: carste de dolina, de torres e cones, de poliés, fluviocarste, carste labiríntico, de cavernas, etc.

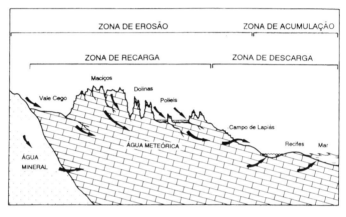

Figura 7.1 — *Sistema cárstico. (Modificado — Ford e Williams, 1989)*

2.1. Lapiás

Lapiás são caneluras ou regos de espessura milimétrica a centimétrica, que sulcam a superfície da rocha cárstica, através de variados padrões, podendo atingir uma dezena de metros de comprimento. Grandes superfícies recobertas por lapiesamento são denominadas de campos de lapiás. Em função da forma, posição e tamanho, Boegli (1980) sugere exaustiva classificação, cuja nomenclatura é hoje internacionalmente aceita. O citado autor utiliza o termo alemão *karren* para lapiás. A Figura 7.2 mostra alguns tipos.

A importância do estudo dos lapiás refere-se aos mais recentes processos de corrosão de uma superfície cárstica. A sessão do canalículo, em U ou V; o comprimento, de milímetros a metros;

Figura 7.2 — *Tipos de lapiás em maciço calcário na região do Peruaçu/ MG: a* — Schichtenkarren *(lapiás horizontais); b* — Wandkarren *ou* Rillenkarren *(lapiás verticais); c* — Spitzenkarren *(pináculos).*

o padrão anastomosado, retangular, paralelo, horizontal, vertical, etc. fornecem importantes dados genéticos e de evolução em função das condições ambientais (geoquímicas) atuais do carste.

2.2. Poliés, Uvalas e Dolinas

São formas negativas, depressões fechadas cujo maior representante é o poliés — uma grande planície de corrosão, alcançando centenas de quilômetros e apresentando fundo plano atravessado por um fluxo contínuo de água que pode ser confinada em algum ponto por um sumidouro. Muitos poliés alojam lagoas temporárias.

Uvalas e dolinas são depressões menores do que os poliés. Dolina é a feição mais típica de uma paisagem cárstica, geralmente de configuração circular ou elíptica, de alguns metros de diâmetro, (dificilmente ultrapassando 2.000m) e sempre mais larga do que profunda. Nicod (1972) classifica-as em função da forma, que pode ser em balde, funil e bacia (Fig. 7.3). A primeira apresenta bordas escarpadas e, quando mais profunda, recebe o nome de poço; quando tem o fundo côncavo, é denominada caldeirão; ela pode também ter um dos flancos recoberto por sedimentos. Dolinas do tipo funil podem ser assoreadas, passando para o tipo bacias. Podem ser estruturais assimétricas com um segmento em paredão. Ainda podem ser do tipo abatimento. Ocorrem dolinas dentro de dolinas e são chamadas gêmeas ou irmãs. Quando existe uma coalescência entre duas ou mais dolinas, forma-se uma uvala. As uvalas são depressões em forma de uma flor, com fundo irregular, apresentando um ou múltiplos sumidouros, podendo se transformar em lagoas temporárias, como outras depressões cársticas.

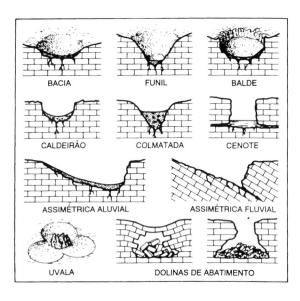

Figura 7.3 — *Dolinas de dissolução e abatimento. (Modificado de Nicod, 1972)*

2.3. Maciços, Mogotes, Torres e Verrugas

São relevos positivos, com uma história complexa de evolução. Os maciços são grandes planaltos cársticos de centenas de quilômetros de extensão. Apresentam paredões recobertos por campos de lapiás, limitando superfícies erosivas. São muitas vezes atravessados por vales cegos (fechados) que alojam rios que terminam em sumidouros, transformando o fluxo da água superficial em subterrâneo. Esses rios subterrâneos afloram em ressurgências localizadas em desfiladeiros profundos e abruptos. Os maciços apresentam ainda um endocarste bem desenvolvido com diferentes sistemas de condutos labirínticos sobrepostos, funcionais ou não.

Os mogotes são feições típicas do carste tropical (Porto Rico, Cuba, México, entre outros) constituídos por morros residuais de algumas dezenas de metros de altitude. No carste Dinário, esses morros testemunhos são chamados de *hume*. Uma variação desse relevo é o carste de Torres, e seu exemplo mais espetacular encontra-se na China. Trata-se de um conjunto de torres de centenas de metros que despontam na planície fluvial.

Verrugas ou banquetas são afloramentos individualizados de alguns decímetros a um metro de diâmetro e altura.

2.4. Formas Fluviocársticas

O fluviocarste é caracterizado por um curso de água com trechos em superfície, outros subterrâneos, que direcionam a funcionalidade do carste. O caudal de águas pode ter sua origem no próprio carste (autóctone) ou originar-se fora dele (alóctone).

As formas mais espetaculares são os vales cegos (fechados), onde o fluxo aflora por uma ressurgência, flui no leito do talvegue e desaparece por um sumidouro para tornar-se subterrâneo. (Fig. 7.4). São comuns vales em desfiladeiros e gargantas profundas, onde o caudal flui ora em águas turbulentas, vencendo cachoeiras e corredeiras, ora confinado às águas tranqüilas e cristalinas de um lago represado pela deposição de carbonato de cálcio (travertinos). Um fluviocarste ativo geralmente aloja acima de seu nível atual feições fósseis, não funcionais, como vales suspensos, cavernas e abrigos.

GEOMORFOLOGIA CÁRSTICA

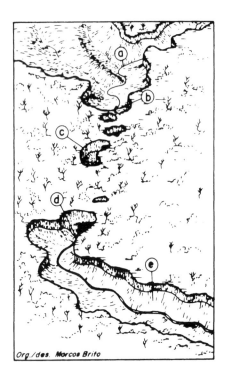

Figura 7.4 — *Fluviocarste: a — Vale cego; b — Sumidouro; c — Claraboia; d — Ressurgência; e — Desfiladeiro.*

2.5. Formas e Hidrologia Endocársticas

Dos vazios endocársticos, os mais significativos são as cavernas, que foram definidas pela União Internacional de Espeleologia como sendo todos os condutos subterrâneos de acesso ao homem. A morfologia desses condutos, segundo Palmer (1991), é controlada por uma hierarquia de influências, tais como localização, extensão, grau de solubilidade da rocha, distância entre o ponto de recarga e de descarga do aquífero, padrão estrutural da rocha, distribuição do fluxo freático e vadoso, e história geomorfológica. O interior cavernículo é decorado por feições negativas de lapiesamentos nas paredes e tetos (*wall pocket, scalops, meandros, rills*, etc.) e por precipitações carbonáticas, principalmente de calcita e aragonita, dando origem aos espeleotemas.

Entre os inúmeros grupos de exploração espeleológicas existentes no Brasil, destaca-se um que sintetiza, numa publicação, os mais importantes estudos realizados nos últimos 10 anos o Grupo Bambuí de Pesquisas Espeleológicas (1993).

A Hidrologia Subterrânea associada ao padrão estrutural da rocha é o principal responsável pela forma, gênese e dinâmica do endocarste. A Figura 7.5 esquematiza os níveis freático, anfíbio e vadoso no endocarste. Entre o nível máximo vadoso e o nível freático profundo (basal), Boegli (1980) distingue a zona ativa de corrosão, também denominada anfíbia.

As cavernas de origem freática sempre estiveram totalmente inundadas, ao contrário das cavernas de origem mista (freática e vadosa), onde a porção superior do conduto oscila no nível vadoso. No nível freático, a pressão das águas acelera a corrosão; já no

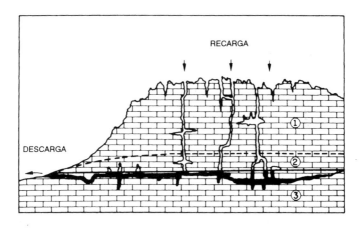

Figura 7.5 - *Regimes hidrológicos do carste: 1 — Regime vadoso: zona de circulação livre da água sob ação da gravidade (fluxo turbulento); 2 — Regime anfíbio: zona intermediária alternadamente seca ou inundada; 3 — Regime freático: zona totalmente inundada.*

GEOMORFOLOGIA CÁRSTICA

vadoso, onde o nível pisométrico é nulo, isso não acontece; aumenta, porém, o turbilhonamento. Boegli (1980) introduz o termo "corrosão de mistura", quando duas águas cársticas com características diferentes (temperatura, pH, agressividade) se encontram e readquirem novo potencial de corrosão.

Bibliografia adicional: Beck & Wilson (1987); Daoxian (1988); White & White (1989); Bonacci (1987); Zoetl (1974); Auler (1991a, 1991b); Sánchez (1986); Karmann e Sánchez (1979a, 1979b).

3. Gênese e Evolução do Carste

Os principais elementos para a elaboração e evolução de um relevo cárstico são: a rocha com características de solubilidade e a água. Os componentes do ambiente geoquímico, tais como temperatura, pH, pressão, CO_2, presença de ácidos húmicos e fúlvicos e as bactérias para fixar a calcita secundária, entre outros, são os ingredientes da carstificação.

A principal condicionante da gênese das formas cársticas é a água, tanto meteórica quanto subterrânea. A água retém gás carbônico, que reage em contato com o calcário, formando o bicarbonato de cálcio (solúvel), na reação clássica $CaCO_3 + CO_2 + H_2O = Ca(HCO_3)_2$. Esta reação é reversível, pois o bicarbonato de cálcio só existe em solução iônica na presença de CO_2 em excesso. A quantidade de gás carbônico dissolvido na água possui duas funções: de agressividade e de equilíbrio. O CO_2 "agressivo" combina com o $CaCO_3$ para formar o bicarbonato (CO_2 semi-combinado), e o CO_2 "equilibrante" mantém o CO_2 "agressivo" em solução.

A potencialidade da água em reter CO_2 varia em função da pressão parcial do gás carbônico no ar e da temperatura da água. Águas de temperaturas mais baixas têm maior potencialidade de reter gás carbônico. Temperaturas maiores aceleram a dissolução, porém diminui a concentração de CO_2 dissolvido. Isso explica as diferentes formas cársticas, nas diferentes zonas climáticas do globo.

318

Por outro lado, sabemos que durante o Quaternário houve alternâncias climáticas em função das inúmeras glaciações. Os processos de corrosão química responsáveis pelo inventário das formas cársticas atuais ocorreram sob diferentes condições climáticas. Essa é a razão que torna o carste uma região-chave para o estudo das mudanças globais ocorridas durante o Quaternário.

Ao lado do teor de carbonato de cálcio da rocha calcária e de sua estrutura (acamamento, fraturamento, etc.), o volume de águas e o clima são os principais fatores de corrosão dos relevos cársticos.

Boegli (1980) mostra a relação entre o teor de calcário dissolvido na água e o clima da região. Os maiores teores foram registrados em ressurgências glaciais (morainas). Os dados registrados por Lehmann *et al.* (1956), em região tropical (Cuba), são semelhantes aos da Lagoa Santa, Minas Gerais (Kohler, 1989 a,b).

Corbel (1959) estabelece uma fórmula para registrar a taxa de denudação milenar do calcário sob condições climáticas atuais. Baseia-se no débito anual da bacia, no volume e na densidade do calcário e no teor médio anual do $CaCO_3$ dissolvido nas águas. Boegli (1980) registra as maiores taxas de denudação milenar para as regiões subárticas e antárticas, e as menores para regiões de climas quentes e úmidos.

Ao lado dos processos químicos de corrosão ocorrem, ainda, os processos físicos (mecânicos) de abatimento de vazios subterrâneos (*incadere*) e o desabamento de blocos das lapas e paredões.

Na formação do modelado cárstico, os processos químicos e físicos interagem. Uma dolina de dissolução pode sofrer abatimento, assim como uma dolina de abatimento pode ter suas bordas suavizadas pelos processsos de corrosão. As dolinas podem ser classificadas, em função da gênese, em dolinas de dissolução; dolinas aluviais; dolinas de subsidência e dolinas de abatimento (Fig. 7.3).

Os poliés podem ter sua gênese ligada a fatores estruturais da rocha (tectônica, horizontalidade das camadas, entre outras), assim como a processos de corrosão. Nesse caso, a superfície de corrosão pode ter alcançado uma camada rochosa horizontalizada não-cárstica, quando a evolução se processa somente por alargamento lateral e não vertical. Lehmann (1959) faz uma cuidadosa revisão sobre os diferentes tipos de forma e gênese dos poliés.

Espeleotemas e travertinos são precipitações de calcita e aragonita encontradas em águas saturadas. Esta precipitação ocorre com a liberação de CO_2 em função da mudança de temperatura da água e da fixação dos íons por bactérias e algas (Adolphe *et al.*, 1985).

Alinhamentos de dolinas geralmente refletem antigos lineamentos estruturais (zonas de maior fragilidade da rocha), revelando possíveis condutos de águas no endocarste. Ao longo dessas estruturas superficiais, os processos físicos, químicos, biológicos e tectônicos são mais ativos e dinâmicos.

Quanto mais espesso e deformado for o pacote de rochas carbonáticas, mais espetacular será seu relevo e mais complexa sua dinâmica. A evolução do carste no tempo leva à dissolução total e absoluta. A Figura 7.6 ilustra a evolução esquemática de um relevo cárstico. Trata-se de um processo dinâmico enquanto houver água e rocha, conferindo ao seu relevo fragilidade ímpar, somente comparável à das regiões de instabilidade tectônica.

Cada região cárstica tem suas peculiaridades e, conseqüentemente, sua própria dinâmica e evolução. O uso de modelos evolutivos, dentro de uma mesma região morfoclimática, leva a erros de interpretação.

Estudos de evolução devem ser baseados em análises dos processos *in loco*. A composição química da água revela sua agressividade, e a estrutura superficial do exocarste aliado à estrutura do endocarste pode indicar as tendências e direcionamentos da evolução.

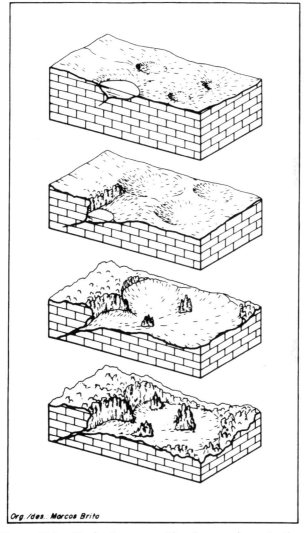

Figura 7.6 - *Evolução esquemática de um relevo cárstico.*

4. Alguns Cenários Cársticos Brasileiros

O Brasil é auto-suficiente em cimento, chegando a exportar. Isso sugere a existência de calcário, matéria-prima para a fabricação do cimento. Existem grandes províncias de rochas carbonáticas em nosso país (Karmann & Sánchez,1979 b), estando a maior localizada no cráton de São Francisco, interdigitada entre os metassedimentos do Grupo Bambuí (Proterozóico Superior). Ocorrem calcários em todo o cráton, ora em superfície, ora recobertos por formações não-carbonáticas, localizando-se, sobretudo, nos Estados de Minas Gerais, Goiás e Bahia.

Outra grande província de rochas carbonáticas situa-se nos Estados de Mato Grosso do Sul e Mato Grosso. Trata-se das rochas dos Grupos Cuiabá e Corumbá. Ocorrências menores foram assinaladas nos Estados de São Paulo (Vale do Ribeira e Cajamar), Espírito Santo, Minas Gerais (Triângulo Mineiro), Paraíba, e Acre, entre outros.

Sobre todas essas virtuais jazidas de rochas carbonáticas desenvolvem-se relevos cársticos. Essas paisagens apresentam características diferentes, sobretudo, em função da litologia e do regime hidrológico. Estudos sistemáticos de Geomorfologia Cárstica, no Brasil, são recentes. Além dos trabalhos pioneiros de Tricart (1956 e 1961), Barbosa (1961) e Christofoletti (1986), citam-se as pesquisas realizadas nos últimos 15 anos no Laboratório do Carste, do Projeto Quaternário, alocado no Museu de História Natural e Jardim Botânico da Universidade Federal de Minas Gerais — UFMG. Serão aqui descritas três paisagens cársticas, pesquisadas pelo referido laboratório: Lagoa Santa e Peruaçu, em Minas Gerais, e Bonito, no Mato Grosso do Sul.

4.1. Lagoa Santa — MG

O carste de Lagoa Santa situa-se a 30km ao norte de Belo Horizonte e desenvolve-se sobre o bloco interfluvial Ribeirão da Mata Rio das Velhas, numa área de aproximadamente 400km². Esse bloco é constituído pelos metassedimentos carbonáticos altamente metamorfizados, com teores de carbonato de cálcio

GEOMORFOLOGIA CÁRSTICA

acima de 95%, da Formação Sete Lagoas, Grupo Bambuí, do Proterozóico Superior. O clima é caracterizado por precipitação média anual em torno de 1.300mm e temperatura média em torno de 21°C.

O corte topográfico (Fig. 7.7), situado entre o Ribeirão da Mata e o Rio das Velhas (SW—NE), apresenta quatro compartimentos geomorfológicos distintos, que, do mais elevado ao mais baixo, apresentam os compartimentos dos desfiladeiros com paredões acima de 40m de altura, seguido por um cinturão de uvalas, passando para o planalto de dolinas e terminando no poliés do sumidouro. Esses compartimentos configuram o cenário cárstico de Lagoa Santa (Fig. 7.8), cuja característica principal reside na oscilação sazonal do nível freático, transformando sumidouros em ressurgências e dolinas, uvalas e poliés em lagoas temporárias.

A proximidade de Belo Horizonte torna essa imponente paisagem cárstica guardiã da megafauna extinta, berço da paleontologia e arqueologia brasileiras, uma região vulnerável à degradação. No entanto, sugestões de usos, voltados para a cultura, lazer e pesquisa, poderão conviver harmonicamente com as atividades mineradoras, industriais e agropecuárias, desde que exista planejamento integrado, baseado no conhecimento da dinâmica e evolução da paisagem cárstica.

Referências adicionais: Tricart (1956); Journaux (1977); Journaux *et al.* (1977); Kohler *et al.* (1976); Carvalho *et al.* (1977); Kohler *et al.* (1978a, 1978b); Kohler (1978, 1989a e b); Kohler & Piló (1991); Kohler & Malta (1991); Boulet *et al.* (1992); Parizzi (1993); Parizzi *et al.* (1993).

4.2. O Peruaçu — MG

O carste do Peruaçu situa-se no baixo curso do rio homônimo, na margem esquerda do médio São Francisco, apresentando área de aproximadamente 200km². Situa-se no extremo norte mineiro, abrangendo os municípios de Januária e Itacarambi, a 620km de Belo Horizonte.

O carste é constituído pelas rochas carbonáticas da Formação

GEOMORFOLOGIA CÁRSTICA

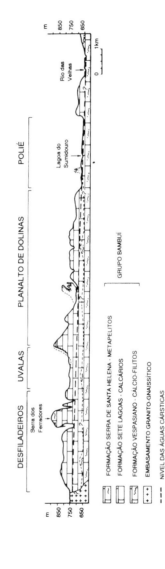

Figura 7.7 — *Perfil topográfico, geológico e geomorfológico através da região cárstica da Lagoa Santa — MG.*

Figura 7.8 — *Cenário cárstico da região de Lagoa Santa retratando dolina parcialmente inundada, próxima a maciço calcário.*

Januária — Itacarambi (Grupo Bambuí), correlacionáveis à Formação Sete Lagoas (Dardenne, 1981). O clima regional apresenta índice pluviométrico em torno de 850mm, concentrado nos meses de novembro a abril. A temperatura média anual é de 24°C.

A Geomorfologia Cárstica do Peruaçu foi estudada por Piló (1989), que estabeleceu o corte topográfico (Fig. 7.9) onde representou um compartimento fisiográfico de topo, com a exumação de verrugas na meia vertente, passando para o fluviocarste do Peruaçu, por um compartimento das depressões fechadas, pelo escarpamento escalonado recoberto por um campo de lapiás e, finalmente, a depressão sanfranciscana com suas dolinas de dissolução.

O fluviocarste é a característica marcante da paisagem, quando o rio Peruaçu, por inúmeras vezes, atravessa vales cegos e desaparece por sumidouros, tornando-se subterrâneo.

As condições climáticas mais secas refletem-se no lapiesamento das rochas, cujas arestas agudas (*Spitzenkarren*, Fig. 7.2) contrastam com o lapiesamento mais arredondado da Região de Lagoa Santa (*Rundkarren*).

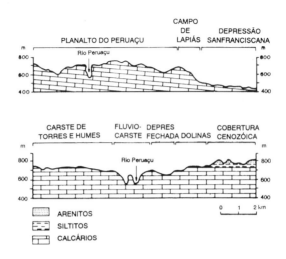

Figura 7.9 — *Perfis topográficos, geomorfológicos e geológicos da região do Peruaçú* — MG. *(Piló, 1989 - Modificado)*

Referências adicionais: Piló (1989); Kohler & Piló (1991); Kohler & Piló & Moura (1989); Piló & Kohler (1991); Kohler & Moura (1991); Campos *et al.* (1992).

4.3. Bonito — MS

O carste de Bonito situa-se na borda ocidental do pantanal brasileiro, 200km ao SW de Campo Grande, capital do Estado de Mato Grosso do Sul. Ocupa uma faixa norte—sul de aproximadamente 100km sobre rochas do Paleozóico Superior das Formações Cuiabá e Corumbá, constituídas por calcários dolomíticos e calcíferos, dobrados e falhados.

O cenário cárstico desenvolve-se no anticlinal da Serra da Bodoquena (700m) e no sinclinal dos rios Salobro e Formoso (320m), formadores do rio Miranda, afluente do rio Paraguai.

A morfologia cárstica é formada por quatro compartimentos fisiográficos distintos (Fig. 7.10): A — Superfície superior, fluviocarste do sistema rio Perdido, entalhado na superfície aplainada de topo, cota média de 600m; B — Morros residuais isolados com desníveis de até 70m, intercalados por abismos de abatimento, testemunhando a dissecação da superfície cimeira; C — Superfície inferior, planície cárstica (320m), com inúmeras ressurgências em lagoas pouco profundas (70cm — 120cm), constituindo as nascentes dos rios Formoso e Prata com trechos em corredeiras sobre travertinos; D — Fluviocarste do rio Miranda com sedimentação de travertinos.

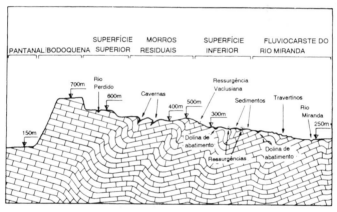

Figura 7.10 — *Perfil esquemático da geologia e geomorfologia da região cárstica de Bonito — MS.*

A grande atração da região é a Gruta do Lago Azul, localizada num abismo (compartimento B) preenchido parcialmente por um lago de águas cristalinas. Mergulhos efetuados em cavernas da região revelaram profundidades superiores a 50m. Foram encontrados cones e estalagmites submersos, evidenciando subsidência da área ou mudanças na recarga do aquífero em função de diferentes regimes pluviométricos (oscilações climáticas).

Outras referências: Kohler, H.C. & Cattanio, M.B. (1991); Cattanio *et al.* (1991); Kohler *et al.* (1993), Boggiani (1990).

5. Gerenciamento de Áreas Cársticas

Regiões cársticas em todo o mundo requerem gerenciamento específico e multidisciplinar em função da solubilidade da rocha pelas águas meteóricas e subterrâneas, que podem desencadear processos de abatimentos na superfície. Esses processos podem ser induzidos, principalmente em regiões urbanas, quando o abastecimento de água para a população é bombeado do aquífero cárstico, que, por sua natureza, apresenta enormes reservas. Para ser mantido o equilíbrio desse aquífero e para não provocar abatimentos, faz-se necessário meticuloso estudo da recarga desse manancial subterrâneo, através de pesquisas hidrogeológicas.

A Geomorfologia, por meio da compartimentação das paisagens cársticas, numa escala nunca menor do que 1:25.000, fornece importantes subsídios para melhor compreensão da dinâmica cárstica. Nos exemplos de paisagens cársticas citados (item 4), os compartimentos mais elevados funcionam como zona de recarga, enquanto os compartimentos basais constituem a zona de descarga do aquífero. Toda dinâmica processa-se entre esses dois extremos. Na região de Lagoa Santa, a sede municipal de Matozinhos situa-se na área de recarga do aquífero cárstico. Isso requer estudos específicos de saneamento, e os deflúvios da cidade devem ser desviados do manancial de recarga para não poluir os compartimentos mais baixos, situados na zona de descarga.

Nas regiões rurais, como nos casos de Peruaçu e Bonito, deve-se fazer rigoroso levantamento dos agrotóxicos utilizados na agricultura dentro dos compartimentos de recarga. Outro desequilíbrio observado nessas regiões é o desordenado bombeamento de água através de poços tubulares para a irrigação que podem induzir abatimentos.

Grandes e pesadas edificações requerem estudos geofísicos, através de sondagens, pelo método eletromagnético ou de percussão, para detectar possíveis vazios subterrâneos (cavernas). Os abatimentos também ocorrem naturalmente.

A prevenção maior relaciona-se à poluição do aquífero subterrâneo. O carste é um grande armazenador de água, que pode ser facilmente poluída através da característica dos calcários aflorantes. Esses apresentam fissuras por onde a água superficial penetra com facilidade, sem antes passar por um filtro, constituído por um solo. Quando consideramos províncias carbonáticas que podem ultrapassar centenas de milhares de quilômetros quadrados, como no caso das formações carbonáticas do Grupo Bambuí, a poluição pode comprometer as gerações futuras, uma vez que a água será, sem dúvida, o recurso mineral mais cobiçado e procurado no próximo século.

O gerenciamento racional de áreas cársticas é, no entanto, possível e viável, desde que efetuado por equipe interdisciplinar, analisando todos os elementos da dinâmica cárstica.

A Turquia convive com os lagos de suas represas hidroelétricas locados sobre uma região cárstica, sujeita ainda a perturbações tectônicas.

Outras referências: Beck (1984); Beck & Wilson (1987); Beck (1987).

6. Bibliografia

ADOLPHE, J-P., PARADAS, J., SOLEILHAVOUP, F. WEIS ROCK, A. — Écomorphologie et Géomicrobiologie des dépôts carbonatés continentaux Africains. Signification paléoclimatique. 110e Congrès National des Sociétés Savantes. Montpellier. *Sciences Fasc. I.* 1985.

AULER, A. — Bibliografia Selecionada sobre carste e geoespeleologia 1984-1990. O Carste. Belo Horizonte. *3 (10):* 63-65, 1991a.

AULER, A. — Bibliografia Selecionada sobre carste e geoespeleologia 1984-1990, 2ª. parte. O Carste. Belo Horizonte. *3(11):* 70, 1991b.

BARBOSA, G. V. — Notícias da Mata de Pains. *Bol. Mineiro de Geografia*, Belo Horizonte, 2(2/3), 1961.

BECK, B. F. ed. — *Sinkholes: Their Geology, Engineering and Environmental Impact*, Balkema, Roterdã - Boston, 1984.

BECK, B. F. ed. —*Engineering and Environmental Impacts of Sinkholes and Karst*. Balkema, Roterdã - Brookfield, 1987.

BECK, B. F. & WILSON, W. L.(ed.). — *Karst Hydrogeology: Engineering and Environmental Applications*. Balkema. Roterdã, Boston, 1987.

BOEGLI, A. — *Karthidrology and physical speleology*. Nova York Springer,1980.

BOGGIANI, P. C. Ambientes de sedimentação do grupo Corumbá na região central da Serra da Bodoquena, Mato Grosso do Sul. Tese de Mestrado, Instituto de Geociências, USP, 1990.

BONACCI, O. — *Karst Hydrology*. Wien, Nova York, Springer-Verlag, 1987.

BOULET, R., KOHLER, H. C.,MALTA, I. M., e FILIZOLA, H. F. — Estudos da Cobertura pedológica de uma vertente adjacente à uvala do conjunto cárstico da Lapa Vermelha, Pedro Leopoldo / MG. Belo Horizonte, III Congresso da ABEQUA, *Anais*, : 59-64, 1992.

CAMPOS, A. & KOHLER, H. C. & FONTINEL, L. M. — Influências litoestruturais nos paredões de lapiesamento sobre rochas carbonáticas do Grupo Bambuí na Região de Itacarambí / MG. Belo Horizonte, III Congresso da ABEQUA, *Anais*, : 3-12, 1992.

CARVALHO, E. T., FREITAS, J. R., KOHLER,H. C., e SANTOS, F. M. C. — Inventário geoecológico da região de Lagoa Santa / MG. Relatório FUNDEP / PLAMBEL / UFMG, Belo Horizonte, 1977.

CATTANIO, M. B., KOHLER, H. C., ALCANTARA, A. C.,RUBELO, J. G. N., e LIMA, W. D. — Os sedimentos do polié do Sucuri na região cárstica de Bonito / Mato Grosso do Sul. Belo Horizonte, *III Congresso da ABEQUA*, Publicação Especial *(1)*: 72-74, 1991.

CORBEL, J. — Vitesse de l'erosion. *Z. Geomorph*. N.F. Berlin 3: 1-28, 1959.

CHRISTOFOLETTI, A. — *Geomorfologia*. São Paulo. Edgard Bluecher, 1986.

CIVIJIC — Das Karstphnaemen. *Geog. Abhandlungen*, 5: 225-276, 1893.

DAOXIAN, Y. — Karst Hydrogeology and Karst Environment Protection. International Association of Hydrologycal Sciences, Guilin, 1988.

DARDENNE, M. A. — Os Grupos Paranoá e Bambuí na Faixa Dobrada de Brasília. *In* Simpósio Sobre o Cráton de São Francisco e suas Faixas Marginais, Salvador, SBG *1*: 140-155, 1981.

FÉNELON, P. — Phénomènes Karstiques. Paris. *Mémoire et Documents*. CNRS, 1972.

FORD, D. C. & WILLIAMS, P. W. — *Karst Geomorphology and Hidrology*. London. Unwin Hyman, 1989.

GRUND. — Die Karsthydrographie. *Geog. Abhandlungen, 7(3)*: 1-200, 1903.

GRUPO BAMBUÍ DE PESQUISA ESPELEOLÓGICAS - *Uma década revelando o Brasil subterrâneo*. Belo Horizonte. s/ed., 1993.

JENNINGS, J. N. — *Karst Geomorphology*. Oxford. Basil Blackwell, 1985.

JOURNAUX, A. — Géomorphologie et préhistoire. Méthodologie pour une cartographie de l'environnement des sites préhistoriques; l'exemple de Lagoa Santa (Minas Gerais, Brésil). *Norois, 95*: 319-335, 1977.

JOURNAUX, A., PELLERIN, J., LAMING-EMPERAIRE,A. & KOHLER, H. — Formations Superficielles, géomorphologie et archéologie, dans la region de Belo Horizonte (Minas Gerais). *Bulletin AFEQ, 50*:294-295, (supplément), INQUA, 1977.

KARMANN, I & SÁNCHEZ,L. E. — Métodos de datação aplicados à espeleologia. *Espeleo - Tema*. São Paulo, *12*: 17-24, 1979a.

KARMANN, I. & SÁNCHEZ, L. E. — Distribuição das rochas carbonáticas e províncias espeleológicas do Brasil. *Espeleo - Tema*. São Paulo, *13*: 105-167, 1979b.

KOHLER, H. C. — A evolução morfogenética da Lagoa Santa / MG. III C. Bras. Geol. Recife. *Anais*. Recife. *(1)*: 147-153. 1978.

KOHLER, H. C. — Geomorfologia cárstica na região de Lagoa Santa / MG São Paulo, Dep. Geografia FFLCH-USP Tese de doutorado, 1989a.

KOHLER, H. C. — Evolution and dynamics of the tropical karst of Lagoa Santa / MG., Brazil. Frankfurt, Second International Conference on Geomorphology, *Gooeko-Plus*, 1: 156, 1989b.

KOHLER, H. C. QUEIROZ NETO, J. P. COLTRINARI, L. FERREIRA, R. P. D. STANOWSKI, S. M. CANÇADO, A. M. GOMES, D. MACIEIRA, F. L. NASCIMENTO, N. R. — Os diferentes níveis de seixos nas "formações superficiais" da região de Lagoa Santa / MG. XXIX Con. Bras. Geol. Ouro Preto. *Anais*. *(1)*: 343-347, 1976.

KOHLER, H. C. COUTARD, J. P. & QUEIROZ NETO, J. P. de — Excursão à região cárstica ao norte de Belo Horizonte / MG. São Paulo, Colóquio Interdisciplinar Franco-Brasileiro. IGEOG-FFLCH-USP. *(2)*: 28-43, 1978.

KOHLER, H. C. CANÇADO, A. M. GOMES, D. MACIEIRA, F. L. & NASCIMENTO, N. — Carte du Karst. - Lagoa Santa / MG. Caen, CNRS, 1978.

KOHLER, H. C. JOURNAUX, A. AUGUSTIN, C. BRUN, E. CARVALHO, E. T. & MENDES, A. M. B. — Carta do meio ambiente e sua dinâmica na região de implantação do aeroporto metropolitano de Belo Horizonte: Confins - Lagoa Santa / MG. Belém Ciência e Cultura Suplemento *Resumos* 35. Reunião Anual SBPC., 1983.

KOHLER, H. C., PILÓ, L. B. & MOURA, M. T. — Aspectos geomorfológicos do sítio arqueológico da Lapa do Boquete. *II Congresso ABEQUA*. Rio de Janeiro. Publicação Especial *1*: 46, 1989.

KOHLER, H. C., & MALTA, I. M. — Roteiro de Excursões na região de Lagoa Santa: O cenário cárstico: guardião da fauna extinta aos legados bandeirantes. Belo Horizonte, *III Congresso Brasileiro da ABEQUA*, Publicação Especial, *(2)*: 1-56, 1991.

KOHLER, H. C. & PILÓ, L. B. — The quaternary cronology of morphogenetic events in the karstic region of Lagoa Santa / MG -Brazil. Beijing, XIII International Congress INQUA. *Abstracts*, : 168, 1991.

KOHLER, H. C. & CATTANIO, M. B. — The karstic scenary of Bonito region / Mato Grosso do Sul - Brazil. Beijing, XIII International Congress INQUA, *Abstracts*, : 169, 1991.

KOHLER, H. C. & MOURA, M. T. T. — Um exemplo da aplicação de técnicas granulométricas, morfoscópicas e químicas nos sedimentos da escavação do sítio arqueológico do Boquete em Januária / MG. Belo Horizonte, *III Congresso Brasileiro da ABEQUA*, Publicação Especial, *(1)*: 164-166, 1991.

KOHLER, H. C. & AULER, A. & CATTANIO, M. B. — The Bonito Karst Western Brazil. 3th. International Geomorphology Congress. Canada, MacMaster University, *Programme with Abstracts*, : 173, 1993.

LEHMANN, H. W. & KROMMELBEIN, H. K. & LOTSCHRT, W. — Karstmorphologische und botanische Studien in der Serra de los Organos auf Cuba. *Erdkunde, 8*: 185-204, 1956.

LEHMANN, H. — Studien veber Poljen in den venezianischen Voralpen und in Hochapennin. *Erdkunde. 13(4)*: 249-289, 1959.

MAGALHÃES, A. C.; PILÓ , L. B. & KOHLER, H. C. — Caracterização do carste oriental do cinturão móvel de Brasília, na região de Coromandel/Lagamar, MG. Belo Horizonte. *III Congresso Brasileiro ABEQUA*, Publicação Especial, *(1)*: 70-71, 1991.

NICOD, J. — *Pays et paisages du calcaire*. Paris. PUF. 1972.

PALMER, A. N. — Origin and morphology of limestone caves. *Geological Society of America Bulletin, (103)*: 1-25, 1991.

PARIZZI, M. G. — A Gênese e a Dinâmica da Lagoa Santa, com base em estudos palinológicos, geomorfológicos e geológicos de sua bacia. Belo Horizonte. Dissertação de Mestrado, Dep. Geologia, IGC-UFMG, 1993.

PARIZZI, M. G. & KOHLER, H. C. & LABOURIAU, M. L. S — A Gênese e a Dinâmica da Lagoa Santa - MG, São Paulo, IV Congresso Brasileiro de ABEQUA, *Resumos*: 31, 1993.

PENK — Ueber Karstphaenomen. Vortraege der Naturwiss. Kenntnisse, *44(1)*: 1-38,1904.

PFEFFER, K-H. — Karstmorphologie. Darmstadt. Wissenschaftliche Buchgesellschaft. 1978.

PILÓ, L. B. — A morfologia cárstica do baixo curso do Rio Peruaçu, Januária — Itacambi, M.G., Belo Horizonte, Depto. de Geografia — UFMG, 1989.

PILÓ, L. B. & KOHLER, H. C. — Do vale do Peruaçu ao São Francisco: uma viagem ao interior da Terra, Januária —

GEOMORFOLOGIA CÁRSTICA

Itacarambi — M.G. Belo Horizonte. *III Congresso Brasileiro da ABEQUA*. Publicação Especial, *(2)*: 57-73, 1991.

SÁNCHEZ, L. E. — Bibliografia Espeleológica Brasileira - 1836-1980. *Ciência e Cultura*. São Paulo. *38(5)*: 927, 1986.

SWEETING, M. M. — *Karst Landforms*. London. Macmillan, 1972.

SWEETING, M. M. — Karst Geomorphology. Strousburg, Pensylvania. Benchmark *Papers in Geology* / 59, 1981.

TRICART, J. — O Karst das vizinhanças setentrionais de Belo Horizonte. *Rev. Bras. Geografia*. 18(4), IBGE-RJ, 1956.

TRICART, J. & CARDOSO DA SILVA, T. — Um exemplo de evolução kárstica em meio tropical seco: o morro de Bom Jesus da Lapa (Bahia). *Boletim Baiano de Geografia*. Salvador. *2(5/6)*: 3/19, 1961.

WHITE, W. B. — *Geomorphology and Hydrology of Karst Terrains*. New York. Oxford University Press, 1988.

WHITE, W. B. & WHITE, E. L. — *Karst Hydrology*. Nova York. Van Nostrand Reinhold, 1989.

ZOETL, G. J. — *Karst hydrologie*. Wien, Nova York, Springer-Verlag, 1974.

CAPÍTULO 8

GEOMORFOLOGIA DO QUATERNÁRIO

Josilda Rodrigues da Silva de Moura

1. Quaternário: Período das Transformações Ambientais Recentes

1.1. Introdução

Por todo o planeta, a intensidade das variações climáticas ocorridas durante o Quaternário produziu efeitos nas taxas de intemperismo e pedogênese, nos regimes fluviais e nível dos oceanos, e na distribuição ecológica dos seres vivos, forçados a migrações e adaptações às condições mutáveis. Dessas contínuas modificações nas condições ambientais resultaram transformações mundiais na paisagem. Sendo assim, a análise geomorfológica dos ambientes atuais constitui a base para a compreensão da seqüência evolutiva da paisagem no passado geológico recente.

Um aspecto tem sido considerado essencial, seja ao entendimento da seqüência evolutiva da paisagem ou à extensão temporal

335

dos dados obtidos nas análises dos sistemas físicos (processos, taxas, respostas): a associação do registro estratigráfico aos estudos geomorfológicos, como instrumento material para a interpretação da evolução da paisagem (Johnson, 1982). O registro sedimentar preserva, de maneira menos subjetiva, informações a respeito da história erosiva e deposicional.

A natureza do registro sedimentar tem sido, no entanto, considerada incompleta, relacionada a sedimentação episódica, pontuada por eventos catastróficos. Crowley (1984) reconhece que o registro sedimentar é dominado por eventos raros de alta magnitude, sendo preservada uma pequena quantidade dos eventos deposicionais que caracterizam os ambientes atuais. Além disso, em decorrência de hiatos (fases de não deposição e/ou de remoção pela erosão), muitas feições identificadas em ambientes atuais não se preservam como registro sedimentar.

Schumm (1977) sugere que a natureza incompleta de tal registro é inerente à natureza episódica dos processos de erosão/ sedimentação (conceito intimamente ligado à questão de equilíbrio/desequilíbrio e tempo). A associação entre a natureza do registro sedimentar e a dinâmica de evolução da paisagem seria, dessa forma, a base para a reconstituição dos períodos de estabilidade e instabilidade ambiental, fundamentação básica da Geomorfologia do Quaternário.

1.2. Originalidade do Período Quaternário: o Homem, as Variações Climáticas

A essência de todos os estudos que buscam o conhecimento dos ambientes atuais e da evolução recente do planeta constitui o objetivo de um dos mais novos ramos das ciências da Terra: o Quaternário.

Durante o Quaternário desenvolveu-se muito do que hoje representa a superfície da Terra, sendo especialmente interessante porque é, também, o período de surgimento do homem, sua evolução e domínio do planeta. Mudanças ambientais significativas, espaciais e temporais, podem ser identificadas no curto intervalo de tempo envolvido neste período, representadas em um complexo mosaico de paisagens, seqüências sedimentares, vestígios de floras, faunas e artefatos humanos (Lowe e Walker, 1984).

O termo Quaternário foi inicialmente proposto por Desnoyers (1829) para diferenciar os estratos identificados sobre os sedimentos do Terciário da Bacia de Paris, sendo redefinido por Reboull (1833) para incluir todos os estratos caracterizados por vestígios de flora e fauna, cujos similares poderiam ainda hoje ser encontrados em vida. Avanços significativos nos estudos a seu respeito vieram a partir da aceitação da Teoria Glacial, tendo sido Agassiz (1840) o primeiro a reconhecer, de forma coerente, haver existido uma época próxima aos tempos atuais caracterizada por significativa expansão geográfica das geleiras. Começava, assim, a ser esclarecida a natureza climática do Quaternário, sendo as mudanças ambientais sugeridas pela Teoria Glacial gradativamente confirmadas pelo registro sedimentar, biológico e geomorfológico. Tais eventos climáticos assumem um papel-chave em todos os esquemas relacionados à compreensão do curto espaço de tempo representado pelo Quaternário.

O período Quaternário representa a última grande divisão do tempo geológico e, embora não exista concordância geral, é considerado ter-se iniciado há, aproximadamente, dois milhões de anos, estendendo-se até o presente.

De modo geral, o período Quaternário tem aceita sua subdivisão em duas épocas: Pleistoceno e Holoceno. A segunda corresponde, por definição, ao intervalo de tempo posterior à última glaciação (admitido como equivalente a 10.000 anos; Nikiforova e Krasnov, 1976). O Pleistoceno pode ser, ainda, dividido em Inferior, Médio e Superior (Mendes, 1984). O limite entre o Pleistoceno Inferior e o Pleistoceno Médio corresponde ao limite entre as épocas geomagnéticas Matuyama e Brunhes (aproximadamente há 730.000 anos). O limite entre o Pleistoceno Médio e o Pleistoceno Superior corresponde ao início do último interglacial, admitido como sendo há cerca de 120.000 anos (Nikiforova e Krasnov, 1976). O Holoceno é usualmente dividido em diferentes estágios, baseados em indicadores polínicos do nordeste da Europa (Woldstedt, 1958).

Os mais importantes avanços no conhecimento do curto espaço de tempo envolvido pelo Quaternário puderam ser obtidos com o desenvolvimento do método de datação pelo Carbono 14 e, principalmente, com o início das investigações do fundo oceânico, que proporcionaram um registro sedimentar praticamente não perturbado e bastante extenso, ou seja, um registro quase contínuo de todo o período.

Berggren *et al.* (1980), utilizando observações do fundo dos oceanos, propuseram a subdivisão biocronológica do Quaternário, a partir de dados micropaleontológicos associados a reversões magnéticas e isótopos de oxigênio, concluindo que, para o Quaternário Inferior (0,9 — 1,7 milhão de anos), podem ser estabelecidos 40 *data* bioestratigráficos calibrados por reversões magnéticas, sendo a análise estratigráfica pelos isótopos de oxigênio conveniente para a identificação de 23 subdivisões do Quaternário Médio e superior.

Sem dúvida, as investigações do fundo oceânico fornecem as mais completas informações para a subdivisão global do Quaternário. Entretanto, os dados obtidos na investigação dos oceanos não podem ser completamente extrapolados para os depósitos continentais, resultando que, se os principais avanços nos estudos do Quaternário estão relacionados ao fundo oceânico, muitas questões iniciais, ligadas à evolução recente das paisagens continentais, ainda não obtiveram resposta.

A quantidade de eventos climáticos registrados nos sedimentos oceânicos, mais do que o dobro dos glaciais e interglaciais distinguidos nos depósitos continentais, ressalta o contraste entre o Quaternário e os outros períodos geológicos: não simplesmente a ocorrência de fases quentes e frias, distribuídas por todo o registro geológico (Fischer, 1982), mas a freqüência e a amplitude das oscilações climáticas registradas dentro de um episódio de tempo bastante curto.

A teoria largamente aceita para explicar a regularidade e a freqüência das oscilações climáticas quaternárias foi elaborada por Milankovitch (1941), baseada na admissão de que as variações de temperatura da superfície terrestre estão relacionadas a modificações periódicas de magnitudes variadas na órbita e no eixo terrestres. Mecanismos dessa natureza, combinados, afetariam a quantidade de radiação solar recebida e seriam responsáveis pelos efeitos climáticos. Mesmo assim, esses e outros fatores, como o

338

movimento das placas litosféricas, o comportamento da massa d'água oceânica e as variações na intensidade da radiação solar recebida, precisam ser considerados em detalhe para o desenvolvimento de uma teoria geral sobre as mudanças climáticas.

Mudanças ambientais significativas associaram-se aos eventos glaciais e interglaciais, não podendo ser consideradas, entretanto, como fenômenos exclusivos das regiões afetadas diretamente pelas glaciações. Há indícios de ocorrência de um zoneamento climático global: durante os episódios de avanço das geleiras nas regiões glaciadas, as regiões subtropicais e tropicais (não-glaciadas) tornaram-se muito mais secas, em decorrência de uma baixa generalizada na precipitação em nível mundial, ligada ao resfriamento das águas oceânicas; em contrapartida, durante os episódios interglaciais, são registradas condições úmidas, tropicais, mais generalizadas (Fairbridge, 1968).

1.3. Desafios Metodológicos no Estudo do Quaternário: as Limitações das Abordagens Convencionais, o Caráter Multiinterdisciplinar

O estudo do Quaternário, por relacionar-se com todos os aspectos ligados ao meio ambiente, tem caráter multidisciplinar, abrangendo os diversos setores do conhecimento científico que tratam da influência de agentes geológicos, geográficos, biológicos, etc. A natureza multidisciplinar deste estudo, bastante reconhecida, é, contudo, insuficiente; a integração entre os diversos campos científicos se faz necessária com caráter mais do que interdisciplinar, de modo que cada pesquisador contribua não só dentro dos limites de sua especialidade, mas busque verdadeira integração interdisciplinar (Mello, 1989).

O reconhecimento estratigráfico dos depósitos sedimentares quaternários, especialmente quando considerados os depósitos continentais, tem representado um desafio em nível de metodologia que os distingua com a necessária precisão, defrontando-se com problemas ligados não só ao seu caráter descontínuo e irregular, como também aos curtos intervalos de tempo geológico envolvidos. Como reconhecido por Bowen (1978), aqueles interessados nos estudos do Quaternário devem lidar com nível de detalhamento e precisão temporal desconhecidos para os demais períodos de tempo geológico.

O estabelecimento de uma litoestratigrafia para depósitos quaternários é dificultado pela natureza fragmentária do seu registro deposicional, irregularmente distribuído sob as múltiplas variações do relevo, e pela freqüente similaridade composicional e recorrência de fácies. O registro paleontológico quaternário é, de maneira geral, inadequado para propostas de classificação dos depósitos, em função de não ser identificada diferenciação taxonômica significativa; no entanto, o registro fossilífero preservado nos depósitos quaternários, assembléias de faunas e floras recorrentes, especialmente o registro palinológico, oferece evidências importantes para uma reconstrução paleoambiental. Faltam, ainda, na maioria dos casos, dados geocronológicos precisos. Dessa maneira, resultam ser pouco aplicáveis as metodologias usadas para as seqüências sedimentares mais antigas.

A reconhecida natureza climática do período Quaternário estimulou o pensamento de que uma base lógica e natural para a análise estratigráfica de seus depósitos sedimentares seria as variações climáticas inferidas a partir do caráter sedimentológico, fósseis e solos (Richmond, 1959), levando à proposição de unidades climatoestratigráficas (Richmond, *op. cit.*) e geoclimáticas (A.C.S.N., 1961). Pelo próprio caráter interpretativo implícito na definição dessas unidades (variações climáticas inferidas), foram consideradas subjetivas demais para fundamentar uma classificação estratigráfica, sendo, por isso, abandonadas (N.A.C.S.N., 1983). Deve ser também considerado que a ênfase climática que tem dominado os estudos do Quaternário não pode levar a que muitos outros processos geológicos ativos e importantes, onde destacamos a tectônica, sejam, dessa forma, subestimados.

Os depósitos quaternários não se encontram restritos a bacias sedimentares *sensu strictu*, mas distribuídos sob as múltiplas formas de relevo, comumente em uma estreita relação genética com as feições morfológicas da paisagem. Disso resulta que uma análise estratigráfica de depósitos quaternários deve considerar os diferentes padrões de organização das paisagens-integração *Geomor-*

fologia-Estratigrafia (Paepe, inédito).

A perspectiva morfoclimática adotada por Bigarella e colaboradores no estudo do Quaternário brasileiro (Bigarella e Andrade, 1965; Bigarella e Mousinho, 1965; Bigarella *et al.*, 1965), identificando superfícies geomorfológicas produzidas por eventos de erosão e seus depósitos correlativos, enquadra-se nesta abordagem integrativa, assim como no enfoque climático discutido anteriormente. Superfícies (e encaixamentos da drenagem posteriores) e sedimentos são interpretados em relação a variações climáticas, correlacionadas aos glaciais e interglaciais do hemisfério Norte. As superfícies de erosão estariam associadas a fases de clima seco, com chuvas concentradas, quando ocorreria a produção principal de sedimentos, correspondendo aos glaciais das regiões glaciadas, enquanto os encaixamentos da drenagem por incisão fluvial, que levariam ao escalonamento das superfícies de erosão, estariam ligados a fases de clima úmido, interglaciais (Fig. 8.1).

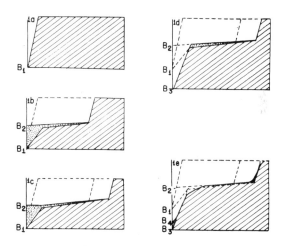

Figura 8.1 — *Esquema de evolução das vertentes proposto por Bigarella et al. (1965), fundamentado nas alternâncias climáticas.*

Embora esta perspectiva tenha representado um avanço importante, mesmo como uma documentação da interação Geomorfologia-Estratigrafia, tem sido discutida como de difícil aplicação: o reconhecimento em campo das relações propostas não é fácil, não existe uma correlação cronogeológica bem definida, além da possibilidade de que movimentos tectônicos quaternários tenham atuado no escalonamento das superfícies (Mendes, 1984).

2. Relações entre Geomorfologia, Estratigrafia e Pedologia no Quaternário

2.1. Aloestratigrafia

Tomando em consideração as particularidades apresentadas pelos depósitos sedimentares quaternários, entre as quais a pequena espessura, a recorrência e a similaridade de fácies e sua distribuição descontínua sob as múltiplas formas do relevo, o *Código Estratigráfico Norte-Americano* (N.A.C.S.N., 1983) introduziu a categoria de unidades aloestratigráficas — corpos sedimentares estratiformes, mapeáveis, definidos pelo reconhecimento de descontinuidades limitantes, distinguindo diferentes depósitos de litologia similar, superpostos, contíguos ou separados geograficamente (Fig. 8.2).

A perspectiva aloestratigráfica foi introduzida nos estudos do Quaternário brasileiro por Moura e Meis (1986), sendo utilizada para a individualização de seqüências coluviais identificadas na região do médio vale do rio Paraíba do Sul. Moura e Mello (1991) aprimoraram as relações estratigráficas estabelecidas por Moura e Meis (*op. cit.*), fornecendo um quadro estratigráfico abrangente, envolvendo, também, as seqüências sedimentares aluviais (ver item 3 deste capítulo).

A classificação aloestratigráfica proposta por estes autores fundamentou-se na identificação de descontinuidades estratigráficas de âmbito regional (discordâncias erosivas e paleossolos). Nos depósitos aluviais, são identificadas discordâncias erosivas

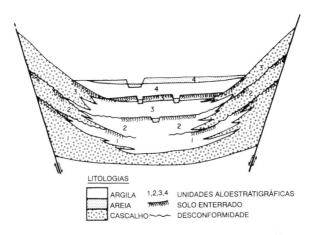

Figura 8.2 — *Exemplo de classificação aloestratigráfica de depósitos aluviais e lacustres (modificado de N.A.C.S.N., 1983). Esquema ilustrativo da relação aloestratigrafia-litoestratigrafia: quatro unidades aloestratigráficas superpostas, definidas por descontinuidades lateralmente traçáveis (desconformidades e solos enterrados).* In Mello (1992).

nítidas, ressaltadas ou não por variações litológicas; as diferenciações entre os níveis de sedimentação fluvial constituem indicadores importantes. Quanto aos depósitos coluviais, discordâncias erosivas estão geralmente assinaladas por linhas de seixos; no entanto, o reconhecimento de perfis de solos superpostos constitui o melhor indicador de descontinuidades estratigráficas neste domínio.

Cada unidade aloestratigráfica definida representa um episódio sedimentar principal, produto de um evento de "instabilidade ambiental", quando seriam produzidas mudanças efetivas na paisagem (EROSÃO EPISÓDICA —> SEDIMENTAÇÃO EPISÓDICA).

O enfoque aloestratigráfico surge como uma abordagem não convencional, bastante adequada como resposta ao desafio metodológico representado pela análise do registro sedimentar quaternário, descontínuo no espaço e no tempo, possibilitando que os estudos detalhados exigidos para o entendimento do Quaternário tenham a base estratigráfica indispensável.

2.2. Morfoestratigrafia

Frye e Willman (1962) propuseram as unidades morfoestratigráficas como unidades operacionais que determinariam corpos sedimentares identificáveis primariamente pela forma apresentada na superfície, podendo-se distinguir ou não pela litologia e/ou idade das unidades adjacentes.

Meis e Moura (1984), embora admitissem o caráter pragmático de tal enfoque, consideram que, como definidas por Frye e Willman (1962), as unidades morfoestratigráficas subordinavam por demais a estratigrafia às formas do relevo. Sugeriram, então, que o conceito de morfoestratigrafia fosse restringido às condições em que seja possível detectar, com base na lito- ou aloestratigrafia, uma relação genética direta entre o depósito e a forma topográfica.

A concepção proposta por Meis e Moura (1984) enfatiza a necessidade de reconhecimento de superfícies deposicionais, tornando-se, também, fundamental a realização de análises estratigráficas detalhadas.

No contexto geomorfológico que caracteriza o sudeste do Brasil, surgem, dessa maneira, com o importante significado morfoestratigráfico, as feições de rampa de colúvio e os terraços fluviais de acumulação (Fig. 8.3) — formas topográficas associadas à deposição de materiais coluviais e aluviais, respectivamente, preservadas nas reentrâncias do relevo (vales fluviais e cabeceiras de drenagem em anfiteatro).

A utilização desta perspectiva morfoestratigráfica parte, ainda, do reconhecimento das cabeceiras de drenagem em anfiteatro e, por extensão, das reentrâncias da topografia, como as unidades fundamentais da evolução da paisagem (Moura, 1990). Essa visão tem correspondência nos estudos pedológicos com a concepção de *Soil Landscape Systems* (Huggett, 1975) e de *Análise Estrutural da Cobertura Pedológica* (Boulet e Ruellan, 1982), onde se propõe que a análise dos solos em uma encosta seja ampliada, de forma a abranger seu comportamento tridimensional em uma cabeceira de drenagem.

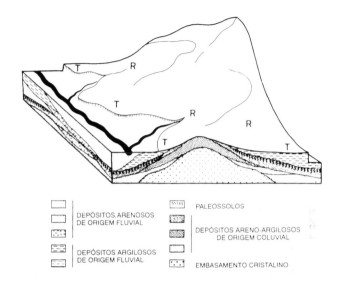

Figura 8.3 — *Reprodução esquemática de relações alo-morfo-pedoestratigráficas quaternárias em feições geomorfológicas características do relevo de colinas do Sudeste do Brasil (R — rampas de colúvio; T — terraços fluviais). Modificado de Meis et al. (1985).*

2.3 Pedoestratigrafia

A estratigrafia dos solos, ordenação cronológica dos episódios pedológicos, tem importantes implicações na reconstrução de paleoambientes e na interpretação de seqüências estratigráficas onde os solos e perfis de intemperismo ocorrem. Como reconhecido por Morrinson (inédito), paleossolos são indicadores favoráveis, pelo menos em escala regional, à subdivisão e correlação de seqüências sedimentares quaternárias.

Unidades pedoestratigráficas foram primeiramente propostas, de maneira formal, no *Código Estratigráfico Norte-Americano de* 1961 (A.C.S.N., 1961), constituindo uma categoria estratigráfica diferenciada das demais, definida por um "solo cujas características físicas e relações estratigráficas asseguram seu reconhecimento e mapea-

GEOMORFOLOGIA DO QUATERNÁRIO

mento" como tal (Mendes, 1971— *apud* C.E.N.E., 1982). A necessidade de um termo específico para o tratamento estratigráfico dos solos e perfis de intemperismo, evitando confusão com expressões e conceitos pedológicos, agronômicos e geotécnicos, levou à proliferação de vários tipos de unidades, algumas mantidas informalmente e outras sendo consideradas para inclusão em códigos estratigráficos. Apesar das diferenças em relação aos critérios para sua definição, todas as unidades propostas enfatizam, basicamente, a distinção entre as unidades estratigráficas de solo e as unidades litoestratigráficas e pedológicas.

O termo pedoderma foi proposto como unidade estratigráfica formal a ser incluída no *Código Estratigráfico Australiano*, sendo definido como "uma unidade de cobertura de solo mapeável, parcialmente truncada ou inteira, situada na superfície ou enterrada total ou parcialmente, que possui características físicas e relações estratigráficas que permitem reconhecimento e mapeamento consistentes" (Brewer *et al.*, 1970 — *apud* Finkl, 1980). Esta designação foi utilizada, também, pela Associação Internacional de Estudos Quaternários (INQUA), sendo que o guia pedoestratigráfico redigido pela Comissão de Paleopedologia do INQUA (1979) considera que a distinção fundamental do pedoderma, em relação a qualquer solo antigo ou remanescente (paleossolo), seria a extensão areal significativa, que possibilita seu mapeamento e o reconhecimento de suas relações estratigráficas fundamentais.

O *Código Norte-Americano de Nomenclatura Estratigráfica de 1983* (N.A.C.S.N., 1983) redefine unidades pedoestratigráficas como correspondendo a "corpos rochosos constituídos por um ou mais horizontes pedológicos desenvolvidos em uma ou mais unidades litoestratigráficas, aloestratigráficas ou litodêmicas, e que estão recobertos por uma ou mais unidades lito ou aloestratigráficas formalmente definidas". Com base nessa definição, percebe-se que a propriedade distintiva de uma unidade pedoestratigráfica é a existência de horizontes pedológicos diferenciados e distingüíveis (exclui-se o horizonte O por não ser produto de pedogênese; o horizonte C pode ser excluído, devido à necessidade de limites nítidos), passíveis de acompanhamento tridimensional, sendo fundamentalmente pertencentes a solos enterrados. A unidade fundamental e única, segundo o *Código*

346

Estratigráfico Norte-Americano (N.A.C.S.N., 1983), é o geosol. Ressalta-se a necessidade de maior abrangência do termo geosol, visando a inclusão de situações em que os solos enterrados são exumados, devido à ação de processos erosivos, e de solo relíquia, preservados por couraças de materiais mais resistentes.

Birkeland (1984) aponta que uma vantagem do pedoderma sobre o geosol consiste na inclusão de solos — relíquias e exumados. Assim, solos associados a depósitos superficiais de diferentes idades podem ter *status* formal.

A reconstituição dos episódios pedológicos integrada à dos eventos deposicionais contitui-se numa ferramenta eficaz para as interpretações da evolução geomorfológica, uma vez que os solos reúnem informações sobre possíveis períodos de mudanças climáticas e/ou de vegetação durante o Quaternário e períodos geológicos mais antigos. Dessa forma, a estratigrafia dos solos pode representar para os estudos do Quaternário um importante subsídio à definição de intervalos estratigráficos não conhecidos ou que não foram ainda determinados precisamente (Finkl, 1980).

3. Geomorfologia do Quaternário Continental no Brasil

A literatura sobre o Quaternário brasileiro, além de abordar problemas ligados à cronologia da sedimentação, vem mostrando também uma constante preocupação com a reconstituição dos processos e ambientes de deposição. A maioria dos trabalhos realça características sedimentológicas dos depósitos quaternários (Bjornberg e Landim, 1966; Arid e Barcha, 1971; entre outros) ou demonstram interesse em datações (Bigarella, 1971; Turcq *et al.*, 1987; Melo *et al.*, 1987). Outra abordagem empregada é a cronologia de eventos baseada em oscilações climáticas e variações do nível do mar, não existindo situações bem datadas interpostas às seqüências continentais. Fúlfaro e Suguio (1974) fizeram uma tentativa de correlacionar eventos e depósitos continentais e costeiros aos níveis marinhos estabelecidos.

No século atual, as primeiras tentativas de interpretação da evolução da paisagem do sudeste do Brasil fundamentaram-se em concepções dedutivas, ancoradas nas teorias geomorfológicas clássicas de Davis (1889) e Penck (1953). Os trabalhos de De Martonne (1943) e King (1956) podem ilustrar bem esta influência, mantida até hoje no espírito de muitos geomorfólogos.

Outras tentativas no sentido de reconstruir a seqüência dos eventos quaternários têm suas bases na constatação do papel fundamental do fator climático para a evolução morfogenética. Dentro deste enfoque, verifica-se uma preocupação com a delimitação dos grandes domínios morfoclimáticos atuais e sua comparação com os testemunhos da evolução quaternária (Tricart, 1959; Ab'Saber, 1967; etc.). A definição dos processos e ambientes deposicionais pretéritos passa a ser tentada a partir da observação de alguns aspectos considerados indicadores paleoclimáticos, como, por exemplo, as cascalheiras, crostas e/ou concreções lateríticas (Tricart, 1959).

Tendo como base correlações entre os níveis topográficos (pedimentos) e as unidades sedimentares associadas (depósitos correlativos), Bigarella e Ab'Saber (1964) e Bigarella e Andrade (1965) estabeleceram um modelo de evolução cíclica da paisagem, assim como uma primeira aproximação para a curva paleoclimática do Quaternário. Bigarella e Mousinho (1965) aprofundaram o estudo da sedimentação subaérea, procurando identificar seqüências de eventos quaternários através da análise conjugada das seqüências litoestratigráficas e das feições geomorfológicas (Fig. 8.4).

As formas topográficas chamadas terraços representaram os principais indicadores cronológicos para o estabelecimento da estratigrafia dos corpos aluviais de ocorrência espacial fragmentária. Entretanto, ainda na década de 70, a estratigrafia das coberturas deposicionais das encostas era pouco explorada. Apesar de Mousinho e Bigarella (1965), Penteado (1969) e outros já haverem mostrado a possibilidade de subdivisão para os depósitos de encosta, grande parte dos pesquisadores mantinha o modelo clássico do complexo de linha de seixos associado com o corpo coluvial de cobertura, aderindo aos modelos de Parizek e Woodruff (1957), Ruhe (1956), Vogt e Vicent (1966), e outros.

348

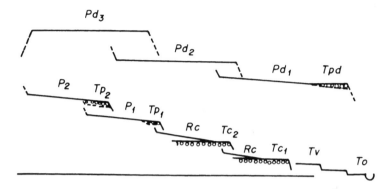

Figura 8.4 — *Esboço esquemático elaborado por Bigarella e Mousinho (1975) para representar as relações espaciais existentes entre os diversos níveis de degradação e agradação reconhecidos. Pd — pediplano; P — pedimento; Tp — terraço correspondente a pedimento; Rc — rampa de colúvio; Tc — baixo terraço com cascalheira; Tv — terraço de várzea; e To — várzea atual.*

Nos últimos anos, foram realizadas tentativas de estudo da gênese e da estratigrafia dos depósitos coluviais quaternários do planalto sudeste do Brasil (Meis, 1977; Meis e Monteiro, 1979; Meis *et al.*, 1981; Machado e Moura, 1982). As feições geomorfológicas e estratigráficas identificadas na região, relacionadas à elaboração dos "complexos de rampa" (Fig. 8.5), motivaram a proposta de uma estratigrafia preliminar para os depósitos de encosta do Quaternário no planalto sudeste do Brasil (Moura e Meis, 1980).

Mais recentemente, Meis e Moura (1984), considerando a distribuição diferencial no tempo e no espaço dos segmentos erosivos e deposicionais dos complexos de rampa, puderam identificar a natureza descontínua dos processos de encosta, estabelecendo um modelo de evolução de encostas para a região.

O desenvolvimento de estudos sistemáticos sobre as transformações ambientais quaternárias na região do médio vale do rio Paraíba do Sul (Moura, 1990; Santos, 1990; Moura e Mello, 1991; Moura

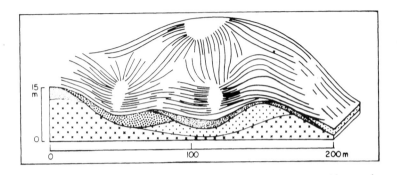

Figura 8.5 — Os *"complexos de rampa"* constituem os ambientes formados a partir de sucessivos episódios de coluviação convergentes em direção ao eixo das paleodepressões do relevo, envolvendo retrabalhamentos parciais dos colúvios mais antigos e o reafeiçoamento da topografia. (Segundo Meis e Moura, 1984)

et al., 1991; Silva, 1991; Mello, 1992; Peixoto, 1993) possibilitou a individualização de diferentes episódios de erosão e sedimentação dentro da seqüência evolutiva regional (Fig. 8.6) e a identificação das cabeceiras de drenagem em anfiteatro, como as unidades fundamentais da evolução geomorfológica, sedimentar e pedogenética. Representa a menor unidade capaz de reproduzir, em sua estrutura subsuperficial e na conformação geométrica de superfície, os processos que operaram na evolução da paisagem.

Os testemunhos pleistocênicos da evolução sedimentar regional (Aloformações Santa Vitória e Rio do Bananal) correspondem a espessos depósitos de coloração amarelada, argilo-arenosos, maciços, com níveis de cascalho intercalados, que indicam condições de sedimentação dominadas por fluxos de detritos e fluxos em lençol, identificados, de maneira generalizada, preenchendo paleoreentrâncias da topografia. Registram eventos de intensa remobilização dos regolitos durante o Pleistoceno tardio, provavelmente sob condições de clima árido, tendo resultado em uma paisagem com uma alta estocagem de sedimentos.

Nesses depósitos, é reconhecido o desenvolvimento de um perfil de solo intermediário entre podzólico e latossolo, cujo paleohorizonte A tem sido regionalmente datado em aproximadamente 9.800 anos A. P. (Moura e Meis, 1986; Moura e Mello, 1991). Documenta-se, assim, no limite do Pleistoceno-Holoceno, uma fase de "estabilidade", onde, aparentemente, a cobertura vegetal teria se expandido, sob condições de clima úmido. A umidificação climática no início do Holoceno é documentada, ainda, por depósitos argilosos, orgânicos, de origem flúvio-lacustre, datados

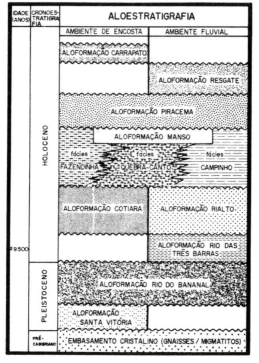

Figura 8.6 — *Classificação aloestratigráfica elaborada para o Quaternário superior da região de Bananal (São Paulo) por Moura e Mello (1991).*

GEOMORFOLOGIA DO QUATERNÁRIO

regionalmente em aproximadamente 9.500 anos A.P. — Aloformação Rio das Três Barras (primeiro registro da evolução sedimentar durante o Holoceno).

Nitidamente em descontinuidade sobre os depósitos mais antigos, uma seqüência sedimentar relacionada à implantação de um sistema de leques aluviais (depósitos produzidos por fluxos de detritos e fluxos em lençol em estreita relação de interdigitação, associados ainda a depósitos finos de inundação e depósitos arenosos produzidos por canais fluviais de baixa sinuosidade) testemunha um evento holocênico de grande "instabilidade" ambiental (Aloformação Manso — Moura e Mello, 1991; Mello, 1992). Resultou em uma dissecação acentuada das encostas e no entulhamento generalizado dos vales fluviais, ainda hoje preservados nas bacias de drenagem regionais. Essa fase seria caracterizada por condições de chuvas concentradas de alta intensidade, não sendo descartada a participação de um condicionamento neotectônico.

Uma fase seguinte de dissecação fluvial — re-hierarquização dos sistemas de drenagem regionais pós-entulhamento holocênico — apresenta marcante descontinuidade espacial, tendo sido gerado um padrão significativo de anomalias na drenagem (capturas fluviais alinhadas). Esta etapa de evolução da paisagem regional demonstra fortes evidências de atuação de mecanismos neotectônicos, sendo identificadas estruturas de deformação (falhas em flor — Mello, 1992) que cortam os depósitos associados ao pacote sedimentar anteriormente descrito.

Depósitos fluviais mais recentes, preservados em terraços fluviais baixos, apresentam características faciológicas relacionadas à sedimentação em canais meandrantes, sugerindo, ainda, uma fase evolutiva sob condições climáticas úmidas (Aloformação Resgate). Datações obtidas desses depósitos apontam uma idade bastante jovem (aproximadamente 240 anos A. P. — Moura *et al.*, 1992a), indicando variações paleo-hidrológicas e ajustes na dinâmica fluvial recentes, podendo implicar, ainda, em um condicionamento antrópico/tecnogênico. No domínio das encostas, depósitos coluviais, ricos em matéria orgânica, corresponderiam a uma última fase de reajustamento da topografia, em função da retirada da cobertura florestal na escala histórica

(Aloformação Carrapato — depósitos tecnogênicos).

Esta dinâmica de evolução diferenciada é responsável pela configuração de padrões geomórficos distintos, mapeáveis em escala de bacias de zero ordem e sub-bacias de drenagem entulhadas.

O critério geométrico para esta individualização baseou-se nas relações tridimensionais (planta x perfil) entre as encostas laterais e os segmentos que representam, em planta, as reentrâncias dos anfiteatros (*hollows*). Ressalta-se a sensibilidade destes segmentos em reproduzir em subsuperfície a natureza dos processos que operaram em sua evolução. As sub-bacias de drenagem afetadas pelo processo de erosão linear acelerada (voçoroca) e entulhamento holocênico reproduzem, em diferentes escalas, a dinâmica de evolução de uma unidade fundamental (anfiteatro).

O retrabalhamento dos materiais coluviais, convergente para o eixo principal do anfiteatro, relacionado ao desenvolvimento de rampas que se coalescem nas reentrâncias (complexos de rampa), define a geometria de anfiteatros com *hollow* côncavo em planta e perfil (HC — Fig. 8.7). De acordo com os registros

Figura 8.7 — *Cabeceira de drenagem em anfiteatro com* hollow *(HC), localizada na estrada Bananal-Arapeí (SP-066), a 2km de Bananal (São Paulo).* In *Moura* et al. *(1991).*

estratigráficos, os anfiteatros com *hollow* côncavo apresentam corpos coluviais de geometria inclinada, convergentes para o seu eixo longitudinal, evidenciando processos de movimentos de massa. Podem, ainda, conter fases de erosão linear acelerada documentadas por materiais alúvio-coluviais com geometria de canal, tendo sido as coluviações subseqüentes capazes de efetuar o reafeiçoamento total da paleotopografia.

A ruptura brusca das encostas laterais e complexos de rampa com o fundo plano sub-horizontal das reentrâncias, resultante do preenchimento dos paleocanais erosivos por materiais alúvio-coluviais (rampas longitudinais de alúvio-colúvio), define a geometria de anfiteatros e sub-bacias de drenagem entulhadas com *hollow* côncavo-plano (HCP — Fig. 8.8). Os anfiteatros com *hollow* côncavo-plano caracterizam-se, estratigraficamente, pela presença expressiva de depósitos de natureza alúvio-coluvial preenchendo o *hollow*.

Figura 8.8 — *Sub-bacia de drenagem entulhada (cabeceira de drenagem com* hollow *côncavo-plano — HCP), localizada a 2km de Bananal (São Paulo), na estrada de acesso à Fazenda Santa Apolônia.* In *Moura et al. (1991).*

Os trabalhos desenvolvidos por Moura e colaboradores (Moura, 1990; Moura e Mello, 1991; Moura *et al.*, 1991) permitem a compreensão da evolução do sistema ambiental nos últimos milhares de anos (Quaternário tardio), obtida através de análises geomorfológicas, da ordenação das seqüências deposicionais e do reconhecimento de perfis de solo diferenciados, associados aos depósitos identificados, e constitui a base para o estudo do comportamento atual dos fluxos canalizados, bem como para a apreensão dos mecanismos de retenção e evasão de materiais em bacias de drenagem. Considerando que as seqüências deposicionais constituem o único registro material da história evolutiva, a associação entre forma e depósito configura-se como instrumento imprescindível à interpretação da dinâmica ambiental (Johnson, 1982), representando o elo de ligação entre processos passados e presentes, e possibilitando a previsão dos processos futuros dentro do contexto evolutivo da paisagem.

4. Geomorfologia do Quartenário Aplicada ao Planejamento Ambiental no Sudeste do Brasil

A elaboração de modelos de evolução da paisagem nas últimas dezenas de milhares de anos (Quaternário) que possam ser adaptados às condições específicas de cada região não pode prescindir da utilização de uma perspectiva integrada que busque associar os materiais deposicionais (Estratigrafia) às diferentes formas de relevo (Geomorfologia) e aos diversos tipos de solos desenvolvidos nestes materiais (Pedologia), bem como ao seu conteúdo polínico (Palinologia). Esses modelos correspondem a uma base sólida de conhecimentos sobre as paisagens geomorfológicas e os depósitos superficiais e subsuperficiais associados (Thomas, 1988), essencial à aplicação em diversos campos de atuação das ciências ambientais e à elaboração de políticas de planejamento urbano e rural.

Para a região do planalto sudeste do Brasil, as relações geomorfológicas observadas fornecem uma primeira aproximação para a identificação da distribuição espacial dos depósitos sedimentares associados e do papel exercido pelos mesmos no controle da intensidade e do direcionamento dos fenômenos erosivos atuais.

O mapeamento das feições geomorfológicas quaternárias constitui base indispensável ao reconhecimento da distribuição espacial de sedimentos e "solos" quaternários (Fig. 8.9A). Fundos de vale e reentrâncias de cabeceiras de drenagem em anfiteatro entulhados estão representados pelo nível de terraço superior (T1) e rampas de alúvio-colúvio; o nível de terraço inferior (T3) registra a sedimentação recente nos canais fluviais; a coalescência de rampas de colúvio em segmentos côncavos e retilíneos das encostas corresponde aos complexos de rampas.

Destaca-se, no mapa de coberturas sedimentares (Fig. 8.9B), a estreita relação das rampas de alúvio-colúvio com depósitos arenosos, resultantes do preenchimento de paleocanais erosivos. Ressalta-se, ainda, a preservação de extensas coberturas coluviais argilo-arenosas, com características de solo latossólico, em posição de interflúvios/divisores de conformação suave, registrando fenômenos de inversão de relevo.

As feições geométricas e a distribuição espacial das unidades deposicionais constituem o produto da evolução da paisagem, representando o principal fator condicionante da distribuição dos processos atuais.

Dentro desse contexto, verifica-se o intenso processo atual de erosão linear acelerada por voçorocas conectadas à rede de drenagem sobre os materiais alúvio-coluviais, configurando um fenômeno de re-hierarquização fluvial com direção preferencial para as antigas linhas de drenagem (paleocanais erosivos entulhados). As rampas de alúvio-colúvio correspondem, juntamente com os terraços fluviais, às áreas mais utilizadas para a agricultura e a ocupação urbana, devido ao reduzido gradiente e à grande extensão em área. Práticas agrícolas inadequadas têm intensificado os processos erosivos verificados nestas feições geomorfológicas.

A substituição quase que total da cobertura florestal primitiva por uma vegetação de campo aberto e por pastagens tem

GEOMORFOLOGIA QUATERNÁRIO

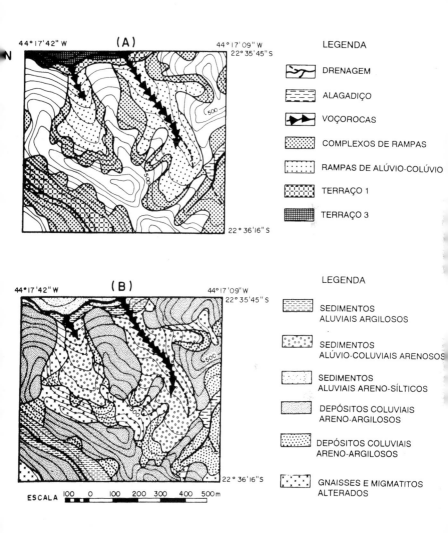

Figura 8.9 — A — *Mapa de feições geomorfológicas quaternárias em cabeceiras de drenagem em anfiteatro.* B — *Mapa de coberturas sedimentares correspondentes.* In *Moura* et al. *(1992b).*

resultado na exposição dos solos à ação direta dos processos erosivos superficiais. Estes processos são mais acentuados onde afloram as coberturas coluviais argilo-arenosas friáveis, que, por suas características sedimentológicas e pedológicas, aliadas ao controle geométrico de sua ocorrência, resultam em uma grande susceptibilidade aos processos erosivos atuais por escoamento superficial.

As feições geomorfológicas apresentadas constituem elementos típicos do relevo colinoso do planalto sudeste do Brasil. As coberturas sedimentares e as características pedológicas associadas possuem significativa abrangência espacial, com representatividade regional documentada no médio vale do rio Paraíba do Sul. Contrariando a visão comumente aceita da morfologia de "mar de morros" como uma paisagem simples, a discussão dos contrastes existentes, produto da história evolutiva quaternária, torna-se importante na elaboração de estudos ambientais.

As relações forma — sedimento/solo se reproduzem em diferentes escalas, desde os primeiros formadores da rede de drenagem (cabeceiras de drenagem em anfiteatro) até os sistemas fluviais regionais, permitindo a elaboração de mapas em diversos níveis de abordagem. O reconhecimento das cabeceiras de drenagem como unidades fundamentais de evolução geomorfológica e de controle da distribuição dos sedimentos e solos constitui o princípio básico para a aplicação desta perspectiva em diferentes situações ambientais.

A caracterização e o mapeamento dos diferentes depósitos quaternários pode orientar a exploração racional de recursos naturais (como os mananciais de areia e argila), a expansão urbana (através da ocupação ordenada das encostas e terraços fluviais, considerando as áreas de risco à erosão linear acelerada e aquelas sujeitas a inundações), a definição do traçado e/ou o desenvolvimento de arsenais técnicos mais adequados à instalação de obras de engenharia de grande porte (tais como estradas, dutos, linhas de transmissão, etc.) e, por fim, a reavaliação das práticas de manejo agrícola dos solos e a determinação das áreas potenciais para fins agropecuários. O reconhecimento das transformações ocorridas na flora e nas unidades fitoecológicas através de espécies indicadoras de mudanças ambientais e transições fitogeográficas, identificadas através dos es-

GEOMORFOLOGIA QUATERNÁRIO

tudos palinológicos, pode, dentro deste mesmo enfoque, subsidiar a geração de programas de recuperação ambiental (reflorestamento) que respeitem as vocações ecológicas regionais.

5. Bibliografia

AB'SABER, A. N. Domínios morfoclimáticos e províncias fitogeográficas no Brasil. *Orientação*, 3: 45-58, 1967.

AGASSIZ, L. *Études sur les glaciers*. Neuchatel, Publ. Privada, 1840, 346p.

AMERICAN COMMISSION ON STRATIGRAPHIC NOMENCLATURE (A.C.S.N.). Code of Stratigraphic Nomenclature. *Am. Assoc. Petrol. Geol. Bull.*, Tulsa, 45: 645-65, 1961.

ARID, F. M. & BARCHA, S. F. Sedimentos neocenozóicos no vale do rio Grande — Formação Rio Grande. *Sedimentologia e Pedologia*, São Paulo, 2: 37p, 1971.

BERGGREN, W. A.; BURCKLE, L. H.; CITA, M. B.; COOKE, H. B. S.; FUNNELL, B. M.; GATNER, S.; HAYES, J. D.; KENNETT, J. P.; OPDYKE, N. D.; PASTOURET, L.; SHACKLETON, N. J. & TAKAYANAGI, Y. Towards a new Quaternary time scale. *Quat. Res.*, Seatle. 13: 277-302, 1980.

BIGARELLA, J. J. Variações climáticas no Quaternário superior do Brasil e sua datação radiométrica pelo método do carbono 14. *Paleoclimas*, São Paulo. 1. 22p, 1971.

BIGARELLA, J. J. & AB'SABER, A. N. Paläogeographische und paläoklimatische aspekte des känozoikums in sudbrasilien. *Z. Geomorph.*, Stuttgart. 8: 286-312, 1964.

BIGARELLA, J. J. & ANDRADE, G. O. Contribution to the study of the Brazilian Quaternary. *In* WRIGHT, H. E. Jr. & FREY, D. G. eds. *International Studies on the Quaternary*. Geol. Soc. Am. Spec. Papers, New York, 84. 1965, pp. 433-51.

BIGARELLA, J. J. & MOUSINHO, M. R. Considerações a respeito dos terraços fluviais, rampas de colúvios e várzeas. *B. Paran. Geogr.*, Curitiba. 16/17: 153-97, 1965.

BIGARELLA, J. J.; MOUSINHO, M. R. & SILVA, J. X.1965. Considerações a respeito da evolução das vertentes. *B. Paran. Geogr.*, Curitiba. 16/17: 85-116, 1965.

359

BIRKELAND, P. W. *Soils and geomorphology*. New York, Oxford Univ. Press., 1984, 372p.

BJORNBERG, A. J. S. & LANDIM, P. M. B. Contribuição ao estudo da Formação Rio Claro (Neocenozóico). *B. Soc. Bras. Geol.*, São Paulo. 15(4): 43-67, 1966.

BOULET, R. & RUELLAN, A. Analyse struturale et cartographie en pédologie. I — Prise en compte de l'organisation bidimensionnelle de la couverture pédologique: les études de toposéquences et leurs principaux apports à la connaissance des sols. *Cah. O.R.S.T.O.M. sür Pédol.*, Bondy. 19(4): 309-321, 1982.

BOWEN, D. Q. *Quaternary Geology: a stratigraphic framework for multidisciplinary work*. London, Pergamon Press. 1978, 221 p.

COMISSÃO ESPECIAL DE NOMENCLATURA ESTRATI-GRÁFICA — C.E.N.E./SBG. Código brasileiro de nomenclatura estratigráfica — Edição Preliminar. *Jornal do Geólogo*, Suplemento Especial, 1982.

COMMISSION ON PALEOPEDOLOGY — INQUA. *A proposed soilstratigraphic guide*. Datilografado. 16p, 1979.

CROWLEY, K. D. Filtering of depositional events and the completeness of sedimentary sequences. *J. Sediment. Petrol.*, Tulsa, 54(1): 127-136, 1984.

DAVIS, W. M. The geographical cycle. *Geogr. J.*, 14: 481-504, 1889.

DE MARTONNE, E. Problemas morfológicos do Brasil Tropical Atlântico. *R. Bras. Geogr.*, Rio de Janeiro. 5(4): 532-50, 1943.

DESNOYERS, J. Observations sur un ensemble de dépôts marins plus recents que les terrains tertiaires du bassin de la Seine et constituant une formation geologique distincte; précédés d'un appercu de la non-simultaneité des bassins tertiaires. *Ann. Sci. Nat.*, 16: 171-214, 402-91, 1829.

FAIRBRIDGE, R. W. (Ed.) *The Encyclopedia of Geomorphology*. New York, Reinhold Book. 1968. 1295p.

FINKL Jr., C. W. Stratigraphic principles and practices as related to soil mantles. *Catena*, Braunschweig. 7: 169-194, 1980.

FISCHER, A. G. Long-term climatic oscillations recorded in stratigraphy. In: *Studies in geophysics: climate in Earth history*. Nat. Acad. Press. 1982, pp. 97-104.

FRYE, J. C. & WILLMAN, H. B. Morphostratigraphic units in

Pleistocene stratigraphy. *Am. Assoc. Petrol. Geol. Bull.*, Tulsa. 46: 112-13, 1962.

FULFARO, V. J. & SUGUIO, K. O Cenozóico paulista: gênese e idade. *In* CONGRESSO BRASILEIRO DE GEOLOGIA, 28, Porto Alegre, 1974. *Anais,* Porto Alegre, SBG, 1974. v. 3: 91-102.

HUGGETT, R. J. Soil landscape systems: a model of soil genesis. *Geoderma*, Amsterdan. 13: 1-22, 1975.

JOHNSON, W. H. Interrelationships among geomorphic interpretations of the stratigraphic record, processes, geomorphology and geomorphic models. In: THORN, C. E. ed. *Space and time in Geomorphology.* London, Allen & Unwin, 1982, pp. 219-39.

KING, L. C. A Geomorfologia do Brasil Oriental. *R. Bras. Geogr.*, Rio de Janeiro. 18(2): 147-266, 1956.

LOWE, J. J. & WALKER, M. J. *Reconstructing Quaternary environments.* New York, Longman. 1984, 389p.

MACHADO, M. B. & MOURA, J. R. S. A geomorfologia e a sedimentação quaternária no médio vale do rio Casca, MG. *In* CONGRESSO BRASILEIRO DE GEOLOGIA, 32, Salvador, 1982. *Anais,* Salvador, SBG, 1982. v. 4, pp. 1433-1441.

MEIS, M. R. M. As unidades morfoestratigráficas neoquatenárias no médio vale do Rio Doce. *An. Acad. Bras. Ciênc.*, Rio de Janeiro. 49: 443-59, 1977.

MEIS, M. R. M. & MONTEIRO, A. M. F. Upper Quaternary rampas, Doce River valley,Southeastern Brazilian Plateau. *Z. Geomorph.*,Wurzburg. 23: 132-51, 1979.

MEIS, M. R. M. & MOURA, J. R. S. Upper Quaternary sedimentation and hillslope evolution: Southeastern Brazilian Plateau. *Am. J. Sci.*, New Haven. 284: 241-54, 1984.

MEIS, M. R. M; COELHO NETTO, A. L. & MOURA, J. R. S. As descontinuidades nas formações coluviais como condicionantes dos processos hidrológicos da erosão linear acelerada. *In* SIMPÓSIO NACIONAL DE CONTROLE DE EROSÃO, 3, Maringá, 1985. *Anais...* Maringá, ABGE, 1985, pp. 179-89.

MEIS, M. R. M.; MOURA, J. R. S. & SILVA, T. J. O. Os "complexos de rampa" e a evolução das encostas no Planalto Sudeste do Brasil. *An. Acad. Bras. Ciênc., Rio de Janeiro. 53(3):* 605-15, 1981.

MELLO, C. L. Quaternário: o presente como chave do futuro — a natureza de uma ciência transdisciplinar. In IBM. *Monografias Vencedoras do Concurso Planeta Terra: O Mundo Deu Muitas Voltas*. Rio de Janeiro, IBM, 1989, pp. 1-17.

MELLO,C. L. *Fácies sedimentares, arquitetura deposicional e relações morfoestratigráficas em um sistemas de leques aluviais holocênicos: Aloformação Manso — médio vale do rio Paraíba do Sul (SP/RJ)*. Rio de Janeiro. 1992, 188p. (Dissertação de Mestrado, Depto. Geologia — IGEO/UFRJ).

MELO, M. S.; PONÇANO, W. L.; MOOK, W. G. & AZEVEDO, A. E. G. Datações C14 em sedimentos quaternários da Grande São Paulo. *In* CONGRESSO DA ASSOCIAÇÃO BRASILEIRA DE ESTUDOS DO QUATERNÁRIO, 1, Porto Alegre, 1987. *Anais...* Porto Alegre, ABEQUA, 1987, pp. 427-436.

MENDES, J. C. Aspectos da Estratigrafia do Quaternário. *In* QUEIROZ, T.A. ed. *Elementos de Estratigrafia*. São Paulo, EDUSP, 1984, pp. 468-496.

MILANKOVITCH, M. Kanon der Erdbestrahlung und Seine Anwendung auf das Eiszeitenproblem. Acad. Roy. Serbe, Belgrado, v. *13, Sec. Sci. Math. Nat.*, 331, 1941.

MORRINSON, B. R. (inédito). The Pleistocene-Holocene boundary: an evaluation of the various criteria used for determining it on a provincial basis and suggestions for establishing.

MOURA, J. R. S. *Transformações ambientais durante o Quaternário tardio no médio vale do rio Paraíba do Sul (SP-RJ)*. Rio de Janeiro. 1990, 267 p. (Tese de Doutorado, Depto. Geologia — IGEO/ UFRJ).

MOURA, J. R. S. & MEIS, M. R. M. Litoestratigrafia preliminar para os depósitos de encosta do Quaternário Superior do Planalto SE do Brasil (MG-RJ). *R. Bras. Geoc.*, São Paulo. *10*: 258-67, 1980.

MOURA, J. R. S. & MEIS, M. R. M. Contribuição à Estratigrafia do Quaternário Superior no médio vale do rio Paraíba do Sul - Bananal, SP. *An. Acad. Bras. Ciênc.*, Rio de Janeiro. *58*: 89-102, 1986.

MOURA, J. R. S. & MELLO, C. L. Classificação aloestratigráfica do Quaternário superior na região de Bananal (SP/RJ). *R. Bras. Geoc.*, São Paulo. *21*(3): 236-254, 1991.

MOURA, J. R. S.; PEIXOTO, M. N. O. & SILVA, T. M. Geometria do relevo e estratigrafia do Quaternário como base à tipologia de cabeceiras de drenagem em anfiteatro — médio vale do rio Paraíba do Sul. *R. Bras. Geoc.*, São Paulo. *21*(3): 255-265, 1991.

MOURA, J. R. S; MELLO, C. L.; SILVA, T. M. & PEIXOTO, M. N. O. "Desequilíbrios ambientais" na evolução da paisagem: o Quaternário tardio no médio vale do rio Paraíba do Sul. *In* CONGRESSO BRASILEIRO DE GEOLOGIA, 37, São Paulo, 1992. *Boletim de Resumos Expandidos...*, São Paulo, SBG, 1992a. v. 2, pp. 309-10

MOURA, J. R. S.; PEIXOTO, M. N. O.; SILVA, T. M. & MELLO, C. L. Mapas de feições geomorfológicas e coberturas sedimentares quaternárias — abordagem para o planejamento ambiental em compartimentos de colinas no Planalto Sudeste do Brasil. *In* CONGRESSO BRASILEIRO DE GEOLOGIA, 37, São Paulo, 1992. *Boletim de Resumos Expandidos...*, São Paulo, SBG, 1992b. v. 1, pp. 60-2

MOUSINHO, M. R. & BIGARELLA, J. J. Movimentos de massa no transporte dos detritos da meteorização das rochas. *B. Paran. Geogr.*, Curitiba. *16/17*: 43-84, 1965.

NIKIFOROVA, K. V. & KRASNOV, I. I. Stratigraphic scheme of upper Pliocene and Quaternary deposits in the european part of the U.R.S.S. *In* IGPC — INQUA. *Quaternary Glaciations in the Northern Hemisphere*. 1976, pp. 339-347.

NORTH AMERICAN COMMISSION ON STRATIGRAPHIC NOMENCLATURE - N.A.C.S.N. North American Stratigraphic Code. *Am. Assoc. Petrol. Geol. Bull.*, Tulsa. *67*(5): 841-75, 1983.

PAEPE, R. (inédito). Long and short distance aspects in Quaternary geology.

PARIZECK, E. J. & WOODRUFF, J. F. Description and origin of stone layers in soils of the southeastern states. *J. Geol.*, Chicago. *65*(1): 24-34, 1957.

PEIXOTO, M. N. O. *Estocagem de sedimentos em cabeceiras de drenagem em anfiteatro - médio vale do rio Paraíba do Sul (SP/RJ)*. Rio de Janeiro. 1993, 192p. (Dissertação de Mestrado, Depto. Geografia — IGEO/UFRJ).

PENCK, W. *Morphological Analysis of Land Forms*. Trad. e ed. H. Czech & K.C. Boswell. London, Macmillan. 1953, 429p.

PENTEADO, M. M. Novas informações a respeito dos pavimentos detríticos (*stone lines*). *Notícia Geomorfológica*, São Paulo. *9*: 15-41, 1969.

REBOULL, H. *Geólogie de la période Quaternaire et introduction a l'histoire ancienne*. Paris, Levrault. 1833, 222p.

RICHMOND, G. M. Application of stratigraphic classification and nomenclature. *Am. Assoc. Petrol. Geol. Bull.*, tulsa. 43(3): 663-675, 1959.

RUHE, R. V. Geomorphic surfaces and nature of soils. *Soil Sci.*, Baltimore. *82*: 441-55, 1956.

SANTOS, A. A. M. *Evolução pedogeomorfológica das seqüências coluviais neoquaternárias, Bananal (SP)*. Rio de Janeiro. 1990, 234p. (Dissertação de Mestrado, Depto. Geografia — IGEO/UFRJ).

SCHUMM, S. A. *The Fluvial System*. New York, John Wilwey & Sons, 1977, 338p.

SILVA, T. M. *Evolução geomorfológica e sedimentação de canais erosivos holocênicos no médio vale do rio Paraíba do Sul*. Rio de Janeiro. 1991, 166p. (Dissertação de Mestrado, Depto. Geografia — IGEO/UFRJ).

THOMAS, M. S. Superficial deposits as resources for development — some implications for applied geomorphology. *Scottish Geogr. Magazine*, Edinburgh. *104*(2): 72-83, 1988.

TRICART, J. Divisão morfoclimática do Brasil Atlântico Central. *B. Paul. Geogr.*, São Paulo. *31*: 3-44, 1959.

TURCQ, B.; SUGUIO, K.; SOUBIES, F., SERVANT, M. & PRESSINOTI, M. M. N. Alguns terraços fluviais do sudeste e centro-oeste brasileiro datados por radiocarbono: possíveis significados paleoclimáticos. *In* CONGRESSO DA ASSOCI-AÇÃO BRASILEIRA DE ESTUDOS DO QUATERNÁRIO, 1, Porto Alegre, 1987. *Anais...* Porto Alegre, ABEQUA, 1987, pp. 379-92.

VOGT, J. & VICENT, P. L. Le complexe de la stone-line: mise au point. *Bull. B. R. G. M.*, Paris pp. 3-49, 1966.

WOLDSTEDT, P. *Das einzeitalter: grundlinien einer geologie es Quartärs* - Band II. Stutgart. Ferdinand Enke Verlag, 1958, 438p.

CAPÍTULO 9

MAPEAMENTO GEOMORFOLÓGICO

Mauro Sérgio F. Argento

1. Aplicabilidade dos Mapeamentos Temáticos em Geomorfologia

Desde os primórdios da civilização, a importância do conhecimento espacial despertou interesse. Primeiramente, era necessário: a) conhecer onde, no espaço, se localizavam os fenômenos; b) como esses mesmos fenômenos se distribuíam no espaço; e, c) por que ocorriam daquela forma. Atualmente, a grande preocupação está concentrada no futuro, ou seja, como irão ocorrer os fenômenos e como prever soluções que levem à manutenção de um equilíbrio de estado contínuo. Isto significa que as ciências vêm desenvolvendo uma ação no sentido de aprofundar a diagnose dos fenômenos, para chegar a uma melhor base prognóstica ou de controle dos mesmos. Nesse sentido, a Geomorfologia não foge à regra e vem se ajustando à moderna tecnologia, a fim de acompanhar os avanços da informática, viabilizando interfaces com o sensoriamento remoto em base orbital, com a cartografia computadorizada e com a utilização de Sistemas de Informações Geográficas — SIGs.

No contexto operacional, os mapeamentos geomorfológicos

MAPEAMENTO GEOMORFOLÓGICO

ainda não seguem um padrão predefinido, tanto em nível de escalas adotadas, como quanto à adoção de bases taxonômicas a elas aferidas. Nesse ponto recai, essencialmente, a dificuldade de um critério padronizado para a elaboração de mapeamentos temáticos, em bases geomorfológicas. No entanto, um esforço deve ser feito no sentido do ordenamento de legendas que atendam às diferentes perspectivas de macroescalas em nível regional, de mesoescalas de detalhamento, em âmbito municipal e de microescalas, em que são priorizadas as especificidades locais. Nessa linha de raciocínio, as macroescalas podem atingir 1:100.000, enquanto as mesoescalas poderão cobrir até 1:30.000, e as microescalas a partir de 1:25.000, podendo chegar até um nível unitário de detalhamento. Obviamente, cada mapeamento temático deverá fornecer um grau de informação correspondente, que deve estar coerentemente representado através de uma legenda de conteúdo prático e operacional compatível à legenda de interfaces de decisões para o planejamento, quer no contexto rural, urbano ou regional. Nos meios acadêmicos devem ser feitos esforços no sentido de adequar os mapeamentos temáticos, em bases geomorfológicas, aos conceitos acima descritos e, com isso, ampliar as interfaces da Geomorfologia com as outras ciências que se preocupam com as questões ambientais.

A Geomorfologia serve de base para a compreensão das estruturas espaciais, não só em relação à natureza física dos fenômenos, como à natureza sócio-econômica dos mesmos. Pode-se compreender, então, o caráter multidisciplinar que a Geomorfologia apresenta. Nos projetos de gerenciamento ambiental ou até mesmo numa concepção mais integradora, como na de gestão do território, os mapeamentos em base geomorfológica têm sido priorizados e, geralmente, vêm acompanhados de legendas que servem para subsidiar decisões, em níveis pedológicos, climatobotânicos, planialtimétricos e batimétricos, como em nível do uso potencial do solo, tanto urbano, quanto rural. A base operacional para a delimitação do espaço, em projetos que utilizam metodologias de Estudos de Impactos Ambientais e Relatórios de Impactos sobre o Meio Ambiente — EIAS/RIMAS, em sua maioria, apresenta um significativo conteúdo alicerçado em bases geomorfológicas. A Geologia de Engenharia desenvolve muitos

366

de seus trabalhos geotécnicos subsidiados em informações de conteúdo geomorfológico. Hoje, sem a utilização de Sistemas de Informações Geográficas — SIGs, torna-se praticamente inviável a elaboração de projetos ambientais, pois a presença de um plano de informações, representado por mapeamentos geomorfológicos, é indispensável. A utilização de tais mapas contribuirá, certamente, para a elucidação de problemas erosivos e deposicionais que, porventura, venham a ocorrer em áreas de grande extensão, assim como viabilizará, mediante entrecruzamentos com outros mapeamentos temáticos, a elaboração de cenários ambientais, como, por exemplo, áreas de instabilidade de taludes e de erodibilidade, e ainda áreas de riscos de movimento de massa e inundação. Além disso, os mapas geomorfológicos podem fornecer subsídios à instalação de obras viárias e à localização de rejeitos sépticos, entre outros.

Pelo exposto, pode-se compreender o caráter multidisciplinar que os mapeamentos geomorfológicos apresentam, já que servem de interface com múltiplas ciências, além de servir a objetivos vários.

O uso de meios como o geoprocessamento por experimentos estatísticos, a cartografia computadorizada, os mais variados *hardwares* e *softwares*, já existentes no mercado nacional e internacional, os diferentes usos do sensoriamento remoto e o emprego de Sistemas de Informações Geográficas — SIGs, revestem-se, hoje, de apoio fundamental para a elaboração de mapeamentos geomorfológicos. Com isso, vê-se ampliado, substancialmente, o poder pragmático da Geomorfologia, que se constitui, assim, em importante subsídio ao planejamento ambiental.

2. Diferentes Escalas de Detalhamento em Mapeamentos Geomorfológicos

Os planos diretores, sejam regionais, urbanos ou rurais, devem levar em consideração as limitações e as potencialidades dos recursos naturais relativos aos meios físico, biótico e também às condições sócio-econômicas. Dessa forma, a aplicação do planejamento se dá à medida que se ocupa ordenadamente o meio físico, buscando adequada proteção ambiental e uso racional do solo, norteados para atividades agropastoris, obras civis e outros.

O planejamento, tanto nas escalas regionais como nas de maior detalhamento, de maneira geral, não tem considerado as características impostas pelo meio físico, principalmente por não haver uma base de dados que atrele as diferentes escalas cartográficas com as respostas, no nível taxonômico. O grande potencial na aplicação de mapeamentos geomorfológicos está no seu interfaceamento com os projetos de planejamento da ocupação humana, com vistas à economia dos recursos investidos, mediante a prevenção de problemas futuros.

A metodologia do mapeamento geomorfológico tem como base a ordenação dos fenômenos mapeados, segundo uma taxonomia que deve estar aferida a uma determinada escala cartográfica. Exemplificando: os agrupamentos constituídos de tipos de modelados permitem a identificação de unidades geomofológicas, assim como os agrupamentos dessas unidades constituem as regiões geomorfológicas, e, dos agrupamentos das regiões geomorfológicas, surgem os grandes domínios morfoestruturais. Os mapeamentos temáticos identificadores dos grandes domínios morfoestruturais e das regiões geomorfológicas são condizentes a escalas iguais ou menores de 1:100.000 como, por exemplo, a de 1:250.000; porém, os mapeamentos condizentes com as unidades geomorfológicas devem estar aferidos a escalas de até 1:50.000.

As duas primeiras situações atendem, essencialmente, a produtos voltados ao planejamento regional ou a trabalhos de macrozoneamentos, não dando, por conseguinte, informações que atendam a objetivos de meso ou microescalas de detalhamento, como projetos de nível municipal ou local.

A caracterização dos domínios morfoestruturais está ligada à questão geradora, causal, dos fatos geomorfológicos derivados dos grandes aspectos geotectônicos, dos grandes arranjos estruturais e, eventualmente, da predominância de uma litologia bem definida. Esses fatores, em conjunto, geram arranjos regionais de relevo, com formas variadas, mas que guardam relações causais entre si.

Nos domínios morfoestruturais prevalecem as características geológicas, tais como direções estruturais identificadas no alinhamento geral do relevo ou no controle da drenagem principal. São exemplos: as grandes cadeias dobradas, antigas geossinclinais, estruturas falhadas, maciços intrusivos e grandes derrames efusivos. Essas características servem de legenda básica para elaboração de mapeamentos geomorfológicos em macroescala, numa perspectiva regional. Esses grandes domínios morfoestruturais diagnosticam, apenas, os grandes conjuntos estruturais, que geram informações de arranjos regionais do relevo e, por conseguinte, em base operacional, são de pequeno detalhamento para projetos, por exemplo, de planejamento urbano, em que são necessários mais detalhes.

Essas formas de relevo mencionadas, os domínios morfoestruturais, podem ser subdivididas, usando uma taxonomia concernente às regiões geomorfológicas e também aferidas à mesma escala cartográfica acima empregada, ou seja, superior a 1:100.000. Esta escala é caracterizada por uma compartimentação reconhecida em termos regionais.

No contexto classificatório dos mapeamentos geomorfológicos, direcionados para a classificação das grandes regiões geomorfológicas, o clima é fator preponderante. Assim, podem existir mapeamentos geomorfológicos em base morfoclimática, associando processos geradores a formas resultantes.

As regiões geomorfológicas, como os domínios morfoestruturais, atendem a uma escala regional com base operacional, que visa a dar informações condizentes a esse tipo de detalhamento. Torna-se, também aqui, impossível utilizar tais mapas temáticos para subsidiar cenários ambientais no planejamento urbano, já que apresentam baixo grau de resolução tanto no nível cartográfico, quanto no nível taxonômico.

Com o objetivo de exemplificar legendas possíveis de serem utilizadas em projetos a nível regional, uma taxonomia aferida a mapeamentos geomorfológicos em escalas iguais ou menores de 1:100.000 é a seguir apresentada:

MAPEAMENTO GEOMORFOLÓGICO

PRIMEIRO NÍVEL DE IDENTIFICAÇÃO DO MAPEAMENTO

Legendas em função das formas resultantes:

- DEPÓSITOS SEDIMENTARES
  - Planícies costeiras (planície deltaica e baixada)
  - Tabuleiro costeiro

- BACIAS SEDIMENTARES
  - Depressão
  - Patamar
  - Planalto (rebaixado e residual)

- CADEIAS CRISTALINAS
  - Planalto
  - Patamar
  - Depressão
  - Maciço (costeiro e interiorizado)
  - Colina
  - Escarpa e reverso de serra
  - Alinhamento de crista
  - Depressão escalonada
  - Patamar escalonado
  - Depressão interplanáltica

SEGUNDO NÍVEL DE IDENTIFICAÇÃO DO MAPEAMENTO

Legendas em função das formas resultantes e dos processos geradores:

- MODELADO DE ACUMULAÇÃO
  - Planície fluvial — várzea
  - Terraço fluvial
  - Depósito fluviolacustre — diques marginais
  - Depósito fluviomarinho — mangues, lagunas, terraços arenosos

370

MAPEAMENTO GEOMORFOLÓGICO

— Depósito marinho — restingas, cordões litorâneos, dunas, plataformas de abrasão e terraços arenosos ou cascalheiros

— Terraço marinho
— Planície de aluviões

— MODELADO DE APLAINAMENTO
   — Superfície de aplainamento degradada
   — Superfície de aplainamento desnudada

— MODELADO DE DISSOLUÇÃO
   — Carste em exumação
   — Carste descoberto

— MODELADO DE DISSECAÇÃO
   — Dissecação fluvial — não obedece a controle estrutural
   — Dissecação por controle fluvial

Obs: Essas legendas foram extraídas dos mapas geomorfológicos elaborados pelo Projeto RADAMBRASIL — 1982.

TERCEIRO NÍVEL DE IDENTIFICAÇÃO DO MAPEAMENTO

Legenda relativa a informações complementares:

   — Drenagem de maior ordem
   — Pontão
   — *Inselberg*
   — Morro testemunho
   — Caos de blocos
   — Crista simétrica
   — Crista assimétrica
   — Escarpa
   — Ressalto
   — Linha de cumeada
   — Marca de paleodrenagem

MAPEAMENTO GEOMORFOLÓGICO

— Colmatagem lacustre
— Depressão pseudocárstica
— Borda de terraço fluvial
— Dolina
— Sumidouro
— *Canyon* cárstico
— Borda de patamar cárstico
— Morro cárstico
— Borda de terraço marinho
— Recife
— Falésia
— Paleofalésia
— Dunas
— *Cuesta*
— Escarpa monoclinal
— Borda de estrutura elevada
— Borda de estrutura erodida
— Crista e borda de relevo dobrado
— Borda de anticlinal escavada
— Borda de sinclinal suspensa
— Marcas de enrugamento
— Facetas triangulares de falha
— Escarpa de falha ou de linha de falha
— Escarpa adaptada à falha
— Frente dissecada de bloco falhado
— Borda de patamar estrutural
— Vale ou sulco estrutural
— Limite definido de tipo de modelado

(Base RADAMBRASIL — Escala 1:1.000.000 Folhas SF.23/24)

Como exemplo de aplicação prática da legenda sugerida, é apresentado um escopo de mapeamento geomorfológico preliminar cobrindo o norte fluminense e sul do Estado do Espírito Santo. (Fig. 9.1)

Para mapeamentos geomorfológicos, aferidos a uma escala de 1:50.000, deve-se utilizar taxonomia condizente às unidades geomorfológicas. Estas unidades são definidas como um arranjo de formas fisionomicamente semelhantes em seus tipos de modelado. É aqui enfatizada a geomorfogênese através dos processos geradores e a similitude das formas é explicada por fatores paleoclimáticos e/ou por fatores associados à natureza dos domínios, principalmente aqueles expressos pelo comportamento da drenagem, seus padrões e anomalias e revelados pelas relações entre os ambientes climáticos atuais e subatuais e as condicionantes litológicas ou tectônicas. Nesse nível de detalhamento, são levadas em consideração as conotações fisiográficas e consideradas as interações dos elementos constituintes da paisagem como solo, clima e vegetação.

Neste particular, cabem como legenda, aferida a uma escala cartográfica de 1:50.000, os tipos de drenagem (perene, intermitente), a presença de lagoas e de represamentos, com características vulcânicas, tectônicas ou residuais; localização de anfiteatros, cristas assimétricas ou simétricas, escarpas de chapada ou de blocos falhados, colos, patamares, topos, contato angular e/ou contato côncavo entre baixas vertentes e baixada, terraços, linha de falésias vivas e mortas, linha de praia, de costão rochoso e terraço de abrasão, cordões arenosos, talude de detritos, planícies fluviais, fluviomarinhas e de restingas, recifes, etc. Esta legenda está compatível a uma escala de mesozoneamento de 1:50.000.

Para uma classificação geomorfológica, em nível de decisões para planejamento municipal, o mapeamento deve estar vinculado aos tipos de modelados. Uma mancha poligonal de modelado constitui grupamento de formas de relevo que apresentam similitudes de definição geométrica, em função de gênese comum e da generalização de processos morfogenéticos atuantes. Nos mapas geomorfológicos devem ser priorizados quatro tipos de modelado: os de acumulação, de aplainamento, de dissecação e os de dissolução. Como se depreende, nessa fase são priorizados os processos geradores ou os transformadores das formas resultantes do relevo. Nesse contexto, devem constar da legenda: tipos de acumulação fluvial, marinha, fluviomarinha, lacustre, fluviolacustre, eólica, coluvial e de inundação. Como características de aplainamentos, devem ser enfatizados os pediplanos degradados. No que concerne ao modelado de dissecação, devem ser documentadas as feições de topos convexos, tabulares e

MAPEAMENTO GEOMORFOLÓGICO

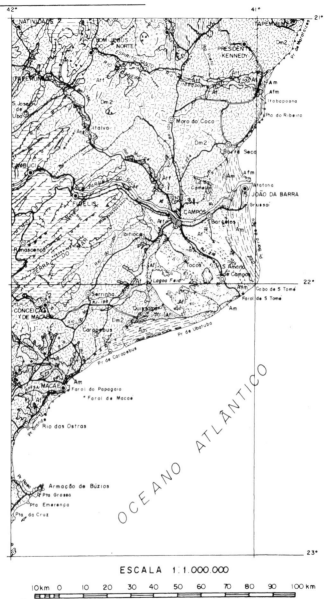

Figura 9.1 — *Mapeamento em macro-escala de detalhamento e respectiva legenda.*

MAPEAMENTO GEOMORFOLÓGICO

LEGENDA

— DEPÓSITOS SEDIMENTARES

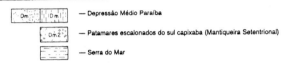

MODELADO DE DESSECAÇÃO

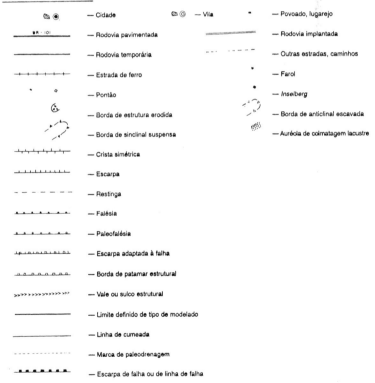

MAPEAMENTO GEOMORFOLÓGICO

aguçados, e áreas de ravinamentos e voçorocamentos. No tocante ao modelado de dissolução, os relevos cársticos devem assumir um papel preponderante. Este grau de detalhamento atende a uma escala cartográfica de 1:50.000, estando sua base operacional atrelada às decisões municipais. Esses critérios priorizam a descrição da paisagem em âmbito municipal e servem de interface para entrecruzamento com outros mapas temáticos, na mesma escala cartográfica de 1:50.000.

Com o objetivo de exemplificar legendas possíveis de serem utilizadas em projetos de nível municipal, é apresentada, a seguir, uma taxonomia aferida a mapeamentos geomorfológicos em mesoescala (1:50.000).

PRIMEIRO NÍVEL DE IDENTIFICAÇÃO DO MAPEAMENTO

Legendas em função das formas resultantes:

— DEPÓSITOS SEDIMENTARES
    — Planície costeira
        — Planície deltaica
            — Canal fluvial (perene, intermitente)
            — Paleocanal
            — Brejo
            — Lobo subatual (lâmina deltaica pretérita)
            — Lobo atual (lâmina deltaica)
            — Pântano periférico
            — Pântano de embocadura
            — Feixes de restinga
            — Praia lagunar
            — Praia fóssil lagunar
            — Praia fóssil oceânica
            — Lago interiorizado
            — Lagoa costeira
            — Alagado e brejo
            — Mangue
    — Baixadas costeiras
        — Mar de morros
        — Morro isolado

- Fundo chato sedimentar
- Lagoa costeira
- Represamento
- Brejo
- Mangue
- Paleocanal
- Canal fluvial (perene e intermitente)
- Restinga interiorizada
- Restinga atual
- Terraço deposicional

- Tabuleiros costeiros
  - Topo aplainado (superfície plana e superfície ondulada)
  - Encosta dissecada — terraço erosivo
  - Fundo do vale — planície de inundação
  - Brejo
  - Relevo residual — morro isolado
  - Alagado, represamento e lagoa interiorizada
  - Pântano periférico
  - Pântano alto (perene)
  - Pântano baixo (intermitente)
  - Falésia — viva ou atual
    - morta ou subatual

BACIAS SEDIMENTARES

- Depressão interplanáltica
- Patamar periférico
- Planalto
- Topo tabular
- Topo convexo
- Monoclinal e cuesta
- Área de ravinamento
- Área de voçorocamento
- Canal fluvial atual
- Paleocanal (perene ou intermitente)
- Lago ou represamento

- CADEIA CRISTALINA
  - Depressão interplanáltica
  - Planalto
  - Serra ou maciço
    - Declive abrupto
    - Declive suave
    - Anfiteatro
    - Vale
    - Escarpa
    - Superfície tabular
    - Superfície aplainada
    - Forma cárstica
    - Vertente
    - Colina
    - Interflúvio
    - Crista (simétrica, assimétrica)
    - Colúvio
    - Morro isolado
  - Maciço
  - Patamar
  - Alvéolo intermontano
  - Baixo vale entulhado
  - Lago interiorizado
  - Canal fluvial (perene ou intermitente)
  - Paleocanal (perene ou intermitente)
  - Brejo
  - Pântano (perene ou intermitente)

SEGUNDO NÍVEL DE DETALHAMENTO

Aparecem feições menores, como informações complementares e maior definição de formas (contorno)

- Pontão
- *Inselberg*
- Caos de blocos
- Crista simétrica
- Crista assimétrica

MAPEAMENTO GEOMORFOLÓGICO

— Escarpa
— Ressalto
— Linha de cumeada
— Marca de paleodrenagem
— Colmatagem lacustre
— Depressão pseudocárstica
— Borda de terraço fluvial
— Dolina
— Sumidouro
— *Canyon* cárstico
— Borda de patamar cárstico
— Morro cárstico
— Dunas
— Borda de terraço marinho
— Recife
— *Cuesta*
— Escarpa monoclinal
— Borda de estrutura elevada
— Borda de estrutura erodida
— Crista e borda de relevo dobrado
— Borda de anticlinal escavada
— Borda de sinclinal suspensa
— Marcas de enrugamento
— Facetas triangulares de falha
— Escarpa de falha ou de linha de falha
— Escarpa adaptada à falha
— Frente dissecada de bloco falhado
— Borda de patamar estrutural
— Vale ou sulco estrutural
— Área inundada

Como exemplo de aplicação prática da legenda acima sugerida, é apresentado um escopo de mapeamento geomorfológico preliminar cobrindo a área correspondente à carta topográfica de Campos, na escala de 1:50.000 (IBGE — Fig. 9.2).

Para complementar, a perspectiva de mapeamentos geomorfológicos, em microescala de detalhamento, deve estar condizente a escalas cartográficas iguais ou maiores do que 1:25.000. As for-

379

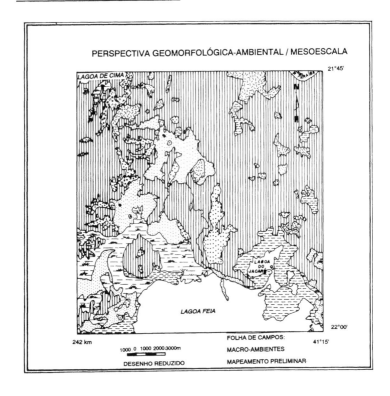

LEGENDA

- PÂNTANOS PERIFÉRICOS
- ÁREAS INUNDADAS
- LOBOS SUB-ATUAIS
- PALEOCANAIS
- RELEVO RESIDUAL
- ÁREAS ARENOSAS
- ENCOSTA DISSECADA
- LAGOS

Figura 9.2 — *Mapeamento em mesoescala de detalhamento — desenho reduzido.*

MAPEAMENTO GEOMORFOLÓGICO

mações superficiais e a morfodinâmica, muitas vezes, são tratadas como símbolos de ocorrência, e sua descrição pode aparecer em nível de relatório.

A caracterização geomorfológica deve acrescentar outras informações à legenda anterior. Assim, os modelados de acumulação fluvial, marinha, fluviomarinha ou lacustre devem discriminar se são de planície ou de terraço, assim como das acumulações eólicas deve constar se são de dunas ou planos arenosos, e as formas coluviais identificarão os leques de espraiamento ou as *bajadas*. Nas formas de acumulação, originadas de inundação, devem ser identificados os planos abaciados. Nesse particular, os alvéolos intermontanos e os baixos alvéolos assumem conotação muito importante nos mapeamentos geomorfológicos, nesse nível de detalhamento, já que se caracterizam como formas deposicionais que concentram o maior potencial urbano e rural; por conseguinte, polígonos-chaves para o planejamento ambiental. No que se refere aos aplainamentos identificados por pediplanos, a legenda deve caracterizá-los como degradados, se for o caso. No que concerne a áreas de dissecação homogênea, devem ser mencionados o tipo de densidade e o grau de aprofundamento. Da legenda deve constar se a área apresenta ravinamentos e voçorocamentos ou, conforme seja, feições características de relevo cárstico.

Uma legenda compatível à microescala de detalhamento é a seguir apresentada como sugestão operacional para mapeamentos geomorfológicos que possam oferecer subsídios a um planejamento ambiental em nível local.

— CANAL FLUVIAL
    — Curso d'água (perene ou intermitente)
    — Lago (alagado, represamento)
    — Meandro abandonado
    — Escoamento difuso
    — Nascente
    — Margem côncava (erosão)
    — Margem convexa (acumulação)
    — Anfiteatro
    — Vertente irregular com incisões

MAPEAMENTO GEOMORFOLÓGICO

— Vale em V
— Vale em U
— Vale dissimétrico
— Vale com fundo chato
— Interflúvio estreito
— Salto, cascata
— Nível de base local
— Desbarrancamento de beira de rio
— Terraço fluvial
— Terraço degradado
— Terraço coluvial
— Cones aluviais
— Lençol aluvial
  — Aluvião arenoso
  — Aluvião argiloso
  — Alvéolo degradado

— AÇÃO POR ESCOAMENTO SUPERFICIAL
— Depressão fechada
— Movimento de massa
  — Vertente com solifluxão
  — Escorregamento
  — *Creep*
— Encosta com ravinamento
— Encosta com voçorocamento
— Brejo (ativo ou colmatado)
— Colúvio (arenoso, argiloso, areno-argiloso, argilo-arenoso)
— Depósitos torrenciais

— AÇÃO MARINHA
— Mangue (alto ou baixo)
— Restinga (arenosa ou paludosa)
— Praia atual
— Praia fóssil (lagunar ou marinha)
— Dunas (fixa, móvel ou degradada)

382

- FEIÇÃO DO RELEVO
  - Campo de matacão
  - Depósito de tálus
  - Cornija
  - Falha normal
  - Crista escarpada
  - Rampa de erosão
  - Encosta com declive abrupto, suave ou convexo
  - Encosta dissecada

- AÇÃO ANTRÓPICA
  - Aterro
  - Corte
  - Superfície arrasada

As definições de cada uma das características descritas podem ser encontradas em Guerra (1993). Para a elaboração de mapeamentos geomorfológicos por iniciantes, é aconselhado, em nível de metodologia, um primeiro contato com a base conceitual, buscando atrelar as formas resultantes aos processos geradores e modificadores dessas formas e à respectiva constituição do terreno e sua ocupação (uso do solo). Esse caminho facilitará, posteriormente, a delimitação dos polígonos e a elaboração dos mapeamentos geomorfológicos nas diferentes escalas aqui preconizadas. Torna-se, ainda, importante o controle de campo no nível de todas as escalas de detalhamento a fim de se ter confiabilidade no produto final.

3. *A Moderna Tecnologia em Mapeamentos Temáticos*

Hoje em dia, os mapeamentos temáticos estão intimamente associados a três parâmetros básicos: a) escolha das legendas que, por sua vez, devem estar acopladas aos objetivos a serem alcançados, b) utilização da técnica de sensoriamento remoto, em que se inclui o processamento digital, principalmente quando se trabalha em macro e mesoescalas de detalhamento; c) uso de cartografia computadorizada, em que se pode contar com o apoio de mesas digitalizadoras ou *scanners* de alta precisão.

É fundamental, no entanto, ter em mente que as modernas tecnologias disponíveis para a elaboração de mapeamentos temáticos, por si só, não garantem produto eficiente, já que elas servem, apenas, de apoio para melhorar a resolução do mapa final. Uma boa base conceitual em Geomorfologia, uma adequada escolha da legenda associada à escala cartográfica e, ainda, uma eficiente interpretação visual das formas de relevo e de seus respectivos processos geradores são condições que se transformam no alicerce fundamental para a elaboração de um bom mapeamento geomorfológico.

É importante notar que, para projetos de gerenciamento ambiental ou, até mesmo, de gestão territorial, o mapeamento temático, em bases geomorfológicas, não necessita do emprego de uma refinada técnica cartográfica, já que a base dos diferentes planos de informações é ajustada aos mapas planialtimétricos, e esses, sim, devem ser elaborados segundo uma rígida base cartográfica. Este fato, no entanto, não implica fugir das regras cartográficas básicas a fim de que se chegue a um produto que represente mapeamento geomorfológico confiável.

A utilização de alguns *softwares*, com resoluções gráficas, hoje em dia, se constitui numa ferramenta de trabalho muito usada para elaboração de mapas temáticos, como os geomorfológicos. O uso de sistemas do tipo *Computer Adviser Design* (CAD), que permite a conversão de dados analógicos/digital, associados ao de Sistemas de Gerenciadores de Base de Dados (SGBD), é uma opção atual que possibilita a elaboração de mapas digitais, conjugando informações gráficas e não gráficas. Existem, ainda, outros tipos de sistemas específicos à realização de determinadas tarefas, como os empregados para Modelagem Digital do Terreno e Processamento de Imagens; cada um, porém, tem sua função particular e suas peculiaridades.

Os *softwares* de suporte e entrada de dados podem dar ênfase aos processos de vetorização e/ou rasterização. O que vai definir a melhor solução para cada caso é o conteúdo dos mapas.

384

As saídas gráficas, hoje em dia, também se ajustam ao desenvolvimento tecnológico da informática, em que a presença de impressoras coloridas (*laser* ou jatos de tinta) e equipamentos do tipo *ploter* (com penas coloridas) são algumas opções em demanda de uma eficiência cartográfica no nível de um produto rápido, confiável e de relativo baixo custo operacional.

A interrelação com o geoprocessamento abre hoje um grande mercado para o uso de mapeamentos geomorfológicos, principalmente no que concerne à utilização de Sistemas de Informações Geográficas — SIGs, em que geralmente se encontram acoplados *softwares*, que fazem interface com tratamentos gráficos e que, por essa razão, auxiliam a execução de mapeamentos temáticos.

4. Mapeamentos Geomorfológicos como Suporte ao Planejamento Ambiental

Projetos relacionados a planejamento ambiental têm contado com o suporte operacional de Sistemas de Informações Geográficas. A utilização dessa metodologia traz embutida a elaboração de um conjunto de cartas temáticas, em que o mapeamento geomorfológico se traduz numa carta fundamental para ser entrecruzada a outros planos de informações e gerar cenários ambientais, quer no nível urbano, rural ou regional.

Nesse sentido, os mapeamentos geomorfológicos saem do contexto academicista e se expandem ao nível de associação multidisciplinar, abrindo, com isso, possibilidades de ampliação do mercado de trabalho especializado.

Projetos como o Gerenciamento Costeiro apresentam metodologia que se ajusta aos conceitos aqui expostos e priorizam tratamentos em escalas cartográficas de nível de macro, meso e micro zoneamentos costeiros. Também as escalas cartográficas empregadas por aquele projeto correspondem às escalas de 1:100.000, 1:50.000 e maiores do que 1:25.000, respectivamente, o que induz a procedimento semelhante por outros projetos, na área do planejanento ambiental.

É importante ter em mente que as informações (legendas) deverão ser manipuladas de tal maneira, que possam ser utilizadas para outros fins, como engenharia, planejamento, agronomia, saneamento, etc.

A obtenção das informações segue os princípios básicos de coleta e análise de atributos, que serão fundamentais para a definição das unidades, conforme as diferentes especificidades do mapeamento. Para a identificação dos atributos, são utilizados todos os documentos levantados. A partir desses dados, deve-se elaborar um mapa preliminar, com unidades homogêneas, fazendo-se uso da fotointerpretação na associação entre as formas de relevo, os respectivos processos responsáveis pelas formas e o uso de solo. Para projetos que objetivam subsidiar planos em microescala de detalhamento, devem ser priorizadas as interrelações entre alguns componentes do terreno, como a amplitude do relevo local, a inclinação das encostas, as condições pedológicas, o uso da terra, a vegetação e a litologia do substrato rochoso. Para auxiliar na interpretação, podem ser utilizados mapas específicos e técnicas de amostragem de campo.

5. Conclusões

Esse capítulo não tem cunho cartográfico; ele é, essencialmente, de conteúdo conceitual, relacionado a mapeamentos geomorfológicos com objetivos de aplicabilidade junto ao planejamento ambiental.

Em seu contexto é mostrada, de maneira implícita, a necessidade de maior conscientização, por parte dos departamentos de Geografia, no sentido de oferecerem, em seus currículos, cursos de cartografia computadorizada voltados, em especial, à cartografia temática, associada à estruturação de um Sistema de Informações Geográficas. Neste sentido, a cartografia temática constitui uma base para o planejamento regional, municipal ou local.

A integração com a fotointerpretação e/ou sensoriamento

remoto, em base orbital (Figs. 9.3 e 9.4) se reveste, modernamente, de interface fundamental para o fornecimento de produto confiável, e, neste caso, os mapeamentos geomorfológicos também serão beneficiados com o uso de tais meios.

Atualmente, torna-se impossível o desenvolvimento de qualquer plano diretor sem ter, em princípio, uma base precisa da realidade quanto à ocupação físico-biológica-espacial, onde a Geomorfologia representa importante plano de informação, e para a qual se exige um conhecimento teórico-conceitual de cartografia temática, sistema de informações geográficas e de sensoriamento remoto, em base orbital. Nesse sentido, os mapeamentos geomorfológicos se revestem, tecnicamente, da característica de suporte fundamental para a execução de projetos de aplicação ambiental.

No Brasil, ainda não existe um plano piloto para o desenvolvimento de mapeamentos temáticos que esteja associado às diferentes escalas de detalhamento, como aqui proposto. Por isso, o texto mostra a necessidade de se abordar o tema — mapeamento geomorfológico — atendendo às diferentes escalas de detalhamento: a macro, meso e microescala e, principalmente, associando, a cada uma delas, uma taxonomia específica. No presente texto foi sugerida uma taxonomia que visa, essencialmente, a subsidiar decisões no nível de planejamento ambiental e não apenas atender às concepções acadêmicas dos diferentes setores da Geomorfologia.

O capítulo apresenta sugestões de legendas aferidas às diferentes escalas de detalhamento. No entanto, elas não devem ser vistas de forma rígida e de conteúdo universal, pois são praticamente ilimitadas as possibilidades de utilização de símbolos nos mapeamentos geomorfológicos. As taxonomias não são padronizadas no nível das diferentes escalas de detalhamento. Aqui se buscou uma classificação com base operacional que possa subsidiar o planejamento ambiental. Assim sendo, outras classificações poderão ser geradas a partir desse elenco básico de legendas. As categorias dos símbolos se apresentam de forma genérica, para que possam atender a um diversificado universo de interfaces, como é o caso dos mapeamentos geomorfológicos.

Os símbolos podem ser conseguidos nos manuais de mapeamentos geomorfológicos ou nas consultas a outros mapas já con-

MAPEAMENTO GEOMORFOLÓGICO

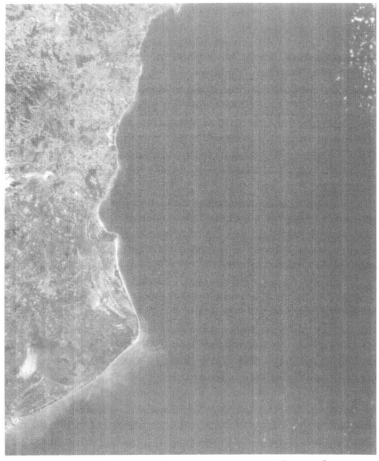

Figura 9.3 — *Imagem LANDSAT Multiespectral Scaner System —* MSS.

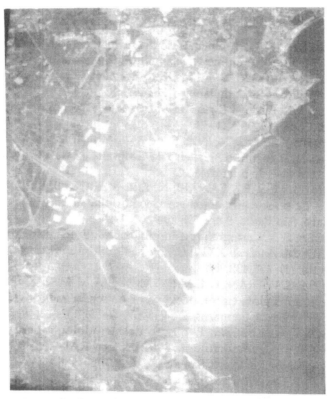

Figura 9.4 — *Saída em vídeo de uma imagem processada em Fita CCT* — Computer Compatible Tape, LANDSAT — TM — Thematic Map Banda 2.

MAPEAMENTO GEOMORFOLÓGICO

feccionados. Deve-se, contudo, ter em mente que a elaboração das topologias utilizadas nos mapas, principalmente as atreladas às microescalas de detalhamento, dependerá do objetivo do mapeamento e da criatividade do executor.

6. Bibliografia

Ab SABER, A. N. — Problemas do mapeamento geomorfológico no Brasil. I Conferência Nacional de Geografia e Cartografia. Comissão G — Instituto Brasileiro de Geografia e Estatística — Rio de Janeiro, 28 p., 1968.

ALMEIDA, R. D. de — *Espaço geográfico* — *Representação*. S.Paulo. Ed. Contexto. 90 p., 1989.

ALMEIDA, J. de A. & NUNES B. de A — *Manual técnico de Geomorfologia*. Instituto Brasileiro de Geografia e Estatística, 71 p., — Em fase de publicação.

ARGENTO, M. S. F. , CANALI, N. E. & MARQUES, J. S. — O uso de sensores remotos em Geomorfologia. *Geografia*. Rio Claro, São Paulo, *9 (17-18)*: 194-207, 1984.

BARBOSA, G. V. Cartografia geomorfológica utilizada pelo Projeto RADAM. *Anais do XXVII Congresso Brasileiro de Geologia*. São Paulo. *(1)*: 427-432, 1973.

BARBOSA, G. V., FRANCO, E. M. S. & MOREIRA, M. M. M. A. Mapas geomorfológicos elaborados a partir do sensor radar. *Notícias Geomorfológicas*. Campinas, São Paulo,V, *17 (33)*: 137-152, 1977.

BARBOSA, G. V. *et alii*. Evolução da metodologia para mapeamento geomorfológico do Projeto RADAMBRASIL *Geociências*. Rio Claro, São Paulo, V. 2: 7- 20, 1983.

BERRER, P. *Document geographique*. Masson, Paris. 221 pp — 1972

BONTE, A., *Introduction a la lecture des cartes geologiques*. Masson, Paris. 239 p, 1945.

CHRISTOFOLETTI, A. Mapeamentos geomorfológicos no Brasil. *Geociências*. Rio Claro, São Paulo, V. 2: 1-6, 1983.

COOKE, R. V., DOORNKAMP, J. C. *Geomorphology in Environmental Management: a New Introduction*. 2nd Edition — Oxford: Clarendon Press, 410 p, 1990.

390

MAPEAMENTO GEOMORFOLÓGICO

DEL ARCO, D. M. & NATALI FILHO, T. Evolução da pesquisa aplicada em Projeto RADAMBRASIL. *Boletim de Geografia Teorética.* Rio Claro, São Paulo V 15 (29-30): 246-254, 1985.

DONE, S. S. R. Mapas geomorfológicos e suas legendas — Uma Contribuição para Estudos Analíticos. *Notícia Geomorfológica.* Campinas, São Paulo, V. 21 (41): 85-110, 1981.

DUARTE, P.A. *Cartografia básica.* Florianópolis, Univ. Federal de Santa Catarina, 151p., 1986.

FRANZLE, O. Cartografia Geomorfológica. *Notícia geomorfológica.* Campinas, São Paulo, V. 10 (19): 76-80, 1980.

GARCIA, G.L. Alguns aspectos de utilização de imagens de radar e satélite no estudo da superfície do terreno. *Boletim da Geografia Teorética.* Rio Claro, São Paulo, V. 14 (27/28): 69-86, 1984.

GUERRA, A.T. *Dicionário Geológico-Geomorfológico* — Instituto Brasileiro de Geografia e Estatística, 446 p., 1993.

HIRATA, R.C.A. *et alli.* Aplicação e discussão do método de unidades homogêneas para o planejamento territorial. *In* Simpósio de Geologia do Sudeste, 2, 1991, *Anais.* Rio de Janeiro: ABGE v. 3, pp. 373-382, 1992.

KEATES, J. S. *Cartographic design and production.* Essex Longman. Scient. and tec., 261p., 1989.

KLIMASZEWOSKI, M. Detailed geomorphological maps. *ITC Journal,* pp. 265-271, 1982.

LEGGET, R. F. The role of geomorphology in planning. *In* International Symposium on Geomorphology, 7, 1976, Nova York, *Proceeding...,* pp. 315-326, 1976.

MALING, D. N. *Measurements from maps-principles and methods of cartography.* Perganon, Oxford, 577p., 1989.

MONNONIER, M. *How to lie with maps.* Univ. Chicago 176 p., 1991.

OLIVEIRA, L. de. *Dicionário cartográfico.* 3ª ed. Fundação Brasileira de Geografia e Estatística, 645 p., 1987.

RADAMBRASIL — *Relatório Técnico* — *Sudeste* — Projeto RADAMBRASIL Divisão de Geomorfologia, 356p., 1982.

RAISZ, E. *Cartografia geral.* Ed.Científica, 441p., 1969.

SIEGLER, I. A. Sugestões de atividades cartográficas para o ensino da geografia no primeiro e segundo graus Univ. Federal de Uberlândia, Dep. Geografia. 51p., 1985.

CAPÍTULO 10

GEOMORFOLOGIA E GEOPROCESSAMENTO

Jorge Xavier da Silva

1. Geomorfologia: Base Físca da Ocupação Territorial

A introdução feita a seguir representa um sumário das discussões a serem apresentadas neste capítulo. A linguagem sintética utilizada é opção do autor, que acredita ser necessário induzir o leitor à reflexão, o que pode ser conseguido através de frases densas. Não atingir este objetivo é, no entanto, uma hipótese plausível: tal fracasso deve ser atribuído ao autor, por sua notória incapacidade de transmitir conhecimentos.

Muitos ramos de pesquisa alegam ser a base essencial na qual se assenta a ocupação humana na superfície da Terra. A Geologia coloca o homem sobre litologias e estruturas da crosta terrestre, usando os recursos minerais diretamente em suas atividades econômicas e mesmo em sua alimentação. A Biologia, ao se dedicar ao estudo da interdependência dos fatores físicos, bióticos e sócio-econômicos do ambiente, também, inegavelmente,

GEOMORFOLOGIA E GEOPROCESSAMENTO

está fornecendo elementos para o entendimento da base funcional da ocupação humana. Contribuições de outros campos científicos poderiam ser citadas. Por seu lado, a pesquisa geomorfológica permite a utilização de classificações que tendem a ser genéticas, considerando a forma, a composição e os processos geradores/ modificadores das entidades geomorfológicas, ou seja, das unidades territoriais do ambiente onde se verificam diversos tipos de atuação humana na superfície terrestre. Assim sendo, a Geomorfologia, por definição, identificando, classificando e analisando as formas de relevo da superfície do planeta, sistematiza o conhecimento sobre a forma e a natureza do substrato físico onde se realizam as atividades humanas. Tal sistematização apóia-se em conhecimentos de diversas origens, até mesmo geológicos e biológicos, gerando e representando, em si mesma, conhecimento taxonômico de grande valor pragmático. Assim sendo, as classificações geomorfológicas, embora dependentes de escalas de tratamento dos dados, podem ser usadas na organização do conhecimento ambiental, como base para cenários territoriais interpretativos, normalmente de alta coerência. Quando apoiados em Sistemas Geográficos de Informação, tais cenários ambientais ganham grande complexidade e uma enorme aplicabilidade. Análises de redes de drenagem, uso de modelos tridimensionais para visualização do terreno e estimativas de impactos ambientais são alguns exemplos do uso integrado de conhecimentos geomorfológicos em Sistemas Geográficos de Informação (SGIs).

2. Entidades Geomorfológicas: Forma, Composição e Origem

Uma das mais importantes funções da pesquisa geomorfológica é a de gerar informações relevantes para o planejamento territorial. Em princípio, toda informação oriunda de uma investigação científica tem importância intrínseca, pois representa uma adição de conhecimentos organizados. Visto pelo ângulo

394

operacional, no entanto, o problema se reveste de alguns aspectos que merecem destaque. O primeiro desses aspectos refere-se ao uso de tipos de classificação (taxonomia), a ser adequadamente considerado quanto à escala e à resolução da investigação, conforme discutido em outras partes deste capítulo. Essa adequação, obviamente, também deve ser feita quanto aos objetivos da pesquisa geomorfológica em causa. Um segundo aspecto traz de volta a primeira afirmação deste parágrafo, qualificando-a melhor para o planejamento territorial (e para muitas outras aplicações, certamente). Julga-se indispensável que as definições identificadoras das entidades geomorfológicas considerem:

1) os elementos de forma e composição que, fisicamente, as identificam;
2) os processos geomorfológicos tidos como geradores e modificadores dessas entidades.

As tentativas de identificar esses processos geradores/modificadores podem não ser sempre bem-sucedidas, dependendo, às vezes, de exaustivas análises. Os resultados destes esforços, no entanto, mesmo que parciais, representam, freqüentemente, importantes contribuições para a definição de possíveis utilizações ordenadas do espaço geográfico pelo homem, isto é, para o planejamento territorial. Ficam evidenciadas, até mesmo pelo simples listar a presença de processos associáveis a uma entidade geomorfológica, relações funcionais importantes entre a entidade considerada e fatores da dinâmica ambiental (presente e passada), tais como o clima e suas variações, alterações da estrutura geológica e variações do nível do mar, entre outras.

A terminologia geomorfológica, oriunda de toponímias exóticas, muitas vezes pode apresentar-se, para o planejador territorial, como uma verdadeira coleção de enigmas, alguns termos apresentando-se com aparência um tanto rebarbativa (cones de dejeção, por exemplo). Tálus, rampas de colúvio, *spits*, *monadnocks*, inselbergues, pedimentos, terraços climáticos, é forçoso reconhecer, são termos específicos e praticamente desconhecidos para os não iniciados na Geomorfologia. A consulta a dicionários específicos (Guerra, 1993), quando excessivamente repetida, torna-se enfadonha e dificulta a incorporação dos conhecimentos geomorfológicos por parte do planejador. A dificuldade acima pode ser minimizada pela adoção de apresentações que contenham o nome identificador da entidade geomorfológica acompanhado de sua definição em termos de posição, forma topográfica, constituição física (estruturas e clásticos componentes, acamamentos e concrecionamentos existentes em sua composição subsuperficial) e processos julgados *geradores* da entidade, processos estes que podem ter deixado de atuar presentemente (caso de entidades geomorfológicas ditas "herdadas" pela paisagem atual). Além desses processos geradores, devem ser apresentados os processos que modificaram ou estão modificando a entidade geomorfológica, atuando em condições ambientais posteriores e diferentes das vigorantes, quando da geração da forma de relevo. Constituem exemplos desta situação complexa as rampas de colúvio encontradas no sudeste brasileiro, que poderiam ser apresentadas, em termos de forma, composição e origem, da seguinte maneira:

Entidade: Rampa de Colúvio

FORMA: superfície de fraca inclinação (cerca de 5°), situada, geralmente, entre depósitos aluviais próximos aos rios e os depósitos de tálus que marcam o início dos declives mais fortes das encostas dos vales.

COMPOSIÇÃO: conforme indica seu nome, os depósitos que constituem a subsuperfície das rampas de colúvio são clásticos mal selecionados granulométrica e mineralogicamente, com morfoscopia de grande irregularidade, com escarificações produzidas pela remoção de material solúvel. Estruturas sedimentares nítidas ou incipientes podem apresentar-se em subsuperfície, sob a forma de lentes argilosas ou rudáceas e acamamentos arenosos arcosianos. A espessura do colúvio é variável, podendo atingir dezenas de metros em situações de repetidas coluviações, tendendo a adelgaçar-se no sentido do tálus ou da encosta do vale.

PROCESSOS GERADORES: Acredita-se que o escoamento superficial difuso e torrencial seja o responsável pela formação dos depósitos coluviais que se disporiam, a jusante das encostas, na área de dispersão dos clásticos trazidos. Tal processo pressupõe a presença de vegetação rala, esparsa ou mesmo ausência de cobertura vegetal, o que favoreceria o espalhamento dos clásticos por ação das enxurradas.

PROCESSOS MODIFICADORES: No sudeste brasileiro o clima úmido propicia a geração de uma cobertura vegetal quase inteiriça, embora não necessariamente arbórea. Para essa região, tal fato indica que as rampas de colúvio constituem uma feição herdada, nelas atuando, hoje, processos geomorfológicos modificadores de sua constituição, como são o intemperismo químico e a pedogênese. O exemplo acima indica o caminho para a construção de uma terminologia genético-descritiva e pragmática. A descrição da forma, da posição relativa, da constituição física e dos processos geradores/modificadores informa sobre a entidade geomorfológica segundo o seu contexto ambiental, isto é, segundo os elementos dinâmicos (processos) e topológicos (forma, posição, constituição da subsuperfície) que a compõem. A incorporação destes conhecimentos por profissionais não geomorfólogos fica facilitada. Em particular, para o planejamento territorial, as relações topológicas e genéticas, enunciadas como definidoras da entidade geomorfológica, são de utilidade imediata nas avaliações sobre possíveis usos a serem dados aos espaços geográficos disponíveis. Estes espaços constituem um recurso ambiental (área para implantações diversas) muitas vezes relegado, indevidamente, a um plano secundário. As potencialidades dos locais geográficos podem ser evidenciadas a partir da identificação das entidades geomorfológicas, que assim torna mais claro o papel de berço físico para a atuação humana que aquele conjunto de entidades desempenha.

Qualquer que seja a terminologia adotada, a informação geomorfológica deverá conter mapeamentos. Tal fato conduz ao conteúdo do próximo item, que analisa escalas e resoluções.

GEOMORFOLOGIA E GEOPROCESSAMENTO

3. Variações Taxonômicas Associadas a Escalas e Resoluções

Inicialmente, é preciso distinguir entre dois conceitos: escala e resolução. Ambos são termos cartográficos de conteúdo geométrico e diretamente relacionados à capacidade de conter informação de uma carta.

Entende-se escala como uma relação (razão) entre duas medidas lineares tomadas: a) entre dois pontos contidos na representação cartográfica; e b) entre os pontos reais respectivos no terreno. É, portanto, uma relação entre duas distâncias mutuamente correspondentes. A resolução, por outro lado, pode ser entendida como uma medida territorial, que se manifesta em área e que exprime a capacidade de representar entidades ambientais, a partir de um mínimo de deformação aceitável da geometria de ser representada. Esta deformação atinge um limite na representação de uma entidade como um ponto, como é o caso da localização de cidades em escalas pequenas. Em termos mais sintéticos, resolução seria a capacidade de distinção entre entidades adjacentes componentes de uma situação analisada. Esta é uma das acepções encontradas no *Webster Dictionary* (1976).

É possível, em conseqüência das afirmações acima, variar a resolução de uma representação cartográfica sem variar a escala geográfica adotada, o que é particularmente verdadeiro para os modelos digitais do ambiente que são os SGIs.

Na relação geomorfologia x geoprocessamento torna-se de *particular* importância definir não apenas uma escala geográfica, mas é também crucial definir a resolução adequada. Esta resolução permitirá, com aceitável grau de precisão, a identificação da posição de entidades geomorfológicas (e ambientais em geral). Não tem sentido, por exemplo, trabalhar na escala de 1:100.000, com resolução de um hectare (100m x 100m no terreno, um milímetro quadrado, na carta) para representar e analisar situações ambientais em áreas costeiras, por exemplo. Entidades geomorfológicas altamente relevantes, tais como embocaduras de rios e lagunas, pequenos terraços litorâneos indicadores de posições da linha de praia e a própria linha

398

de costa, sofrem deformações inaceitáveis com esta resolução. Neste caso, torna-se difícil ou impossível a identificação de correlações espaciais (ocorrências conjugadas de duas ou mais entidades territoriais), caminho usual para o estabelecimento de explicações para as situações ambientais analisadas.

Outro aspecto que merece destaque quanto à relação entre a geomorfologia e o geoprocessamento refere-se à adoção de classificações idiográficas ou de classificações nomotéticas (Abler *et al.*, 1971). As primeiras visam a explicar os fenômenos encontrados, admitindo seu caráter peculiar no tempo e no espaço. Em conseqüência, uma vez que são procuradas explicações únicas para situações ambientais assumidas como singulares, nas classificações idiográficas podem ser usados termos identificadores de entidades geomorfológicas (e ambientais em geral) associados à toponímia local (planalto dissecado do reverso da Serra do Mar, por exemplo). Em oposição a essa visão idiográfica está a perspectiva nomotética, na qual são procuradas relações significativas e razoavelmente constantes entre as entidades analisadas na situação ambiental estudada e mesmo em outras situações análogas. É a procura por leis de formação que tende a criar um corpo de conhecimentos extrapoláveis. Em conseqüência, usam-se classificações que não se apóiam em topônimos, que se baseiam na estruturação dada ao conhecimento adquirido. No caso da Geomorfologia, podem ser usadas classificações que se apóiem na origem e natureza da feição geomorfológica, criando-se, assim, estruturas hierárquico-funcionais passíveis de extrapolação, isto é, que podem ser usadas em situações ambientais análogas, encontradas em outras áreas geográficas. Em contraponto ao exemplo apresentado para classificações idiográficas, o planalto em questão, associado localmente à Serra do Mar, poderia ser denominado reverso dissecado de bloco falhado (Ruellan, 1944), isto é, uma entidade geomorfológica descrita por sua posição, forma e origem.

São apresentados, a seguir, dois exemplos de classificações nomotéticas usadas no *Sistema de Análise Geoambiental*, da Universidade Federal do Rio de Janeiro (SAGA/UFRJ), e um exemplo de classificação mista, usada no Projeto RADAMBRASIL (1983, vol. 32).

Exemplo 1

ESCALA 1:50.000
Faixa ao longo da BR-116 (trecho de São Paulo a Curitiba)

a. PLANALTO CRISTALINO DISSECADO
    a.1. Colinas convexas
    a.2. Várzeas planálticas espraiadas
    a.3. Serranias alongadas

b. BORDA ERODIDA DO PLANALTO
    b.1. Vertentes estruturais
    b.2. Calhas fluviais íngremes
    b.3. Alvéolos intermontanos
    b.4. Depósito de tálus

c. PIEMONTE
    c.1. Serranias isoladas
    c.2. Colinas convexas
    c.3. Várzeas alongadas
    c.4. Rampas de colúvio

d. BAIXADA
    d.1. Várzeas amplas
    d.2. Calhas divagantes
    d.3. Terraços colúvio-aluvionares
    d.4. Colinas residuais
    d.4.1. Cristalinas
    d.4.2. Sedimentares

Exemplo 2

ESCALA 1:100.000
Município de Santa Teresa (ES)

a. BORDA MONTANHOSA DO PLANALTO
   a.1. Encostas íngremes sub-retilíneas
   a.2. Pequenas várzeas intermontanas
   a.3. Cumes e pontões rochosos

b. PLANALTO DISSECADO EM COLINAS
   b.1. Colinas
   b.2. Várzeas
   b.3. Encostas estruturais íngremes
   b.4. Pontões rochosos

c. BAIXO PLANALTO DE VALES E SERRANIAS PARALELOS
   c.1. Várzeas espraiadas
   c.2. Encostas estruturais
   c.3. Meias encostas
   c.4. Pontões rochosos

d. PLANALTO INTRUSIVO
   d.1. Encostas encurvadas estruturais íngremes
   d.2. Várzeas espraiadas
   d.3. Meias encostas estruturais
   d.4. Pontões rochosos

Exemplo 3

ESCALA 1:1.000.000
Projeto RADAMBRASIL (folha SF23/24)

a. DOMÍNIO DOS DEPÓSITOS SEDIMENTARES
a.1. Região das planícies costeiras
a.1.1. Unidades planícies litorâneas e delta do Paraíba do Sul
a.2. Região dos tabuleiros costeiros
a.2.1. Unidades dos tabuleiros costeiros

b. DOMÍNIO DA BACIA E COBERTURAS SEDIMENTARES DO PARANÁ
b.1. Região da depressão paulista
b.1.1. Unidade depressão do Tietê/Mogi-Guaçu
b.2. Região dos patamares orientais da bacia do Paraná
b.2.1. Unidade patamar de Itapetininga
b.2.2. Unidade patamares cuestiformes
b.3. Região dos planaltos do alto Rio Paraná
b.3.1. Unidade planaltos rebaixados
b.3.2. Unidade planaltos residuais cuestiformes

c. DOMÍNIO DA BACIA E COBERTURAS SEDIMENTARES DO SÃO FRANCISCO
c.1. Região das depressões interplanálticas do São Francisco
c.1.1. Unidade depressão do alto São Francisco

d. DOMÍNIO DOS REMANESCENTES DE CADEIAS DOBRADAS
d.1. Região dos planaltos da Canastra
d.1.1. Unidade patamares da Canastra
d.1.2. Unidade Serra da Canastra
d.2. Região dos planaltos do alto Rio Grande
d.2.1. Unidade depressão do Sapucaí
d.2.2. Unidade planalto de Andrelândia
d.3. Região do quadrilátero ferrífero
d.3.1. Unidade alinhamentos de cristas do quadrilátero — Pará de Minas

Mesmo considerando as diferenças de escala nos exemplos apresentados, pode-se notar que é apresentada, nos três casos, uma estrutura hierárquica territorial: a) domínios, subdividindo-se em regiões, que se subdividem em unidades no caso do Exemplo 3 (Projeto RADAMBRASIL); b) nos outros exemplos, aparecem planalto, piemonte, baixada e outros termos morfológico-posicionais, acompanhados das respectivas entidades geomorfológicas identificáveis em termos de forma, composição e processos geradores/modificadores. A classificação do Projeto RADAMBRASIL apresentada é de grande valor analítico-descritivo. Apoiando-se, no entanto, em topônimos para definir suas entidades de maior porte (regiões e unidades) perde poder de extrapolação, ganhando caráter idiográfico, embora mantendo apreciável coerência hierárquica.

Com relação às resoluções razoáveis para o geoprocessamento dos dados geomorfológicos contidos nos mapeamentos digitais referentes aos exemplos citados, algumas considerações podem ser feitas. O problema fundamental é ter capacidade de reconhecer as entidades constantes das classificações. A captura da geometria dessas entidades, segundo uma dada resolução, deve ser feita preservando, razoavelmente, as suas formas e posições, e permitindo a atribuição de conteúdo lógico (informação geomorfológica) às entidades digitalmente representadas. No caso da captura de geometrias por *scanners* e por mesas digitalizadoras, resoluções superiores às necessárias estão disponíveis. Torna-se necessário definir, à luz dos esforços de processamento e armazenamento dos dados, resoluções que não impliquem gastos excessivos de memória e de tempo de processamento dos equipamentos computacionais. Para encurtar a discussão, obviamente condutora a especificidades técnicas, apresenta-se a seguinte sugestão, relativa às resoluções mínimas razoáveis (menores áreas podendo ser aceitas, em cada caso) para os exemplos apresentados:

1:50.000 — 625m² (25m x 25m, equivalentes a 1/16 de hectare)
1:100.000 — 2.500m² (50m x 50m, equivalentes a 1/4 de hectare)
1:1.000.000 — 250.000m² (500m x 500m, equivalentes a 25 hectares)

Em termos de medidas feitas nas cartas, as resoluções acima

significam unidades de representação territorial (*pixels*, nas estruturas matriciais de armazenamento e *nível definidor das inflexões registráveis*, nas estruturas vetoriais — Aronoff, 1989) de 0,5mm x 0,5mm, bem próximas à precisão de localização cartográfica, normalmente definida, no Brasil, por um círculo de 0,4mm de diâmetro (Braga *et alli* , 1993). Isto significa que podem ser geradas, das cartas convencionais, através da digitalização, representações digitais que reproduzem corretamente a geometria e a posição das entidades ambientais nelas identificáveis.

Uma relação direta entre o geoprocessamento e a terminologia geomorfológica pode agora ser erigida. As entidades geomorfológicas, identificadas e definidas em termos de sua forma, sua constituição e origens, podem fazer parte de uma base de dados geocodificados em um SGIs. Essa incorporação do conhecimento geomorfológico de uma área pode ser feita em duas partes integráveis: a) pela digitalização — por varredura (*scanner*) ou por cursor (mesa digitalizadora) — do mapa geomorfológico, que passa a integrar o modelo digital daquele ambiente (Xavier da Silva, 1982), juntamente com outros mapeamentos digitalizados; b) pela criação de arquivos de dados alfanuméricos em um banco de dados convencional (externo ao SGI ou a ele pertencente), o qual deverá estar convenientemente implementado para permitir recuperação seletiva e entrecruzada dos dados arquivados, e permitir, também, o envio e o recebimento de consultas que se originem da estrutura de mapeamento digital do SGI (Xavier da Silva *et alli*, 1991).

A ligação entre a base geocodificada e o banco de dados convencional permite o trânsito em mão dupla: informações alfanuméricas selecionadas no banco de dados podem ser mapeadas, e consultas sobre os mapeamentos podem ser remetidas ao banco de dados convencional, onde podem ser respondidas diretamente e ter seus possíveis relacionamentos com dados e questões correlatas levantados e trazidos à atenção do pesquisador. Dados relativos à forma, composição, origem, às relações com processos, à ação antrópica, aos riscos e potenciais associados à entidade geomorfológica considerada, estudos de geoprocessamento anteriores, às referências bibliográficas, tabulações numéricas de interesse social e econômico são alguns exemplos do grande con-

GEOMORFOLOGIA E GEOPROCESSAMENTO

junto de informações alfanuméricas acessível no banco de dados, diretamente ou através da consulta ao mapeamento digital. Um exemplo de ligações entre banco de dados convencional e a base cartográfica digital é apresentado em Xavier da Silva *et alli* (1991).

4. Estrutura de Dados e Análise Geomorfológica

Conforme apresentado no item anterior, a terminologia geomorfológica pode ser associada a bancos de dados convencionais, dentro da estrutura de geoprocessamento dos SGIs. Essa associação permite identificar, em uma primeira visão, a grande aplicabilidade dos SGIs aos estudos geomorfológicos, embora tenha sido mencionada quase exclusivamente com relação às funções de armazenamento e recuperação (gerenciamento) de dados geomorfológicos em bancos de dados alfanuméricos, sem que fossem tecidas maiores considerações sobre a *análise* de dados.

Serão comentadas, a seguir, algumas estruturas de dados (*data models*) típicas dos SGIs, com base em apresentação feita em Goodchild *et alli* (1992), e tecidas considerações relativas ao uso dessas estruturações de dados, para a análise geomorfológica. Análise esta entendida como transformações dirigidas dos dados, feitas para gerar informações.

A recuperação seletiva e combinada de dados e sua atualização constituem o cerne do *gerenciamento* da base de dados. Entretanto, sistemas de processamento voltados apenas para esta finalidade são autolimitados em sua aplicabilidade. Existe uma clivagem entre sistemas estritamente de gerenciamento de dados *database management* (uma das grandes necessidades do mercado) e sistemas que são destinados, também, a análise ambiental (*data analysis* — de uso em investigações geomorfológicas e em estudos ambientais, em geral). Infelizmente essa clivagem não tem sido suficientemente reconhecida no Brasil. Camara (1993) apresenta uma anatomia de SGIs e não a reconhece. Embora apresentando, razoavelmente, o tema SGIs, omite em suas citações a presença,

405

no Brasil, de sistemas de geoprocessamento voltados, principalmente, para análises ambientais.

Toda tentativa humana de representar a realidade envolve a geração de conceitos. O espaço geográfico, sendo contínuo e complexo, requer, para sua representação, conceituações que se operacionalizam através de procedimentos de abstração, generalização e aproximações (Goodchild *et all*, 1992). Nesse sentido, uma outra clivagem definidora de tipos de SGIs merece consideração; é a diferença entre estruturas de dados orientadas a objeto e estruturas de dados segundo planos de informacão (Goodchild *et all*, 1992). Em termos bem diretos, estruturas de dados orientadas a objetos supõem a realidade ambiental como um "espaço vazio povoado por objetos" (Goodchild *et alli*, 1992), enquanto na estrutura de planos de informação a realidade é concebida como um conjunto de camadas de dados georreferenciados (mapeamentos), cada uma definidora da distribuição territorial de uma variável.

Na estrutura de objetos, estes são representados geometricamente por pontos, linhas ou áreas (elementos básicos de qualquer representação bidimensional), após as convenientes simplificações de suas formas. O geoprocessamento efetuado sobre essa estrutura é, principal, mas não exclusivamente, voltado para a análise e modelagem da interação espacial entre entidades discretas, individualmente identificáveis por seus atributos contidos em bancos de dados alfanuméricos. Correlações de vários tipos podem ser estabelecidas entre os objetos, independentemente da base geocodificada, com fundamento nos seus atributos não-espaciais, com uso de técnicas estatísticas aplicadas sobre os dados alfanuméricos do banco de dados. Os resultados destas operações podem ser transferidos para a base geocodificada do SGIs, para exibição ou tratamentos analíticos de outras naturezas, tais como definição de proximidades e conexões.

Em termos de Geomorfologia, adotar uma estrutura orientada a objeto do tipo descrito significa considerar as entidades geomorfológicas como unidades identificáveis por sua geometria, localização e por outros atributos contidos no SGI, com o geoprocessamento dirigido para o levantamento de correlações espaciais ou taxonômicas entre essas entidades geomorfológicas.

A orientação a objetos é válida para fins de gerenciamento dos dados e quando as entidades consideradas são "bem-comportadas" nos espaços territorial e taxonômico. A gestão da base de dados orientada a objeto, entendida amplamente como conjunto de procedimentos de armazenamento, recuperação, atualização dos dados e análise dos atributos das entidades (objetos), pode ter sua aplicação exemplificada pela gestão da informação contida em uma carta topográfica, que tem seus objetos componentes previamente definidos por convenções cartográficas (Abib, 1986). O uso de estruturas de dados orientadas a objeto é de grande interesse para fins cartográficos e para outras finalidades que operem sobre entidades clara e previamente definíveis.

Quando o objetivo da análise dirige-se para o levantamento de situações *territoriais* de interesse (definição de áreas de risco, de aptidões e de impacto ambiental, por exemplo), a aplicabilidade da orientação a objeto torna-se discutível. O resultado da análise terá que ser referido a uma ou várias entidades previamente definidas, o que limita a análise dos atributos do *continuum* que é a área geográfica. Quando executada sobre uma estrutura orientada a objeto, a criação maciça de novas entidades (objetos) oriundas de análises ambientais gera um grande esforço computacional, destinado à definição das novas geometrias e atributos a serem associados às novas entidades, o que interferirá forçosamente na estruturação do banco de dados, gerando certa instabilidade no armazenamento dos dados. Passa a existir grande dependência quanto a erros existentes na base de dados, particularmente se a estrutura de captura e armazenamento dos dados for dos tipos vetorial ou topológico associados a bancos de dados convencionais (Aronoff, 1991).

A estrutura de dados, segundo planos de informação, pode ser entendida como uma matriz Aijk, na qual i e j são as coordenadas localizadoras na superfície terrestre, e a dimensão k é constituída por sucessivas camadas de informações ambientais, composta, cada uma delas, pela representação digital da variação geográfica (territorial) de cada uma das variáveis ambientais componentes do acervo de conhecimentos disponível no SGI (Xavier da Silva e Carvalho Filho, 1993).

As entidades geomorfológicas são normalmente identificadas com uso de uma escala nominal. Esta escala não permite grandes manipulações numéricas. Normalmente as informações geomorfológicas, constantes de bases de dados geocodificadas, são coligidas segundo essa escala; porém, para a execução de avaliações e aplicações de algoritmos de geoprocessamento em geral, são realizadas transformações nos dados, que passam a ser inseridos nos procedimentos avaliativos sob outras escalas — razão, intervalo ou ordinal, esta última de grande utilização em estudos ambientais (Xavier da Silva e Souza, 1988).

Segundo Goodchild *et alli* (1992), os planos ou campos de informação de uma base geocodificada de dados podem ser criados segundo diversas estruturações de dados. Os itens abordados a seguir baseiam-se no citado trabalho.

a) *Um conjunto de células escandidas*[1]: o exemplo mais difundido dessa estruturação é, possivelmente, a representação de porções da superfície terrestre (cenas), em imagens obtidas por sensoriamento remoto de base orbital. As aplicações dessas estruturas em Geomorfologia são inúmeras, abrangendo interpretações visuais ou instrumentadas de imagens tele-detetadas, interpretações essas geradoras de mapas temáticos atualizados; imediata superposição de informações litológicas e estruturais a traçados de redes de drenagem e a contornos de bacias hidrográficas, para inferências quanto a condicionantes subsuperficiais da erosão subaérea; e estimativas detalhadas da participação de entidades geomorfológicas em situações ambientais de interesse, tais como levantamentos de riscos, potenciais e impactos ambientais.

b) *Uma estrutura de pontos amostrais regularmente espaçados*

---

1. Rastreadas, varridas. O verbo escandir existe em português, (escandido, escaninho). Isto foi lembrado ao autor por um participante da IV Conferência Latino Americana sobre Sistemas de Informação Geográfica, em julho de 1993, em São Paulo. Não é necessário, portanto, usar barbarismos do tipo escanear como tradução do inglês *to scan*. Infelizmente temos que retribuir a gentileza da lembrança com esta citação anônima, pela qual pedimos desculpas.

(exemplo: modelo digital do terreno; em inglês, *Digital Terrain Model* — DTM): esses conjuntos regularmente dispostos de dados pontuais são normalmente criados, por artifícios de interpolação, a partir de pontos irregularmente distribuídos, sendo freqüente, no entanto, que sejam trazidos, para entrada em uma base de dados, já sob a forma de grade regular. A regularidade do espaçamento é um requisito para posteriores tratamentos da informação assim armazenadas. Quando a grade gerada é muito densa, com espaçamentos da ordem de 30 metros, para bases de dados geradas a partir de escalas 1:50.000, por exemplo, a grade densa assemelha-se à estrutura de células escandidas acima apresentada, permitindo tratamentos e aplicações semelhantes. Em Geomorfologia, no entanto, constitui essa estruturação de dados, obviamente, uma forma de representar a topografia de uma área geográfica. Cartas de declividade e extensão das encostas podem ser derivadas dessa estrutura, de forte apoio à pesquisa geomorfológica, por representar, metódica (embora não exatamente), as variações geométricas das formas de relevo e permitir inferências quanto à presença e intensidade de atuação de processos geomorfológicos.

c) *Um conjunto de isolinhas (curvas de nível)*: essa forma de estruturação de dados altimétricos, uma vez armazenada no SGIs, permite a recuperação imediata da representação da topografia, em termos das curvas de nível selecionadas na entrada dos dados. É possível, assim, gerar, a partir do modelo digital usado no SGI, uma saída sob a forma de um cartograma semelhante ao original, sendo essa afirmação particularmente verdadeira nos chamados SGIs de base vetorial. Problemas com essa estruturação surgem quando os dados altimétricos (ou qualquer outra variável armazenada como valor de z associado às coordenadas geográficas x e y) necessitam ser combinados com outros dados da base geocodificada, para o estabelecimento de correlações espaciais. Ficam definidos valores uniformes para as áreas entre as isolinhas, por exemplo. Dependendo da eqüidistância adotada, isso pode representar sérias distorções da realidade geomorfológica em estudo. Deformações inaceitáveis da geometria de entidades geomorfológicas podem advir desta uniformização fictícia da variação altimétrica do território entre duas curvas de nível.

d) *Um conjunto de polígonos irregulares adjacentes*: cobrindo toda a área de estudo e representando cada polígono uma ocorrência de um tipo de característica ambiental (entidades geomorfológicas), constitui essa estruturação de dados uma das formas mais usadas de representação geomorfológica digital, sendo, em geral, associada ao modelo poligonal ou vetorial de armazenamento. Polígonos adjacentes também podem ser armazenados em estruturas matriciais (*raster*). Nas estruturas vetoriais, entretanto, quaisquer transformações de escala são permitidas, embora tais mudanças não alterem a precisão dos dados, a qual, por definição, está associada à existente nos documentos cartográficos originais.

e) *Um conjunto de triângulos adjacentes*: essa estruturação permite descer a grandes detalhamentos na representação geomorfológica. Como é sempre possível discretizar qualquer superfície em triângulos, facetas da topografia que sejam relevantes para a investigação geomorfológica podem ser singularizadas na estruturação por triangulação. Obviamente é pressuposta uniformidade do valor ao longo do interior do triângulo, mas a possibilidade de subdividir continuamente, em triângulos, a superfície estudada, permite minimizar o efeito desse pressuposto de uniformidade.

Em condições ideais, um SGI deverá ser capaz de transferir dados entre todas as estruturas apresentadas. Análises que dependam de superposição de mapas, por exemplo, podem ser eficientemente realizadas em estruturas de células escandidas, enquanto a estruturação de dados vetoriais é eficiente para a reprodução precisa de dados em escalas diversas e, para a construção de blocos-diagrama, são particularmente adequadas as estruturas de células regularmente espaçadas.

Uma aplicação de estruturas de dados de SGIs, de claro interesse geomorfológico, reside na criação de uma base de dados sobre uma região costeira contendo informações sobre altitudes, geomorfologia, cobertura vegetal, uso do solo, declividades, entre outras. As repercussões de variações ao nível do mar, de modificações climáticas e de movimentos neotectônicos podem ser estimadas separadamente e, também, de forma conjugada, desde que sejam simuladas, razoavelmente, as taxas de variação finais do nível do mar, dependentes do jogo entre a neotectônica e as variações eustáticas (considerada esta gerada independentemente, como no caso dos degelos das calotas polares).

Problemas geomorfológicos que envolvam dados contidos em subsuperfície podem ser tratados em SGIs bidimensionais (2D), em contraposição a SGIs tridimensionais (3D). As informações ambientais de subsuperfície podem ser conjugadas territorialmente com as da superfície, bastando que se criem planos de informação corretamente geo-referenciados para os dados subsuperficiais. Esta solução, relativamente simples, permite que sejam definidas associações territoriais entre formas de relevo e depósitos subsuperficiais, de óbvio interesse geomorfológico. Um conjunto de procedimentos de diagnose ambiental é proposto por Xavier da Silva e Carvalho Filho (1993). Entre eles podem ser destacados os seguintes, por seu interesse para a pesquisa geomorfológica:

a) *Riscos ambientais*. Operando sobre qualquer das estruturações de dados apresentadas, é relevante para a pesquisa geomorfológica a definição de locais propícios à ocorrência de fenômenos geomorfológicos de interesse, tais como desmoronamentos e deslizamentos do terreno e enchentes. Entre as estruturações apresentadas, a estrutura de células escandidas (*raster*) permite definir esses locais propícios com certa facilidade de programação. Trata-se, neste caso, de superpor os planos de informação, constantes da base de dados, julgados relevantes para a ocorrência do fenômeno de interesse. Com base em um algoritmo robusto — a média ponderada, obtida a partir de pesos (atribuídos aos planos de informação) e avaliações em escala ordinal, suficientemente segmentada, das classes existentes em cada plano de informação (legenda do mapa), em termos da possibilidade de associação de cada classe da legenda com o fenômeno de interesse — podem-se mapear as possibilida-

GEOMORFOLOGIA E GEOPROCESSAMENTO

des de ocorrência do evento de interesse. Xavier da Silva e Carvalho Filho (1993) apresentam uma discussão desse procedimento avaliativo, e exemplos de aplicação podem ser encontrados em Xavier da Silva *et alli*, 1988).

b) Assinaturas ambientais. O próprio SGI pode ser usado para aprendizagem sobre as ocorrências de locais de riscos ambientais, dos tipos mencionados. Constatada a ocorrência, em determinados locais, de desmoronamentos (ou enchentes, ou outro fenômeno qualquer de interesse), a base de dados pode ser consultada, gerando a informação sobre quais características ambientais estão registradas nos locais onde ocorreram os fenômenos de interesse. Essa informação, obtida empiricamente, pode validar e calibrar os procedimentos de avaliação descritos no parágrafo anterior, tornando altamente enriquecedor o uso do SGI na pesquisa geomorfológica.

c) Zoneamentos ambientais. Zoneamentos ambientais, com base nas múltiplas características ambientais, estas naturalmente convergentes em cada local para a definição da situação ambiental em análise, podem ser executados em SGIs. Identificação de agrupamentos espaciais (*clusters*) pode ser executada com apoio em generalizações (desconsideração de ocorrências de menor porte, agregações de manchas por critérios de tamanho e proximidade), gerando zoneamentos metodicamente, isto é, a partir de critérios reproduzíveis e explicitados.

5. Conclusões

Algumas considerações finais podem ser feitas quanto à relação entre a Geomorfologia e o Geoprocessamento:

— O uso de sistemas geográficos de informação na pesquisa geomorfológica exige contato com técnicas de processamento de dados. Esse contato de pesquisadores com o processamento de dados tem sido crescente, acompanhando o incremento geral do uso de computação eletrônica na vida diária. Geração de arquivos, utilização de processadores de texto, planilhas eletrônicas, e, mesmo, processamento gráfico da informação, não constituem mais, hoje em dia, elementos inibidores do contato pesquisador x dados.

— A utilização de SGIs e técnicas associadas de geoprocessamento requer cuidados especiais quanto à criação de uma base de dados adequada e eficiente, tanto do ponto de vista da precisão locacional quanto em relação à profundidade e abrangência do seu conteúdo taxonômico.

— Existe grande campo para desenvolvimento das relações geomorfologia x geoprocessamento, principalmente quanto a simulações da atuação específica de processos geomorfológicos e, também, quanto à criação de modelos territoriais de evolução geomorfológica.

— O geoprocessamento, em síntese, é um instrumento poderoso para a investigação geomorfológica, permitindo tanto a análise setorializada quanto a pesquisa integrada da atuação de processos geomorfológicos convergentes no tempo e no espaço geográfico.

6. Bibliografia

ABIB, Osvaldo Ari (1986). Especificações para um sistema de Cartografia apoiada por computador. Instituto Militar de Engenharia, Dissertação de Mestrado, Rio de Janeiro, 199 pp.

ABLER, R.; ADAMS, J. S.; GOULD, P. (1971). *Spatial Organization: the Geographer's View of the World*, Englewood Cliffs, Nova Jersey, Prentice Hall Inc., 587p.

ARONOFF, Stanley (1989). *Geographic Information Systems: A management perspective*, WDL Publicatione, Otawa, 295p.

BRAGA FILHO, J.R. *et alli* (1993). Uma entrada de dados para

SGI's. *Anais da IV Conferência Latino-Americana de Sistemas de Informação Geográfica e II Simpósio Brasileiro de Geoprocessamento.* São Paulo, EPUSP, 121-134.

CAMARA, G. (1993). Anatomia de Sistemas de Informação Geográfica. *Anais da IV Conferência Latino-Americana de Sistemas de Informação Geográfica e II Simpósio Brasileiro de Geoprocessamento.* EPUSP, São Paulo, 155-184.

GOODCHILD, M. *et alli* (1992). Integrating GIS and Spatial data analysis: problems and possibilities. *International Geographical Information Systems.* Taylor e Francis, USA, vol. 6, n°5, 407-423.

GUERRA, Antonio Teixeira (1993).*Dicionário Geológico- Geomorfológico.* IBGE, Rio de Janeiro, 8ª, 450p.

Projeto RADAMBRASIL (1983). FOLHAS SF23/24: Rio de Janeiro/Vitória; Geologia, geomorfologia, pedologia, vegetação e uso potencial da terra. MME, Rio de Janeiro, vol. 32, 780p.

RUELLAN, FRANCIS (1944). A Evolução Geomorfológica da Bacia da Guanabara e das Regiões Vizinhas. *Revista Brasileira de Geografia.* IBGE, Rio de Janeiro, n°4, ano VI, 99 pp. (republicado em edição especial em 1988, ano 50, n° especial, Tomo I).

XAVIER DA SILVA, Jorge (1982). A digital model of environment an effective approach to areal analysis. *Anais da Conferência Regional Latino-Americana da União Geográfica Internacional.* Rio de Janeiro, UGI, pp. 17-22.

XAVIER DA SILVA, Jorge e SOUZA, M.J. Lopes de (1988). *Análise Ambiental.* UFRJ, Rio de Janeiro, 196p.

XAVIER DA SILVA, J. e CARVALHO FILHO, L.M. de (1993). Sistemas de Informação Geográfica: Uma proposta metodológica. *Anais da IV Conferência Latino-Americana de Sistemas de Informação Geográfica e II Simpósio Brasileiro de Geoprocessamento.* EPUSP, São Paulo, 607-628.

XAVIER DA SILVA, J. *et alli* (1988). Análise Ambiental da APA de Cairuçu. *Revista Brasileira de Geografia.* IBGE, Rio de Janeiro, 50 (3):41-83.

XAVIER DA SILVA, J. *et alli* (1991). Um Banco de Dados Ambientais para a Amazônia. *Revista Brasileira de Geografia.* IBGE, Rio de Janeiro, 53(3):91-124.

WEBSTER'S THIRD NEW INTERNATIONAL DICTIONARY (1976). Merriam e Co., USA, p. 1933.

CAPÍTULO 11

APLICABILIDADE DO CONHECIMENTO GEOMORFOLÓGICO NOS PROJETOS DE PLANEJAMENTO

Antonio Christofoletti

1. Introdução

A Geomorfologia analisa as formas de relevo focalizando suas características morfológicas, materiais componentes, processos atuantes e fatores controlantes, bem como a dinâmica evolutiva. Compreende os estudos voltados para os aspectos morfológicos da topografia e da dinâmica responsável pelo funcionamento e pela esculturação das paisagens topográficas. Dessa maneira, ganha relevância por auxiliar a compreender o modelado terrestre, que surge como elemento do sistema ambiental físico e condicionante para as atividades humanas e organizações espaciais.

Há, inicialmente, que se esclarecer entre pesquisas potencialmente aplicáveis e pesquisas aplicadas. No primeiro caso, por exemplo, os estudos paleogeomorfológicos e paleoclimáticos fornecem informações para o quadro geral de uma região, em seu contexto evolutivo e condicionador da dinâmica recente. A pesquisa aplicada envolve-se diretamente com a coleta e análise de dados geomorfológicos, em função de objetivos para o uso do solo, inserindo-se nos procedimentos de manejo e tomada de decisão. Tais pesquisas contribuem para ampliar o conhecimento geomorfológico e a compreensão dos fluxos interativos com os demais componentes do geossistema (ou sistema ambiental físico).

Essa proposição assinala que o relevo surge como elemento que se integra a clima, vegetação, águas e solos, no contexto dos sistemas ambientais físicos, que se tornam o objeto de estudo da Geografia Física. Nessa nova posição hierárquica, as características dos geossistemas são expressas como resultantes da dinâmica interativa dos processos físicos e biológicos, recebendo *inputs* e incorporando produtos oriundos das atividades humanas. O sistema ambiental físico compõe o embasamento paisagístico, o quadro referencial para serem inseridos os programas de desenvolvimento, nas escalas locais, regionais e nacionais.

As feições topográficas e os processos morfogenéticos atuantes em uma determinada área possuem papel relevante para as categorias de uso do solo, tanto nas atividades agrícolas como nas urbano-industriais. Acrescente-se, também, a importância que assumem para as obras viárias, para a exploração dos recursos naturais, para o lazer e turismo. A potencialidade aplicativa do conhecimento geomorfológico insere-se, portanto, no diagnóstico das condições ambientais, contribuindo para orientar a alocação e o assentamento das atividades humanas.

O objetivo deste capítulo consiste em compor um quadro genérico, relacionado com a aplicabilidade do conhecimento geomorfológico nos projetos de planejamento. Inicia por delinear a função e os objetivos dos projetos de planejamento e registro de orientação sobre as obras básicas de Geomorfologia Aplicada. Posteriormente, focaliza setores temáticos específicos de aplicabilidade. Por último, considera a potencialidade da inserção da Geomorfologia na política de desenvolvimento sustentável, sob a perspectiva da abordagem holística em Geografia Física.

APLICABILIDADE DA GEOMORFOLOGIA

2. Função e Objetivos dos Projetos de Planejamento

O termo *planejamento* abrange ampla gama de atividades. Podem-se distinguir as categorias de planejamento estratégico e planejamento operacional, e usar outros critérios de grandeza espacial (planejamento local, planejamento regional, planejamento nacional, etc.) ou de setores de atividades (planejamento urbano, planejamento rural, planejamento ambiental, planejamento econômico, etc.). Ottens (1990) salienta que o planejamento estratégico relaciona-se com as tomadas de decisão, a longo e médio prazos, envolvendo, geralmente, um conjunto de pesquisas, discussões, assessorias e negociações. As atividades que servem de base às tomadas de decisão podem ser categorizadas em dois grupos: a organização do próprio processo de tomada de decisão e a produção dos resultados tangíveis, na forma de planos, programas e projetos. Esses dois aspectos do planejamento estratégico geralmente são referenciados como processual e substantivo. O planejamento processual produz a infra-estrutura organizacional e a tomada de decisão, na qual os planejadores substantivos podem produzir relatórios de pesquisa, relatórios de políticas, material informativo e, eventualmente, planos oficiais, planos de reformulação, programas de implementação e delineamento de projetos. As iniciativas e as atividades de controle que se encontram conectadas com a implementação dos planos a serem executados são denominadas de planejamento operacional ou planejamento orientado para a ação. Esse aspecto do planejamento envolve o julgamento de aplicações e autorizações (ou não), com respeito ao desenvolvimento, construções e instalações. Mas também inclui a monitoria e o controle dos projetos em andamento.

Outro aspecto inerente é que o planejamento sempre envolve a questão da espacialidade, pois incide na implementação de atividades em determinado território. Constitui um processo que repercute nas características, funcionamento e dinâmica das

417

APLICABILIDADE DA GEOMORFOLOGIA

organizações espaciais. Nesse sentido, obrigatoriamente, deve levar em consideração os aspectos dos sistemas ambientais físicos (geossistemas) e dos sistemas sócio-econômicos.

3. Orientação Bibliográfica Básica

A literatura relacionada com a Geomorfologia Aplicada é vasta. Artigos em periódicos científicos e comunicações em anais de congressos científicos compõem rico e difuso arsenal bibliográfico. Procurando sistematizar e coordenar as experiências e os exemplos, envolvendo tanto a abordagem conceitual como as técnicas utilizadas perante as categorias de questões, surgiram obras didáticas e coletâneas específicas. A orientação, que ora se propõe, refere-se apenas a essa categoria de documentação bibliográfica, mas não tem a pretensão de ser completa.

Tomando como ponto de partida a década de 60, referências genéricas foram inseridas nas obras de Phillipponneau (1960), ganhando realce mais específico na obra elaborada por Tricart (1962). A década de 70 apresentou produção diversificada, começando com a temática relacionada com a Geomorfologia Ambiental, com os trabalhos apresentados no Primeiro Simpósio Internacional Binghamton em Geomorfologia (Coates, 1971) e na coletânea em três volumes a respeito da Geomorfologia Ambiental e Conservação de Paisagens (Coates, 1972; 1973; 1974). No envolvimento da época, Cooke e Doornkamp (1974) redigiram o volume versando sobre a Geomorfologia no manejo ambiental, republicada e ampliada em 1990, em segunda edição. Por seu turno, Hails (1977) organizava coletânea de ensaios a respeito da Geomorfologia Aplicada, considerando esse trabalho, "uma perspectiva da contribuição da Geomorfologia aos estudos interdisciplinares e manejo ambiental". Na seqüência dos simpósios internacionais de Binghamton a respeito da Geomorfologia, o tema volta a ser focalizado em duas oportunidades, considerando a aplicação da Geomorfologia para as atividades de engenharia

418

APLICABILIDADE DA GEOMORFOLOGIA

(Coates, 1976) e a exposição de exemplos descrevendo as pesquisas realizadas em diversos países (Craig e Craft, 1982).

A preocupação em compor quadros gerais sobre a Geomorfologia Aplicada continuou no decorrer da década de 80, exemplificada pelas obras elaboradas por Verstappen (1983), Costa e Fleisher (1984), Hart (1986) e Fookes e Vaugham (1986). Concomitantemente, surgiram também obras direcionadas para problemas específicos, tais como a de Cooke *et al.* (1982), sobre a Geomorfologia Urbana em regiões secas, e a de Toy e Hadley (1987), considerando o uso do conhecimento geomorfológico na recuperação de áreas degradadas. Hooke (1988) organizou coletânea de ensaios salientando a função da Geomorfologia no Planejamento Ambiental.

Na literatura disponível em língua portuguesa, informações gerais são obtidas na obra de Gregory (1992), sobre a natureza da Geografia Física. Nas contribuições elaboradas por Ross (1990), ao tratar da Geomorfologia e suas relações com o ambiente e planejamento, e por Cassetti (1991), versando sobre ambiente e apropriação do relevo, o leitor obtém menções informativas a respeito do assunto.

4. Aplicação do Conhecimento Geomorfológico em Planejamentos Temáticos Específicos

O conhecimento geomorfológico surge como instrumental utilizado e inserido na execução de diversas categorias setoriais de planejamento. Exemplos diversos podem ser listados como assinalando a aplicabilidade no planejamento do uso do solo rural, no uso do solo urbano, nas obras de engenharia, no planejamento ambiental, na pesquisa de recursos minerais e recuperação de áreas degradadas por mineração e na classificação de terrenos. Um breve roteiro expositivo esquematiza cada um desses campos setoriais.

4.1. Planejamento e Uso do Solo Rural

As atividades agrícolas e pastoris são responsáveis pela transformação paisagística em amplas áreas. Iniciam substituindo a cobertura vegetal e modificam o ritmo das relações entre as plantas e os solos. A fase pioneira de ocupação avança mais rapidamente pelos setores topográficos favoráveis, deixando intactas as áreas aparentemente inóspitas. O simples bom senso já utiliza a percepção, no tocante ao controle do fator topográfico.

Em busca da implantação de atividades agropastoris contínuas, racionais e sistematizadas, torna-se importante o ajustamento e a adequação, às nuanças das variáveis topográficas. A elaboração da carta de declividades das vertentes e a sua conexão com a rede de canais fluviais, ambas responsáveis pela indicação da rugosidade topográfica, são instrumentos valiosos. Pode-se combinar as informações a respeito do talhe das formas intercanais ou interfluviais, oferecendo figuração da massividade e do distanciamento no tocante aos recursos hídricos superficiais. São bases para se decidir a respeito da grandeza e malha dos talhões agrícolas, para se avaliar as restrições pertinentes à mecanização agrícola e guia para orientar a escolha entre as técnicas para a conservação dos solos. De modo semelhante, a topografia surge como elemento indicador importante nas propostas de avaliação do potencial de uso da terra. A respeito da análise sobre a rugosidade topográfica, em áreas de grandeza regional, Christofoletti *et al.* (1981) estudaram as características morfométricas das regiões das bacias do Jequitinhonha e do extremo sul da Bahia, enquanto Christofoletti e Mayer (1984) o fizeram a propósito da região administrativa de Campinas. O fator declividade foi utilizado como variável para o diagnóstico do uso agrícola das terras no município de Rio Claro (Koffler e Moretti, 1991).

O conhecimento sobre os processos geomorfológicos é de fundamental importância. Uma abordagem consiste em reconhecer a incidência espacial dos processos e as suas intensidades e mudanças ao longo das vertentes. Para o controle da erosão dos solos e do escoamento superficial, nas vertentes, torna-se oportuno fazer uma alocação das culturas desde o topo até o sopé, assim como realizar obras costumeiramente indicadas pelos especialistas

APLICABILIDADE DA GEOMORFOLOGIA

para o manejo do solo. O mapeamento dos locais e áreas de riscos morfogenéticos representa instrumento para se avaliar o uso agrícola e a aplicação das técnicas de contenção dos movimentos de massa. Outra abordagem consiste em discernir as unidades morfodinâmicas da paisagem, estabelecendo a conexão entre topografias e morfodinâmica. Na Ilha dos Padres, situada no litoral do Estado do Texas, no Golfo do México, Mathewson e Cole (1982) organizaram mapas geomorfológicos históricos para identificar a intensidade e a magnitude das mudanças geomorfológicas, e os estudos levaram a distinguir seis províncias geomorfológicas, a fim de orientar o planejamento do uso do solo: a praia, as cristas dunárias externas, os tabuleiros recobertos com vegetação, as planuras intertidais eólicas, os canais de escoamento e as dunas insulares internas.

4.2. Planejamento do Uso do Solo Urbano

Em virtude da densidade ocupacional em áreas urbanizadas, a topografia surge como um dos principais elementos a orientar o processo de ocupação. A preocupação com as características do sítio urbano sempre foi uma constante nos estudos geográficos sobre cidades, servindo como exemplos os trabalhos a respeito da cidade de São Paulo (Ab'Saber, 1956; 1958), do Rio de Janeiro (Bernardes, 1964), das cidades do Vale do Paraíba (Muller, 1969), entre muitos outros.

Ao lado do reconhecimento das unidades morfotopográficas, relacionadas com as planícies de inundação, terraços, patamares, áreas colinosas e amorreadas, e outros níveis morfológicos, houve o desenvolvimento das análises a respeito dos processos geomorfológicos e do delineamento avaliativo das áreas de riscos. O estudo sobre o sítio urbano de Rio Claro oferece mapeamento preciso sobre a ocorrência dos processos observados. Os trabalhos a propósito de voçorocas em áreas urbanas surgem como contribuições significativas ao planejamento do uso do solo, podendo-se mencionar as observações realizadas sobre Campinas (Christofoletti, 1968) e Franca (Ab'Saber, 1968; Vieira, 1973). Os estudos sobre os deslizamentos de terra não são significativos apenas para as cidades situadas no planalto cristalino e nas zonas litorâneas próximas da Serra do Mar,

421

como os casos de Petrópolis, Teresópolis, Caraguatatuba e Rio de Janeiro, como também para todas as áreas urbanizadas que englobam diversos tipos de escarpamentos. O desenvolvimento dos estudos e mapeamentos geotécnicos vem oferecendo informações e documentos valiosos para a compreensão da dinâmica geomorfológica em áreas urbanizadas.

As considerações e os exemplos denunciam duas perspectivas que se complementam quando se trata de verificar a aplicabilidade do conhecimento geomorfológico ao planejamento urbano. O estudo específico das características morfológicas e dos processos morfogenéticos enquadra-se na perspectiva de analisar os componentes do sistema ambiental físico em áreas urbanizadas. Paralelamente, outros estudos setoriais poderiam ser feitos a propósito do clima, dos solos, da hidrografia e da vegetação. Tais conhecimentos, momentaneamente setoriais, podem ser reavaliados e incorporados, conjunta e integradamente, em nível hierárquico mais complexo, na análise do ecossistema e do geossistema urbanos. A fase da caracterização é essencial, pois refere-se aos levantamentos analíticos setoriais e integrados. A proficiência e acurabilidade de sua realização vão ser fundamentais para a acuidade do diagnóstico.

A segunda perspectiva consiste em analisar a vulnerabilidade das áreas urbanizadas, em face dos azares naturais (terremotos, maremotos, ciclones e tufões, enchentes, secas, deslizamentos, etc.). Os azares relacionados com os fenômenos geomorfológicos ganham compreensão sobre sua magnitude e freqüência quando integrados aos *inputs* energéticos fornecidos por outras categorias de fenômenos. Por exemplo, os deslizamentos observados em 1967 na área de Caraguatatuba (Cruz, 1974), na Serra das Araras (Domingues *et all.*, 1971) e no Rio de Janeiro (Meis e Silva, 1968) estão interligados às precipitações ocorrentes na ocasião. A quantidade crescente de deslizamentos observados na Serra do Mar, na Baixada Santista, está possivelmente ligada às mudanças na cobertura vegetal e efeitos da poluição atmosférica (Troppmair e Ferreira, 1987).

A vulnerabilidade encontra-se relacionada com as condições sócio-econômicas das populações. Degg (1992) salienta que, nos países do mundo tropical, se observam maior vulnerabilidade na

APLICABILIDADE DA GEOMORFOLOGIA

perda de vidas humanas e menores cifras nos prejuízos materiais. Os dados contidos em seu artigo mostram que na América do Norte, no período de 1947 a 1967, foram registrados 210 desastres, provocando a morte de 7.965 pessoas (média de 38 mortes em cada evento), enquanto, nos anos de 1969 a 1989, foram registrados 253 desastres e 4.683 mortes (média de 19 pessoas em cada evento). Na América Latina, África, Ásia e Austrália aconteceram, nos mesmos períodos, cerca de 421.715 desastres, respectivamente, provocando a morte de 414.315 (média de 984) e 1.476.868 pessoas (média de 2.066 em cada evento). Em ambos os conjuntos de países aumentou o número de desastres, mas, enquanto na América do Norte houve diminuição da metade no valor das mortes provocadas, no outro conjunto verificou-se duplicação no valor médio. Quanto aos prejuízos e danificações materiais, no período de 1969 a 1989, o valor médio foi de 21,6 bilhões de dólares para a América do Norte e de 6,2 bilhões para o conjunto da América Latina, África, Ásia e Austrália.

Em novembro de 1970, um furacão provocou a morte de 225.000 pessoas e de 280.000 cabeças de gado na região de Bangladesh, em lapso de tempo de 12 horas. Nos dias 22 a 26 de agosto de 1992, o furacão Andrews afetou a região da Flórida, na área de Miami, e outros estados meridionais dos Estados Unidos, causando a morte de 20 pessoas, 200.000 desabrigados e prejuízos superiores a 30 bilhões de dólares. No dia 1º de setembro de 1992, um maremoto, provocado por abalo sísmico no oceano Pacífico, atingiu várias cidades da costa ocidental da Nicarágua, com ondas de 15m de altura, causando a morte de 6l pessoas, desaparecimento de muitas outras e prejuízos materiais de monta. No dia 20 de setembro de 1992, no norte do Paquistão e da Índia, as enchentes provocaram a morte de 2.000 pessoas e desabrigaram cerca de três milhões, principalmente nos vales do Punjab, o estado mais fértil do Paquistão, enquanto os prejuízos materiais ultrapassaram a cifra de dois milhões de dólares. No dia 18 de janeiro de 1994, o abalo sísmico ocorrido em Los Angeles, com intensidade 6,6 pontos na Escala Richter, provocou a morte de 52 pessoas, prejuízos superiores a 35 bilhões de dólares, deixando milhares de feridos e desabrigados.

Por vezes, vários azares naturais constituem potencial de

423

risco para uma cidade. Peltre (1992), ao analisar os riscos morfo-climáticos em Quito, mostra que ela se encontra sob a ameaça de enchentes, que em média ocorrem quatro a cinco vezes por ano. Todavia, a existência de riscos sísmicos e vulcânicos, de menor freqüência, mas de gravidade incomparavelmente maior, relativiza a magnitude dos eventos hidrológicos, que se situam limitados a prejuízos de baixa grandeza e localizados em determinados bairros.

Todavia, as áreas urbanizadas não são apenas receptoras ou vítimas dos azares naturais. Há também que se analisar os impactos no meio ambiente ocasionados pela urbanização, considerando as transformações provocadas nos ecossistemas e geossistemas, diretamente, pela construção de áreas urbanizadas, e indiretamente, pela sua ação de influência e relações. Pode-se também incluir os lançamentos de materiais e os fluxos de energia provindos das atividades de transformação em áreas urbanas, ocasionando possíveis mudanças na intensidade dos fluxos e nos aspectos do cenário do meio ambiente. Enquadra-se na perspectiva que analisa a interação dos componentes do meio ambiente com a sociedade, como unidade integrativa.

A ampliação das áreas urbanizadas, devida à construção de áreas impermeabilizadas, repercute na capacidade de infiltração das águas no solo, favorecendo o escoamento superficial, a concentração das enxurradas e a ocorrência de ondas de cheia. A urbanização afeta o funcionamento do ciclo hidrológico, pois interfere no rearranjo dos armazenamentos e na trajetória das águas. Introduzindo novas maneiras para a transferência das águas, na área urbanizada e em torno das cidades, provoca alterações na estocagem hídrica nas áreas circunvizinhas e ocasiona possíveis efeitos adversos e imprevistos, no tocante ao uso do solo. Leopold (1968) salientou a influência da urbanização na freqüência das ondas de cheia, mostrando que o período de retorno é drasticamente diminuído para as cheias de mesma magnitude. Cheias de maior magnitude tornam-se mais freqüentes. Em conseqüência, há mudanças na morfologia do canal fluvial. Outros impactos diretos, em virtude das obras de urbanização, nas características geomorfológicas, referem-se às mudanças nas condições do sítio urbano, através de aterros, terraplenagens, re-

APLICABILIDADE DA GEOMORFOLOGIA

tificações de canais, etc. De modo indireto, devido ao consumo energético, a construção de barragens e reservatórios afeta as características de determinado trecho da bacia hidrográfica e dos canais fluviais.

4.3. Planejamento na Execução de Obras de Engenharia

As obras de engenharia procuram melhorar e ampliar a infra-estrutura para os processos de ocupação dos solos, e muitas das suas dificuldades estão em suplantar os empecilhos advindos da morfologia e dos processos morfogenéticos. Três categorias de exemplos servem como ilustração: as instalações em áreas litorâneas, as obras em canais fluviais e as ligadas às redes de transporte.

Os estudos geomorfológicos são relevantes ao manejo em zonas litorâneas, fornecendo elementos para conhecimento das condições do solo aplicáveis à engenharia, para o empreendimento do controle dos estuários e praias, a erosão das falésias e das praias, e a intensificação dos processos de sedimentação, mormente nas áreas portuárias, estuários navegáveis e áreas utilizáveis como lazer. Hails (1977) e Cooke e Doornkamp (1990) descrevem exemplos diversos, localizados em vários países. Obviamente, o diagnóstico baseia-se no conhecimento detalhado da morfologia e da dinâmica litorâneas. O solapamento litorâneo, na área de Olinda, tem exigido a construção de obras de defesa, mas a erosão das escarpas de falésias é observada em vários pontos do litoral brasileiro. Embora haja problemas de sedimentação em áreas portuárias brasileiras, não há menção de que o assoreamento seja de magnitude elevada.

As obras em canais fluviais correspondem principalmente a programas de canalização dos rios. O termo canalização é usado para abranger todos os procedimentos de engenharia dos canais fluviais, com a finalidade de controlar as cheias, melhorar a drenagem, manter as condições de navegabilidade e reduzir a erosão das margens (Keller, 1976; Brookes, 1985). A canalização compreende todas as obras de engenharia que visam ao alargamento, aprofundamento e à retilinização dos canais, à proteção das margens e, mesmo, à construção de novos canais.

A preocupação geomorfológica para esse campo de aplica-

425

APLICABILIDADE DA GEOMORFOLOGIA

bilidade assinala crescimento mais intenso a partir da década de 60, quando se compreendeu melhor que as interações entre formas e processos fluviais eram fundamentais para os estudos sobre mudanças nos canais, procurando-se, até mesmo, sistematizar os conhecimentos (Coates 1976; Gregory, 1977; Chang, 1988). Os levantamentos sobre as características e distribuição espacial dos rios canalizados mostram que, nos Estados Unidos, a cifra atinge 26.550km (Leopold, 1977). Em outra oportunidade, Brookes e Gregory (1988) informam que 85.000km dos rios da Inglaterra e País de Gales sofreram trabalhos de canalização e que outros 35.000km foram conservados como canais de rios principais, no período entre 1930 e 1980.

Embora os trabalhos de engenharia tenham por objetivo criar melhores condições e vantagens ao fluxo e uso dos canais, também há impactos ambientais adversos. Keller (1976) descreve e exemplifica tais impactos, no que se refere aos prejuízos nos canais e planícies de inundação, nas condições ecológicas da fauna psícola e do ecossistema da planície de inundação, na degradação estética da paisagem e nos efeitos a jusante dos canais. No contexto das bacias hidrográficas, surgem a aplicabilidade em obras de engenharia relacionadas com a construção de barragens e a transposição parcial da vazão de um rio para outro canal.

Obviamente, há que se levar em consideração as condições geomorfológicas na construção de vias de transporte, como no caso de rodovias e ferrovias. A omissão ou a avaliação inadequada dos condicionantes geomorfológicos ocasiona dificuldades na fase de construção, prejuízos e óbices imprevistos para a manutenção e mesmo a alteração no traçado inicial. A história relacionada com a construção da Belém—Brasília, Cuiabá—Manaus e Transamazônica, por exemplo, registra ocorrências nefastas, em virtude da ação dos processos geomorfológicos.

4.4. Planejamento Ambiental

Várias nuanças podem ser direcionadas, para exemplificar o uso do conhecimento geomorfológico, no planejamento ambiental. Uma linha de tratamento consiste em assinalar a grandeza integrativa na escala espacial, local ou regional. A segunda, em procurar discernir categorias específicas, como na identificação e avaliação dos azares naturais, na avaliação dos impactos ambientais e na avaliação dos recursos ambientais (cênicos, por exemplo).

A abordagem relacionada com a análise integrativa, na escala local ou regional, representa exemplo de aplicabilidade da concepção holística. Essa concepção abrange a totalidade do sistema, servindo como exemplo o planejamento de bacias hidrográficas (Saha e Barrow, 1981; Wilcock, 1993). No tocante às bacias hidrográficas, a análise geomorfológica é essencial para se compreender a diversidade topográfica correspondente às diversas subzonas da bacia (Schumm, 1977), e os estudos morfométricos oferecem vários tipos de indicadores que podem ser usados para avaliar, por exemplo, aspectos relacionados com o comportamento hidrológico (Christofoletti, 1986-87). As bases da análise em sistemas oferecem ampla viabilidade para o manejo ambiental de áreas litorâneas (Orford, 1993), de ambientes urbanos (Douglas, 1983; Devuyst, 1993), de ambientes rurais (Paoletti, 1993) e outros.

Outro amplo campo de atuação liga-se com as análises sobre azares naturais e avaliação dos impactos ambientais. No verbete elaborado por Susan Parker para *The Encyclopaedic Dictionary of Physical Geography* (organizado por Andrew Goudie, Oxford, Basil Blackwell, 1985), o impacto ambiental é definido como sendo "mudança sensível, positiva ou negativa, nas condições de saúde e bem-estar das pessoas e na estabilidade do ecossistema, do qual depende a sobrevivência humana. Essas mudanças podem resultar de ações acidentais ou planejadas, provocando alterações direta ou indiretamente". Dessa maneira, são considerados os efeitos e as transformações provocadas pelas ações humanas nos aspectos do meio ambiente físico e que se refletem, por interação, nas condições ambientais que envolvem a vida humana.

O uso de adjetivo explicita um atributo ou função de um elemento. No assunto em pauta deve-se, para clareza, distinguir os impactos ou efeitos da ação humana nas condições do meio ambiente natural (ecossistemas e geossistemas) e os impactos ou efeitos provocados pelas mudanças do meio ambiente nas circunstâncias que envolvem a vida dos seres humanos. O uso da expressão impacto ambiental deveria ser aplicado e utilizado, de modo mais adequado, para essa segunda categoria de fenômenos. A primeira se refere aos impactos antropogênicos. O reconhecimento das áreas de riscos geoambientais e o estudo sobre os azares naturais refletem os efeitos dos impactos ambientais e a avaliação da vulnerabilidade das organizações sócio-econômicas. Todavia, as atividades humanas podem ocasionar conseqüências que intensifiquem a magnitude e a freqüência dos fenômenos naturais, numa cadeia retroalimentativa.

Deve-se mencionar que os impactos (ou efeitos) possuem componentes espaciais e temporais, podendo ser descritos através das mudanças nos parâmetros do meio ambiente, durante um período específico e dentro de uma área determinada. Avaliar a intensidade do impacto consiste em comparar os valores resultantes de uma atividade particular com os valores da situação que existiria caso a atividade não fosse implantada. Por exemplo, quais são as diferenças entre os valores observados no meio ambiente, em decorrência de urbanização, industrialização, atividades agrícolas, mineração e outras, com os valores que deveriam existir no "meio ambiente natural", sem a presença dessas atividades.

Na realidade, tais estudos consistem no processo de predizer e avaliar os impactos de uma atividade humana sobre as condições do meio ambiente e delinear os procedimentos a serem utilizados preventivamente, para mitigar ou evitar tais efeitos. Nessa elaboração das vantagens e desvantagens no projeto em vista, tais estudos fornecem indicadores para as tomadas de decisão, pois têm o objetivo de prevenir a dilapidação ou eliminação das potencialidades do meio ambiente físico, fornecendo informações adequadas sobre as conseqüências que poderão se desenvolver, com a implementação das ações propostas. Therivel e colaboradores (1992) assinalam que, de modo geral, tais estudos compreendem as seguintes etapas: a) diagnóstico do estado atual do meio ambiente e das características das ações propostas, considerando, mesmo possíveis ações alternativas; b) previsão sobre o estado futuro do meio ambiente, considerando a· evolução do sistema sem a implementação das atividades e a evolução com a implementação das ações propostas. A diferença entre

428

APLICABILIDADE DA GEOMORFOLOGIA

ambos os estados será a resultante do impacto; c) considerar os procedimentos para reduzir ou eliminar as conseqüências negativas do impacto antropogenético; d) elaborar um relatório que analise todos esses pontos, e e) proceder a monitoria dos acontecimentos, caso haja autorização para que o projeto seja implantado. A realização dos estudos de análise ambiental, considerando as transformações possíveis em função dos projetos de uso do solo, nas suas diversas categorias, é exigência que se encaixa como medida preliminar, em face da política de desenvolvimento sustentável. Observe-se, todavia, os aspectos de cada etapa. Na fase do diagnóstico reúnem-se as informações pertinentes aos mais diversos componentes físicos, sociais e econômicos. Nessa fase analítica, costuma-se mesmo utilizar equipes multidisciplinares. Na segunda fase, a perspectiva é totalmente diferente, e há necessidade de se adotar uma abordagem holística, para se compreender a unidade do cenário, considerando a modelagem dos dois estados futuros, explicitamente mencionados. Não se trata de considerar integradamente as características, os processos e as condições resultantes? Não se trata de fazer modelagem sobre o geossistema, sobre o sistema espacial sócio-econômico e, em decorrência, da própria organização espacial? Não é essa a demanda da sociedade e o desafio a ser enfrentado pelos geógrafos? A demanda especificada na terceira etapa não representa apelo à aplicabilidade do conhecimento geográfico? Facilmente se percebe que, inerentemente, o uso do conhecimento geomorfológico encontra-se subjacente na análise dos azares e na avaliação dos impactos ambientais.

As paisagens podem ser avaliadas como recursos ambientais, existindo várias formulações de critérios para esse procedimento avaliativo. Nesses cenários paisagísticos, o elemento morfológico surge como relevante. As matrizes para avaliação propostas por Leopold (1971) são comumente mencionadas em obras didáticas (Keller, 1981; Drew, 1986), focalizando diversas variáveis.

4.5. Pesquisas sobre Recursos Minerais e Recuperação de Áreas Degradadas por Mineração

Vários setores da prospecção de jazidas minerais utilizam, de modo explícito, os conhecimentos geomorfológicos. O reconhecimento de depósitos minerais oriundos dos processos de alteração são, por vezes, dependentes da evolução geológica regional. As formações bauxíticas, como as da África Ocidental, da Austrália, do planalto de Poços de Caldas e do Pará, interligam-se com a história do modelado. Casos similares são fornecidos pelas pesquisas, a propósito dos jazimentos ferríferos e de manganês. Ampla gama de casos pode ser mencionada no tocante aos recursos minerais ocorrentes em aluviões recentes ou antigos, para a prospecção de cassiterita, depósitos auríferos e diamantíferos, monazita, etc.

A exploração dos recursos minerais tem repercussão sensível na modificação do cenário topográfico. Essa transformação topográfica é irreversível. Todavia, muitos procedimentos podem e devem ser empregados para minimizar tais efeitos negativos, e a validade da sua aplicação baseia-se justamente no conhecimento das características geomorfológicas. A exploração de calcário, de minérios de ferro, de jazidas carboníferas e de categorias rochosas obviamente necessita transformar a paisagem topográfica. Os procedimentos de reabilitação ambiental devem estar baseados na perspectiva geomorfológica e levar em consideração os mecanismos interativos entre as formas de relevo e os processos morfogenéticos. Toy e Hadley (1987) apresentam capítulos versando sobre casos relacionados com a mineração carbonífera e com a de urânio.

4.6. Classificação de Terrenos

A classificação de terrenos consiste na utilização de critérios combinatórios e interativos, entre as variáveis ambientais, para se qualificar a potencialidade de uso. Nesse aspecto, as características topográficas surgem como elemento fundamental.

O conceito de classificação de terrenos baseia-se no fato de que todas as paisagens podem ser divididas em unidades menores.

APLICABILIDADE DA GEOMORFOLOGIA

Algumas unidades podem ser únicas (cratera de impacto por meteorito, por exemplo), mas muitas outras têm a freqüência de formas repetidas. Em conseqüência, as paisagens consistem de pequenas unidades de formas topográficas, como cristas, meias encostas, fundo de vales, etc. Há possibilidade de se distinguir e classificar esses conjuntos, utilizando as bases e critérios geomorfológicos, expressando tais conjuntos sob a forma de mapas, blocos-diagrama, etc.

Várias proposições foram elaboradas por instituições de pesquisa. Ollier (1977) relaciona e descreve as apresentadas pelo CSIRO (Commonwealth Scientific and Industrial Research Organization), pela Agência de Conservação dos Solos de Vitória, pelo grupo de Oxford sobre o projeto MEXE (para o Military Engineering Experimental Establishement) e pelos pesquisadores soviéticos. Nessas propostas predomina a abordagem paisagística, mas também há a abordagem utilizando indicadores paramétricos, definida como a divisão e classificação do terreno com base em valores de atributos selecionados. Obviamente, não há consenso geral sobre quais são os atributos mais relevantes. As proposições sugerem os processos, altitude, diferença altimétrica, geologia dominante, padrão de drenagem, freqüência de rios, características do perfil topográfico, posição geomorfológica, faceta predominante e outras.

A classificação de terrenos surge como significativa e possibilita aplicações para projetos militares, obras de engenharia, pesquisas sobre solos, planejamento regional, etc.

431

APLICABILIDADE DA GEOMORFOLOGIA

5. Inserção da Geomorfologia na Política de Desenvolvimento Sustentável

As preocupações mais explícitas e contundentes com as questões ambientais começaram a ser desencadeadas no transcurso da década de 60. A Conferência das Nações Unidas sobre Meio Ambiente Humano, realizada em 1972, em Estocolmo, tornou-se marco histórico. A difusão dos debates e os movimentos ambientalistas possibilitaram tomada de consciência sobre as implicações decorrentes do crescimento demográfico, do desenvolvimento da tecnologia e expansão das atividades econômicas, da grandeza atribuída aos fluxos de material e energia manipulados pelas atividades humanas. Estas interagem com os fluxos dos sistemas ambientais físicos e os reflexos nos processos ambientais, na qualidade dos componentes (água, ar, solos, etc.), nas características estruturais e dinâmicas do meio ambiente e na avaliação e uso dos recursos naturais. Estabelecia-se uma diretriz focalizando as qualidades do meio ambiente para a vida das populações humanas, visando a delinear os limiares de aceitabilidade e os problemas decorrentes das poluições e diminuição das potencialidades ambientais. Mais recentemente, o desafio e a demanda sócio-econômica emergentes buscam as perspectivas e os procedimentos para se promover o desenvolvimento econômico ajustado ao adequado uso dos recursos naturais. Em 20 anos, a mudança na preocupação básica pode ser observada justamente na temática das duas conferências organizadas pelas Nações Unidas. Em 1972, delineava-se a preocupação com o meio ambiente humano. Em 1992, na conferência realizada no Rio de Janeiro, o tema fundamental expressava-se como meio ambiente e desenvolvimento. Baseando-se nas formulações mais claramente expressas no Relatório Brundtland, constituindo o volume *Our Common Future*, elaborado pela Comissão Mundial Sobre Meio Ambiente e Desenvolvimento e publicado em 1987, tornou-se corrente o uso da expressão desenvolvimento sustentável, que constitui no desafio atual solicitado pela sociedade para as comunidades de pesquisadores, nas mais diversas disciplinas.

APLICABILIDADE DA GEOMORFOLOGIA

Em 1987 foi, então, definido pela referida comissão como "aquele que atende às necessidades do presente, sem comprometer a possibilidade de as gerações futuras atenderem a suas próprias necessidades".

A premissa básica salienta que a sustentabilidade representa algo a ser feito sem que haja a dilapidação do estoque de recursos naturais. O Relatório da Comissão Brundtland, de 1987, mostra que, no mínimo, o desenvolvimento sustentável não deve pôr em risco os sistemas naturais que sustentam a vida na Terra: a atmosfera, as águas, os solos e os seres vivos. Mas também reconhece que o crescimento e desenvolvimento econômicos produzem mudanças nos sistemas naturais físicos, e que nenhum ecossistema, seja onde for, pode ficar intacto.

As políticas de desenvolvimento sustentável procuram estimular programas e procedimentos visando a atingir as metas propostas (desenvolvimento econômico, uso adequado dos recursos, melhoria social e bem-estar das comunidades), mas usufruindo dos conhecimentos gerados nas diferentes disciplinas.

O conhecimento gerado, no campo de ação da Geografia Física, surge como inerentemente básico para a compreensão dos elementos que constituem o grande conjunto do estoque dos recursos naturais e ambientais, no tocante a diagnóstico, análise, avaliação e manejo, e para a complexidade do próprio sistema. Engloba os estudos sobre a totalidade unitária do geossistema, como também inclui e necessita dos estudos direcionados para a estrutura e dinâmica dos seus diversos elementos, que, por sua vez, formam disciplinas específicas sobre eles (Climatologia, Geomorfologia, Hidrologia, Biogeografia) ou focalizam determinadas interações bidirecionais (Biogeografia, Biogeomorfologia, Hidroclimatologia). Nesse conjunto do meio natural devem-se inserir a ação e os fluxos relacionados com as atividades humanas, cuja interação torna-se participativa, tanto nas características como na dinâmica do sistema ambiental físico.

Uma contribuição necessária consiste em aprimorar o conhecimento sobre características e processos dos geossistemas, visando a conhecer a estabilidade e a resiliência. Isso possibilita avaliar a manutenção da estrutura e realizar modelagens sobre até que ponto a intensidade e extensividade dos impactos antropogenéticos poderão ser absorvidas. Outra faceta consiste em delinear procedimentos para orientar a aplicação de escalas de valores econômicos sobre os recursos ambientais. As unidades do geossistema têm significado e função no funcionamento global. Determinadas áreas, como as das planícies de inundação ou as dos grotões, podem ser consideradas de risco para a ocupação humana e de pouco valor na avaliação econômica. Mas podem exercer papel vital como mantenedoras e estratégicas para a preservação e recuperação do sistema. Há, portanto, relevância para o reconhecimento das unidades morfodinâmicas.

Em face dessa visão integradora, também se torna preciso desenvolver o conhecimento sobre os elementos componentes do geossistema. Por exemplo, há como se perceber a significância dos estudos geomorfológicos em sua inter-relação com outros elementos do sistema ambiental e em sua relevância para as atividades humanas. As formas de relevo são respostas aos condicionamentos da litologia, dos processos endógenos e exógenos e da evolução. As suas características retraçam esse equilíbrio e apresentam certo grau de sensibilidade. Se em sua grandeza espacial-regional a paisagem topográfica parece imutável na escala temporal do milhar de anos, na escala local e pontual apresenta modificações sensíveis no transcurso de décadas e de anos. Surgem sintomas revelando a ultrapassagem dos limiares geomorfológicos, tais como deslizamentos, voçorocas e carreamento de detritos das vertentes, geralmente interpretados como indicadores de desequilíbrios. A morfologia e a tipologia dos canais modificam-se e se metamorfoseiam. A perspectiva amplia-se para se compreender a vulnerabilidade dos grupamentos humanos, visando a avaliar os riscos e mitigar os desastres ambientais (Smith, 1992).

Além de conhecer a tipologia morfológica e discernir as características dos sistemas de relevo, torna-se oportuno que haja a análise e mapeamento dos processos geomorfológicos atuais. Conhecendo-se a dinâmica desses processos, podem-se estabilizar categorias de sensibilidade e intensidade erosiva e avaliar a incidência dos azares erosivos. Há, portanto, todo um conjunto de informações geomorfológicas aplicadas aos programas de controle da erosão dos solos.

434

APLICABILIDADE DA GEOMORFOLOGIA

A rugosidade topográfica, o lineamento e o talhe das formas de relevo, a amplitude dos vales e a grandeza das planícies de inundação são aspectos relevantes aos programas de desenvolvimento. Apenas para citar um aspecto, tudo isso deve ser considerado nos projetos para construção de rodovias e ferrovias, e, mormente, nas obras de manutenção e conservação dessas estradas.

Inferem-se, portanto, os laços interativos que unem as características geomorfológicas e as atividades de uso do solo. As modalidades de uso do solo rural repercutem nas intensidades da erosão dos solos e na dinâmica das vertentes. Na perspectiva econômica, as atividades executadas nos interflúvios e alto das vertentes ou nas partes montantes dos vales promovem um certo desgaste e erosão dos solos. O transporte desses sedimentos pode afetar as atividades situadas no sopé das vertentes ou nas partes jusantes dos vales, devido aos processos de sedimentação. A implantação e desenvolvimento das áreas urbanas devem ser feitos utilizando-se uma topografia, cuja inserção altera as características e a dinâmica dos processos. Nas áreas amorreadas do planalto cristalino, anualmente surgem notícias de deslizamentos em encostas, com prejuízos e mortes. Na depressão periférica e planalto ocidental do Estado de São Paulo, por exemplo, tornaram-se comuns as ocorrências de voçorocas urbanas. Amplia-se a área urbanizada e constrói-se com facilidade, conquistando terras. Sem o conhecimento adequado e técnicas de prevenção ou mitigadoras, ocorrem fatos lamentáveis. O risco ambiental não é devidamente avaliado, aumentando a vulnerabilidade da comunidade que ocupa tais locais.

A Geomorfologia Fluvial é setor que merece amplas considerações, e ela se beneficia em muito dos conhecimentos hidrológicos. Os processos de escoamento superficial nas vertentes promovem a erosão dos solos e carreiam sedimentos para os cursos d'água. Esse processo está relacionado com as características da precipitação, com as do solo e com a morfologia das vertentes. Assim, em função da densidade hidrográfica, da rugosidade topográfica e da grandeza da bacia, surgem as respostas do comportamento hidrológico nos canais, assinalando a magnitude e freqüência dos fluxos. O transporte de sedi-

435

mentos, os processos de agradação e degradação do leito, a morfologia dos canais e a tipologia dos canais fluviais estão ligados aos aspectos dos fluxos. Por outro lado, a morfometria das bacias de drenagem fornece indicadores para a compreensão das cheias e a avaliação dos recursos hídricos.

O diagnóstico e a avaliação das características e funcionamento dos elementos componentes dos sistemas ambientais físicos, como no caso específico dos condicionamentos geomorfológicos e hidrológicos, assinalam potencialidades para os programas de desenvolvimento, mas não são fatores limitantes. Em sua formulação visando ao desenvolvimento sustentável, econômico, social, político e ambiental, os programas devem ser formulados adequadamente, considerando as potencialidades dos recursos naturais. É o embasamento físico que deve ser manejado. Se os planejadores desconhecerem as implicações da qualidade, grandeza e dinâmica dos elementos ambientais, tais como da topografia, dos recursos hídricos, do potencial dos solos e do clima, os programas tornar-se-ão eivados de riscos e projeções infelizes para que haja a efetivação do desenvolvimento sustentável. Por outro lado, o conhecimento gerado nos trabalhos de Geografia Física precisa fornecer informações pertinentes e relevantes aos planejadores. As pesquisas devem atender aos questionamentos internos da disciplina e às necessidades da demanda externa. Há forte interação entre as necessidades e a demanda gerada pelos responsáveis pelos programas de desenvolvimento e os conhecimentos gerados pela comunidade de geógrafos.

Verifica-se, portanto, que a difusão das metas e demandas ligadas com as políticas de desenvolvimento sustentável criou desafios para diversas disciplinas científicas, estabelecendo um ambiente saudável de agitação e turbulência. As considerações expostas neste capítulo focalizam, em princípio, aspectos ligados com a Geografia Física e com o subconjunto Geomorfologia, mas implicitamente oferecem oportunidade para se perceber que o desafio não se restringe, apenas, a esses setores, mas interessa agudamente a todo o conjunto da Geografia Humana. Integrativamente, a todo o conhecimento relacionado com as organizações espaciais.

6. Bibliografia

AB'SABER, A. N. — Geomorfologia do sítio urbano de São Paulo. São Paulo, *Bol. da Fac. de Filosofia, Ciências e Letras da USP*, 1956.

AB'SABER, A. N. — O sítio urbano da cidade de São Paulo. *in A cidade de São Paulo*, Azevedo, A. de (org.), vol. 1, p. 169-245. São Paulo, Companhia Editora Nacional, 1958.

AB'SABER, A. N. — As voçorocas de Franca. *Rev. Faculdade de Filosofia de Franca*, 1 (2): 5-27, 1968.

BERNARDES, L. M. C. — *A cidade do Rio de Janeiro*. Rio de Janeiro, Conselho Nacional de Geografia, 1964.

BROOKES, A. — River channelization: traditional engineering practices, physical effects and alternatives practices. *Progress in Physical Geography*, 9 (1): 44-73, 1985.

BROOKES, A. & GREGORY, K. J. — Channelization, river engineering and Geomorphology. *in Geomorphology in Environmental Planning* (HOOKE, J. M., org.), pp. 145-167. Chichester, John Wiley & Sons, 1988.

CASSETTI, V. — *Ambiente e apropriação do relevo*. São Paulo, Editora Contexto, 1991.

CHANG, H. H. — *Fluvial Processes in River Engineering*. Chichester, John Wiley & Sons, 1988.

CHRISTOFOLETTI, A. — O fenômeno morfogenético no município de Campinas. *Notícia Geomorfológica*, 8 (16): 3-97, 1968.

CHRISTOFOLETTI, A. — Significância da construção de barragens para a funcionalidade das bacias hidrográficas. *Anais do VII Simpósio da ACIESP*, vol. 2, pp. 10-15, 1983.

CHRISTOFOLETTI, A. — Análise topográfica de bacias hidrográficas. *Geociências*, vol. 5-6, pp. 1-29, 1986-87.

CHRISTOFOLETTI, A. — A aplicação da abordagem em sistemas na Geografia Física. *Revista Brasileira de Geografia*, 52 (2): 21-35, 1990a.

CHRISTOFOLETTI, A. — Formação acadêmica em ciências ambientais: a perspectiva de um geógrafo. *Geografia*, 15 (1): 137-141, 1990b.

CHRISTOFOLETTI, A. — Condicionantes geomorfológicos e hidrológicos aos programas de desenvolvimento. *in Análise Ambiental: uma visão interdisciplinar* (TAUK, S. M., org.), p. 82-84. São Paulo, Editora UNESP, 1991.

CHRISTOFOLETTI, A. — A inserção da Geografia Física na política de desenvolvimento sustentável. *Geografia*, 18 (1): 1-22, 1993.

CHRISTOFOLETTI, A. — Implicações geográficas relacionadas com as mudanças climáticas globais. *Boletim de Geografia Teorética*, 23 (45-46), 1993 (no prelo)

CHRISTOFOLETTI, A. & MAYER, O. S. — Análise da rugosidade topográfica na região administrativa de Campinas. *Boletim de Geografia Teorética*, 14 (27-28): 87-100, 1984.

CHRISTOFOLETTI, A., GUERRA, C. E. C., MAGNAVITA, I. M. P., MARTINS, M. R. & TAVARES, A. C. — Contribuição à análise morfométrica das regiões das bacias do Jequitinhonha e Extremo Sul da Bahia. *Notícia Geomorfológica*, 21 (41): 61-84, 1981.

COATES, D. R. — *Environmental Geomorphology.* The Binghampton Symposia in Geomorphology, New York State University, 1971.

COATES. D. R. — *Environmental Geomorphology and Landscape Conservation: vol. 1 — Prior to 1900.* Stroudsburg, Dowden, Hutchinson & Ross, 1972.

COATES, D. R. — *Environmental Geomorphology and Landscape Conservation: vol III - Non Urban Regions.* Stroudsburg, Dowden, Hutchinson & Ross, 1973.

COATES, D. R. — *Environmental Geomorphology and Landscape Conservation: vol. II — Urban Areas.* Stroudsburg, Dowden, Hutchinson & Ross, 1974.

COATES, D. R. — *Geomorphology and Engineering.* Stroudsburg, Dowden, Hutchinson & Ross, 1976.

COMISSÃO MUNDIAL SOBRE MEIO AMBIENTE E DESEN-VOLVIMENTO — *Nosso Futuro Comum.* Rio de Janeiro, Editora da Fundação Getúlio Vargas, 1988.

COOKE, R. U., BRUNSDEN, D., DOORNKAMP, J. C. & JONES, D. K. C. — *Urban Geomorphology in Drylands.* Oxford, Oxford University Press, 1982.

APLICABILIDADE DA GEOMORFOLOGIA

COOKE, R. U. & DOORNKAMP, J. C. — *Geomorphology in Environmental Management*. Oxford, Clarendon Press, 1990.

COSTA, J. E. & FLEISHER, P. J. — *Developments and Applications of Geomorphology*. Berlim, Springer Verlag, 1984.

CRAIG, R. G. & CRAFT, J. L. — *Applied Geomorphology*. Londres, George Allen & Unwin, 1982.

CRUZ, O. — *A Serra do Mar e o litoral na área de Caraguatatuba*. São Paulo, Instituto de Geografia, USP, 1974.

DEGG, M. — Natural Disasters: Recent Trends and Future Prospects. *Geography*, 77 (3): 198-209, 1992.

DEVUYST, D. — The urban environments. *In Environmental Management: the Ecosystems Approach* (NATH, B.; HENS, L.; COMPTON, P. & DEVUYST, D., org.), pp. 123-146. Bruxelas, VUB Press, 1993.

DOMINGUES, A. J. P., LIMA, G. R., ALONSO, M. T. A. & BULHÕES, M. G. - Serra das Araras: os movimentos coletivos do solo e aspectos da flora. *Revista Brasileira de Geografia*, 33(3): 3-51, 1971.

DOUGLAS, I. — *The Urban Environment*. Londres, Edward Arnold, 1983.

DOUGLAS, I. — The Rain on the Roof: A Geography of the Urban Environment. *In Horizons in Human Geography* (GREGORY, D. & WALFORD, R., organizadores). Londres, Macmillan Education Ltd., pp. 217-238, 1989.

DREW, D. — *Processos interativos homem — meio ambiente*. São Paulo, Bertrand Brasil, 1986.

FOOKES, P. G. & VAUGHAM, P. R. — *A Handbook of Engineering Geomorphology*. Glasgow, Blackie & Sons Ltd., 1986.

GREGORY, K. J. — *River Channel Changes*. Chichester, John Wiley & Sons, 1977.

GREGORY, K. J. — *The Nature of Physical Geography*. Londres, Edward Arnold, 1985.

GREGORY, K. J. — *A natureza da Geografia Física*. Rio de Janeiro, Bertrand Brasil S. A., 1992.

HAILS, J. R. — *Applied Geomorphology*. Amsterdam, Elsevier, 1977.

HART, M. G. — *Geomorphology Pure and Applied*. Boston, George Allen & Unwin, 1986.

439

HOOKE, J. M. — *Geomorphology in Environmental Planning.* Chichester, John Wiley & Sons, 1988.

KELLER, E. A. — Channelization: environmental, geomorphic and engineering aspects. *In Geomorphology and Engineering* (COATES, D. R., org.), p. 115-140. Stroudsburg, Dowden, Hutchinson & Ross Co., 1976.

KELLER, E. A. — *Environmental Geology.* Columbus, Charles E. Merril Publishing Co., 3a. edição, 1981.

KOFFLER, N. F. & MORETTI, E. — Diagnóstico do uso agrícola das terras do município de Rio Claro. *Geografia,* 16 (2): 1-76, 1991.

LEOPOLD, L. B. — Hydrology for Urban Land Planning: A Guidebook on the Hydrologic Effect of Urban Land Use. *U. S. Geological Survey Professional Paper* (554): 1-18, 1968.

LEOPOLD, L. B. — A reverence for rivers. *Geology,* 5: 429-430, 1977.

LEOPOLD, L. B. — *A procedure for evaluation environmental impact.* Washington, U.S. Geological Survey, Circular nº, 645, 1971.

MATHEWSON, C. C. & COLE, W. F. — Geomorphic processes and land use planning, South Texas Barrier Islands. *In Applied Geomorphology* (CRAIG, R. G. & CRAFT, J. L., org), pp. 131-147. Londres, George Allen & Unwin, 1982.

MEIS, M. R. M. & SILVA, J. X. da — Considerações geomorfológicas a propósito dos movimentos de massa ocorridos no Rio de Janeiro. *Revista Brasileira de Geografia,* 30 (1): 55-73, 1968.

MULLER, N. L. — *O fato urbano na bacia do rio Paraíba.* Rio de Janeiro, Fundação IBGE, 1969.

NEWSON, M. — *Managing the Human Impact on the Natural Environment: Patterns and Processes. Londres,* Belhaven Press, 1992.

OLLIER, C. D. — Terrain classification: methods, applications and principles. *In Applied Geomorphology* (HAILS, J. R., org.), p. 277-316. Amsterdam, Elsevier, 1977.

ORFORD, J. D. — Coastal Environments. *In Environmental Management: the ecosystems approach* (NATH, B.; HENS, L.; COMPTON, P. & DEVUYST, D., org.), pp. 15-57. Bruxelas, VUB Press, 1993.

OTTENS, H. F. L. — The application of geographical information systems in urban and regional planning. *In Geographical Infor-*

Índice Remissivo

A

abalo sísmico 423
abatimento 310, 319, 328, 329
abióticos 95
abordagem holística 416, 429
abordagem paisagística 431
abrasão 240
acamamento 319
ação corrosiva 231
ação erosiva 217, 220
ação fluvial 211
ação humana 427
aceleração da gravidade 269
acidificação 187, 188
ácidos húmicos 318
ações corrasiva e corrosiva 231
ações erosivas 234
acrecional 294
acumulação 272, 273, 300, 373
acumulação fluvial 373, 381
acumulações eólicas 381
adensamento de raízes 117
adubação 188, 189
adubos orgânicos 194
adubos verdes 193
aeração 191
afluentes 235, 240, 243
afogamento 281, 283
agente erosivo 165, 178
agente geomorfológico 237

agente modelador 93
água 93, 165, 166, 184, 187, 318,
319, 416, 432, 433
água da chuva 165
água dos solos 190
água intermediária 264
água intersticial 269
água límpida 242
água no solo 95, 130, 169, 195,
424
água profunda 264
água subterrânea 114, 128, 329
águas correntes 215
águas cársticas 318
águas fluviais 239
águas profundas 134
águas rasas 134, 264
águas saturadas 320
águas subsuperficiais 118, 141,
142
águas superficiais 227
agradação 215
agradação do vale 240
agragados estáveis 192
agregado 157, 158, 159, 160, 163,
167, 169, 170, 171, 175, 176,
177
agricultura 156, 159, 165, 188,
189, 191, 356
agricultura orgânica 192, 193, 198

ÍNDICE REMISSIVO

agronomia 95, 386
agrupamentos espaciais 412
ajustamento isostático 275
ajustamentos dos canais 242
ajuste do canal 214
ajuste do rio 234
algas 320
algas calcárias 261
algoritmos 408
aloestratigrafia 344
Aloformação 352
alometria 35
alterações fluviais 239
altimetria 234
altos fluxos 215
altura 263, 273, 285
altura da onda 262, 266, 267, 268, 270/271, 272
altura significativa 266
alvéolos intermontanos 381
alúvios holocênicos 243
ambientais 433
ambiente 27, 93, 393, 404
ambiente de drenagem 95
ambiente fluvial 212
ambiente geoquímico 318
ambientes atuais 336
ambientes climáticos 373
ambientes de deposição 347
ambientes deposicionais 348
ambientes rurais 427
ambientes tropicais 189
amostragem de campo 386
amplitude 216, 263
amplitude da maré 285
amplitude da onda 269
amplitude do relevo 386
anastomosada 170, 179, 220, 221
anelar 225
anfiteatro 344, 350, 353, 354, 356, 358, 373

ângulo de incidência 272
antepraia 257
anticlinal 86, 87, 326
antiformal 86
antrópicos 95
anular 225
anéis de crescimento 288
análise ambiental 45, 406, 407,429
análise areal 223
análise estratigráfica 338
análise geomorfológica 427
análise granulométrica 258
análise integrativa 427
análise morfométrica 223
aplainamento 373
aquecimento global 189, 190, 198
aquitardes 128, 129
aquífero 128, 316, 327
aquífero cárstico 328
aquífero não-confinado 128
aquífero subterrâneo 95, 329
aquíferos confinados 129, 130
ar 432
aragonita 317, 320
arco de ilhas 58, 69, 71, 72, 79
arco praial 272, 299
arcosianos 396
área agrícola 187
área drenada 223
áreas colinosas 421
áreas cársticas 329
áreas de risco 407, 421
áreas irrigadas 97
áreas rurais e urbanas 27
áreas urbanizadas 422, 424
areia 115, 156, 228, 229, 230, 234, 258, 259, 261, 282, 294, 298, 358
arenitos de praia 284
argila 115, 155, 156, 157, 160, 176, 228, 233, 258, 358

armazenamento 166, 178, 196
armazenamento capilar 169
armazenamento de água 109, 180, 195, 238
armazenamento dos dados 403, 407
arqueologia 323
arquivos 404, 413
arrebentação 267, 268, 269, 271, 272, 273, 294, 298
artesianos 129
assimetria gráfica 259
assimétrico 219
Assinaturas ambientais 412
assoalhos 311
assoreamento 187, 240, 241, 243, 425
astenosfera 55, 67
aterro hidráulico 292, 301
aterros 424
atividade humana 428, 434
atividades agrícolas 420, 428
atmosfera 95, 96, 166, 433
atração capilar 118
atração molecular 123
atravessamento 111
atravessamento de chuvas 111
atributos 386
atualismo 30
avaliação econômica 434
azares 429
azares erosivos 434
azares naturais 422, 423, 424, 427, 428

B

bacia 63, 66, 71, 211, 435
bacia de drenagem 97, 99, 103, 136, 137, 138, 170, 178, 223, 237, 352, 355

bacia hidrográfica 187, 211, 212, 223, 225, 235, 408, 425, 426, 427
bacias de decantação 244
bacias sedimentares 340
backwash 269
bactérias 318, 320
baixa-mar 296
baixada 373, 288
baixas vertentes 373
baixos alvéolos 381
bajadas 381
balanço 299
balanço de sedimentos 299, 300
balanço hidrológico 162
banco 215, 218, 221, 273, 294, 296
banco central 221, 222
banco da confluência 221, 222, 243
banco de dados 404, 405
banco de solapamento 220
banco e calha longitudinal 294, 295, 297
banco e praia de cúspides 295, 297
banco e praia rítmicos 294
banco em diagonal 221
banco em losango 221
banco lateral 221
banco lingóide 221
Banco Nacional de Dados Oceanográficos 267
banco submarino 286, 294
bancos de areia 243
bancos sedimentares 220
bancos transversais 295, 297
banquisa de gelo 278
barra de meandro 220
barra de sedimento 215, 220
barragem 240, 242, 425
barras arenosas 217

ÍNDICE REMISSIVO

barreira 282
barreira hidráulica 291
barrier beaches 282
barrier islands 282
barrier spits 282
base 134
base cartográfica digital 405
base da face da praia 294
base de dados 407
base geocodificada 404, 406, 408, 409
base geomorfológica 366, 384
base morfoclimática 369
base operacional 376
base orbital 387
bases de dados geocodificadas 408
bases taxonômicas 366
batimetria 267, 268, 271
batólitos 65, 74, 75
beach barriers 282
beach rocks 284
berma 294
bicarbonato de cálcio 318
Biogeografia 41, 433
Biogeomorfologia 433
Biologia 95
bioporos 120
biosfera 191
biota 211
biota fluvial 240
bird foot 291
biótico 367, 393
bloco falhado 373, 399
blocos-diagrama 431
blowout 298
BNDO 267
brecha de falha 82
bromofórmio 260
Brunhes 337
budget 299

C

cabeceira 143
cabeceira de drenagem 136, 139, 344, 350, 356, 358
Cadeia do Meio-Atlântico 67
cadeias de montanhas 79
cadeias dobradas 369
cadeias montanhosas 57, 89
cadeias oceânicas 80, 86
cadeias submarinas 79
caixote 268
calcita 310, 317, 318, 320
calcário 318, 319, 322, 329
calcários dolomíticos 326
caldeirão 314
Caldeiras 81
calha 227, 294
calha do rio 242, 246
calha fluvial 227, 240, 242
calha longitudinal 294
calibre dos sedimentos 229
calor interno 54
calota de gelo 278
campo de dunas 300
campos de lapiás 312, 315
canais abertos 99
canais anastomosados 214, 217, 218, 220
canais artificiais 242
canais de maré 286
canais incisos 143
canais meandrantes 220, 352
canais meândricos 214, 218
canais múltiplos 221
canais naturais 246
canais naturais retos 214
canais subterrâneos 132
canais transicionais 221
canais tributários 138
canais únicos 221

canal 94, 97, 138, 179, 212, 213, 221, 227, 237, 242, 426
canal concretado 246
canal de drenagem 134
canal erosivo 98, 138
canal fluvial 184, 212, 223, 238, 356, 420, 425
canal irregular 221
canal retificado 243
canal reto 215, 220, 221
canal sinuoso 215, 221, 239, 244, 246, 425, 426
canalização alternativa 244
canalização dos rios 425
canalículo 312
caneluras 312
capacidade de armazenamento 169, 170, 179
capacidade de campo 125, 126
capacidade de erosão 228
capacidade de erosão das águas 231
capacidade de infiltração 119, 120, 122, 137, 152, 157, 159, 166, 168, 169, 170, 179, 195, 424
capacidade de retenção 109, 181, 182, 220, 231, 233
capacidade do canal 243
capacidade do rio 228
capacidade erosiva 180
capilaridade 122, 166
captação 198
captação de águas 195
capturas fluviais 235
capturas fluviais alinhadas 352
características geomorfológicas 424, 430, 435
características morfológicas 422
características morfométricas 420

características sedimentológicas 358
características topográficas 430
carbonato de cálcio 319, 322
carbono 160
Carbono 14 338
carbonáticas 322
carga de elevação 131
carga de fundo 228, 241
carga de posição 131
carga de pressão 131
carga de sedimentos 227, 238
carga detrítica 214, 218
carga do leito 218
carga do rio 228
carga hidráulica 131
carga piezométrica 130
carga sedimentar 214, 228
carga sólida 214, 219, 228, 243
carste 310, 311, 313, 315, 320, 322, 323, 329
carste de Bonito 326
carste de dolina 312
carste do Peruaçu 323
carste labiríntico 312
carstificação 318
carta 398, 403
carta de declividade 409, 420
cartografia computadorizada 365, 367, 384, 386
cartografia temática 386, 387
cascalheiras 348
cascalho 115, 228, 230, 238, 350
cassiterita 430
catastróficas 30
cavernas 311, 312, 316, 317, 329
cavernas subterrâneas 309
cavernículo 317
celeridade 263, 265, 267
cenário 323
cenário cárstico 326

ÍNDICE REMISSIVO

cenário topográfico 430
cenários ambientais 385
cenários territoriais 394
cheias 213, 424, 425, 436
cheias máximas dos rios 111
chênier 289
chuva 95, 153, 161, 162, 169, 184
chuvas concentradas 182
cicatrizes 185
ciclagem de nutrientes 95
ciclo das rochas 53
ciclo de espraiamenteo-refluxo 270
ciclo geográfico 31
ciclo hidrológico 97, 166, 227, 424
ciclos orogênicos 64, 65
cinturões metamórficos 89
cinturões orogenéticos 58
cinturões orogênicos 65
circulação atmosférica 289
circulação oceânica 274
ciência geomorfológica 211
classes texturais 231, 260
classificação 394, 395, 399
classificação de terrenos 430, 431
Classificação dos bancos 222
classificação estratigráfica 340
classificação genética 31
classificação geomorfológica 373
classificação mista 399
classificações idiográficas 399
classificações nomotéticas 399
clima 227, 369, 373, 416, 422, 436
clima de ondas 267, 270, 283
clima de *swash* 270
climáticas 26
Climatologia 41, 433
clorofluorcarbonos 277
clusters 412
clásticos 396, 397
CO_2 318, 320

cobertura florestal 352
cobertura vegetal 105, 107, 108, 120, 153, 161, 162, 163, 165, 166, 171, 178, 179, 182, 184, 217, 227, 351, 397, 422
coberturas coluviais 356, 358
coberturas sedimentares 356, 358
coeficiente de permeabilidade 131, 132
coeficiente de rugosidade do leito 227
coesão 176
colapsing 269
colapso 171, 184, 185, 294
colapso do teto 174
colmatagem 288
colo 220, 373
colo de meandro 220
colunas 311
coluvial 373
coluviações 354
colóides 172
colúvio 396
combustíveis fósseis 277
compactação 159, 168
compartimentação 369
competência 228, 243
competência erosiva 138
complexos de rampa 349, 353, 354, 356
componentes espaciais 428
componentes físicos 429
comportamento hidrológico 427, 435
composição 26, 396
composição granulométrica 229
composições mineralógicas 115
comprimento 263, 265
comprimento das encostas 164
comprimento das rampas 196

comprimento do canal 219, 235, 243
comprimento do meandro 216
Computação 43
Computer Adviser Design (CAD) 384
comunidades bentônicas 270, 296
concavidades 217
concentração de sedimentos 229
concepção holística 427
conchas 261
concreções lateríticas 348
condicionamento antrópico 352
condicionamento neotectônico 352
condicionamentos da litologia 434
condicionamentos geomorfológicos 436
condicionantes 26, 373
condicionantes geomorfológicos 426
condicionantes subsuperficiais 408
condicões ambientais 416, 427
condições ecológicas 426
condições geomorfológicas 426
condições pedológicas 386
condutividade 131
condutividade hidráulica 118, 132, 139, 166, 172
condutividade hidráulica saturada 167
condutos 320
condutos subterrâneos 309
cone de piroclástica 81
cones 312
confluência 223
conformação geométrica 350
conhecimento geográfico 429

conhecimento geomorfológico 416, 426, 429, 430
conotações fisiográficas 373
conseqüente 224
conservação 435
conservação de paisagens 418
conservação dos solos 187, 191, 195, 196, 198, 420
constituição do terreno 383
construção de barragens 426
construção de reservatórios 235
contato angular 373
contato côncavo 373
conteúdo taxonômico 413
controle artificial 241
controle da erosão 163, 196, 420
controle da erosão dos solos 434
controle das cheias 243
controle de drenagem 369
controle geométrico 358
convenções cartográficas 407
convergência 271
coordenadas geográficas 409
copa das árvores 162, 166
cordilheira 58, 67
cordilheira oceânica 67, 72
cordilheiras mesoceânicas 274
cordão 282
cordão litorâneo 282, 283, 284, 288
cordão marginal convexo 221
cordões arenosos 214, 373
cordões marginais convexos 222
coroas de detritos móveis 217
corpos aluviais 348
corpos coluviais 354
corpos rochosos 346
corpos sedimentares 344
corrasão 231
correlação cronogeológica 342
corrente de retorno 271

447

ÍNDICE REMISSIVO

corrente longitudinal 271, 272, 285, 286
correntes convectivas 57
correntes de fluxos 114
correntes de maré 285
correntes de retorno 271, 296
correntes fluviais 228
corrosão 310, 312, 317, 319, 319
corrosão de mistura 318
costas retilíneas 139
costão rochoso 373
crenulação 89
crescimento demográfico 432
criptorrêicas 224
crista da onda 267, 271
crista de praia 286, 288
cristas 97, 431
cristas assimétricas 373
critérios geomorfológicos 431
cronologia da sedimentação 347
crosta 55, 57, 58, 59, 60, 61, 63, 65, 67, 69, 71, 73, 86, 158, 159, 160, 161, 164, 166, 171, 175, 176, 177, 178, 348
crosta oceânica 57
crosta terrestre 393
cráton 65, 66, 322
cultivo 169
cultivo em curva de nível 195
curso de água 221, 224, 234
curso retilíneo 224
cursos d'água 435
curtose gráfica 259
curvas de níveis 115, 410
curvatura do vale 220
curvatura meândrica 220
curvaturas 219
células 271
células convectivas 55
células de circulação 271
células escandidas 408, 409, 411

câmara magmática 59, 81
cálcio 160, 188
cárstico 323
cúspide 294, 296

D

dados geocodificados 404
dados geomorfológicos 403, 405
dados georeferenciados 406
dados micropaleontológicos 338
dados vetoriais 410
data models 405
database management 405
datação 39, 338
decantação 258
declive 143, 214
declividade 163, 165, 175, 182, 219, 227, 234, 410
declividade das encostas 163
defensivos agrícolas 187, 191, 193
degradação 187, 191, 323
degradação do leito 436
degradação dos solos 187, 188, 198
degradação estética da paisagem 426
DHN 267
delineamento de projetos 417
delta 282, 290, 291
deltaico 218, 221
deltas de maré enchente 286
deltas de maré vazante 286
dendrítico 225
densidade aparente 116, 117, 155, 159, 160, 175, 176
densidade de drenagem 142
densidade do fluido 234
densidade hidrográfica 435
denudação 59, 89
denudação dos solos 218
deposicionais 274

448

ÍNDICE REMISSIVO

deposição 26, 165, 187, 233, 234,
deposição de material 238
depressão periférica 435
depressão sanfranciscana 325
depressões 66, 215, 217, 218, 233,
244,
depressões cársticas 314
depressões do solo 169
depressões fechadas 309, 325
depósito 351, 355
depósito residual 261
depósito tecnogênicos 353
depósitos aluviais 396
depósitos arenosos 352, 356
depósitos argilosos 351
depósitos auríferos 430
depósitos coluviais 343, 349, 352,
397
depósitos continentais 347
depósitos correlativos 341, 348
depósitos de encosta 348, 349
depósitos de tálus 396
depósitos finos 352
depósitos fluviais 352
depósitos minerais 430
depósitos quaternários 340, 358
depósitos sedimentares 339, 342,
356
depósitos superficiais 347, 355
deriva continental 55, 66
deriva litorânea 271, 283/284,
289, 291
derrame 268
derrames efusivos 369
desastres 423
desastres ambientais 434
descarga 134, 138, 212, 214, 228,
239, 316
descarga crítica 118
descarga fluvial 214

descarga líquida 214, 228, 235,
241
descargas-máximas 114
descongelamento 278, 283
descontinuidade 342, 352
descontinuidade de Mohorovicic
56
descontinuidades estratigráficas
342, 343
descontinuidades hidráulicas 143
desembocadura 240, 243
desenvolvimento sustentável 198,
416, 432, 433, 436
desequilíbrio 336, 434
desfiladeiros 315, 323
deslizamentos 422, 434, 435
deslizamentos de terra 185, 421
deslizamentos do terreno 411
desmatamento 41, 181, 184, 187,
191,
desmoronamento 214, 241
desvio de águas 238
detachment 155, 165, 175, 177, 181,
187
diagnose ambiental 411
diagnóstico 45, 422, 425, 428, 429,
433, 436
diastrofismo 62
diferença altimétrica 431
digitalização 404
Digital Terrain Model 409
dinâmica 26
dinâmica ambiental 355, 395
dinâmica cárstica 328
dinâmica das vertentes 435
dinâmica de praia 301
dinâmica do rio 211
dinâmica dos processos 435
dinâmica fluvial 239, 352
dinâmica geomorfológica 422
dinâmica recente 416

449

ÍNDICE REMISSIVO

dinâmicas do meio ambiente 432
dique 74, 77, 78, 220, 242
dique semicircular 220
diques marginais 291
discordâncias erosivas 342
disposição espacial dos rios 223
dissecação 373
dissecação fluvial 352
dissecação homogênea 381
dissipativa 296, 297, 298
dissolução 173, 310, 318, 373
distância do espraiamento 270
divergentes 69
divergência das ortogonais 271
divergência de fluxos 218
diversidade topográfica 427
divisor de drenagem 98
divisor de águas 98, 138
diáclases 74
dióxido de carbono 277
dobra 66, 86, 88
dobramento 58, 61, 62, 65, 72
dolina 310, 311, 313, 314, 319, 320, 323
dolina de abatimento 319
dolina de dissolução 319
dolinas aluviais 319
dolinas de subsidência 319
dolinas inativas 310
domínios 373
domínios morfoclimáticos 348
domínios morfoestruturais 368, 369
dorsais 57, 67
draga 215, 243
dragagem 243
drenagem 93, 223, 373, 425
drenagem anastomosada 218
drenagem anelar 225
drenagem drendrítica 225
drenagem fluvial 223

drenagem irregular 225
drenagem paralela 225
drenagem radial 225
drenagem retangular 225
drenos naturais 118
dunas 221, 222, 298, 299, 381
Dunas costeiras 298
dunas de deflação 298
dunas frontais 298
dunas parabólicas 298
dunas transversais 298
duração 270
dutos 133, 171, 172, 173, 184
dutos subsuperficiais 118
débito 215, 218

E

ebb-tidal deltas 286
Ecologia 41, 212
ecossistema 189, 424, 426
edifícios ruiniformes 309
efeito abrasivo das partículas 231
efeito estufa 277
efeitos tectônicos 274
eficiência cartográfica 385
eficiência do fluxo 227
EIAS 366
elementos ambientais 436
elúvio 115
embasamento cristalino 288
embasamento físico 436
embocaduras de rios 398
encaixamentos da drenagem 341
encharcamento 169
enchentes 133, 213, 217, 238, 411, 424
encosta 93, 97, 100, 138, 163, 169, 170, 172, 178, 180, 344, 348, 352, 356, 358, 396, 397, 435
encostas convexas 164
endocarste 311, 317, 320

ÍNDICE REMISSIVO

endocársticos 316
endorréica 223
endógenas 26
energia 153, 165, 170, 175, 262, 266, 268
energia cinética 151, 152, 153, 154, 161, 162, 176
energia da onda 272, 292
energia potencial 130
engenharia 95, 386, 418, 419, 425, 426
engenharia biotécnica 246
engenharia fluvial 242
engordamento 273, 292
engordamento artificial 301
entalhe do leito 241
entalhe dos leitos 242
entidade geomorfológica 394, 395, 396, 397, 398, 404, 406, 408, 410
entidades 403, 407
entidades ambientais 398, 404
entropia 34
entulhamento 352
entulhamento de lagoas 228
entulhamento holocênico 353
enxofre 188
enxurradas 397, 424
epirogênese 60, 62
episódios de erosão 350
episódios pedológicos 345, 347
épocas geomagnéticas 337
equilíbrio 28, 297, 300, 336
equilíbrio dinâmico 33
equilíbrio dos canais 235
equilíbrio longitudinal 235
equipamentos computacionais 403
erodibilidade 41, 151, 154, 155, 156, 157, 159, 160, 161, 163, 164, 171, 177, 178, 367

erosão 26, 137, 151, 153, 154, 157, 159, 160, 161, 163, 165, 171, 172, 175, 178, 184, 190, 191, 194, 198, 233, 234, 235, 238, 272, 273, 281, 292, 300
erosão acelerada 184, 188, 191
erosão costeira 282
erosão das escarpas de falésias 425
erosão das falésias 425
erosão das margens 425
erosão de praia 301
erosão de vazamento 141
erosão diferencial 59
erosão dos solos 133, 164, 187, 435
erosão em lençol 178, 179, 180
erosão episódica 343
erosão laminar 179
erosão lateral 243
erosão linear acelerada 353, 354, 356
erosão nas margens 241
erosão no canal 243
erosão normal 31
erosão pluvial 165
erosão regressiva 235
erosão remontante 31
erosão subaérea 408
erosividade 151, 153, 165, 178, 190
erosivos 279
erupções 62
erupções vulcânicas 72
esbeltez 263, 266, 273, 294
escala 26, 358, 366, 369, 383, 373, 395, 398, 403, 408, 410, 427
escala cartográfica 368, 369, 373, 376, 379, 385
escala local 434
escala nominal 408

451

ÍNDICE REMISSIVO

escala original 411
escala temporal 434
escalas de detalhamento 387
escalas de tratamento 394
escalonamento das superfícies 342
escarificações 396
escarpa 218
escarpa de falha 84, 218
escarpa de linha de falha 84
escarpamentos 422
escarpas de chapada 373
escoamento 172, 211, 218, 227, 271
escoamento canalizado 223
escoamento concentrado 181
escoamento da chuva 114
escoamento das águas 133, 212
escoamento em lençol 179, 180
escoamento em subsuperfície 173
escoamento fluvial 223, 227
escoamento fluvial imediato 227
escoamento pluvial 134
escoamento subsuperficial 97, 138, 171, 184, 185
escoamento superficial 114, 149, 152, 153, 161, 163, 166, 169, 170, 171, 175, 176, 178, 179, 181, 183, 185, 196, 198, 218, 358, 420, 424, 435
escoamento superficial difuso 181, 397
escudo 60, 66, 73, 90
escudo vulcânico 81
espacialidade 417
espaço 25
espaço geográfico 395, 406
espectro 266
espeleologia 311
espeleologia cárstica 311
espeleotemas 311, 317, 320

espessura do solo 165
espigões 272
esporão 220
espraiamento 261, 269, 270, 272
espraiamento oblíquo 272
espraiamento rápido dos fundos oceânicos 274
estabilidade das encostas 95
estabilidade do ecossistema 427
estabilidade dos agregados 155, 156, 157, 158, 159, 163, 177, 195
estabilidade morfológica 244
estabilização das margens 246
estado 294, 296
estado de equilíbrio 238
estado de estabilidade do canal 219
estado dissipativo 294
estado modal 296
estado refletivo 294
estados intermediários 294
estágios 294
estalactites 311
estalagmites 311
estações experimentais 182
Estatística 43
estiagem 114
estocagem de sedimentos 351
estocagem hídrica 424
estoque de areia 273, 294
estratigrafia 345, 348, 349, 355
estrato-vulcões 71, 81
estratos 109, 337
estrutura 26, 168
estrutura anelar 77
estrutura de dados 407
estrutura em bloco 115
estrutura granular 115
estrutura subsuperficial 350
estruturas 393

estruturas de deformação 352
estruturas de estabilização 196
estruturas em placas 115
estruturas falhadas 369
estruturas matriciais 404
estruturas prismáticas 115
estruturas sedimentares 396
estruturas vetoriais 404
estudo de Impacto Ambiental
300, 366
estudos ambientais 358, 408
estudos geomorfológicos 425, 434
estudos paleogeomorfológicos
415
estudos palinológicos 358/359
estudos sedimentológicos 212
estuários 425
estágios morfológicos 294
eustatismo 32
evaporação 96, 166, 190
evaporitos 309
evapotranspiração 96, 126, 223,
227
evento chuvoso 166, 170, 172,
175, 183, 196
eventos catastróficos 336
eventos climáticos 337, 338
eventos hidrológicos 424
eventos quaternários 348
evolução da paisagem 350, 352,
355
evolução geomorfológica 347,
350
evolução morfogenética 348
evolução paleogeográfica 274
evolução quaternária 348
evolução sedimentar 352
exfiltração 142, 143
exfiltração dos fluxos d'água subsuperficiais 141
exocarste 311

exorréica 223
expansão do assoalho oceânico
67
expansão térmica 278
experimentos de campo 106
exógenas 26
eólica 373

F

face de praia 257, 261, 269, 270,
271, 272, 294, 296, 299
facólitos 74
faixa de inundação 240
faixa de meandro 220
faixa litoral lacustre 241
faixa móvel 64, 65, 72, 75, 73, 88
faixa orogênica 62, 64, 88
falha 63, 69, 82, 84
falha de empurrão 82
falha horizontal ou direcional 82
falha normal 82, 84
falhamento 58, 60, 61, 62 65, 72
falésias 281, 282
falésias lacustres 240
fator controlador 150, 171, 178,
197
fator topográfico 420
fatores bióticos 95
fatores físicos 393
fatores paleoclimáticos 373
fauna 156
fauna bentônica 269
fauna endopedônica 116, 138, 191
fauna escavadora 118, 143
fechamento de um rio 239
feições cársticas 310
feições deltaicas 284
feições erosivas 274
feições geomorfológicas 348, 356,
358
feições geométricas 356

ÍNDICE REMISSIVO

feições morfológicas 340
feições topográficas 416
fendas 177
fenômenos geomorfológicos 422
ferrovias 426
fertilidade 193
fertilidade dos solos 187, 188
fertilidade natural 171, 189, 191
fertilizantes 156, 193
fetch 262
Física 43
Fisiografia Fluvial 212
fisionomia meandrante 214
fissuras 329
flood-tidal deltas 286
flora 156
florestas tropicais 112
fluido 233
flutuações da velocidade 233
flutuações das descargas 217
fluvial 212
fluviocarste 312, 315, 325, 327
fluviolacustre 373
fluviomarinha 373, 381
fluxo d'água subterrâneo 128
fluxo de base 134, 136, 139, 140
fluxo de energia 272, 424
fluxo de espraiamento 270
fluxo de sedimentos 272
fluxo de tronco 111, 112, 113
fluxo de água 94, 99, 132, 183, 184
fluxo em subsuperfície 118
fluxo fluvial 217, 228
fluxo freático 316
fluxo hortoniano 168, 181
fluxo laminar 231
fluxo lateral 270
fluxo subsuperficial 172
fluxo subsuperficial da chuva 133, 134, 139, 141

fluxo subsuperficial de saturação 134
fluxo subterrâneo 134
fluxo subterrâneo de base 133
fluxo superficial 95, 133, 136, 137
fluxo superficial de saturação 133
fluxo superficial hortoniano 134
fluxo turbulento 180, 233
fluxos 118, 219, 435, 436
fluxos baixos 215
fluxos canalizados 355
fluxos concentrados 171
fluxos de chuva 134
fluxos de material 432
fluxos em lençol 350, 352
fluxos interativos 416
fluxos não canalizados 170
fluxos saturados 172
flúvio-lacustre 351
fluxos d'água subterrâneos 130
foliação 74, 75, 89, 90
foredunes 298
foreshore 257
forma 373, 395, 396
Formação Januária 323/325
Formação Sete Lagoas 323, 325
forma da encosta 163, 164, 165
forma do canal 227, 231, 234, 238, 239, 240, 243, 244
forma do escoamento 223
forma do perfil 234
forma topográfica 396
formadores 221
formas coluviais 381
formas cársticas 318
formas de acumulação 243
formas de relevo 23, 344, 369, 373, 386, 394, 415, 435
formas deposicionais 243
formas erosivas 184
formas resultantes 369, 383

ÍNDICE REMISSIVO

formas topográficas 211, 431
formação de praias 240
força capilar 122, 126, 127, 131, 132, 166
força de gravidade 166, 172
força gravitacional 94, 118
forças hidrodinâmicas 228
fossa 67, 71
fossa tectônica 84, 85
fossas oceânicas 57, 58
fotointerpretação 386
foz 235, 243
fragmento de rocha 228
franja capilar 127
fraturamento 69, 319
fraturas 66
freático 128
frentes frias 101
freqüente 296
freqüência 422, 428, 431, 435
freqüência de radiano 269
freqüência de rios 431
funcionamento global 434
fundo de vale 94, 97, 99, 115, 240, 356, 431
fundo de vale não-canalizado 98
fundo do canal 244
fundo do leito 215, 233
fundo oceânico 338
fácies 340
fósforo 188
fósseis 340

G

gás carbônico 189, 318
geleiras 274, 275, 278, 283, 337
Geografia 23, 95
Geografia Física 41, 416, 419, 433, 436
Geologia 23, 95, 393, 431
Geologia Ambiental 42

geologia da calha 234
Geologia de Engenharia 366
geometria 398, 403, 404, 410
geometria da onda 268
geometria de canal 225, 354
geometria hidráulica 227
geomorfogênese 373
Geomorfologia 23, 95, 355, 365, 366, 384, 387, 394, 396, 398, 399, 406, 409, 412, 413, 415, 416, 418, 419, 433, 436
Geomorfologia Ambiental 418
Geomorfologia Aplicada 418, 419
Geomorfologia Cárstica 309, 311, 322, 325
Geomorfologia Fluvial 211, 435
Geomorfologia do Quaternário 336, 347
Geomorfologia Urbana 419
Geoprocessamento 312, 367, 385, 398, 399, 403, 404, 405, 406, 408, 413
geosol 347
geossinclinais 369
geossistema 416, 418, 424, 427, 429, 433, 434
geotectônicos 368
geotêxteis 195, 196, 197
geração de *runoff* 166
gerenciamento ambiental 366, 384
gerenciamento costeiro 301, 385
gerenciamento dos dados 407
gerenciamentos 45
gestão da informação 407
gestão territorial 384
geóide 274
glaciais 338, 339
glaciações 319, 337, 339
glaciações quaternárias 32
gotas 161

455

ÍNDICE REMISSIVO

gotas de chuva 159, 162, 163, 166, 169, 170, 171, 175, 176, 178, 181, 195
gotejamento 166
graben 84, 86
gradiente 138, 218, 234, 235, 243, 356
gradiente da encosta 175
gradiente da face 270
gradiente da praia 294
gradiente da voçoroca 196
gradiente da zona de surfe 269
gradiente de sucção 118
gradiente geotérmico 54
gradiente hidráulico 131, 173, 180
gradiente hidráulico natural 128
gradiente topográfivo 138
gradientes granulométricos 300
gramíneas 189, 196
granada 261
granulometria 214, 261, 266, 273, 294, 298
grau de resolução 369
grau de sensibilidade 434
gravidade 82
grânulo 230
Grupo Bambuí 322, 323
Grupo Barreiras 281
guias corrente 272

H

habitat 246
hardwares 367
HCP 354
hiatos 336
Hidroclimatologia 433
hidrografia 422
hidrologia 158, 212, 433
Hidrologia Subterrânea 317
hidrologia superficial 137
histogramas 229

hogbak 88
hollow côncavo 353, 354
hollow côncavo-plano 354
hollows 353
Holoceno 39, 337, 351, 352
homoclinal 88
horizonte 188
horizonte A 173, 194, 195
horizonte B 173
horizonte C 346
horizontes mineirais 106
horizontes pedológicos 346
horst 84
hot spots 57, 79
hume 310
humus 156, 160, 161, 163, 189

I

idades geológicas 27
ígneas 66
ilha barreira 282, 284, 285, 286
ilhas 217, 221, 222
ilhas assimétricas 217
ilhas barreira 282, 284, 286
ilhas vulcânicas 63
ilmenita 261
imagens de satélites 38
impacto 45, 242, 426, 427, 428, 429
impacto ambiental 25, 187, 394, 407, 408, 426, 427, 428, 429
impacto antropogenético 428, 429, 433/434
impacto hidráulico 231
impactos da canalização 246
impactos geomorfológicos 242
impactos no meio ambiente 424
imputs 416
incadere 319
incerteza 34
incidência das ondas 271, 273, 283, 288, 289

456

ÍNDICE REMISSIVO

incisão 180, 181
incisão fluvial 341
incisão linear 138
inclinação 396
inclinação das encostas 386
indicadores cronológicos 348
indicadores polínicos 337
índice de sinuosidade 218, 219, 220
industrialização 428
infiltração 114, 118, 119, 120, 121, 138, 140, 155, 158, 159, 160, 162, 163, 166, 173, 175, 176, 177, 178, 198, 218, 223, 227
infiltrômetro 121, 168
informação 394, 398
informação geomorfológica 403, 434
informações alfanuméricas 405
informática 365, 385
inselbergues 76, 395
inseqüente 224
instabilidade ambiental 336, 343
instabilidade de taludes 367
instabilidade tectônica 320
intemperismo 165, 171, 173, 190, 335, 397
intensidade da chuva 119, 120, 152, 153, 154, 168, 169, 180
intensidade dos fluxos 424
intensidade erosiva 434
interceptação 162
intercepção 108, 111
interdepressões 215
interdigitação 352
interface 385
interflúvios 99, 164, 356, 435
interglacial 337, 338, 339, 341
intermediário 298
intermitente 373
interpolação 409

interrill 163, 183
intervalos estratigráficos 347
intrusionamento 59
inundação 187, 190, 191, 238, 373
inversão de relevo 356
irregular 221, 225
irregularidades do solo 178
isoietas 103
isolinhas 409
isostáticos 274
isóbatas 267
isótopos de oxigênio 338

J

jazidas carboníferas 430
jazidas minerais 430
jazimentos ferríferos 430
juntas 66, 74
jusante 220, 228, 241, 242, 397, 426
juventude 31

K

karren 312
karst 310
knickpoint 235
kras 310

L

labiríntico 221
lacustre 373, 381
lacólitos 74
lago 95, 98, 223, 244
Lagoa Santa 322, 323, 328
lagoas 220
lagoas temporárias 313,,314, 323
laguna 282, 284, 398
lamas 258, 282
lapas 319
lapiesamento 312, 317, 325
lapiás 311, 312

457

ÍNDICE REMISSIVO

largura 214, 219, 228, 229, 237
largura do canal 229
latossolo 351
lavouras 171, 188
legenda 369, 372, 373, 376, 379, 381, 383, 386, 387, 411
legenda compatível 381
leguminosas 193
lei de Darcy 118, 141
lei de Snell 267
Lei de Stokes 234
Lei do Impacto 234
leito assimétrico 233
leito de vazante 213
leito fluvial 212, 218, 228, 231
leito maior 213
leito maior excepcional 213
leito maior periódico ou sazonal 213
leito menor 212, 213
leito rochoso 215
leito simétrico 233
leitos 212, 230, 233
leitos arenosos 243
leitos inconsolidados 215
lentes argilosas 396
lençol d'água 128, 136, 139, 140
lençol de água 170
lençol freático 130, 139, 166, 184, 301
lençóis d'água temporários 129
lençóis de areia 298
leques aluviais 173, 218, 352
leques lacustres 241
ligações 157
limiares 434
limite de placas 79
limite de tolerância de perda de solo 194, 198
lineamento 435
lineação 89

linha de costa 242, 288, 273
linha de falésias 373
linha de praia 271, 373, 398
linhas de falhas 65, 84
linhas de fraturas 82
linhas de seixos 343
linhas equipotenciais 130
linhas tectônicas 214
litoestratigrafia 340
litologia 344, 386, 393
litológicas 373
litosfera 55, 57, 59, 60, 64, 67
litter 162
lixiviação 189
longshore bar 294
longshore current 271
longshore trough 294
low tide terrace 296
lêntica 240
lótica 240

M

macaréu 269
maciços 311, 315
maciços intrusivos 369
maciços litorâneos 90
macrocarste 311
macroporos 115, 117, 167
macroporosidade 116, 117
macroescalas 366, 369
magmas 57, 59, 79
magmatismo 69
magnitude 178, 422, 424, 425, 428, 435
magnésio 188
magnéticas 338
monadnocks 395
mananciais 187
mancha poligonal 373
manejo 416, 433
manejo ambiental 418, 427

458

ÍNDICE REMISSIVO

manejo do solo 421
manejo em zonas litorâneas 425
manganês 430
manto 55, 56, 57, 59, 63, 67, 71
manto de alteração 115
mapa geomorfológico 373, 404,
421
mapa preliminar 386
mapas 384, 387, 390
mapas específicos 386
mapas temáticos 376, 384
mapeamento digital 403, 405
mapeamento geomorfológico
365, 367, 368, 369, 372, 376,
379, 381, 383, 384, 385, 386,
387
mapeamentos 373, 386, 397, 406,
421
mapeamentos geotécnicos 422
mapeamentos temáticos 366, 368,
383, 384, 385, 387
mar de morros 358
mar regressivo 288
margem 211, 213, 215, 218, 228,
233, 238, 240, 242, 425
margem continental 62
Margem Continental Ativa 71
Margem Continental Passiva 69
margens convexas 220
margens côncavas 220, 233
margens de abrasão 240
margens de erosão e deposição
218
margens frágeis 217
marinha 373, 381
marulho 262
massas de ar 101
Matemática 43
matéria orgânica 155, 157, 158,
162, 163, 176, 188, 189, 190,
191, 192, 193, 352

materiais alúvio-coluviais 354,
356
materiais coluviais 353
materiais deposicionais 355
material dissolvido 173
material do leito 215
material informativo 417
material solúvel 396
matriz de solo 118
maturidade 31
Matuyama 337
meandrante 221
meandro abandonado 220
meandro divagante 220
meandro regular 221, 222
meandro tortuoso 221, 222
meandros 219, 220, 243, 244, 246,
317
meandros encaixados 220
meandros irregulares 222
meandros tortuosos 222
mecanismos de transporte 218
mecanismos neotectônicos 352
mediana 259
medida territorial 398
medidas agronômicas 195, 196
megacúspides 296
megafauna extinta 323
meio ambiente 424, 428, 432
meio ambiente físico 427
meio ambiente natural 428
meio físico 367, 368
memória 403
menisco 123, 125
mensuração 103
mensurações de campo 112
mergulhante 268, 269
mesas digitadoras 403
mesas digitalizadoras 384
mesoescalas 366, 376, 384
metais pesados 187, 188

459

ÍNDICE REMISSIVO

metamorfismo 60, 62, 72, 88
metamorfismo regional 88, 89, 90
metassedimentos 322
metassedimentos carbonáticos 322
meândricos 220
microcanais 181
microcarste 311
microdepressões 138
microescala 366, 381, 386, 387, 390
microgotículas 96
micronutrientes 188
micropartículas 96
microporos 115
microporosidade 117
microrganismos 156
minerais 156
minerais leves 260, 261
minerais pesados 260, 261, 266
mineração 188, 419, 428, 430
mobile belts 64
modal 296
modelado 26
modelado cárstico 319
modelado de dissecação 373
modelado de dissolução 376
modelado terrestre 415
modelagem 429, 433
modelagem digital do terreno 384
modelo digital 404
modelo digital do terreno 409
modelos estocásticos 212
modelos tridimensionais 394
modificações climáticas 411
mogotes 311, 315
moho 56
momento 153
monazita 261, 430
monitoramento 45, 239, 300

monitoria 417
montante 240
morainas 319
morfoclimáticos 28
morfodinâmica 294, 296, 381
morfodinâmica costeira 301
morfoestratigrafia 344
morfoestruturais 28
morfogênese 28
morfologia 234, 425, 434
morfologia cárstica 311, 327
morfologia das vertentes 435
morfologia do canal 231, 242, 246, 436
morfologia do čanal fluvial 424
morfometria 211
morfometria das bacias de drenagem 436
morfoscopia 396
movimentos de massa 143, 354, 367, 421
movimentos neotectônicos 411
mudanças 427, 428
mudanças ambientais 339, 358
mudanças climáticas 39, 339
mudanças do canal 239
mudanças fluviais 212, 239
mudanças fluviais indiretas 238
mudanças fluviais induzidas 237, 239
mudanças geomorfológicas 421
multidisciplinar 367, 385
muralha 84
média gráfica 259
média quadrática 266
método eletromagnético 328
máquinas agrícolas 184

N

nascente 234, 235
natureza 41

neotectonismo 42
nichos 311
nitrogênio 188, 193
nutrientes 171, 187, 188, 189, 191, 269
níveis morfológicos 421
níveis topográficos 348
nível cartográfico 369
nível da água 244
nível de base 31, 234, 235, 242, 243
nível de base local 240
nível do mar 190, 273, 274, 275, 277, 278, 279, 283, 286, 347
nível dos oceanos 189
nível freático 118, 317, 323
nível pisométrico 318
nível relativo 275
nível relativo do mar 276, 286, 301
nível taxonômico 369
nível vadoso 317
núcleo 56

O

obras de canalização 243
obras de defesa 425
obras de engenharia 212, 238, 425, 425, 426, 431
obras de manutenção 435
obras de retificação 243
obseqüente 224
ocasional 221, 222
oceanos 95, 98
ocupação do solo 211, 425
ocupação urbana 356
ondas 240, 261, 262, 262, 265, 270, 272, 285, 288, 294
ondas de areia 221, 222
ondas de gravidade 262
ondas sísmicas 55
ondulação 266

organizações espaciais 418
orogenia 61, 62, 63, 64
orogenic belt 62
orogênese 60, 62, 65, 72
ortogonais 267, 268
oscilações climáticas 347
oxidação 190

P

pH 155, 160, 161, 188, 318
pacote sedimentar 352
padronagem geométrica 225
padrão 218, 225
padrão anastomosado 216, 217, 218
padrão arréico 223
padrão de canais 214, 219, 220, 221, 222, 238
padrão de drenagem 220, 223, 225, 243, 431
padrão meandrante 216
padrão meândrico 233
padrão meândrico de canal 219
padrão retilíneo 216, 233
padrões geométricos 225
padrões geomórficos 353
paisagem 27, 187, 373, 429, 430, 431
paisagem cárstica 313, 312, 322, 323, 328
paisagem topográfica 415, 430, 434
paisagismo 95
paleo-horizonte 351
paleoambientes 345
paleocanais 274
paleocanais erosivos 354, 356
paleocanais erosivos entulhados 356
paleoclimas 32
paleocárstico 310

461

ÍNDICE REMISSIVO

paleoformas 220
paleontologia 323
paleopraias 261
paleoreentrâncias 350
paleossolos 345
paleotopografia 354
palinologia 355
paralelo 225
parcelas 183
partícula 157, 159, 163, 165, 166, 167, 170, 171, 175, 182, 187, 198, 228, 231, 233
partículas agregadas 115
partículas de sedimentos 237
partículas de solos 115, 163, 179
parâmetros estatísticos 260
pastagens 356
patamares 373, 421
pedimentos 348, 395
pediplanos 32, 373, 381
Pedoestratigrafia 345
pedoderma 346, 347
pedogênese 335, 397
Pedologia 41, 212
pedúnculo 220
peneiramento 258
peneplano 31
percolação 118, 120, 139, 231, 269, 270
percolação lateral 118
perda de solo 151, 153, 157, 163, 165, 170, 195
perdas d'água 96
perene 373
perfil 168
perfil côncavo 234
perfil de equilíbrio 31, 234
perfil de inverno 292
perfil de praia 286, 292
perfil de solo 126
perfil de verão 292

perfil dissipativo 294
perfil do rio 227, 234, 240
perfil do solo 118, 335
perfil longitudinal 214, 217, 227, 231, 234, 235, 237
perfil longitudinal do leito 215
perfil longitudinal do rio 238
perfil topográfico 431
perfil transversal 215, 217, 219, 233, 246, 292
perfis de intemperismo 345, 346
perfis sazonais 292
permeabilidade 128, 132, 139, 160, 172, 173
perspectiva aloestratigráfica 342
perspectiva geomorfológica 430
perspectiva temporal 212
perímetro molhado 227
período 263, 265, 273
período da onda 270
período de *swash* 270
períodos de estiagem 218
períodos glaciais 283
Peruaçu 325, 328
pesquisa geomorfológica 394, 395
pico da chuva 136
picos de fluxo 136
piezômetros 130, 131, 173
pilar 84
pipes 172
pipetagem 258
piping 166
pista 262
pixels 404
phi 259, 260
placas 60, 62, 67, 68, 69, 71, 72
placas convergentes 69
placas divergentes 69, 79, 86
placas litosféricas 54, 56, 57, 66, 67, 72, 86, 339
placas oceânicas 69, 71

ÍNDICE REMISSIVO

placas tectônicas 59
planalto cristalino 421, 435
planalto de dolinas 323
planalto dissecado 399
planaltos cársticos 315
planejamento 45, 366, 368, 386,
  416, 417, 419, 420
planejamento ambiental 367, 381,
  385, 386, 387, 417, 419, 426
planejamento de bacias hidrográficas 427
planejamento do uso do solo 421
planejamento econômico 417
planejamento estratégico 417
planejamento municipal 373
planejamento nacional 417
planejamento operacional 417
planejamento processual 417
planejamento regional 95, 368,
  386, 417, 431
planejamento rural 417
planejamento territorial 394, 395,
  397
planejamento urbano 369, 417,
  422
planos 417
planos arenosos 381
planos de foliação 90
planos de informação 411
planos de reformulação 417
planos oficiais 417
planície 288, 289, 381
planície aluvial 220
planície costeira 274, 288, 291,
  301
planície de corrosão 313
planície de cristas de praia 288
planície de inundação 139, 239,
  242, 243
planície de sopé 218
planícies costeiras 287

planícies de cristas de praias 288,
  289
planícies de inundação 421, 426,
  434, 435
planícies de restingas 214
planícies deltaicas 214/215
planícies fluviais 373
plataforma 66
plataforma continental 261, 283
plataforma continental interna
  256, 264, 288
platôs 63
playa 223
Pleistoceno 337, 350
Pleistoceno Inferior 337
Pleistoceno Médio 337
Pleistoceno Superior 337
ploter 385
plumas térmicas 55, 57
plunging 268
plutonismo 58, 65
pluviógrafos 101
pluviogramas 102
pluviômetros 101
pláceres 261
plútons 57, 59, 62, 72, 74, 75, 76
podzólico 351
point bar 220
poliés 310, 311, 312, 313, 319, 320,
  323
poluição atmosférica 422
polígonos irregulares 410
polígonos-chaves 381
pontal 282, 283
ponto de murchamento 126
pontos quentes 79
pools 215, 218
poro 115, 125, 126, 128, 172
poro-pressão 126
poro-pressão positiva 129
poros dos solos 167

463

ÍNDICE REMISSIVO

porosidade 116, 132, 155, 159, 160
porosidade do solo 115, 164
porosidade total 117
posição geomorfológica 431
potencial de corrosão 318
potencial dos solos 436
potencial piezométrico 130
potencialidades ambientais 432
potássio 188
poços 129
praia 241, 261, 270, 272, 273, 281,
    282, 291, 292, 294, 301, 425
praias submersas 274
preamar 296
precipitação 96, 100, 121, 218
precipitações carbonáticas 317
prejuízos 426, 435
prejuízos materiais 423
pressão atmosférica 128
prevenção 435
prisma praial 255, 256, 257
probabilidade aritmética 259
probabilísticos 34
problemas ambientais 95
problemas geomorfológicos 411
processamento 403
processamento de dados 412
processamento digital 384
processamento de imagens 384
processo de erosão 231
processo de infiltração 140
processo de urbanização 235
processo hidrológico 95
processos 24, 212, 431, 434
processos ambientais 432
processos atuais 356
processos de abatimentos 328
processos de agradação 436
processos de canalização 242
processos de encosta 349
processos de intemperismo 115

processos de sedimentação 425
processos de vetorização 384
processos do canal 241
processos dos geossistemas 433
processos endógenos 434
processos erosivos 94, 154, 156,
    159, 161, 165, 189, 191, 231,
    347, 356
processos erosivos atuais 358
processos erosivos básicos 166,
    197
processos erosivos superficiais
    358
processos fluviais 211, 217, 221,
    225, 233, 426
processos futuros 355
processos físicos 115, 416
processos geológicos ativos 340
processos geomorfológicos 211,
    395, 409, 413, 420, 421, 426,
    434
processos geradores 373, 383,
    384, 394, 396, 397
processos gravitacionais 240
processos modificadores 397
processos morfogenéticos 373,
    416, 422, 425
processos passados 355
produção de sedimentos 173, 239
profundidade 228, 229
profundidade do canal 214, 219,
    237
profundidade do solo 188
profundidade média 229, 231
prognósticos 45
progradação 285, 286, 287, 288,
    291, 298
programa de refração 267
programas 417
progressiva 268, 269
Projeto RADAMBRASIL 399

ÍNDICE REMISSIVO

projetos 417
promontórios 288
propriedades do solo 152, 153,
    154, 156, 159, 160, 161, 165,
    169, 178, 184, 190
proteção ambiental 368
proteção das margens 246
protuberâncias 217
Proterozóico Superior 323
províncias carbonáticas 329
províncias geomorfológicas 421
práticas agrícolas 169
pseudocárstico 310
pés-de-pássaro 291
pântanos 220, 244
pós-praia 282, 298

Q

Quaternário 27, 309, 319, 335,
    336, 337, 338, 340, 342, 344,
    347, 348, 355
Quaternário Inferior 338
Quaternário Médio 338
quartzo 260
quebra-mar 272
queimadas 184, 191
questões ambientais 432
Química 43

R

RADAMBRASIL 403
radar 38
radial 225
radial centrífuga 225
radial centrípeta 225
radiação solar 277
raio hidráulico 227, 228
raio médio da curvatura do
    meandro 216
ramificado 221
rampas 353

rampas de alúvio-colúvio 356
rampas de colúvio 344, 356, 395,
    396, 397
raster 411
rasterização 384
ravinamentos 376
ravinas 163, 164, 165, 170, 176,
    179, 180, 181, 182, 183, 184,
    187
raízes 156, 163, 188
reabilitação ambiental 430
reativação tectônica 82
recarga 129, 316, 327, 328
recifes 373
reconstrução paleoambiental 340
recuperação ambiental 359
recuperação do sistema 434
recursos ambientais 397, 427, 429,
    434
recursos hídricos 436
recursos hídricos superficiais 420
recursos minerais 393, 419, 430
recursos naturais 358, 416, 432,
    433, 436
rede de canais 99, 137, 138
rede de drenagem 143, 143, 212,
    223, 356, 358, 394
rede de ravinas 181
rede meandrante de canais 214
rede pluviométrica 103
redes de drenagem canalizadas
    142
redes de transporte 425
reentrâncias 353, 356
reentrâncias da topografia 344
reentrâncias dos anfiteatros 353
refletiva 296
refletivo 294, 297
refluir 269
refluxo 261, 269, 270, 272
refração 267

465

ÍNDICE REMISSIVO

regime das chuvas 234
regime das precipitações 223
regime das águas 241
regime de fluxo de *swash* 270
regime de fluxo na face da praia
    270
regime do rio 241
regime hidrológico 211
regimes sazonais 100
registro deposicional 340
registro fossilífero 340
registro geológico 338
registro hidrológico 105
registro maregráfico 276
registro paleontológico 340
registro palinológico 340
registro sedimentar 336, 337, 338,
    343
região costeira 410
região cárstica 311, 328
regiões geomorfológicas 368, 369
regolitos 350
regos 312
regressão marinha 275, 283
re-hierarquização fluvial 356
rejeito 83, 84
Relatório de Impacto Ambiental
    300
Relatórios de Impactos sobre o
    Meio Ambiente 366
relatórios de pesquisa 417
relatórios de políticas 417
relações estratigráficas 342, 345,
    346
relevo 373
relevo colinoso 358
relevo cárstico 318, 322, 376
remoção 153, 155, 161, 165, 175,
    176, 177, 181, 187, 198
representação bidimensional 406
representação cartográfica 398

representação geomorfológica
    410
representação geomorfológica
    digital 410
representações digitais 404
reservatório 98, 114, 187, 239, 241,
    425
residuais 373
resistência ao cisalhamento 163
resistência à erosão 165
resolução 398, 399, 403
resoluções gráficas 384
resoluções mínimas 403
ressaca 273
resseqüente 224
ressurgências 310, 315, 323
ressurgências glaciais 319
restingas 283, 373
retangular 225
reticulado 221
retificação 243
retificação de canais 217, 227,
    238, 242, 424, 425
retilinização dos canais 425
reto 221, 222
retomada erosiva 243
retrabalhamento 353
retrogradação 277, 282, 282, 285,
    287, 299
reversões 338
rias 281
riffles 215, 218, 219
rift 69, 79, 85, 86
rift da Guanabara 85
rift-valley 85, 86
rifteamento 69, 71
rills 317
RIMA 300, 366
rio 95, 211, 212, 426
rio conseqüente 224
rio inseqüente 224

466

ÍNDICE REMISSIVO

rio obseqüente 224
rio resseqüente 224
rio subseqüente 224
rios subterrâneos 315
rip current 271
ripple marks 266
risco ambiental 41, 411, 435
risco para a ocupação 434
riscos 424, 434, 436
riscos de erosão 191, 193
riscos geoambientais 428
riscos morfogenéticos 421
riscos sísmicos 424
rocha 66, 67, 72, 74, 77, 79, 93, 227
rocha calcária 319
rocha cárstica 312
rocha metamórfica 60, 89
rochas carbonáticas 309, 320, 323
rochas graníticas 74, 75
rochas metamórficas 60, 65, 66, 89
rochas sedimentares 73, 89
rochas ígneas 58, 73
rodovias 426
rolamento 228, 231
rotação de culturas 193
rugosidade do leito 214, 215, 219, 227, 229, 231, 243
rugosidade do solo 169
rugosidade topográfica 420, 435
rugosidades do fundo do leito fluvial 221
runoff 159, 160, 162, 163, 164, 168, 169, 176, 177, 195, 196
ruptura de declive 235
ruptura dos agregados 157

S

SAGA/UFRJ 399
salinização 301
salpicamento 166, 175

saltação 228, 231
sand sheets 298
saneamento 386
sapopemas 112
saturação 120, 132, 133
saturação do solo 141
scalops 317
scanners 403
secção transversal 227
sedimentação 217, 352, 425
sedimentação episódica 336, 343
sedimentação fluvial 343
sedimentação recente 356
sedimentação subaérea 348
sedimentos 138, 154, 155, 160, 161, 170, 173, 177, 178, 181, 182, 184, 187, 196, 215, 241, 283, 286, 288, 291, 298, 299, 300, 301, 314, 341, 356, 435
sedimentos de fundo 230
sedimentos finos 217
segmentos côncavos 356
segmentos de canais 214, 221, 235
seixos 282
selada 176
senilidade 31
sensoriamento remoto 38, 383, 387, 387/387
seqüência sedimentar 352
seqüências coluviais 342
seqüências deposicionais 355
seqüências estratigráficas 345
seqüências litoestratigráficas 348
seqüências sedimentares 340
seqüências sedimentares aluviais 342
seres vivos 433
serrapilheira 105, 106, 109, 116, 117, 120, 162
serrapilheira florestal 109
setores topográficos 420

seção do canal 228
seção molhada 235
seção transversal 214, 229, 231, 235, 238
seção transversal do canal 213
seção transversal molhada 227
seção tranversal 219, 227
SGI 365, 367, 398, 404, 405, 406, 407, 409, 410, 411, 412, 413
shoreface 255, 256, 257
silte 115, 156, 228, 233, 258
simulador de chuva 121, 160
simétricos 219
sinclinal 87, 326
sinformal 86
sinuosidade 214
sinuosidades meândricas 220
sinuoso 221, 222
sistema 427, 428, 429, 433
sistema ambiental 355, 434
sistema ambiental físico 422, 433
sistema anastomosado efêmero 214
sistema cárstico 312
Sistema de Gerenciadores de Base de Dados (SGBD) 384
sistema de informações geográficas 365, 367, 385, 386, 387
sistema de drenagem 97, 138, 352
sistema erosivo 176
sistemas fluviais regionais 358
sistema fluvial 214, 223, 242
sistemas geográficos de informação 394, 412
sistema geomorfológico 144
sistema radicular 113
sistemas ambientais físicos 416, 418, 432, 436
sistemas de drenagem 97, 352
sistemas de falhas 62
sistemas fluviais 218

sistemas naturais físicos 433
sistemas sócio-econômicos 418
software 367, 384, 385
solapamento basal 220
solapamento litorâneo 425
soleiras 215, 217, 221, 233, 244
solo 93, 118, 155, 156, 158, 160, 161, 163, 166, 170, 172, 175, 178, 179, 182, 189, 191, 198, 227, 329, 340, 344, 345, 355, 358, 373, 416, 420, 422, 425, 432, 433, 435
solo florestado 105, 117
solo franco-siltoso 176, 182
solo latossólico 356
solo relíquia 347
solos agrícolas 163, 169
solos areno-argilosos 169
solos areno-siltosos 157
solos arenosos 132, 169, 180
solos argilosos 132, 156, 168, 169
solos férteis 190
solos homogêneos 116
solos rasos 141
solos residuais 115
solos salinos 125
solos siltosos 196
solos transportados 115
solubilidade 316, 318
solução 171
solução iônica 172, 318
sopé das vertentes 435
spilling 268
spits 395
splash 159, 161, 162, 166, 175, 177, 179, 180, 183
steepnes 263
stemflow 162
stocks 74
sub-bacias de drenagem 98, 353
subdivisão biocronológica 338

subducção 58, 67, 71, 71, 72, 79
subseqüente 224
subsolo 155, 171, 194, 218
substrato 218
substrato rochoso 386
subsuperficial 136, 172
subsuperfície 166, 172, 173, 411
subterrâneas 227
sumidouro 309, 310, 313, 314, 315, 323, 325
superfície 166, 172
superfície cárstica 312
superfície da Terra 336
superfície de corrosão 319
superfície do solo 159, 165, 177, 179, 194
superfície potenciométrica 130
superfície terrestre 394
superfícies de erosão 341
superfícies erosivas 315
superfícies geomorfológicas 341
superfícies impermeáveis 118
superpastoreio 184
surf scaling parameter 269
surge 296
surging 269
suspensão 228, 231
sutura 69
suítes mineralógicas 261
swash 269
swell 262, 273
sítio urbano 421, 424

T

talude de detritos 373
tálus 395
talvegue 213, 215, 221, 229, 230
talvegue dos canais 217
tamanho das gotas 162
taxa de infiltração 118, 119, 166
taxa de sedimentação 243

taxas de chuva 137
taxas de erosão 171
taxas de formação dos solos 194
taxas de infiltração 152, 162, 164, 167, 168
taxas de intemperismo 194
taxas de perda de solo 194
taxas erosivas 161, 163
taxonomia 368, 369, 372, 387, 395
tecnogênico 352
tectônica 319, 340, 373
tectônica de placas 55, 60, 61, 62, 66, 67, 86
temperatura 318
tempestade 179, 181, 185, 273
tempo 25
teor de agregados 157, 161
teor de areia 155, 160
teor de argila 173
teor de materia orgânica 155, 156, 157, 159, 160, 163, 171, 195
teor de silte 155, 156, 160
teor de umidade 126, 139, 168
teoria 32
teoria das placas tectônicas 42
teoria geral dos sistemas 33
Teoria Glacial 337
Terciário 27, 337
terminologia geomorfológica 395
terraceamento 195, 196
terraço de baixa-mar 297
terraplenagens 424
terraço de abrasão 373
terraço de baixa-mar 295, 296
terraço fluvial 244, 344, 352, 356, 358
terraço inferior 356
terraço superior 356
terraços 196, 282, 348, 373, 381, 421
terraços climáticos 395

ÍNDICE REMISSIVO

terraços litorâneos 398
terremotos 58, 62, 63, 72
terreno 386, 394
território 417
testemunhos pleistocênicos 350
textura 155, 156, 167, 173
throughflow 172
tidal inlets 286
tipo de praia 296
tipologia dos canais 434, 436
tipologia morfológica 434
tipos de canalização 215
tipos de leito 212
tomada de decisão 416, 417
topo da encosta 139
topo do solo 158, 171, 180, 188, 194
topografia 164, 409, 410, 415, 420, 421, 435, 436
topografia dos canais fluviais 212
topologia 35, 390
topos 97, 373
topos convexos 373
topsoil 188
topônimos 399
torres 311, 312 315
tortuoso 221
transcorrente 84
transgressivo 283
transgressão 283
transgressão holocênica 281
transgressão marinha 284
transicional 221
transições fitogeográficas 358
transpiração das plantas 96
transporte 165, 170, 172, 173, 176, 187, 198, 228, 234, 272, 435
transporte de areia 272
transporte de sedimentos 74, 217, 235, 271, 435/436

transporte eólico 298
transporte longitudinal 272, 273
transporte residual 272, 300
transverse dunes 298
tratamento digital de imagens orbitais 43
tratamento estatístico 212
tratamentos gráficos 385
travertinos 320, 327
trechos retilíneos 219
tributários 217, 223, 234, 235, 241, 242
tubo 268
tubos capilares 124
tubos de sedimentação 258
turbidez 271
turbilhonamento 318
turbulência 179, 180, 228, 231, 233, 270
turbulência das águas 233
turbulência do fluxo 170, 231
turfas 282
técnica cartográfica 384
técnicas de controle de erosão 195
túneis 171, 172, 173, 174

U

umbrais 215, 218, 219
umidade do solo 125, 126, 132, 139, 166, 169, 172
umidade saturada 140
unidade 118, 431
unidade aloestratigráfica 343
unidade climatoestratigráficas 340
unidades aloestratigráficas 342
unidades deposicionais 356
unidades fitoecológicas 358
unidades geomorfológicas 368
unidades homogêneas 386

470

ÍNDICE REMISSIVO

unidades litoestratigráficas 346
unidades morfodinâmicas 421, 434
unidades morfoestratigráficas 344
unidades morfotopográficas 421
unidades pedoestratigráficas 345, 346
unidades sedimentares 348
unidades territoriais 394
uprush 269
urbanização 424, 428
urânio 430
uso agrícola 421
uso agrícola da terra 181, 184
uso da terra 154, 178, 386, 420
uso do solo 95, 410, 421, 424, 429, 435
uso do solo rural 420
uso do solo urbano 421
uso dos canais 426
uso racional do solo 368
uvalas 311, 313, 314, 323
uvalas funcionais 310

V

vadoso 317
vagas 262
vale 137, 139, 220, 435
vale de afundamento 86
vales cegos 315
vales fluviais 240, 344, 352
vales tributários 138, 143
vapor d'água 96, 277
variabilidade do regime fluvial 218
variação de carga total 131
variação dos débitos 230
variações ao nível do mar 39, 395, 411
variações climáticas 340

variações litológicas 343
variáveis 229, 406
variáveis ambientais 407, 430
variáveis dependentes 229
variáveis hidrológicas 219
variável independente 229
vazante 212, 213
vazios subterrâneos 329
vazão 131, 219, 227, 228, 229, 426
vazão-pico 106
vegetação 105, 162, 166, 185, 373, 386, 416, 422
vegetação ciliar 218
vegetação herbácea 213
vegetação natural ciliar 235
vegetação rala 397
velocidade 228, 231, 233, 265
velocidade crítica 228, 233
velocidade crítica de deposição 233
velocidade crítica de erosão 233
velocidade da corrente 228
velocidade das águas 227
velocidade de decantação 233, 273
velocidade de espraiamento 294
velocidade de grupo 272/273
velocidade do espraiamento 270
velocidade do fluxo 179, 214, 219, 228
velocidade do *runoff* 195
velocidade média das águas 229
vento 240, 299
verrugas 311, 315
vertedouro 241
vertentes 32, 420
vias de transporte 426
vida útil 228, 241
viscosidade 130, 132
viscosidade da água 227
viscosidade do fluido 234

ÍNDICE REMISSIVO

volume das águas 227
volume de carga de fundo 217
volume de carga sólida 228
voçorocamentos 376
voçorocas 143, 165, 171, 173, 174,
179, 180, 181, 183, 184, 185,
186, 187, 196, 353, 356, 434
voçorocas urbanas 435
vulcânicas 373
vulcanismo 58
vulcanismos intraplacas 79
vulcão 57, 63, 71, 72, 78, 79, 80, 81
vulnerabilidade 422, 428, 434, 435
véus 311

W

wall pocket 317

Z

zona de acumulação 215
zona de aeração 118, 127
zona de arrebentação 270, 271,
292, 294
zona de falha 82
zona de recarga 136
zona de surfe 294, 269, 270, 271,
294
zona freática 127
zona não erosiva 138
zona saturada 127, 128
zona saturada do solo 118
zona sem fluxo 170
zona subsuperficial saturada 127
zonas de piemontes 218
zonas de saturação 172
zonas de subducção 60
zonas litorâneas 421
zoneamentos ambientais 412

Este livro foi impresso no
Sistema Digital Instant Duplex da Divisão Gráfica da
DISTRIBUIDORA RECORD DE SERVIÇOS DE IMPRENSA S.A.
Rua Argentina, 171 - Rio de Janeiro/RJ - Tel.: (21) 2585-2000